Bodenökologie:
Mikrobiologie und Bodenenzymatik

Springer

Berlin
Heidelberg
New York
Barcelona
Budapest
Hong Kong
London
Mailand
Paris
Santa Clara
Singapur
Tokio

Bodenökologie:
Mikrobiologie und Bodenenzymatik

F. Schinner
R. Sonnleitner

Bodenökologie: Mikrobiologie und Bodenenzymatik Band II

Bodenbewirtschaftung, Düngung und Rekultivierung

Mit 24 Tabellen

 Springer

PROF. DR. FRANZ SCHINNER
Institut für Mikrobiologie
Universität Innsbruck
Technikerstraße 25
A-6020 Innsbruck

MAG. RENATE SONNLEITNER
Institut für Mikrobiologie
Universität Innsbruck
Technikerstraße 25
A-6020 Innsbruck

ISBN-13: 978-3-642-80185-3   e-ISBN-13: 978-3-642-80184-6
DOI: 10.1007/978-3-642-80184-6

Die Deutsche Bibliothek – CIP-Einheitsaufnahme
Schinner, Franz:
Bodenökologie: Mikrobiologie und Bodenenzymatik /F. Schinner ; R. Sonnleitner. - Berlin ; Heidelberg ; New York ;
Barcelona ; Budapest ; Hong Kong ; London ; Mailand ; Paris ; Santa Clara ; Singapur ; Tokyo : Springer
NE: Sonnleitner, Renate:
Bd. 2. Bodenbewirtschaftung, Düngung und Rekultivierung - 1996

Satz: Reproduktionsfertige Vorlagen vom Autor
SPIN: 10530714   31/3137 – 5 4 3 2 1 0 – Gedruckt auf säurefreiem Papier

Vorwort

Die Mehrzahl der Böden wird menschlich genutzt. Mehr als neunzig Prozent der terrestrischen Ökosysteme stehen im Dienste des Menschen, wobei diese zum Teil der Gewinnung von Nahrung und Rohstoffen sowie der Siedlung und Urbanisierung dienen. Durch die anthropogene Nutzung werden Böden in ihrem natürlichen Aufbau gestört und in ihrer natürlichen Qualität verändert. Bestimmte Nutzungen sind mit dem gänzlichen Bodenverlust verbunden.

Böden werden durch den steigenden Bedarf an Nahrungs- und Futtermitteln, an Rohstoffen, an Lager- und Entsorgungsstandorten für Abfälle sowie durch den Eintrag von Schadstoffen in zunehmendem Maße belastet. Der ebenfalls zunehmende Bedarf an Raum für Siedlungen, Verkehrswege sowie für Gewerbe- und Industriestandorte bedingt eine "Versiegelung" von Böden und damit deren Verlust.

Böden stellen in absehbaren Zeiträumen nicht vermehrbare Güter dar. Anthropogen bedingte Veränderungen von Böden und Bodenverluste sind deshalb vor diesem Hintergrund zu bewerten.

Interdisziplinär durchgeführte Untersuchungen zur Bodenqualität stellen eine Grundlage für die Bewertung des Einflusses physikalischer und chemischer Faktoren auf Böden sowie im Falle gestörter Böden, auch eine solche für die Bewertung von Rekultivierungspotentialen und -fortschritten dar. Diese sind auch eine Basis für gesetzliche Maßnahmen zum Bodenschutz.

Dieser Band, welcher den zweiten in einer Reihe von insgesamt vier Bänden darstellt, deren Gesamtheit wesentliche grundlagen- und anwendungsorientierte Teilbereiche der Bodenmikrobiologie und -enzymatik abdeckt, ist im besonderen dem Einfluß von Bewirtschaftungs- und Rekultivierungsmaßnahmen auf die mikrobiologische und bodenenzymatische Komponente der Bodenqualität gewidmet.

Im Zentrum des ersten Kapitels steht die Bodenqualität sowie als Teil derselben die Bodenfruchtbarkeit. Mikrobiologische und bodenenzymatische Parameter werden neben chemischen und physikalischen Eigenschaften des Bodens als mögliche Indikatoren dieser komplexen Eigenschaft diskutiert.

Die darauffolgenden Kapitel sind jeweils speziell auf bestimmte Maßnahmen der Bodenbewirtschaftung ausgerichtet. Diese umfassen die Nutzungsform, die Bodenbearbeitung, das Bestellungsregime, die Düngung
und die Kalkung. Konventionelle und alternative Formen der Bewirtschaftung werden in ihrem Einfluß auf Bodenparameter vergleichend berücksichtigt. Einzelne Bewirtschaftungsmaßnahmen werden zunächst in
Wesen und Zielsetzung vorgestellt und in der Folge hinsichtlich deren Einfluß auf chemische, physikalische, mikrobiologische und bodenenzymatische Parameter diskutiert. Ein besonderer Schwerpunkt wurde potentiellen Düngemitteln wie Abfällen beziehungsweise Nebenprodukten aus
Siedlung, Gewerbe und Industrie eingeräumt. In diesem Zusammenhang
wird auch der Wert mikrobiologischer und bodenenzymatischer Parameter als potentielle Indikatoren der Substratqualität aufgezeigt.

Das letzte Kapitel ist der Rekultivierung von gestörten Böden, von bergbaulichem Abraum sowie von entsorgungsbedürftigen Nebenprodukten,
vornehmlich der Energiegewinnung, gewidmet. Mikrobiologische, bodenenzymatische, chemische und physikalische Eigenschaften des zu rekultivierenden Substrates können einander bei der Bewertung des Fortschrittes
solcher Projekte in wertvoller Weise ergänzen.

Frühjahr 1996   F. Schinner
                                                        R. Sonnleitner

Inhaltsverzeichnis

1 Bodenqualität

1.1 Wesen der Böden und deren Belastungen

Böden entstehen durch die Verwitterung des Gesteins sowie die Anreicherung und den Ab- und Umbau organischer Materialien unter dem Einfluß physikalischer, chemischer und biologischer Faktoren. Die vier Geosphären, die Hydro-, die Litho-, die Atmo- und die Biosphäre, stehen in diesen aus unbelebten und belebten Komponenten bestehenden Naturkörpern in intensivem Austausch. In Zeiträumen, welche in tausenden von Jahren zu bemessen sind entwickeln sich durch das Zusammenspiel bodenbildender Faktoren unterschiedliche Bodentypen. Die wichtigsten bodenbildenden Faktoren schließen das Ausgangsgestein, das Klima, das Relief, das Wasseregime, die Vegetation, die Bodenlebewesen und menschliche Eingriffe wie Bewirtschaftungsmaßnahmen ein.

Böden sind Lebensräume für Mikroorganismen, Pflanzen und Tiere. Als Standorte der pflanzlichen Produktion sowie als Speicher-, Filter-, Puffer- und Transformationsleistungen erbringende Körper üben Böden Funktionen aus, welche für die Erhaltung des Lebens auf der Erde von fundamentaler Bedeutung sind. Verschiedene Bodentypen sind für die Erfüllung der oben angeführten Leistungen unterschiedlich geeignet und diese unterscheiden sich auch hinsichtlich ihrer Reaktion auf menschliche Einflüsse.

Die Mehrzahl der Böden der Erde wird menschlich genutzt. Bei den anthropogen genutzten Böden dominieren jene Formen bei welchen diese als Standorte der Pflanzenproduktion dienen. Mehr als 98% der Weltnahrung entstammt terrestrischen Ökosystemen. Der Beitrag der Ozeane, Seen und anderer aquatischer Ökosysteme wird mit weniger als 2% angegeben (Pimentel 1994). Etwa 70% der terrestrischen Ökosysteme werden zur Gewinnung von Nahrung und Holz anthropogen verändert (50% Landwirtschaft einschließlich Grünland, 20% Wald) (Paoletti et al. 1992). Etwa 25% der terrestrischen Systeme dienen der Urbanisierung und für menschliche Siedlungen. Der Mensch stellt demgemäß etwa 95% der terrestrischen Ökosysteme in seinen Dienst. Böden werden indem sie als Träger von Bauten dienen „versiegelt". Böden dienen auch der Lagerung und Entsorgung von Abfällen. Im Zuge der Gewinnung von Bodenschätzen sowie bei der Erschließung subalpiner und alpiner Räume für den Tourismus werden Böden in ihrem natürlichen Aufbau gestört und abgetragen. Durch die Entnahme und Umlagerung von Bodenmaterial gehen Böden verloren.

Durch den steigenden Bedarf an Nahrungsmitteln und Rohstoffen, an Lager- und Entsorgungsstandorten für Abfälle sowie durch den Eintrag anorganischer und organischer Schadstoffe werden die Böden in zunehmendem Maße belastet. Der ebenfalls zunehmende Bedarf an Siedlungsraum und die Errichtung von Bauten führt zum gänzlichen Verlust von Böden.

Forschritte auf dem Gebiet der Agrartechnik, der Agrochemie und der Pflanzenzüchtung förderten die Entwicklung von spezialisierten und intensiven Systemen der Bodennutzung. Die negativen Auswirkungen intensiver Bewirtschaftungssysteme schließen unter anderem Bodenschäden durch Verdichtung und Erosion ein. Die Intensivierung der Landwirtschaft fördert einen über die natürliche Erosion hinausgehenden Abtrag von Bodenmaterial. Der Verlust an humus- und nährstoffhaltigem Feinboden bedingt Ertragsverluste und fördert die Eutrophierung von Gewässern und die Verschluffung von Wasserwegen und -reservoirs. Die mit dem Bodenmaterial abgetragenen Pflanzenschutzmittel, Agrarhilfsstoffe sowie Schadstoffe belasten angrenzende terrestrische und aquatische Systeme.

Die beschleunigte Bodenerosion wurde zu einem globalen Problem. In vielen Teilen der Welt kann ein langsamer Abtrag von Oberböden nachgewiesen werden. Literaturberichten zufolge geht Oberbodenmaterial 20 bis 40mal rascher verloren als dessen Neubildung erfolgt. In den USA kommt es allein durch Wassererosion jährlich zu einem Abtrag von etwa zwei Milliarden Tonnen Oberboden. Dies ist über eine Milliarde Tonnen mehr als der jährlichen Bildung von Boden entspricht (Brown 1981). Die Bodenbildungsrate wurde für humide Klimabereiche mit 1–2 t/ha/Jahr angegeben. Nicht ausreichend optimierte Bewässerungsmaßnahmen in ariden Gebieten sowie die Praxis der Brandrodung und der Verbrennung von Feldfruchtrückständen stellen weitere Gefährdungen für Böden dar. Der jährliche Verlust an produktivem Land durch Erosion, Salinisierung und Überflutung beläuft sich auf 25 Millionen Morgen (etwa 10 Millionen Hektar) (Pimentel 1994).

Die Böden sind komplexe offene Systeme. Diese stehen mit anderen Umweltbereichen in intensivem Austausch, weshalb sich im Boden auftretende Störungen auch auf andere Umweltbereiche auswirken und umgekehrt. Mit einer Belastung von Böden ist auch eine Gefährdung der Atmosphäre und der Hydrosphäre verbunden, wobei Rückkopplungseffekte auftreten. Als Beispiel kann der zunehmende Treibhauseffekt dienen. Die durch intensive landwirtschaftliche Praktiken und die Rodung von Wäldern geförderte Mineralisierung der organischen Bodensubstanz trägt zur Erhöhung des globalen atmosphärischen Kohlendioxidgehaltes und damit zum zunehmenden Treibhauseffekt bei. Diskutierte Wirkungen einer erhöhten atmosphärischen CO_2-Konzentration und einer erhöhten Temperatur auf Böden schließen auch Veränderungen der Primärproduktion sowie der Geschwindigkeit biochemischer Umsetzungen in Böden ein.

Anthropogen bedingte Veränderungen von Bodeneigenschaften unterscheiden sich hinsichtlich deren Umkehrbarkeit. Viele Schäden an Böden können entweder nicht mehr oder nur unter enormem Aufwand umgekehrt werden. Entsprechende Beispiele sind die Erosion und die Metallkontamination von Böden. Böden stellen Güter dar, welche in absehbaren Zeiträumen nicht vermehrbar sind. Durch anthropogene Einflüsse verursachte Degradierungen und Verluste von Böden müssen im Zusammenhang mit dieser Tatsache gesehen und bewertet werden.

In den vergangenen Jahren wandte man der Beeinflussung der Bodenbiologie durch landwirtschaftliche Praktiken sowie durch den Eintrag von Schadstoffen sehr viel Aufmerksamkeit zu. In landwirtschaftlich genutzten Böden bestehen vor allem im Einsatz von Pflanzenschutzmitteln sowie in der Applikation von Abfällen aus Siedlung, Industrie und Gewerbe potentielle Kontaminationsquellen für Schadstoffe. Die Böden werden zusätzlich durch den Eintrag von Luftschadstoffen belastet. Unter Feldbedingungen kommt es zur Überlagerung verschiedener Einflüsse.

Die Frage nach den Konsequenzen von durch landwirtschaftliche Praktiken sowie durch den Eintrag von Schadstoffen veränderten Bodeneigenschaften für die Fruchtbarkeit von Böden sowie für die Umwelt trat auf. Eine Möglichkeit diese Frage zu beantworten besteht in der Erfassung chemischer, physikalischer und biologischer Eigenschaften anthropogen beeinflußter Böden und in der gemeinsamen Interpretation der erhaltenen Ergebnisse vor dem Hintergrund der einwirkenden Faktoren.

Bewirtschaftungsmaßnahmen und Schadstoffeinträge in den Boden verändern Bodeneigenschaften wie Humus- und Nährstoffgehalt, Bodenstruktur und damit in Beziehung stehende Eigenschaften und Zustände sowie mikrobielle und biochemische Parameter. Bewirtschaftungs- und schadstoffbedingte Modifikationen von Bodeneigenschaften sind standortspezifisch.

1.2 Indikatoren der Bodenqualität

1.2.1 Definitionen und Kenngrößen

Für die Bewertung des Einflusses physikalischer und chemischer Faktoren auf Böden sowie des Fortschrittes von Restaurierungsprojekten mit gestörten Böden und für gesetzliche Maßnahmen zum Bodenschutz sind Untersuchungen zur Bodenqualität notwendig.

Unter Bodenqualität kann das Vermögen eines Bodens zur Erfüllung bestimmter Funktionen verstanden werden. Solche Funktionen, welche mit der langfristigen Sicherung der pflanzlichen Produktion und der Erhaltung der Umweltqualität in Beziehung stehen wurden bereits weiter oben angeführt. Die Bodenqualität wird von physikalischen, chemischen und biologischen Eigenschaften des Bodens, welche Abhängigkeit von einander aufweisen, bestimmt.

Die natürliche Fruchtbarkeit von Böden steht als eine Komponente der Bodenqualität mit den bodenbildenden Faktoren in Beziehung. Diese ist vom Ausgangsgestein, vom Klima, vom Relief, vom Wasserregime, von der Vegetation, von der Bodenbiologie und von menschlichen Einflüssen abhängig. Die Gründigkeit, die Durchwurzelbarkeit, die Textur und das Gefüge, der Luft-, Wasser-, Wärme- und Nährstoffhaushalt, die Sorptionseigenschaften, die Bodenreaktion, das Redoxpotential, die Salinität, die Qualität und Quantität der organischen Substanz, die Bodenlebewesen und die biochemischen Stoffumsetzungen sind fruchtbarkeitsbestimmende Standortfaktoren. Die natürliche Fruchtbarkeit variiert mit dem Entwicklungszustand des Bodens.

Hinsichtlich der wissenschaftlichen Definition des Begriffes „Bodenfruchtbarkeit" besteht Diskussion. Die nicht direkte Meßbarkeit dieser Größe ist teilweise dafür verantwortlich. Es können nur einzelne, die Fruchtbarkeit des Bodens bestimmende Faktoren bestimmt werden.

In der Literatur werden verschiedene Definitionen der Bodenfruchtbarkeit gefunden. Primär steht dabei die pflanzliche Ertragsbildung im Vordergrund. Demgemäß kann als Bodenfruchtbarkeit die Fähigkeit von Böden verstanden werden, den Pflanzen aufgrund ihrer physikalischen, chemischen und biologischen Eigenschaften als Standort zu dienen und ihnen durch Vermittlung von Wasser, Luft und Nährstoffen die erforderlichen Lebensbedingungen zu bieten. Eine andere Definition legt das Hauptaugenmerk auf ein geeignetes und ausgeglichenes Angebot an Elementen und Nährstoffen, welches den Ansprüchen der Pflanzen Genüge tun sollte. Die Bodenfruchtbarkeit wird in diesem Zusammenhang als die Fähigkeit des Bodens gesehen, die für das Pflanzenwachstum essentiellen Elemente zur Verfügung zu stellen, ohne jedoch toxische Konzentrationen an einem der Elemente zu erreichen. Die Bodenfruchtbarkeit wurde auch als die nachhaltige Ertragsfähigkeit eines Bodens sowie ebenso als der Wirkungsanteil des Bodens an der Ausbildung des Feldfruchtertrages definiert. Dieser Anteil schließt die Speicherung von Wasser und Nährstoffen in pflanzenverfügbarer Form, den Austausch von Gasen im Wurzelraum zur Erhaltung aerober Bedingungen, den Umsatz der organischen Substanz durch Bodenlebewesen zur Freisetzung von Nährstoffen sowie zur Schaffung einer für das Pflanzenwachstum günstigen Struktur ein.

Auch wird eine Unterscheidung zwischen Bodenfruchtbarkeit und Standortertragsfähigkeit getroffen. Unter letzterer versteht man die durch

Boden- und Klimafaktoren, durch Pflanzeneigenschaften und Bewirtschaftungsmaßnahmen bedingte Produktivität eines Standortes.

Im landbaulichen Sinne gilt ein Boden als um so fruchtbarer, je besser er die oben angeführten Funktionen entweder von Natur aus erfüllt oder je besser er auf bodenverbessernde Aufwendungen reagiert. Dies heißt, je höher und qualitativ besser die auf diese Weise erzielten Pflanzenerträge langfristig sind.

Die Ertragsfähigkeit eines Bodens für eine bestimmte Kulturart läßt sich über die Untersuchung der für diese spezifisch bedeutsamen Standortfaktoren klären und bewerten. Die Ertragsfähigkeit von Böden kann durch die Bewertung der Bodeneigenschaften unter Einbeziehung von Klima und Relief abgeschätzt werden. Verhältniszahlen, welche die Unterschiede im Reinertrag zum Ausdruck bringen, die unter sonst gleichen Bedingungen nur durch die Beschaffenheit des Bodens bedingt sind, werden als ungefähres Maß für die Ertragsfähigkeit von Böden genutzt. Eine solche Verhältniszahl ist die Bodenzahl, wobei der beste Boden die Bodenzahl 100 aufweist (Schachtschabel et al. 1992). Zur Bestimmung der Bodenzahl werden die Bodenart, das geologische Alter des Ausgangsgesteins und die Zustandsstufe der Böden herangezogen. Die Zustandsstufe stellt den Entwicklungsgrad dar, welcher ein Boden bei seiner Entwicklung vom Rohboden (geringste Entwicklung) über eine Stufe höchster Leistungsfähigkeit (reicher, humoser, tiefgründig nicht entkalkter Boden mit besten physikalischen Eigenschaften), den Zustand der zunehmenden Entkalkung, Versauerung, Bleichung und Verdichtung sowie abnehmender Durchwurzelungstiefe bis zur Ausbildung eines Podsols (stärkste Verarmung) erreicht hat.

In der Praxis wurde zur Bezeichnung des optimalen Fruchtbarkeitszustandes eines Bodens der Begriff Bodengare geprägt. Die Bodengare ist der für das Pflanzenwachstum, primär unter dem Aspekt physikalischer Eigenschaften, optimale Bodenzustand. Im Boden lebende Mikroorganismen und Tiere sowie die Wurzeln sind wesentlich an der Ausbildung der Bodengare beteiligt (Lebendverbauung der Krümelstruktur). Die Bodengare kann durch Kulturmaßnahmen selbst nicht geschaffen werden, wenngleich Kulturmaßnahmen eine Vorbedingung der Garebildung oder des Gareschwundes sind (Jäggi 1974). Geeignete Bodenbearbeitungsmaßnahmen, zweckmäßige Fruchtfolgen und eine ausreichende Versorgung mit Humus und Nährstoffen wirken fördernd auf die Etablierung der Bodengare.

Ein weiter gefaßtes Verständnis von Bodenfruchtbarkeit schließt neben der Funktion des Bodens als Standort der pflanzlichen Produktion auch dessen Filter-, Puffer- und Transformationsfunktion gegenüber zahlreichen chemischen und physikalischen Einwirkungen ein.

Böden, welche keine physikalischen, chemischen sowie biologischen Beschränkungen für das Pflanzenwachstum aufweisen werden als gesunde

Böden definiert. Unter Vernachlässigung klimatischer Faktoren wird in einem schlechten Pflanzenwachstum der Ausdruck bodenbürtiger nichtbiologischer oder biologischer Beschränkungen gesehen.

Bewirtschaftungsmaßnahmen sind vom Menschen bewußt gesetzte Aktivitäten zur Erhöhung der Ertragsfähigkeit eines Standortes. Unter dem Einfluß von langfristiger Bewirtschaftung wird die natürliche Fruchtbarkeit von Böden modifiziert. Eine auf Nachhaltigkeit orientierte landwirtschaftliche Praxis berücksichtigt die Natur der Böden als komplexe Ökosysteme. Diese fördert und nutzt die organismische Vielfalt und die Wechselwirkungen zwischen Organismen zum Aufbau einer pflanzengünstigen Bodenstruktur, zur Nachlieferung und vorübergehenden Speicherung von Nährstoffen und zur Kontrolle von Krankheiten und Schädlingen sowie von physikalischen und chemischen Bodendegradationen.

Die Wirkung anthropogener Eingriffe in Bodenökosysteme ist aufgrund der Komplexität der Systeme nicht auf einfache Weise zu erkennen. Zur Bestimmung qualitäts- bzw. fruchtbarkeitsbestimmender Faktoren und Prozesse, deren anthropogen bedingte Veränderung sowie zur Klärung kausaler Zusammenhänge zwischen diesen Parametern sind interdisziplinäre Untersuchungsansätze notwendig.

Chemische und physikalische Bodeneigenschaften sind historische Maßstäbe der Bodenfruchtbarkeit und Bodenbelastung, wenngleich die bodenmikrobiologische und -enzymatische Forschung seit ihren frühen Anfängen um den Erhalt biologischer Indikatoren der Bodenfruchtbarkeit bemüht ist. Die den Boden besiedelnden Organismen und die im Boden ablaufenden biochemischen Stoffumsetzungen repräsentieren die biologische Komponente der Bodenqualität. Zur Erfassung der biologischen Komponente der Bodenqualität werden sowohl strukturelle als auch funktionelle Untersuchungen durchgeführt. Wesentlich ist, daß chemische, physikalische und biologische Bodeneigenschaften in enger Beziehung zu einander stehen. Unter dem Aspekt der Bodenfruchtbarkeit bzw. Bodenqualität können diese Eigenschaften nicht voneinander getrennt werden.

Es besteht die Notwendigkeit, die Ergebnisse bodenbiologischer Untersuchungen gemeinsam mit den Ergebnissen gleichzeitig durchgeführter physikalischer und chemischer Untersuchungen zu interpretieren. Strukturelle Bodeneigenschaften bzw. die Nährstoffverfügbarkeit, das Nachlieferungsvermögen für Nährstoffe und quantitative sowie qualitative Eigenschaften der organischen Bodensubstanz sind wesentliche physikalische bzw. chemische Parameter mit Relevanz für die Qualität und Fruchtbarkeit von Böden.

Organische Substanz

Die organische Substanz spielt bei der Entwicklung und Funktion terrestrischer Ökosysteme eine zentrale Rolle. Die potentielle Produktivität steht in terrestrischen Systemen mit der Menge und dem Umsatz der organischen Bodensubstanz in Beziehung. Die organische Substanz übt in terrestrischen Ökosystemen einen dominanten Einfluß auf die Systemstruktur und -stabilität aus, wenngleich deren prozentueller Anteil am gesamten Bodenkörper zumeist relativ gering ist. Die Angaben für den organischen Substanzgehalt von Böden bewegen sich für solche im gemäßigten Klimabereich zwischen 0.4 und 10%. Die A_h-Horizonte von Wald- und Ackerböden weisen oft nur wenige Prozent (1.5–4%) organische Substanz auf.

Pflanzen und autotrophe Mikroorganismen sind die Primärproduzenten in terrestrischen Ökosystemen. Die Primärproduktion ist in den meisten Böden die Hauptquelle für die organische Bodensubstanz. Photosynthetisch gebundener Kohlenstoff wird von den oberirdischen Pflanzenteilen über den Streufall und von den Wurzeln über Wurzelstreu und Rhizodeposition in den Boden eingetragen. Organismenleichen, organische Dünger in Form von Pflanzenresten, Stalldünger oder alternative organische Düngemittel wie Abfälle aus Siedlung, Gewerbe und Industrie sind ebenso wie organische Agrarhilfsstoffe weitere Quellen der organischen Bodensubstanz.

Tabelle 1. Ungefährer jährlicher Eintrag von Substraten (Primärproduktion) in die oberen fünf Zentimeter eines Ackerbodens der temperaten Zone

Quelle	Menge (kg/ha/Jahr)
Wurzelzersetzung	400
Wurzelexsudation	240
Strohrückstände	2800
autotrophe Mikroorganismen	100
Summe	3540

Aus Lynch (1991).

Faktoren in deren Abhängigkeit die organische Substanz Veränderungen unterworfen ist schließen die Menge an eingetragenem organischen Material und dessen Abbaurate, die Abbaurate der nativen organischen Bodensubstanz, die Bodentextur und das Klima ein. Die ersten beiden Faktoren weisen eine starke Abhängigkeit vom Bewirtschaftungssystem auf.

In natürlichen Systemen weist der organische Substanzgehalt den Trend auf in Richtung auf ein von den gegebenen Standortbedingungen abhängiges Gleichgewicht zuzunehmen. Dieser Trend wird in bewirtschafteten Systemen durch einen veränderten organischen Substanzeintrag sowie ebenfalls veränderte Abbauraten der organischen Substanz gestört. Die natürliche Fruchtbarkeit des Standortes wird dadurch modifiziert. Diese nimmt ab, wenn es infolge des verringerten organischen Substanzgehaltes zu einem Rückgang des Vermögens zur Nährstoffnachlieferung und -speicherung, zu einem Rückgang der Nährstoffverfügbarkeit, eines solchen des Puffervermögens sowie weiters zur Verschlechterung der strukturellen Bodeneigenschaften und zu biologischen Instabilitäten kommt. Der für eine erfolgreiche Bewirtschaftung notwendige organische Substanzgehalt variiert mit dem Bodentyp, dem Klima und der Art der Bodennutzung.

In Böden, welche über viele Jahre hinweg unter der gleichen Bewirtschaftung stehen stellt sich ein für diesen Standort spezifisches Gleichgewicht der organischen Substanz ein. Im temperaten Klimaraum weisen quantitative Veränderungen der organischen Bodensubstanz die Tendenz auf sich langsam zu vollziehen. Auf Störungen beruhende Veränderungen des organischen Substanzgehaltes können deshalb erst nach vielen Jahren nachweisbar werden. Die Erstellung von Humusbilanzen erfordert langfristige Feldversuche, deren Dauer mit zehn und mehr Jahren veranschlagt wird.

Die intensive Bewirtschaftung von landwirtschaftlichen Standorten und von Wäldern sowie die Entwaldung fördern durch einen gesteigerten Abbau von organischer Bodensubstanz und durch Erosion des ungeschützten Bodens den Rückgang des organischen Substanzgehaltes.

Bewirtschaftungsmaßnahmen nehmen unter anderem über die Quantität und Qualität der zugeführten organischen Substanz, deren Verteilung im Profil sowie deren Organisationsform Einfluß auf bodenbiologische Parameter. Systeme mit hohen Einträgen an organischer Substanz zeigen die Tendenz zur Unterhaltung einer großen mikrobiellen Biomasse und einer hohen biologischen Aktivität. Aus nicht nur auf die Gewichtseinheit Boden, sondern auch auf deren Gehalt an organischer Substanz bezogenen biologischen Analysedaten wurden Angaben über die relative Stabilität der organischen Bodensubstanz abgeleitet. Eine veränderte Effizienz im Abbau der organischen Substanz läßt unter anderem Schlüsse auf qualitative Veränderungen der organischen Substanz infolge äußerer Einflüsse zu.

Quantitative und qualitative Veränderungen verschiedener Fraktionen der organischen Bodensubstanz konnten unter dem Einfluß bestimmter Bewirtschaftungsmaßnahmen sowie von Schadstoffen nachgewiesen werden.

Im organischen Substanzgehalt des Bodens wird ein orientierendes Maß für die Abschätzung der Bodengesundheit gesehen, da hohe organische Substanzgehalte mit anderen günstigen Eigenschaften von Böden wie hoher Organismenbesatz, Vermögen zur Nährstoffnachlieferung und -speicherung, Schadstoffbindung und -transformation sowie Erhaltung der Bodenstruktur in Beziehung stehen. Generalisierungen sind jedoch nicht zulässig, da zum einen nicht nur die Quantität sondern auch die Qualität der organischen Substanz für obige Eigenschaften von Bedeutung ist und zum anderen hohe organische Substanzgehalte auch Hinweis auf einen gehemmten Streuabbau und damit eine gehemmte natürliche Nährstoffnachlieferung für die Primärproduktion geben können.

Eine Reihe von Funktionen der organischen Substanz steht mit der Produktivität von Böden in unmittelbarem Zusammenhang. Wesentliche Eigenschaften des Bodens oder im Boden ablaufende Prozesse stehen mit Wechselwirkungen zwischen der organischen Bodensubstanz und Mikroorganismen sowie den biochemischen Transformationen der organischen Substanz in Beziehung.

Die organische Substanz ist eine Senke und Quelle für Pflanzennährstoffe und das Substrat der heterotrophen Bodenlebewesen. Die organische Substanz enthält Stickstoff, Phosphor, Kohlenstoff und andere Elemente in einer den Pflanzen nicht verfügbaren Form. Die den Boden besiedelnden Mikroorganismen und Tiere und die dort immobilisierten Enzyme vermitteln den Ab- und Umbau der organischen Substanz, in deren Verlauf Nährstoffe in einer für Pflanzen aufnehmbaren Form freigesetzt werden. Durch die Überführung organisch gebundener Nährstoffe in pflanzenverfügbare Formen werden Stoffkreisläufe geschlossen.

Der Umsatz der organischen Substanz und die damit verbundene Freisetzung anorganischer Nährstoffe wird durch chemische, physikalische und physikalisch-chemische Bodeneigenschaften, das Klima und die Qualität der organischen Substrate kontrolliert. Diese Parameter steuern gemeinsam mit der Größe und der Aktivität der mikrobiellen Population die Geschwindigkeit des Abbaus und der Nährstofffreisetzung.

Reduzierte organische Substanzgehalte sind mit einem Rückgang der mikrobiellen Biomasse und dem Vermögen von Böden zur Nachlieferung von Nährstoffen durch Mineralisationsvorgänge verbunden. Dort wo der Abbau versiegt oder sich verlangsamt und sich organische Substanz anreichert erschöpft sich die Bodenfruchtbarkeit.

Im Zuge des Ab- und Umbaus der organischen Substanz entstehen Stoffe, welche die Qualität von Böden wesentlich mitbestimmen. Es sind dies die Huminstoffe. Diese Stoffe repräsentieren chemisch komplexe, amorphe, organische Verbindungen mit Molekulargewichten von wenigen hundert bis einige tausend Dalton. Das Auftreten von Huminstoffen steht unter dem Einfluß von Standortfaktoren. Die Huminstoffe weisen eine Größe < 2 μm auf und verfügen über eine große spezifische Oberfläche. Ein weiteres Merkmal dieser Stoffe ist deren Ladung. Diese hinsichtlich ihrer Qualität und Quantität standortabhängigen organischen Kolloide sind gegenüber dem mikrobiellen Abbau widerstandsfähiger als nichthumifizierte organische Substanzen.

Die große spezifische Oberfläche und die Ladung der organischen Kolloide beeinflußt die Rückhaltung und Verfügbarkeit von Nährstoffen sowie auch potentieller Schadstoffe im Boden. Organische Substanzverluste verringern die Kapazität von Böden zur Rückhaltung von Nährstoffen und potentiellen Schadstoffen. Eine weitere wichtige Eigenschaft der organischen Substanz ist deren hohe Wasserhaltekapazität und deren Einfluß auf die Bodentemperatur.

Huminstoffe nehmen über die Verbesserung der physikalischer Bodeneigenschaften und die Speicherung von Wasser und Nährstoffen Einfluß auf Mikroorganismen und Pflanzen. Es wurde postuliert, daß die Menge an Huminsubstanzen mit niedrigem Molekulargewicht einen geeigneteren Hinweis auf die Bodenfruchtbarkeit geben kann, als der gesamte Gehalt des Bodens an Huminstoffen. Die gegenüber solchen mit höherem Molekulargewicht relativ größere Zahl aktiver funktioneller Gruppen dieser Stoffe wird damit in Beziehung gesetzt. Neben der Beeinflussung von Pflanzen und Mikroorganismen über die Verbesserung physikalischer und chemischer Bodeneigenschaften konnten auch Hinweise auf eine direkte Beeinflussung des pflanzlichen und mikrobiellen Stoffwechsels durch Huminstoffe erhalten werden. Mit Hilfe von Essigsäure depolykondensierte Huminstofffraktionen wiesen Phytohormonwirkung auf und förderten die pflanzliche Aufnahme von Nitrat (Dell'Agnola und Nardi 1987). Entsprechende chemische Veränderungen von Huminstofffraktionen könnten in der Rhizosphäre durch pflanzliche Ausscheidungen oder mikrobiell vermittelt werden. Befunde, welche ein mit oberflächenaktiven Stoffen vergleichbares Verhalten von Huminstoffen anzeigen, weisen sowohl für die Wechselwirkung mit Mikroorganismen und Pflanzen als auch für die Mobilisierung und den Transport von unlöslichen organischen Umweltchemikalien im Boden Relevanz auf.

Die organische Substanz ist für die Ausbildung und die Erhaltung eines für die pflanzliche Produktion günstigen Bodengefüges von grundlegender Bedeutung. Die organische Substanz spielt gemeinsam mit der assoziierten mikrobiellen Biomasse eine Schlüsselrolle hinsichtlich der strukturellen Eigenschaften von Böden. Diese fördert die Bodenaggregation, welche die Verhältnisse hinsichtlich des Luft- und Wasserhaushaltes für das Wurzelwachstum kontrolliert und Widerstandfähigkeit gegenüber Wind- und Wassererosion vermittelt.

Die zahlreich bestehenden engen Wechselwirkungen zwischen den Bodenmikroorganismen und den mineralischen und organischen Komponenten des Bodens sind sowohl für die Ausbildung der Bodenstruktur als auch für die Verwitterung mineralischer Bodenbestandteile wichtig. Die Verwitterung repräsentiert einen bodenbildenden sowie einen für die Nährstoffnachlieferung aus der anorganischen Bodensubstanz wichtigen Prozess. Lösliche, komplexierend wirkende organische Verbindungen fördern die Lösung von Mineralien und nehmen Einfluß auf die Verfügbarkeit und Verlagerung von Makro- und Mikronährstoffen bzw. von potentiell toxischen Elementen. Die Löslichkeit von Aluminium sowie von essentiellen (Fe, Mn, Cu, Zn, usw.) und potentiell toxischen Schwermetallen (z.B. Hg, Cd, Pb) wird über die Ausbildung löslicher metallorganischer Komplexe erhöht. Die Löslichkeit vieler Mikronährstoffe ist so gering, daß es den Pflanzen in Abwesenheit von Humus nicht möglich ist von diesen ausreichend zu erhalten. Metallchelate sind wasserlöslich und halten die komplexierten Metalle in verschiedenen Stabilitätsgraden. Als organische Komplexbildner wirken Huminsäuren, Fulvosäuren und niedermolekulare organische Verbindungen, welche beim Abbau der organischen Substanz freigesetzt, durch mikrobielle Stoffwechselaktivität gebildet und durch Wurzeln freigesetzt werden. In der Rhizosphäre ist die Bildung organischer Komplexbildner besonders hoch. Gleiches gilt für reduzierende Bodenbedingungen, da fakultativ und obligat anaerobe Mikroorganismen verstärkt komplexierend und reduzierend wirkende Verbindungen bilden. Die Möglichkeit einer infolge der Applikation organischer Dünger geförderten Mobilisierung toxischer Schwermetalle an mit solchen kontaminierten Standorten wäre zu berücksichtigen.

Die Wechselwirkung zwischen Huminstoffen und organischen Umweltchemikalien ist ebenfalls von Relevanz. Die Verlagerung organischer Umweltchemikalien oder Pflanzenschutzmittel sowie deren Metabolite im Boden bzw. deren Eintrag in das Grundwasser kann durch die Bindung derselben an Huminstoffe sowohl verhindert als auch gefördert werden.

Mögliche Effekte von Schadstoffen wie Schwermetallen oder organischer Chemikalien auf mikrobielle bzw. bodenenzymatische Parameter können durch die organische Substanz maskiert werden. Diesbezüglich ist auch die Qualität der organischen Substanz von Bedeutung.

Der organischen Bodensubstanz kommt auch eine Schutzfunktion zu. Hohe organische Substanzgehalte begünstigen das Wachstum saprophytischer Organismen und vermögen das Wachstum von Parasiten zu unterdrücken bzw. den Übergang der Saprophyten zur parasitischen Ernährung zu verhindern. Bei höheren Humusgehalten ist die Krankheitsanfälligkeit von Kulturpflanzen meist geringer. Die diesbezüglich diskutierten Mechanismen stehen entweder mit einer direkten Wirkung organischer Stoffe oder mit der Beeinflussung des Bodenlebens, z.B. Konkurrenz zwischen saprophytischen und parasitischen Organismen, in Beziehung.

1.2.2 Mikrobiologische und bodenenzymatische Parameter

Die Bodenmikroorganismen und die im Boden ablaufenden biochemischen Stoffumsetzungen tragen zur Qualität und Fruchtbarkeit eines Bodens bei. Zur vollständigen Aufklärung der Bedeutung von Wechselwirkungen zwischen Bodenmikroorganismen und anderen Bodenlebewesen sowie zwischen selbigen und bodenchemischen sowie -physikalischen Parametern hinsichtlich der Etablierung verschiedener Bodenzustände besteht interdisziplinärer Forschungsbedarf.

Aufgrund ihrer Bedeutung für die Etablierung und die Aufrechterhaltung der lebenswichtigen Funktionen von Böden sowie ihrer raschen und sensitiven Reaktion auf Umwelteinflüsse bieten sich bodenmikrobiologische und -enzymatische Parameter für die Bewertung von Bodenbelastungen an.

Die Bestimmung bodenmikrobiologischer und -enzymatischer Parameter erlaubt gemeinsam mit physikalischen, chemischen und strukturellen Parametern die Abschätzung und Bewertung der Auswirkungen anthropogener Eingriffe in Richtung und Intensität auf die Nährstoffkreisläufe, die Bodenstruktur und auf Bodenfunktionen. In Bezug auf die Abschätzung bzw. die Verfolgung des Erfolges bzw. des Fortschrittes von Restaurierungsprojekten mit gestörten Böden gilt obiges sinngemäß.

Der Einsatz bodenbiologischer Parameter als Indikatoren der Bodenqualität bedarf einer sorgfältigen Auswahl der zu beprobenden Standorte, der Beprobungstermine sowie der Standardisierung der Probennahme, der Probenvorbereitung und der eingesetzten Methoden. Eine zur Erfassung biologischer Größen eingesetzte Methode kann die realen Verhältnisse relativ verfälschen, weshalb deren Auswahl kritisch zu bewerten ist. Bodenmikrobiologische und -enzymatische Parameter sind standortspezifisch. Verschiedene terrestrische Ökosysteme umfassende systematische Untersuchungen an Langzeitstandorten sind zur Gewinnung von umfangreichem, statistisch auswertbarem Datenmaterial zur Interpretation der Ergebnisse notwendig.

Langjährige intensive Forschungsanstrengungen zeigten die Bedeutung bodenmikrobiologischer und -enzymatischer Parameter für die Aufrechterhaltung von Stoffkreisläufen, den Prozeß der Humifizierung und die strukturellen Eigenschaften von Böden. Die biologisch vermittelten Mobilisierungs- und Immobilisierungsprozesse steuern die Nährstoffverfügbarkeit für Pflanzen. Die Mobilisierung und vorübergehende Immobilisierung von Nährstoffen, die Bindung von atmosphärischem Stickstoff, symbiontische sowie antagonistische Beziehungen untereinander sowie zu Pflanzen und Tieren sind wichtige bodenmikrobiologische Leistungen. Die Bodenmikroorganismen und -enzyme tragen durch den Ab- und Umbau der organischen Substanz und die damit verbundene Freisetzung von Nährstoffen, die Beteilung am Prozeß der Huminstoffbildung sowie an der Entwicklung und Aufrechterhaltung des Bodengefüges wesentlich zur Eignung eines Bodens als Standort für die pflanzliche Produktion bei. Die Eliminierung von Schadstoffen und die Kontrolle von Phytopathogenen sind in Bezug auf die Bodenfruchtbarkeit und die Umweltqualität wichtige mikrobiologische und enzymatische Leistungen.

Die mikrobielle Biomasse, die Bodenatmung, die Transformationen des Stickstoffs sowie ausgewählte Bodenenzymaktivitäten sind häufig untersuchte bodenbiologische Größen. Im vergangenen Jahrzehnt erlangte der Einsatz ökophysiologischer Parameter für die Untersuchung des Bodenzustandes zunehmend an Bedeutung. Die Charakterisierung des physiologischen Zustandes der Bodenmikroorganismen erwies sich zusätzlich zur Quantifizierung der Biomasse der Bodenmikroorganismen und des damit verbundenen C- und Nährstoffpools als ein wertvoller Bestandteil ökologischer Untersuchungen.

Die Bodenmikroorganismen und die im Boden ablaufenden biochemischen Stoffumsetzungen reagieren auf Bewirtschaftungsmaßnahmen wie Veränderung der Nutzungsform, Düngung, Bodenbearbeitung, Vereinheitlichung der Pflanzendecke sowie auf Maßnahmen zur Minderung von Stickstoffverlusten und zum chemischen Pflanzenschutz. Es trat die Frage auf, ob die biologische Komponente der Bodenfruchtbarkeit durch die verschiedenen Bewirtschaftungsmaßnahmen gefährdet wird bzw., welche biologischen Größen negative oder positive Effekte auf die Bodenbiologie am besten anzeigen. Der Einsatz bestimmter bodenbiologischer Größen als Indikatoren einer sich verändernden Bodenqualität sollte dadurch möglich werden.

In auf Nachhaltigkeit ausgerichteten und sich an geschlossenen Stoffkreisläufen und natürlichen Regulationsmechanismen orientierenden Produktionssystemen kann die Bedeutung der Bodenorganismen und deren Leistungen für die Bodenfruchtbarkeit besonders deutlich erkannt werden. In der Abwesenheit von extern zugeführten Nährstoffen wird die Geschwindigkeit der Nährstoffmobilisierung zu einem limitierenden Faktor für die Pflanzenproduktion. In sich entwickelnden und ungestörten terrestrischen Systemen bzw. in Bewirtschaftungssystemen, wo die Bodenfruchtbarkeit eng an den Umsatz der organischen Substanz gebunden ist, besteht eine engere Beziehung zwischen den biochemischen Stoffumsetzungen im Boden und den Pflanzenerträgen. In bewirtschafteten Systemen wird die Beziehung zwischen der biologischen Aktivität und der Produktivität durch andere Faktoren überlagert. Eine entsprechende Situation kann in Systemen gegeben sein in welchen durch hohe Einträge an mineralischen Nährstoffen und Wasser eine Stimulierung des Pflanzenwachstums nicht aber eine solche der Mikroorganismen stattfindet. Organische Dünger vermögen die biochemischen Stoffumsetzungen im Boden zu fördern, während diese durch die Anwendung anorganischer Dünger gehemmt werden können. Die Fruchterträge können hingegen bei entsprechender Nährstoffapplikation für beide Düngerarten (organisch bzw. anorganisch) identisch sein.

Bereits sehr früh in der Geschichte der Entwicklung des Fachgebietes der Bodenmikrobiologie und -enzymatik suchte man nach Parametern zur Kennzeichnung der Aktivität der biologischen Komponente des Bodens. Damals wie heute ist man um die Entwicklung eines universellen biologischen Index bemüht mit dessen Hilfe der Zustand und die Fruchtbarkeit eines gegebenen Bodens bestimmt werden kann.

Die Bemühungen zum Erhalt mikrobiologischer Indikatoren der Bodenqualität bestanden zunächst vor allem in der Bestimmung der Zahl und des Artenspektrums der Bodenmikroorganismen. Späterhin wurde mehrheitlich die Auffassung vertreten, daß nicht so sehr das zahlenmäßige Auftreten und die systematische Zugehörigkeit der Bodenlebewesen für die Bodenfruchtbarkeit von Bedeutung sei, sondern vielmehr deren gesamte Biomasse und die durch diese bewirkten Stoffumsetzungen und deren Einfluß auf die Bodenstruktur.

Die Bodenqualität wird von zahlreichen interagierenden Standortbedingungen gesteuert. Diese Erkenntnis gab bereits früh Anlaß für die kritische Betrachtung der Eignung individueller biologischer Größen als Indikatoren der Bodenqualität. Die Fruchtbarkeit eines Bodens ist ebenso wie dessen biologische Aktivität eine komplexe Eigenschaft, welche nicht durch einen einzelnen Parameter angezeigt werden kann. Ein für eine generelle Anwendung geeigneter biologischer Indikator der Bodenqualität existiert nicht.

Das Pflanzenwachstum, das geringe Auftreten von durch bodenbürtige Phytopathogene verursachten Krankheiten, große Populationen günstiger Bodenorganismen, eine hohe Diversität der Bodenorganismen, ein hoher organischer Substanzgehalt, eine aktive mikrobielle Biomasse, ein hoher Gehalt an potentiell mineralisierbarem Kohlenstoff und Stickstoff sowie hohe Enzymaktivitäten werden zu den biologischen Indikatoren der Produktivität von Böden gezählt.

Biologische Indikatoren der Bodenkontamination schließen Veränderungen der mikrobiellen Biomasse, qualitative Veränderungen mikrobieller Populationen, Resistenzbildung, Veränderungen hinsichtlich der biochemischen Leistungsfähigkeit sowie auch die Gegenwart toxischer Stoffe in pflanzlichen Geweben ein.

Für flüssige Umweltproben entwickelte Methoden zur Feststellung der Toxizität von Medien für Mikroorganismen wie die Messung des Rückganges der bakteriellen Lumineszenz (*Photobacterium phosphoreum*) oder der bakteriellen Motilität (*Spirillum volutans*) sind für Böden nicht geeignet. Dies steht mit der Komplexität des Systems und den zahlreichen möglichen Veränderungen des ursprünglich eingetragenen Schadstoffes bezüglich Festlegung, Mobilisierung und Umwandlung im Boden in Beziehung.

Niveaus der Untersuchung von Beziehungen zwischen Bodenqualität und Bodenmikroorganismen

Die Beziehungen zwischen Bodenqualität und Bodenmikroorganismen können auf drei unterschiedlichen Ebenen, dem Populationsniveau, dem Gemeinschaftsniveau sowie dem Ökosystemniveau untersucht werden (Visser und Parkinson 1992). In die Stoffkreisläufe involvierte biochemische Prozesse stehen im Zentrum von Untersuchungen auf dem Niveau des Bodenökosystems. In Untersuchungen auf dem Niveau des Ökosystems wird die beste Möglichkeit für eine rasche Bestimmung von Veränderungen der Bodenqualität gesehen.

Mikrobielle Populationen und Gemeinschaften

Bakterien und Pilze und die von diesen erbrachten Leistungen sind integrale Bestandteile der Entwicklung und Erhaltung produktiver Böden. Für bestimmte Mikroorganismenarten oder -gruppen ist die Beteiligung an definierten im Boden ablaufenden Vorgängen bekannt. Aus der Nachweisbarkeit bzw. der Nichtnachweisbarkeit solcher Organismen werden Hinweise auf den Zustand von Böden abgeleitet. Die An- bzw. Abwesenheit bestimmter Mikroorganismen kann jedoch von anderen Eigenschaften des Bodens, welche in Bezug auf die Bodenproduktivität günstig zu bewerten sind, relativ unabhängig sein.

Beispiele für günstige Bodenmikroorganismen sind symbiontische sowie nichtsymbiontische stickstoffixierende Bakterien, das Pflanzenwachstum fördernde Rhizobakterien und der Kontrolle von Wurzelpathogenen dienende Mikroorganismen, am Abbau bzw. Umbau widerstandfähiger Naturstoffe wie beispielsweise Lignin oder naturfremder organischer Verbindungen beteiligte Mikroorganismen sowie Mykorrhizapilze. Bodenbürtige Phytopathogene oder das Pflanzenwachstum hemmende Rhizobakterien sind Beispiele für ungünstige Mikroorganismen.

Die Nutzung der Häufigkeit des Auftretens bestimmter Mikroorganismenarten bzw. -gruppen als Indikatoren der Bodenqualität ist an effiziente Methoden zu deren Nachweis gebunden. Gleiches gilt für strukturelle Veränderungen mikrobieller Gemeinschaftsstrukturen bzw. Sukzessionen von Organismengruppen. Das Auffinden von Organismen, welche empfindlich und möglichst spezifisch auf bestimmte Arten von Bodenbelastungen reagieren und deshalb durch ihr Fehlen oder Vorhandensein Hinweise auf die Qualität des Bodens vermitteln wäre wünschenswert.

Der Wert von Untersuchungen zur Artzusammensetzung der mikrobiellen Gemeinschaft eines Bodens als Indikator der Bodenqualität wird dadurch limitiert, daß es nicht möglich ist, sämtliche in einem Boden vertretenen Mikroorganismenarten zu erfassen. Zahlreiche Arten müssen noch beschrieben werden.

Das Wissen hinsichtlich der Diversität der Bodenmikroorganismen ist gering. Forschungsbedarf besteht auch hinsichtlich der Erfassung der genetischen Diversität der bereits bekannten Arten.

Da die Diversität der Mikroorganismen in einem Boden nicht in ihrer Gesamtheit bestimmt werden kann, ist es auch nicht möglich die optimale Diversität eines landwirtschaftlichen oder forstlichen Bodenökosystems zu definieren. Das Fehlen von detaillierter Information hinsichtlich der Artzusammensetzung mikrobieller Gemeinschaften im Boden beschränkt den Einsatz mikrobieller Diversitätsindices in anthropogen beeinflußten terrestrischen Ökosystemen. Es gibt Berichte über signifikante Verluste an Artenreichtum im Gefolge bestimmter anthropogener Einflüsse auf Bodenökosysteme. Bezogen auf Bewirtschaftungsmaßnahmen konnten in konventionell bewirtschafteten Systemen, welche sich durch eine intensive Bodenbearbeitung, einen hohen anorganischen Düngereinsatz und durch Monokultur auszeichneten Artenverluste nachgewiesen werden (z.B. Paoletti et al. 1992). Gegenüber nichtbearbeiteten Systemen können in bearbeiteten Systemen Nahrungsnetze fehlen oder instabil sein. Systeme, welche die Rückführung von Feldfruchtrückständen, das Anlegen von Mulchen, die Applikation von organischem Dünger sowie die reduzierte Bodenbearbeitung praktizieren fördern die Biomasse und die Artenzahl. Mit organischen Chemikalien gestörte mikrobielle Gemeinschaften zeigten eine im Vergleich zu ungestörten Gemeinschaften geringere taxonomische und genetische Diversität (Atlas et al. 1991). Die dominanten Populationen der gestörten Gemeinschaft zeichneten sich durch eine erhöhte physiologische Toleranz sowie ein erhöhtes Vermögen zur Substratnutzung aus.

Hinsichtlich der Korrelation zwischen Diversität und Ökosystemstabilität bzw. der Bedeutung der Biodiversität für die Erhaltung der Bodenproduktivität besteht Diskussion. Lange Zeit ging man davon aus, daß Diversität mit Stabilität gleichgesetzt werden kann. Diese Annahme trifft mit gewissen Ausnahmen weitgehend zu (Perfect 1991). Durch Diversität wird im System Pufferkapazität in dem Sinne geschaffen, daß Störungen einen nur geringen Effekt auf die Funktionalität des Systems ausüben. Dies basiert auf der Fähigkeit von Organismen Nischen zu besetzen, welche durch veränderte Bedingungen zugänglich wurden. Die Produktivität des Ökosystems kann auf diese Weise, obgleich eine Reduktion der Biodiversität eintrat, unbeeinflußt bleiben. In Bezug auf die Beziehung zwischen Diversität und Systemstabilität besteht Abhängigkeit davon, welche Gemeinschaften betrachtet werden. Vermögen in einem System viele verschiedene Arten eine ähnliche Rolle zu erfüllen und besteht demgemäß funktionelle Redundanz, können Arten verloren gehen ohne daß wesentliche Effekte auftreten. Betrachtet man hingegen ein System in welchem beispielsweise eine Pilzart den alleinigen Symbionten einer dominanten Baumart darstellt, kann der Verlust dieser speziellen Art (Schlüssel-Art) massive Auswirkungen auf die Gemeinschaft haben. Gleiches kann für den Verlust eines Antagonisten für einen phytopathogenen Mikroorganismus in landwirtschaftlichen Systemen zutreffen. Für generelle Aussagen sind noch weitere Forschungsanstrengungen notwendig. Die Entwicklung von Verfahren zur raschen Bestimmung sogenannter Schlüssel-Arten ist ein wesentliches Ziel der bodenmikrobiologischen Diversitätsforschung. Prioritäten der bodenmikrobiologischen Diversitätsforschung sind die Entwicklung neuer Methoden zur Isolierung und Kultivierung von Mikroorganismen sowie biochemischer und molekularbiologischer Methoden zum Nachweis nichtkultivierbarer Arten.

Neue Methoden wie die Erstellung von Phospholipid-Fettsäuremustern verleihen der mikrobiellen Populationsforschung im Boden neue Impulse. Die Phospholipidfettsäuren sind sensitive biochemische Marker der mikrobiellen Gemeinschaftsstruktur. Signal-Fettsäuren von Phospholipiden und Lipopolysacchariden wurden als Indikatoren der mikrobiellen Biomasse und Gemeinschaftsstruktur in Böden erprobt. Einer der Vorteile dieser Signal-Moleküle besteht in deren hoher Artspezifität. Mit Hilfe von Fettsäureanalysen konnte der Einfluß unterschiedlicher Bewirtschaftungsmaßnahmen sowie des Eintrages von Schadstoffen auf die Gemeinschaftsstruktur von Bodenmikroorganismen nachgewiesen werden. Die Fettsäuremethylester zeigten Unterschiede in der Struktur der mikrobiellen Gemeinschaft in Reaktion auf Langzeitbewirtschaftung (kontinuierliche Monokultur bzw. Fruchtwechsel) an (Zelles et al. 1992). Veränderungen im Muster der Phospholipidfettsäuren gaben Hinweis auf Veränderungen in der Zusammensetzung bakterieller Populationen im Boden eines mit alkalischen Stäuben belasteten Waldgebietes (Baath et al. 1992).

Hinsichtlich des Monitorings zum Überleben von Mikroorganismen in schadstoffkontaminierten Böden wird molekularbiologischen Methoden ein bedeutendes zukünftiges Anwendungspotential beigemessen.

Von den geschätzten 30 Millionen lebenden Organismenarten konnte erst ein geringer Prozentsatz beschrieben werden. Boussienguet (1991) gab diesen mit 5% und die Zahl der jährlichen Neubeschreibungen mit 15 000–20 000 an. In der Erhaltung von Ökosystemen ist die beste Gewährleistung für die Bewahrung bisher nicht entdeckter organismischer Resourcen zu sehen.

Mikrobielle Biomasse und Bodenatmung

Die mikrobielle Biomasse und die Bodenatmung sind wesentliche Elemente der biologischen Bodenanalyse. Die erhaltenden Werte dienen als Indikatoren für den biologischen Zustand von Böden.

Die Nährstoffkreisläufe sind eng mit dem Kohlenstoffmetabolismus der Bodenmikroorganismen verbunden. Die mikrobielle Biomasse des Bodens ist eine kleine, dynamische und labile Komponente der organischen Bodensubstanz. Diese ist die treibende Kraft der von der Nährstoffmobilisierung und -immobilisierung begleiteten Transformationen der organischen Substanz. Die Dynamik der Lebensbedingungen der Bodenmikroorganismen kontrolliert die Prozesse der Immobilisierung und Mobilisierung von Nährstoffen. Die Verfügbarkeit von abbaubarer organischer Substanz bestimmt neben weiteren Standortfaktoren wie Wasserpotential, Belüftung, pH-Wert, Temperatur, osmotischer Druck, Bodenart, Tonqualität und

Schadstoffe die Größe der mikrobiellen Biomasse und deren Zusammensetzung.

Die mikrobielle Biomasse nimmt als temporäre Nährstoffsenke bzw. als unmittelbare Nährstoffquelle Einfluß auf die Geschwindigkeit mit welcher Nährstoffkreisläufe in terrestrischen Ökosystemen ablaufen. Für biomassebürtigen Stickstoff konnte ein gegenüber solchem in Pflanzenrückständen zehnmal rascher erfolgender Umsatz angegeben werden (Smith und Paul 1990). Während der Zersetzung der organischen Substanz werden von der mikrobiellen Biomasse benötigte Elemente assimiliert und damit vorübergehend immobilisiert, während nicht benötigte freigesetzt werden. Der Wert von Biomassebestimmungen wurde mit der Möglichkeit der Quantifizierung des Nährstoffflusses von der unlöslichen in die pflanzenverfügbare Form in Beziehung gesetzt (Anderson und Domsch 1978). Dies bedeutet, daß die mikrobielle Biomasse mit dem Pool an bodeneigenen labilen verwertbaren Nährstoffen praktisch ident ist. Die in der organischen Substanz festgelegten Nährstoffe werden von Mikroorganismen über den Umweg körpereigener Stoffe in eine pflanzenverfügbare Form überführt. Die mikrobielle Biomasse weist in diesem Sinne die Funktion einer langsam fließenden Nährstoffquelle auf.

Die enge Beziehung zwischen der Kohlenstoffverfügbarkeit, der Größe und der Aktivität der mikrobiellen Biomasse und den Nährstofftransformationen wurde mit Hilfe des Einsatzes markierter Verbindungen etabliert.

Der mikrobielle Biomasse-C, welcher im Vergleich zum gesamten organischen Kohlenstoffgehalt des Bodens ein kleines jedoch labiles Kohlenstoffreservoir darstellt, erwies sich wiederholt als ein sensitiver Indikator für Veränderungen in der Dynamik des Bodenkohlenstoffumsatzes. Die Veränderungen des organischen Substanzgehaltes verlaufen langsam und können deshalb nicht auf einfache Weise exakt gegenüber dem Hintergrund der vorhandenen organischen Substanz bestimmt werden. Veränderungen der mikrobiellen Biomasse wurden als frühe Indikatoren für Veränderungen des organischen Substanzgehaltes vorgeschlagen. Während relativ kurzer Zeiträume bestimmte Veränderungen des mikrobiellen Biomasse-C geben einen frühen Hinweis auf Veränderungen des organischen Substanzgehaltes lange bevor diese mit Hilfe chemischer Methoden nachgewiesen werden können (z.B. Powlson et al. 1987). Die mikrobielle Biomasse reagiert infolge deren dynamischen Charakters rasch auf eine veränderte landwirtschaftliche Praxis, wobei dies vor dem Auftreten meßbarer Veränderungen hinsichtlich des Gehaltes an organischem Bodenkohlenstoff und -stickstoff erfolgt.

Die mikrobielle Biomasse wird häufig mit Hilfe indirekter Verfahren bestimmt. Die Ergebnisse solcher Bestimmungen geben Information über die Menge der ingesamt vorhandenen stoffwechselaktiven Mikroorganismen unterschiedlicher systematischer Zugehörigkeit. Mit Hilfe solcher Verfahren erhaltene Werte zeigen, daß zwischen 1 und 5% der organischen

Substanz der Böden der stoffwechselaktiven mikrobiellen Biomasse entsprechen. Für Ackerböden konnte der Prozentsatz des durch Biomasse repräsentierten organischen Kohlenstoffgehaltes mit etwa 2 und für nichtkultivierte Böden mit etwa 3 angegeben werden (Jenkinson und Powlson 1976).

Anthropogene Einflüsse, welche die Größe der Biomasse oder deren Umsatzraten verändern, vermögen das Pflanzenwachstum über veränderte Verhältnisse hinsichtlich der Verfügbarkeit von Nährstoffen sowie auch über veränderte strukturelle Bodeneigenschaften zu beeinflussen. Manche anthropogene Einwirkungen auf Böden verursachen langfristige Reduktionen der mikrobiellen Biomasse. Böden, welche im Zuge von Klärschlammapplikationen mit Schwermetallen belastet wurden wiesen selbst zwanzig Jahre nach Beendigung dieser Praxis noch Reduktionen der mikrobiellen Biomasse auf (z.B. Chander und Brookes 1991a,b,c, 1993). Es konnten auch Hinweise darauf erhalten werden, daß die aktivierte Biomasse sensibler auf anthropogene Einflüsse reagiert als die ruhende.

Der Methode der substratinduzierten Atmung (SIR) zur Bestimmung der mikrobiellen Biomasse wird im Zusammenhang mit der Beurteilung der Bodenqualität eine besondere Bedeutung beigemessen. Die substratinduzierte Atmung ist die ursprüngliche Atmungsreaktion einer Bodenprobe auf den Zusatz einer optimalen Glucosemenge. Die gewonnenen Daten können zur Errechnung des mikrobiellen Biomasse-C herangezogen werden. Die auf diese Weise bestimmten Werte für den mikrobiellen Biomasse-C werden auch in die Ermittlung ökophysiologischer Parameter einbezogen.

Die Atmungsreaktion von Bodenmikroorganismen während 48 Stunden nach Zugabe einer optimalen Glucosemenge gibt Information über auf Böden ausgeübten Streß. Zunehmender auf Böden ausgeübter Streß (z.B. Versauerung) erhöht die Zeit bis zur Erreichung der maximalen CO_2-Entwicklung nach Zusatz von Glucose (Visser und Parkinson 1989).

Der Nährstoffstatus eines Bodens kontrolliert die mikrobielle Nutzung von verfügbarem Kohlenstoff und die Menge der sich entwickelnden Biomasse. Das unterschiedliche Vermögen von Böden zur Assimilation von Glucose wurde als ein sensitiver Indikator für Nährstoffdefizienzen diskutiert. Ein während 17 Jahren permanent mit Zuckerrüben bestellter und mit NPK gedüngter Boden unterschied sich von einem während 33 Jahren unter Schwarzbrache (ohne Düngerapplikation) stehenden Vergleichsstandort in der Fähigkeit zur Assimilation von Glucose. Obgleich Glucose-C im Überschuß vorlag war die mikrobielle Reaktion (Zunahme der CO_2-Freisetzung) im letzteren geringer. Die unter Schwarzbrache mögliche Limitierung der Atmung durch Nährstoffe andere als Kohlenstoff konnte durch den Zusatz von entweder N oder P oder einer Kombination von N und P gezeigt werden. Der Zusatz von anorganischem Stickstoff hob die Limitierung auf und förderte die weitere Konsumierung der zugesetzten Glucose.

Die kombinierte Gabe von Stickstoff und Phosphor förderte diese noch stärker, während die alleinige Applikation von Phosphor ohne Effekt blieb.

Ökophysiologische Parameter

Die Ermittlung ökophysiologischer Parameter erlangte im vergangenen Jahrzehnt zur Charakterisierung des physiologischen Zustandes der Bodenmikroorganismen und des Bodenzustandes zunehmend an Bedeutung. Die Sensitivität und Aussagekraft derartiger Parameter kann jene der zugrundeliegenden Einzelparameter übersteigen.

C_{mic}/C_{org}-*Verhältnis*. Das Verhältnis des mikrobiellen Biomassekohlenstoffgehaltes (C_{mic}) zum gesamten organischen Kohlenstoffgehalt (C_{org}) (C_{mic}/C_{org}-Verhältnis) des Bodens ist ein sensitiver Indikator für Veränderungen der organischen Bodensubstanz. Einer Theorie zur Entwicklung terrestrischer Ökosysteme entsprechend entwickeln sich Ökosysteme unter Bedingungen von während ausgedehnter Zeitspannen konstant bleibenden Umweltfaktoren in Richtung eines Gleichgewichtzustandes. Gemäß dieser Theorie erreichen auch mikrobielle Gemeinschaften mit zunehmender Ökosystementwicklung ein höheres Maß an Organisation und Effizienz. Bezogen auf die Kohlenstoffkompartimente des Bodens sollte im Gleichgewichtszustand jeder Eintrag in ein gegebenes Kohlenstoffkompartiment (organischer Bodenkohlenstoff, Streukohlenstoff, mikrobieller Biomassekohlenstoff) durch einen entsprechenden Austrag charakterisiert sein. Der Gleichgewichtszustand sollte auf Jahresbasis durch relativ konstante Gehalte an mikrobieller Biomasse sowie durch die Konstanz des Verhältnisses des mikrobiellen Biomasse-C zum gesamten organischen Kohlenstoffgehalt des Bodens (C_{mic}/C_{org}-Verhältnis) gekennzeichnet sein.

Für das C_{mic}/C_{org}-Verhältnis ermittelten Anderson und Domsch (1989) sowie Insam et al. (1989) Gleichgewichtskonstanten bzw. -funktionen. Für ein gegebenes Klimaregime geben von diesen Gleichgewichtswerten nach oben abweichende Quotienten Hinweis auf eine Anreicherung von organischer Bodensubstanz, nach unten abweichende Werte zeigen Kohlenstoffverluste des betreffenden Bodens an. Ein Vergleich der C_{mic}/C_{org}-Verhältnisse von permanenten Monokultur- und kontinuierlichen Fruchtwechsel-Standorten (ohne organische Düngergaben) zeigte, daß die Fruchtwechselstandorte eine pro Einheit organischem Kohlenstoff höhere mikrobielle Biomasse aufwiesen (2.9% der gesamten organischen C bestand in mikrobieller Biomasse) als die Monokulturstandorte (2.3%) (Anderson und Domsch 1989). Organisch gedüngte Böden zeigten temporär einen höheren Gehalt an verfügbarem Kohlenstoff. An Standorten mit Gründüngung nahm der mikrobielle Biomassekohlenstoffgehalt während eines kurzen Zeitraumes auf 4% des gesamten Bodenkohlenstoffgehaltes zu. Der erhöhte Spiegel trat unmittelbar nach dem Zusatz organischer Dünger auf und fiel in der Folge auf einen für den Standort charakteristischen Gehalt ab. Als eine mögliche Erklärung für die höheren C_{mic}/C_{org}-Verhältnisse wurde die Entwicklung mikrobieller Gemeinschaften mit höheren Ertragskoeffizienten an Fruchtwechselstandorten diskutiert. Höhere Ertragskoeffizienten könnten die Folge eines heterogeneren organischen Substanzeintrages an Langzeitfruchtwechsel-Standorten sein. In solchen Fällen sollte ein höherer Anteil des jährlichen organischen Substanzeintrages in das System in die Biomasse eingebaut werden.

Langzeitversuche mit unterschiedlichen Bewirtschaftungssystemen ergaben für biologische Anbausysteme ein gegenüber ungedüngten bzw. mineralisch gedüngten Systemen höheres C_{mic}/C_{org}-Verhältnis (Mäder et al. 1993). In mit Schwermetallen belasteten Böden war dieses Verhältnis verringert (z.B. Bardgett et al. 1994).

Unterschiede in der Nährstoffnachlieferung und der Nährstoffverfügbarkeit können auch eine Erklärung für von Anderson und Gray (1991) präsentierte Beobachtungen sein. Untersuchungen zur Entwicklung der mikrobiellen Biomasse in Fagus- und Pinus-Beständen auf Monatsbasis während einer Periode von einem Jahr zeigten für den Fagus-Bestand einen wesentlichen Anstieg des C_{mic}/C_{org}-Verhältnisses während der Sommermonate. Im Pinuswaldboden trat dies nicht auf. Hier konnte ein relativ konstantes C_{mic}/C_{org}-Verhältnis während des Jahres beobachtet werden. Die Zunahme des C_{mic}/C_{org}-Verhältnisses unter Buchenwald konnte weder mit Unterschieden in der Temperatur oder dem Wasserregime noch mit dem pH oder dem organischen Kohlenstoffgehalt in Beziehung gesetzt werden. Diese Größen waren in beiden Böden ähnlich. Die Qualität und die Häufigkeit des organischen Substanzeintrages unterschied sich in den beiden Waldbeständen. Die größere Menge an verfügbar werdendem Kohlenstoff beziehungsweise Stickstoff oder Phosphor beziehungsweise einer Kombination derselben aus der Herbststreu des Vorjahres konnte im Buchenwaldboden die Ursache für die Zunahme des C_{mic}/C_{org}-Verhältnisses sein. Ein ähnlicher Fall wurde für einen landwirtschaftlichen Standort beobachtet wo der mikrobielle Biomassekohlenstoffgehalt gegenüber dem organischen Bodenkohlenstoffgehalt in den Sommermonaten relativ zunahm (Lynch und Panting 1980).

Spezifische Atmung. Die Grund- oder Basalatmung ist die im nicht mit leicht abbaubaren organischen Substraten versehenem Boden bestimmbare Atmung. Die derart bestimmte CO_2-Freisetzung beziehungsweise O_2-Aufnahme gilt als Indikator für die gesamte biologische Aktivität eines Bodens. Die Basalatmung ist ein Maß für die Grundumsatzraten im Boden und wird mit der Menge an verfügbarem Kohlenstoff in Beziehung gesetzt. Die Grundatmung wird als eine Größe betrachtet, welche die Verfügbarkeit langsam fließender Kohlenstoffquellen für die Erhaltung der Mikroorganismen reflektiert.

Die Bestimmung der Basalatmung sowie der substratinduzierten Atmung, welche ein Maß für den mikrobiellen Biomasse-C gibt, ermöglicht die Ermittlung der spezifischen Atmung (qCO_2, metabolischer Quotient). Dabei wird die als CO_2 entwickelte Kohlenstoffmenge mit der Menge an mikrobiellem Biomasse-C in Beziehung gesetzt werden. Die spezifische Atmung beschreibt jene Menge an CO_2-C, welche pro Stunde von einer bestimmten Menge Biomasse gebildet wird. qCO_2 ist ein Maß für die energetische Effizienz von Bodenmikroorganismen. Die Beeinflussung der spezifischen Atmung durch verschiedene Standortfaktoren wie unterschiedliche Düngung und Standortnutzung, Pflanzenschutzmittelanwendung, physikalische Belastung und Schadstoffbelastung des Bodens konnte gezeigt werden.

Die spezifische Atmung gilt als ein sensibler Indikator für auf terrestrische Lebensgemeinschaften ausgeübten Streß bzw. für die Reife von Bodenökosystemen. In gestreßten Ökosystemen wird eine Zunahme der spezifischen Atmung erwartet, während diese in sich restaurierenden Systemen zurückgeht (Odum 1969, 1985). Die spezifische Atmung nimmt mit fortschreitender Bodenentwicklung ab (Insam und Domsch 1988; Insam und Haselwandter 1989). An Langzeitstandorten waren höhere Feldfruchterträge von niedrigeren metabolischen Quotienten begleitet (Insam et al. 1991). Grünlandstandorte wiesen im Vergleich zu Acker- und Hopfenstandorten die geringsten Werte für qCO_2 auf (Heilmann und Beese 1991). Die mittlere spezifische Atmung war an Monokulturstandorten im Vergleich zu Fruchtwechselstandorten nahezu doppelt so hoch (Anderson und Gray 1991). Vergleichende Langzeitversuche mit unterschiedlichen Bewirtschaftungssystemen ergaben für die biologischen Systeme die geringste spezifische Atmung, während diese im ungedüngten und im rein mineralisch gedüngten System am höchsten war (Mäder et al. 1993). Während Perioden von Wasserstreß konnte nicht nur ein Rückgang des mikrobiellen Biomasse-C sondern auch eine Veränderung der spezifischen Atmung nachgewiesen werden. Maximale Werte für qCO_2 wurden bei Wassergehalten von 15–25% beobachtet (Santruckova und Straskraba 1991). Als Ursachen für eine zu beobachtende steile negative hyperbole Beziehung zwischen der spezifischen Atmung der Bodenmikroorganismen und der mikrobiellen Biomasse wurden Veränderungen in der Zusammensetzung der mikrobiellen Gemeinschaft, ein Rückgang des Anteils aktiver Zellen mit Zunahme der mikrobiellen Biomasse oder auch eine Hemmung der Biomasse durch hohe CO_2-Konzentrationen diskutiert.

Kalorischer Quotient. Der kalorische Quotient (qW) wird entsprechend dem metabolischen Quotienten (qCO_2) ebenfalls als ein Parameter zur Beschreibung des physiologischen Zustandes mikrobieller Populationen im Boden genutzt. Dieser Quotient ergibt sich aus der Wärmeproduktion pro Einheit Biomasse-C. In versauerten Böden erwies sich der zunehmende

Wert für qW als ein guter Indikator für auf Mikroorganismen ausgeübten
Streß (Raubuch und Beese 1995).

Erhaltungsbedarf der mikrobiellen Biomasse, maximale Glucoseauf-
nahmerate, Affinitätskonstante zum Substratkohlenstoff. Weitere Beispiele
für ökophysiologische Parameter sind der Erhaltungsbedarf der mikrobiellen Biomasse (m), die maximale Glucoseaufnahmerate (V_{max}) und die
Affinitätskonstante zum Substratkohlenstoff (K_m). Für Böden unter Langzeitmonokultur konnte eine doppelt so hohe maximale Substrataufnahme-
rate, jedoch eine signifikant geringere Substrataffinität ermittelt werden als
für Böden unter Fruchtfolge (Anderson und Gray 1990).

Der Erhaltungsbedarf der mikrobiellen Biomasse (m) repräsentiert jene
Kohlenstoffmenge, welche nötig ist, eine ursprünglich vorhandene mikrobielle Biomasse konstant zu halten. Streßsituationen können über eine Erhöhung des Erhaltungsbedarfes mikrobielle Wachstumsraten verringern.
Streß wie extreme pH-Werte, Temperaturen, Salinität oder Schadstoffe
stört die Verteilung der Energie zwischen Wachstum und Erhaltung der
Mikroorganismen. Es wird zwischen dem Erhaltungsbedarf der ruhenden
und der aktivierten Biomasse unterschieden. Unterschiedliche Werte für
den Erhaltungsbedarf der aktivierten Biomasse konnten für landwirtschaftlich genutzte Böden (Parabraunerde und Tschernosem) und einen
Waldboden (Rendsina) erhalten werden (Anderson und Domsch 1985).
Die Werte für den Erhaltungskoeffizienten betrugen für die beiden landwirtschaftlichen Böden 0.012/Stunde und für den Waldboden 0.03/Stunde.

Mikrobielle Absterberate. Der Verlust an mikrobiellem Biomasse-C
(mikrobielle Absterberate, qD) repräsentiert die Rate mit welcher eine bestimmte mikrobielle Biomasse im Boden bei Lagerung abnimmt. Dabei
wird der Verlust an mikrobiellem Biomasse-C auf die ursprünglich vorliegende Biomasse bezogen. Für Böden mit geringem organischen Kohlenstoffgehalt sowie für solche unter Monokultur waren die Werte für die
mikrobielle Absterberate gegenüber kontinuierlichen Fruchtwechselstandorten relativ erhöht (Anderson und Domsch 1990; Anderson und Gray
1991).

Mikrobielle Wachstumsrate

Die Bestimmung mikrobieller Wachstumsraten im Boden bietet der bodenmikrobiologischen Forschung ein noch reiches Betätigungsfeld. Bisher
durchgeführte Untersuchungen zeigten in Böden gegenüber optimalen in
vitro Bedingungen verringerte mikrobielle Wachstumsraten.

Unausgeglichene Wachstumsbedingungen, Energiezustand von Zellen

Das ausschließlich prokaryontische Speicherpolymer Poly-β-Hydroxy-butyrat (PHB) wurde als Maß für unausgeglichene Wachstumsbedingungen diskutiert (Nichols und White 1989). Unausgeglichenes Wachstum tritt auf, wenn eine geeignete Kohlenstoffquelle vorhanden ist, jedoch ein oder mehrere essentielle Nährstoffe fehlen. Das Poly-β-Hydroxybu-tyrat:Phospholipidfettsäure Verhältnis erwies sich gemeinsam mit einer geringen Adenylat-Energy-Charge (AEC) sowie einer hohen spezifischen Atmung (qCO_2) als ein Indikator der Störung von Bodenmikroorganismen durch Schwermetallkontaminationen (Zelles et al. 1994). Die AEC stellt einen Index für den Energiezustand von Zellen dar und läßt auf die relative Aktivität von Zellen schließen. Die AEC ergibt sich aus dem Verhältnis der verschiedenen Adenosinphosphate (ATP, ADP, AMP).

N-Transformationen

Die Transformationen des Stickstoffs, welche Prozesse wie Ammonifi-kation, Nitrifikation, Denitrifikation und N_2-Fixierung einschließen sind sowohl für die Fruchtbarkeit von Böden als auch für die Umweltqualität von Relevanz. Die Stickstoffmineralisation ist jener Vorgang bei welchem organisch gebundener Stickstoff in anorganische Stickstoffverbindungen überführt wird. Die Untersuchung des Potentials von Böden zur Stick-stoffmineralisation erfolgt über die Quantifizierung der drei Stickstoffspe-zies NH_4^+, NO_2^- sowie NO_3^- in Bodenproben. Die Umweltrelevanz der N-Transformationen betrifft die Belastung des Grundwassers und der Feld-früchte mit Nitrat bzw. der Atmosphäre mit gasförmigen Stickstoffspezies, welche einen Beitrag zu einer Reihe von ökologisch nachteiligen Phäno-menen leisten.

Die Ammonifikation gilt gegenüber der Nitrifikation als ein gegenüber Umwelteinflüssen relativ insensitiver Parameter, da die Ammonifikation anders als die Nitrifikation von zahlreichen Bodenmikroorganismen wahr-genommen werden kann. Streßbedingte Veränderungen biochemischer Abläufe, welche von zahlreichen verschiedenen Mikroorganismen ver-mittelt werden, können jedoch als Hinweis auf eine starke Beeinträch-tigung des gesamten Systems gewertet werden.

Ausgewählte Bodenenzymaktivitäten

Die Erfassung der Aktivität ausgewählter Bodenenzyme ist regelmäßig Bestandteil bodenbiologischer Analysen. Bodenenzymatische Untersu-chungen geben Einblick in die biochemische Leistungsfähigkeit von Böden. Die Eignung von Bodenenzymversuchen für die Bewertung der biologischen Aktivität von Böden und zur Erfassung der Bodenqualität wurde unterschiedlich beurteilt. Die diesbezügliche Diskussion betrifft die unterschiedlichen Enzymquellen, die unterschiedliche Lokalisation der Enzyme, deren Spezifität sowie methodische Probleme. In Böden können die Enzyme in unterschiedlicher Lokalisation auftreten. Diese können in lebenden Zellen oder unabhängig von lebenden Zellen (frei oder immobilisiert) im Boden katalytisch aktiv sein.

Zahlreiche Untersuchungen zeigten, daß Bodenenzyme gegenüber Veränderungen in der Bewirtschaftungspraxis sowie gegenüber dem Eintrag potentieller Schadstoffe sensitiv sind. Mit Hilfe der bodenenzymatischen Analyse können durch anthropogene Einflüsse veränderte biochemische Bodeneigenschaften erfaßt werden. Mögliche Folgen solcher Veränderungen auf die Funktion des Ökosystems können daraus abgeleitet werden. Maßnahmen wie Ersatz der natürlichen Vegetation und Störung des Profils von Böden durch Inkulturnahme nehmen Einfluß auf die Menge und die Lokalisation der Enzyme in Böden.

Die Bestimmung individueller Enzymaktivitäten gibt Aufschluß über Abläufe in den Nährstoffkreisläufen und spezielle Stofftransformationen im Boden. Durch die Aktivität verschiedener Enzyme werden bestimmte Pflanzennährstoffe mobilisiert. Die Aktivität der Enzyme steht deshalb mit dem Nährstoffstatus des Bodens bezogen auf die Verfügbarkeit dieser Nährstoffe in Beziehung. Die gleichzeitige Bestimmung der Aktivitäten einer Reihe von Enzymen gibt eine gültigere Abschätzung der biochemischen Stoffumsetzungen im Boden und deren Reaktion auf anthropogene Einflüsse als die Aktivitätsbestimmung eines einzelnen Enzyms.

Mit dem Aufkommen einer erhöhten Zahl an Bodenenzymversuchen in den Fünfziger Jahren des 20. Jahrhunderts nahm in Europa und in der ehemaligen UdSSR das Interesse an Bodenenzymen als Indikatoren der Bodenfruchtbarkeit zu. Das Ziel war die Bereitstellung eines praktischen Werkzeuges für die Landwirtschaft. Dieses sollte chemische Bodentests ergänzen, der Bestimmung des Nährstoffstatus der Böden dienen und mit dem Feldfruchtertrag korreliert werden können. Die Untersuchungen führten zu widersprüchlichen Ergebnissen, welche teils mit der Methodik in Beziehung gesetzt werden konnten. Frühe Untersuchungen ergaben unbeständige Beziehungen zwischen Bodenenzymaktivitäten und anderen bodenbiologischen Parametern. Methodische Mängel, die Spezifität der Enzyme für die Katalyse bestimmter Reaktionen und/oder das Auftreten abiontischer Bodenenzymaktivität können ursächlich dafür sein.

Der Einsatz von Bodenenzymen als Index des Fruchtbarkeitszustandes des Bodens stellte den ersten Versuch einer praktischen Anwendung der bodenenzymatischen Forschung dar. Eine Anzahl von Autoren erwartete beispielsweise, daß Wissen über die Aktivität bestimmter Bodenenzyme ein Mittel in die Hand gäbe, mit welchem die gesamte biologische Aktivität des Bodens bestimmt werden könne und folglich ein „Fruchtbarkeitsindex" für den praktischen Einsatz in der Landwirtschaft verfügbar wäre.

Die Einflüsse des Klimas, der Bodeneigenschaften und der Bewirtschaftungsmaßnahmen sollten sich in einzelnen Enzymaktivitäten integrativ wiederspiegeln. Das Enzym Invertase wurde beispielsweise als ein Index der Bodenfruchtbarkeit vorgeschlagen.

Beständige Korrelationen zwischen der Aktivität bestimmter Enzyme und dem Feldfruchtertrag konnten nicht erhalten werden. Das zunehmende Wissen über die Lokalisation, den Zustand und die Quellen der Bodenenzyme zeigte, daß abiontische Enzymaktivität nicht alleine die gesamte biologische Aktivität eines Bodens charakterisieren und als einziges Kriterium für die Höhe der Bodenfruchtbarkeit dienen kann. Die Messung individueller Enzymaktivitäten kann infolge der Substratspezifität der Enzyme nicht den Gesamtzustand eines Bodens hinsichtlich dessen Nährstoffangebotes und -vorrates bzw. dessen Struktureigenschaften wiederspiegeln. Es konnte beispielsweise gezeigt werden, daß die Aktivität der Enzyme Urease und Amidase durch gesteigerte anorganische Stickstoffgaben vermindert, der Ertrag jedoch durch diese erhöht wurde (Dick et al. 1988b). Ebenso wurde die Aktivität der sauren und alkalischen Phosphatase durch den pH-Wert des Bodens stark beeinflußt, der Fruchtertrag war jedoch großteils unbeeinflußt vom pH-Wert der Böden.

Die Bestimmung der Aktivität von Metalloenzymen zur Bewertung der Verfügbarkeit der entsprechenden Spurenmetalle im Boden wurde diskutiert. Dalton et al. (1985) benutzten das Enzym Urease, dessen Nickelbedarf bekannt ist, zur Bestimmung der Verfügbarkeit dieses Metalls im Boden. Die Böden wurden mit Nickel behandelt und Veränderungen der Ureaseaktivität verfolgt. Je höher die durch Ni-Applikation bewirkte Stimulierung dieser Enzymaktivität desto geringer war der ursprüngliche Gehalt an verfügbarem Nickel im Boden. Keine Stimulierung reflektierte einen entsprechenden Nickelgehalt.

Andere Autoren verwendeten Bodenenzymversuche zur Bestimmung der optimalen anorganischen Volldüngerraten in verschiedenen Böden (Peshakov et al. 1984). Dabei wurden jene NPK-Raten als optimal definiert, welche maximale Aktivität der Enzyme Urease, Invertase, Katalase und Phosphatase ergaben.

Integrative Kennzahlen

Es wurden auch Bemühungen dahingehend angestellt, integrative Kennzahlen zur Charakterisierung der mikrobiologischen Aktivität eines Bodens zu etablieren. Die Bedeutung der Ermittlung solcher bodenmikrobieller Kennzahlen als Summenwert bzw. als Quotient einer Reihe geprüfter Einzeleigenschaften wurde zunächst darin gesehen, mit einer einzigen Kenngröße Beziehungen zu bodenphysikalischen Eigenschaften oder ertragskundlichen Feststellungen vornehmen zu können. Beck (1984a) ermittelte einen Index der mikrobiellen Stoffumsetzungen im Boden, die sogenannte „Bodenmikrobiologische Kennzahl" (BMK). Diese Kennzahl beruht auf der Aktivität fünf verschiedener Bodenenzyme sowie der mikrobiellen Biomasse. Die Aktivitätszahl variierte zwischen 1 und 4 (landwirtschaftliche Böden) bzw. zwischen 2 und 8 (Wiesen- und Waldböden). Stefanic et al. (1984) schlugen einen „Biologischen Index der Fruchtbarkeit" (BIF) vor, welcher die Aktivitäten der Enzyme Dehydrogenase und Katalase einschließt. Myskow et al. (1994) leiteten einen „Biologischen Index der Bodenfruchtbarkeit" (F) für sandige Böden, welche gekalkt, mineralisch und organisch gedüngt sowie mit Ton angereichert wurden ab. Dabei ist F eine Funktion der Vermehrungsrate von Bakterien und Pilzen (Plattenzählverfahren) oder der Aktivität der Enzyme Dehydrogenase und alkalische Phosphatase dargestellt als Symbol M, des organischen Substanzgehaltes (Symbol H) sowie der gesamten Sorptionskapazität (Gehalt an organischer Substanz und an Tonmineralien) des Bodens (Symbol T).

Die Zusammenfassung von bodenmikrobiologischen Parametern zu übergeordneten Kennzahlen erleichtert die summarische Betrachtung vielfältiger Parameter. Es ist damit jedoch ein Verlust umsatz- sowie standortspezifischer individueller Informationsgehalte verbunden.

1.2.3 Probleme bei der Bewertung anthropogener Einflüsse

Odum (1985) definierte Stress als einen schädigenden und zerstörenden (desorganisierenden) Einfluß. In diesem Zusammenhang wurde das Hauptaugenmerk auf negative Reaktionen auf ungewöhnliche externe Störungen oder Stressoren gelegt, an welche die Organismengemeinschaft nicht angepaßt ist. In nicht an ungewöhnlichen externen Störungen leidenden Ökosystemen können gut definierte Entwicklungstrends beobachtet werden. Da Störungen dazu tendieren innere Entwicklungen zu behindern oder sogar umzukehren, kann erwartet werden, daß Ökosysteme auf Stress reagieren. Solche zu erwartende Trends in gestreßten Ökosystemen schließen Änderungen in der Energetik, in den Nährstoffkreisläufen und in der Struktur und Funktion von Gemeinschaften ein. Solche Trends können sich beispielsweise in Bezug auf die Energetik in einer Zunahme der Atmung der Gemeinschaft und einem zusätzlichen Bedarf an Energie zeigen. In Bezug auf Nährstoffkreisläufe kann eine Erhöhung des Nährstoffumsatzes eintreten und hinsichtlich der Gemeinschaftsstruktur kann eine Zunahme der r-Strategen erwartet werden. Unter Streßbedingungen kann eine Abnahme der Organismengröße sowie eine solche der Lebenszeit von Organismen oder -teilen (z.B. Blättern) beobachtet werden. Infolge eines reduzierten Energieflusses in höhere trophische Ebenen und/oder einer größeren Empfindlichkeit der Predatoren gegenüber Stress werden Nahrungsketten kürzer. Die Artdiversität nimmt ab während die Dominanz zunimmt, bei ursprünglich geringer Diversität kann das Umgekehrte auftreten.

Ein Problem hinsichtlich der Nutzung mikrobiologischer und enzymatischer Parameter als Indikatoren der Bodenqualität besteht darin, daß natürliche Standortfaktoren einen wesentlichen Einfluß auf die mikrobiellen Populationen und Gemeinschaften sowie auf biochemische Aktivitäten nehmen. Anthropogen bedingte Effekte auf bodenbiologische Größen können dadurch maskiert werden. Die natürliche standortspezifische Variation bodenmikrobiologischer und bodenenzymatischer Parameter ermöglicht es nicht, eine Serie solcher Parameter unabhängig von einer vergleichenden Kontrolle oder Behandlung an einem gegebenen Standort zu bestimmen. Mit dem Beprobungstermin variierende natürliche Standortbedingungen können biologische Parameter stärker beeinflussen als eine sich langsam verändernde Bodenqualität.

Bei der Bewertung der Wirkungen anthropogener Einflüsse auf Böden ist zu berücksichtigen, daß Populations- und Aktivitätsschwankungen im Boden einen natürlichen Vorgang darstellen. Veränderte Umweltbedingungen stellen für Bodenmikroorganismen nichts Außergewöhnliches dar. Trockenheit, Frost, Auftauen, Erhitzen, Überfluten, Sauerstoffmangel, Veränderungen des pH, Veränderung der Pflanzendecke, Nährstofferschöpfung, Verminderung der Prädatoren, Mikroparasiten und Antibiotika stellen natürliche Eingriffe in die Bodenmikroflora dar. Verminderungen und Stimulierungen von Populationen und Leistungen können auftreten. Ein natürlicher Wechsel von Umweltbedingungen kann einen so starken Eingriff in die Lebensgemeinschaft darstellen, daß Verringerungen von Populationen bis über 90% möglich sind.

Zur Abschätzung der ökologischen Signifikanz einer durch menschliche Aktivitäten induzierten Veränderung bodenmikrobiologischer und -enzymatischer Größen ist es notwendig, die natürlichen Fluktuationen innerhalb des Systems in Betracht zu ziehen. Aussagen über den tolerierbaren Rückgang biologischer Größen und über die tolerierbare Dauer von Depressionen sind notwendig.

Ein angemessener Beurteilungsmaßstab läßt sich nur aus ökologischen Überlegungen und Daten ableiten (Jäggi 1980). Negative sowie positive Effekte können durch deren Ausmaß und durch deren Dauer charakterisiert werden. Wiederholt wurde festgestellt, daß bei der Beurteilung von Leistungsdepressionen die Dauer des Einflusses stärker zu bewerten wäre als deren maximales Ausmaß, da eine anhaltende Leistungsdepression eine bleibende Wirkung reflektiert. Der Wiederaufbau einer dezimierten Population ist von der Vermehrungsgeschwindigkeit der Individuen unter den gegebenen Standortbedingungen abhängig. Die Bestimmung der Zeit, welche zur Wiederherstellung der normalen mikrobiellen Populationen oder Funktionen nach Ende der natürlichen Streßeinwirkung notwendig ist (Erholungszeit) wird als ökologischer Maßstab verwendet. Ein Schlüsselparameter ist die Verdoppelungszeit der mikrobiellen Zellen. Unter optimalen Laborbedingungen stellen drei Generationen pro Stunde nichts Außergewöhnliches dar. Im Boden sind die Verdoppelungszeiten der Mikroorganismen wesentlich höher. Diesbezüglich liegen in der Literatur unterschiedliche Angaben vor. Als realistische Abschätzung gilt eine Verdoppelungszeit von etwa 10 Tagen. Unter der Voraussetzung, daß sich eine Zelle im Boden in zehn Tagen einmal verdoppeln kann, wären Reduktionen auf 10–15% des ursprünglichen Niveaus innerhalb von 30 Tagen nach Wegfall eines natürlichen Streßfaktors wieder ausgeglichen. Daraus ergibt sich, daß Erholungszeiten von 30 Tagen eine natürliche Erscheinung darstellen (Jäggi 1980). Erholungsperioden von 30 Tagen, welche auf eine ungefähr 90%ige Depression folgen wären demgemäß noch normal und würden ein natürliches Phänomen darstellen. In der Regel dauern Erholungsperioden 20–30 Tage (Domsch et al. 1983).

Tabelle 2. Auf mikrobielle Funktionen im Boden ausgeübter Streß

Umweltstreß	kausaler Zusammenhang	Effekte
Temperatur	Übergang vom optimalen Bereich (mesophil) zu höheren oder tieferen Temperaturen	häufig Depression von Populationen und Funktionen von > 50%, bis zu 99% möglich
Wasserpotential	Übergang zu geringer Wasserverfügbarkeit, Wassermangel, hohe Salinität	häufig Depression von > 50%, bis zu 100% möglich
Bodenatmosphäre	Übergang zu anaeroben Bedingungen durch Verdichtung und Flutung	Depressionen von 50%, bis zu 99% möglich
Energieangebot	reduziertes Angebot an reduziertem Kohlenstoff	häufig Depression von < 50%, bis zu 99% möglich
Natürliche Hemmer	Aktivitäten des Sekundärmetabolismus anderer Organismen	Depression bis > 50% möglich

Nach Domsch (1984).

Domsch et al. (1983) entwickelten ein Bewertungsschema (im speziellen für den Einfluß von Pflanzenschutzmitteln), welchem ein Wirkungsvergleich von anthropogenem und natürlichem Streß zugrundeliegt. Als Bewertungskriterium wird neben dem Ausmaß der Nebenwirkungen auch die Erholungszeit berücksichtigt. Eine Bewertung von 55 dokumentierten Fluktuationen bakterieller Populationen unter Feldbedingungen hatten gezeigt, daß Depressionen von etwa 90% regelmäßig auftreten. Für 251 individuell dokumentierte Erholungsphasen konnte ein arithmetisches Mittel der Verdoppelungszeit von 9.6 Tagen berechnet werden. Die mittlere Dauer von Erholungsphasen konnte mit 18 Tagen angegeben werden. Bei einer angenommenen Verdoppelungszeit der Bodenmikroflora von 10 Tagen wurde bei 15°C eine normale Erholungszeit von 20–30 Tagen abgeleitet. Entsprechend diesen Daten sollten reversible Nebenwirkungen, welche Erholungszeiten für mikrobielle Parameter bis zu 30 Tagen bewirken als normal angesehen werden. Erholungszeiten von 31–60 Tagen sollten als tolerierbar und solche von mehr als 60 Tagen als kritisch angesehen werden. Eine Minimalbeobachtungsperiode von 30 Tagen wurde vorgeschlagen. Eine Rechtfertigung für die Ausdehnung der tolerierbaren Erholungsdauer bis zu 60 Tagen wurde darin gesehen, daß vom Menschen geschaffene Agrarökosysteme für natürliche Ökosysteme nicht repräsentativ seien. Die starre Anwendung ökologischer Prinzipien kann für solche nicht geeignet sein.

Fast alle mikrobiellen Reaktionen können durch vier Basistypen beschrieben werden (Domsch 1984). Die Effekte können innerhalb der Aufzeichnungsperiode reversibel oder irreversibel (persistent) sein. Zwei Hauptkriterien können für sämtliche reversiblen Reaktionen angegeben werden, die ungefähre Amplitude der maximalen Stimulierung oder Hemmung und die Dauer bis zur Erholung. Irreversible Effekte zeichnen sich durch Populationsdefizite oder Funktionsdefizite aus, wenn ein pestizidbehandelter (einem anthropogenen Einfluß exponierter) Boden mit einem nicht behandelten (exponierten) Boden am Ende ausreichender Beobachtungsperioden verglichen wird. Dem unmittelbaren biodepressiven Effekt wird weniger Bedeutung beigemessen als der Dauer einer solchen Depression. Die Zeit, welche für die Reparatur eines betroffenen Systems, einer betroffenen Funktion oder Struktur erforderlich ist, gilt als das wesentlichste Kriterium hinsichtlich der Bewertung ökotoxikologischer Effekte. Bestätigte irreversible Effekte zeigen demgemäß langzeitige Störungen mit einer möglichen Ausdehnung auf andere trophische Niveaus, Gemeinschaften oder Ökosysteme an. Kurzzeitige Beobachtungen wiegen wesentlich weniger schwer als solche, welche sich über Perioden von zehn Verdoppelungszeiten mikrobieller Zellen unter Feldbedingungen erstrecken (etwa 100 Tage).

Zur Ausschaltung bzw. Beschränkung des Einflusses schwankender natürlicher Standortfaktoren erfolgt die Bestimmung mikrobiologischer Parameter häufig unter kontrollierten Bedingungen im Laborversuch und in Mikro- und Mesokosmen. Unter kontrollierten Bedingungen erhaltene

Untersuchungsergebnisse können ebenso wie eine für isolierte Mikroorganismen bestimmte biochemische Leistung nicht direkt auf die Verhältnisse unter Feldbedingungen übertragen werden.

Bei Untersuchungen im Feld kann die Interpretation von Untersuchungsergebnissen auch durch das Fehlen geeigneter Kontrollen sowie in Bezug auf Schadstoffkontaminationen auch durch die fehlende Kenntnis der natürlichen Ausstattung von Böden mit solchen Elementen oder Verbindungen erschwert bzw. verhindert werden.

2 Nutzungsform

2.1 Physikalische und chemische Bodeneigenschaften

Die Rodung und Inkulturnahme von Waldstandorten, die Umwandlung von Steppe und Grünland in Ackerland und umgekehrt oder die landwirtschaftliche und touristische Nutzung von Ökosystemen des alpinen und subalpinen Raumes sind Beispiele für Änderungen von Nutzungsformen.

Der Umbruch von Grünland oder der Kahlschlag von Waldstandorten zum Zwecke der landwirtschaftlichen Nutzung repräsentieren massive Eingriffe in den Boden. Durch solche Eingriffe wird die Menge und die Diversität des Bewuchses reduziert. Im Boden treten parallel dazu gleichfalls quantitative und qualitative Veränderungen hinsichtlich der den Boden besiedelnden Mikroorganismen und der dort ablaufenden biochemischen Umsetzungen auf.

Veränderungen der Nutzungsform werden von Veränderungen physikalischer und chemischer Bodeneigenschaften begleitet. Neben der qualitativen und quantitativen Veränderung der organischen Substanz schließen diese Veränderungen auch solche des pH-Wertes, des C/N-Verhältnisses, des Nährstoffgehaltes, des Bodenwasser- und Temperaturhaushaltes sowie struktureller Eigenschaften ein.

Nutzungsbedingte Verschlechterungen des Bodenzustandes stehen unter anderem mit einer Verarmung an organischer Substanz und einer nachteiligen Beeinflussung der Bodenstruktur und damit des Luft- und Wasserhaushaltes in Beziehung.

Bearbeitungsbedingte Veränderungen von Bodeneigenschaften finden im nachfolgenden Kapitel „Bodenbearbeitung" nähere Berücksichtigung.

Organische Substanz, Bodenreaktion, Nährstoffe

Der Gehalt des Bodens an organischer Substanz strebt einem vom Klima, vom Bodentyp und von Bewirtschaftungsmaßnahmen abhängigen Gleichgewicht zu. In einem Klimaraum stellt sich bei langjähriger gleichartiger Nutzung eines Standortes ein Gleichgewicht zwischen der Anlieferung und dem Abbau der organischen Bodensubstanz ein. Dieses Gleichgewicht wird durch eine Veränderung der Nutzungsform gestört. Es kommt zur Veränderung des Kohlenstoffkreislaufes und damit gekoppelt zur Veränderung anderer Stoffkreisläufe. In Abhängigkeit von der Natur der geänderten Nutzungsform wird das Gleichgewicht in Richtung geringere Stoffzufuhr und geförderte Zersetzung bzw. erhöhte Stoffzufuhr und verlangsamte Zersetzung gestört. Wald- und Grünlandböden enthalten infolge der vermehrt anfallenden Streu und der Nichtbearbeitung mehr organische Substanz als benachbarte Ackerböden. Bei der Überführung eines Ackerbodens in einen Grünlandboden wird der organische Stickstoffgehalt ebenso wie der Kohlenstoffgehalt erhöht. Wird Grünland in Ackerland überführt sinkt der Kohlenstoffgehalt vorerst rasch und späterhin langsamer auf ein Niveau angrenzender Ackerstandorte ab. Die gleiche Tendenz zeigt auch der organische Stickstoffgehalt. Bei langfristiger gleichartiger Nutzung stellt sich hinsichtlich des organischen Substanzgehaltes erneut ein standortspezifisches Gleichgewicht ein.

Die Inkulturnahme zuvor nicht bearbeiteter Böden fördert den mikrobiellen Abbau der organischen Bodensubstanz und die vermehrte Freisetzung von Kohlendioxid in die Atmosphäre. Der reduziert bewachsene bzw. bewuchsfreie Boden ist Erosionsverlusten durch Wind und Wasser zugänglich. Die vermehrte Freisetzung von Kohlenstoff in Form von Kohlendioxid aus dem Boden nimmt nachteiligen Einfluß auf fruchtbarkeitsbestimmende Bodeneigenschaften und erhöht die Belastung der Atmosphäre mit diesem Gas. Generalisierungen zur Bedeutung dieses Flußes wurden zunächst durch den Mangel an vergleichbaren Daten zum Kohlenstoffvorrat kultivierter und nicht kultivierter Böden behindert.

Zahlreiche, vor allem Böden der temperaten Zone betreffende, Daten zeigten, daß sich durch Kahlschlag und Ersatz von natürlicher durch landwirtschaftliche Vegetation, Verluste an organischer Bodensubstanz von 70% und Gewinne an solcher bis zu 200% ergeben können (Mann 1985). Dies in Abhängigkeit vom Bodentyp, der Probennahmetiefe, der Düngung und Kalkung, der Bewässerung, der Bearbeitung, der Vergangenheit hinsichtlich der Feldfruchtfolge und der Erosion. Böden, welche von nativer Vegetation zu permanenter Bestellung mit Feldfrüchten überführt werden verlieren in den ersten Jahren der Kultivierung rasch organische Substanz. In der Folge geht Kohlenstoff mit einer geringeren Rate verloren. Ein neues Gleichgewicht sollte nach 30 bis 50 Jahren erreicht werden. Diese Schätzungen basierten auf Daten aus einer Reihe von Zeitintervallvergleichen und aus Chronosequenzuntersuchungen zur organischen Substanz. Mann (1985) wählte an Hand von Literatur 50 Quellen, welche über den Kohlenstoffgehalt in kultivierten und nicht kultivierten Böden berichteten. Daten von 625 gepaarten Bodenproben wurden verwendet den Kohlenstoffgehalt von kultiviertem Boden als eine Funktion des ursprünglichen Kohlenstoffgehaltes vorherzusagen. Bei einer Probennahmetiefe von 30 cm variierte die Bestimmung des C-Gehaltes weniger als bei einer solchen von 15 cm Tiefe. Statistische Analysen zeigten, daß die höchsten Raten der Veränderung in den ersten 20 Jahren auftreten. Böden mit einem hohen Kohlenstoffgehalt verloren während der Kultivierung zumindest 20% Kohlenstoff. Die Kohlenstoffverluste der Mehrzahl der landwirtschaftlich genutzten Böden betrugen durchschnittlich weniger als 20% der ursprünglichen Werte oder weniger als 1.5 kg/cm^2 innerhalb der oberen 30 cm. Die Bestimmungen sollten nicht auf Tiefen größer als 30 cm angewandt werden. In Ableitung von Literaturdaten wurde der im Gefolge einer Inkulturnahme von Böden eintretende Verlust an Kohlenstoff aus dem gesamten Solum auf etwa 30% geschätzt (Davidson und Ackerman 1993).

Das Gleichgewicht der organischen Substanz wird durch den jährlichen Eintrag von Pflanzenmaterial oder von Stalldünger nur langsam verändert. Eine für die Dauer von 100 Jahren fortgesetzt praktizierte Getreidekultur bewirkte in einem sandigen Lehmboden einen Rückgang des organischen Kohlenstoffgehaltes im Ausmaß von 50% (Lynch und Bragg 1985). Eine über 150 Jahre hinweg erfolgte jährliche Gabe von Stalldünger erhöhte den organischen Kohlenstoffgehalt von 1% auf 3%.

Sich hinsichtlich der Bewirtschaftungsintensität unterscheidende Standorte einer leicht pseudovergleyten Parabraunerde über Löß, welche eine seit mehr als 30 Jahren vegetationsfrei gehaltene Schwarzbrache, eine Kartoffelmonokultur ohne organische Düngung, einen Daueranbau von Getreide, einen Getreideanbau in Fruchtfruchtfolge mit und ohne Zwischenfrüchten sowie Grünland einschlossen wurden hinsichtlich der langfristigen Veränderungen des organischen Substanzgehaltes untersucht (Beck 1990). Die gegenüber dem Ausgangsniveau in den sechs Varianten während 35 Jahren eingetretenen Humusveränderungen in der Krume reichten von -51% bis +11%.

Verschiedene Bodentypen reagieren auf veränderte Nutzungsformen beziehungsweise veränderte Bewirtschaftungsmaßnahmen unterschiedlich. Böden, welche eine geringe natürliche Fruchtbarkeit aufweisen können durch geeignete Bewirtschaftungsmaßnahmen in ihrer Qualität verbessert werden. Vergleichende Untersuchungen an einem Eisen-Humus-Podsol unter Wald (Fichte) bzw. unter Getreide zeigten die Verbesserung der Bodeneigenschaften infolge Bewirtschaftung (Beyer 1994). Am bewirtschafteten Standort war eine Erhöhung des pH, der Basensättigung sowie des organischen Substanzumsatzes nachweisbar.

Wird landwirtschaftliches Acker- oder Grünland aus Gründen der Produktionskontrolle brach gehalten, setzt, soferne die Böden nicht in Schwarzbrache gehalten werden, eine von Veränderungen der Bodeneigenschaften begleitete Sekundärsukzession ein. Dabei verändert sich eine bestehende Vegetation kontinuierlich in Richtung auf ein Klimaxstadium. Veränderungen des Bodengefüges, das Absinken des pH-Wertes und die Erweiterung des C/N-Verhältnisses können beobachtet werden. Im Langzeitversuch zeigte sich die Veränderung der strukturellen Gruppenzusammensetzung von Huminsäuren unter Brache (Chernikov 1993). Die relative Bodenruhe begünstigt die Entwicklung fruchtbarkeitsbestimmender Bodeneigenschaften.

Im Oberboden eines schluffigen Lehms, welcher sich seit einem Jahr bzw. drei, sieben und 13 Jahren unter gedüngten Weiden (Gräser, Leguminosen) befand, zuvor jedoch Riedgräser, Farne und Buschwerk getragen hatte, konnte mit zunehmendem Alter der Weide eine Zunahme des pH von 4.6 auf 5.3 und eine Abnahme der C/N-Verhältnisse von 22 auf 19 nachgewiesen werden (Speir et al. 1982). Die generell hohen organischen Substanzgehalte änderten sich im Verlauf der Zeit nicht wesentlich.

Im A_p-Horizont eines drei Jahre zuvor gerodeten und mit Sommergerste bestellten Schwarzfichtenbestandes (schluffiger Lehm) zeigte sich gegenüber dem A-Horizont des Waldbodens ein Rückgang des organischen Kohlenstoffgehaltes (Cochran et al. 1989). Nicht veränderte Gesamtstickstoffgehalte gaben Hinweis auf die Verengung des C/N-Verhältnisses infolge der Inkulturnahme.

Untersuchungen zum Einfluß verschiedener Nutzungsformen (Acker-, Garten- und Ödland) auf die Eigenschaften eines Sandbodens ergaben in der Reihenfolge Garten-, Acker-, Ödland eine unterschiedlich starke Abnahme des pH-Wertes, des Gesamtgehaltes an Kohlenstoff und Stickstoff, des Kalium- und Phosphorgehaltes sowie des Nitratgehaltes nach sieben und 20 Tagen Inkubation (Ahrens 1977).

Untersuchungen an verschiedenen Bodentypen (Braunerde, Pelosol, Anmoorgley, Gley, Parabraunerde, Pseudogley, Pararendsina, Niedermoor, Rendsina) unter verschiedener Nutzung (Gründland, Acker, Naturschutzgebiet) ergaben für die Ackerböden generell niedrigere organische Kohlenstoffgehalte als für Wiesenböden und Böden im Naturschutzgebiet (Suttner 1987; Suttner und Alef 1988). Die pH-Werte lagen zwischen 5.18 und 7.92.

In einem Boden, welche während 40 Jahren kontinuierlich Maiskulturen trug (konventionelle Bodenbearbeitung, Einpflügen von Maisrückständen) konnte im Vergleich zu einem Kontrollboden unter Grünland ein signifikanter Verlust an organischem N und C, an Kationenaustauschkapazität sowie an austauschbaren Basen nachgewiesen werden (Riffaldi et al. 1994). Der während der vergangenen 40 Jahre zu verzeichnende Anstieg des jährlichen Maiskorn-Ertrages war von einer Zunahme der Menge an applizierten N, P und K begleitet (bis zu 500, 130 und 170 kg/ha in Form von NP-Dünger, Harnstoff und Kaliumchlorid). Die Konzentration an anorganischen N-Formen und das NO_3-N/NH_4-N-Verhältnis nahm im bearbeiteten System zu. Als Folge einer alljährlichen, den pflanzlichen Entzug übersteigenden, Düngung förderte die Kultivierung den Gehalt an verfügbarem P und den Gehalt an löslichem Schwefel sowie den Schwermetallgehalt.

Infolge unterschiedlicher Bodennutzung waren Veränderungen hinsichtlich des Gehaltes an austauschbaren Metallen nachweisbar (Ceccanti et al. 1994). Diese Autoren hatten an zwei pedologisch homogenen und für temperate mediterrane Lokalitäten repräsentativen Bodenökosystemen, welche im natürlichen Zustand, im Kulturzustand (Feldfrucht-Wiesen Wechsel) beziehungsweise im intensiven Kulturzustand (charakterisiert durch kontinuierlich intensive Bestellung) vorlagen, in den kultivierten und intensiv kultivierten Böden wesentlich geringere Gehalte an austauschbaren Metallen (Mn, Fe, Cu, Zn) nachweisen können.

Tabelle 3. Organische Substanzgehalte bei unterschiedlicher Bodennutzung

Vegetation bzw. Nutzung	Humusform	Gehalt an organischer Substanz im Oberboden (%)	Menge an organischer Substanz bis 1m Tiefe (t/ha)
Laubwald	Moder	4	2000
Nadelwald	Rohhumus	6	2400
Grünland	Mull	7	3500
Acker	Mull	2	1600

Nach Schroeder (1984).

Dichte des Bodens

In der Mehrzahl der Fälle kommt es infolge der Inkulturnahme natürlicher Böden sowie der touristischen Nutzung alpiner und subalpiner Böden zu einer Verdichtung des Bodens. Der mit der Verdichtung des Bodens verbundene physikalische Widerstand verringert das Wurzelwachstum. Physikalische Bodeneigenschaften werden durch eine bewußte Abtragung und Verlagerung von Bodenmaterial sowie durch Erosionsvorgänge stark negativ beeinflußt. Hinsichtlich des Schädigungsausmaßes und der Möglichkeiten zur Wiederherstellung gestörter Böden kommt dem Ausgangsgestein und den klimatischen Verhältnissen wesentliche Bedeutung zu.

Bei Brachhaltung von zuvor ackerbaulich genutzten Böden entwickelt sich, soferne keine Schwarzbrache etabliert wird, eine bestehende Vegetation kontinuierlich in Richtung auf ein Klimaxstadium. Veränderungen des

Bodengefüges wie die Zunahme der Porosität zählen zu den in diesem Zusammenhang zu beobachtenden Phänomenen.

Vergleichende Untersuchungen an verschiedenen Bodentypen unter verschiedener Nutzung (Gründland, Acker, Naturschutzgebiet) ergaben für Ackerböden eine gegenüber den anderen Nutzungen erhöhte Bodendichte sowie die geringste Gesamtwurzelmasse (Suttner 1987; Suttner und Alef 1988).

2.2   Mikrobiologie und Bodenenzymatik

Veränderungen der Nutzungform sind von Veränderungen der Zusammensetzung mikrobieller Populationen, der mikrobiellen Biomasse und biochemischer Stoffumsetzungen begleitet. Organische Substanzverluste, veränderte Bedingungen hinsichtlich der Wechselwirkungen zwischen Enzymen und der Bodenmatrix sowie Veränderungen der Struktur und Aktivität der mikrobiellen Gemeinschaft kommen als Ursachen für reduzierte Enzymaktivitäten in Frage. Organische Substanzverluste, veränderte Bedingungen hinsichtlich der Wechselwirkungen zwischen Enzymen und der Bodenmatrix sowie Veränderungen der Struktur und Aktivität der mikrobiellen Gemeinschaft kommen als Ursachen für reduzierte Enzymaktivitäten in Frage.

Grünland, Acker, Garten

Untersuchungen zur Beziehung zwischen dem Kohlenstoffgehalt des Bodens und der mikrobiellen Biomasse zeigten, daß sich wenig gestörte Böden wie Grünlandböden durch eine große, jedoch relativ inaktive Biomasse und hohe Kohlenstoffgehalte auszeichnen. In zunehmendem Maße bewirtschaftete und belastete Böden zeichneten sich hingegen durch einen geringeren organischen Kohlenstoffgehalt sowie durch mikrobielle Populationen aus, welche bei verringerter Biomasse eine höhere Aktivität zeigten. Ein Reparaturstoffwechsel kann mit der höheren Aktivität in Beziehung stehen.

In brachgehaltenden Acker- oder Grünlandböden einsetzende Sekundärsukzessionen und sich verändernde Bodeneigenschaften wie eine Zunahme des C/N-Verhältnisses oder eine Abnahme des pH-Wertes sind von einer Verschiebung in der Zusammensetzung der Bodenmikroflora begleitet, wobei eine Abnahme des Bakterien-/Pilz-Verhältnisses beobachtet werden konnte. In der Reihenfolge Garten-, Acker-, Ödland, welche unterschiedliche Nutzungsformen eines Sandbodens darstellten war eine unterschiedlich starke Abnahme folgender biologischer Parameter nachweisbar: Bakterien der Gattung *Azotobacter*, „allgemeine Bakterien", anaerobe Bakterien, Algen, CO_2-Entwicklung, Aktivität der Enzyme Dehydrogenase, Katalase, Amylase sowie Protease (Ahrens 1977). Im Gefäßversuch nahm das Sproß- und Wurzelgewicht von Ackersenf in obiger Reihe ab. Die stärksten Abstufungen hatten die Bakterien der Gattung *Azotobacter*, anaerobe Bakterien und Algen gezeigt. Zwischen der Pilzkeimzahl und dem Gehalt des Bodens an Ammonium bestand eine gegenläufige Tendenz.

Untersuchungen zur Abhängigkeit der mikrobiellen Biomasse von der Textur und von der Nutzung ergaben für zwei Tonböden eine etwa zehnmal höhere Biomasse als für einen schluffigen Lehmboden (Lynch und Panting 1980b). Gräserbewuchs für neun Jahre hatte gegenüber ackerbaulicher Nutzung des gleichen Bodens für vier Jahre zu einer um den Faktor drei höheren Biomasse geführt. Ackerbauliche Nutzung resultierte gegenüber Grünlandnutzung in einer geringeren Wurzeldichte der oberen fünf Zentimeter des Bodens. Die Bodendichte oder der organische Kohlenstoffgehalt wurden durch die Nutzungsform nicht wesentlich beeinflußt; der Grünlandboden wies jedoch eine höhere Feuchte auf. Die Ergebnisse zeigten auch die Spezifität der Methode für lebende Mikroorganismen an. Eine direkte Beeinflussung durch die Wurzelbiomasse war nicht gegeben. Bei zusätzlicher Erfassung des Beitrages der Wurzelbiomasse zur Gesamtbiomasse ergab sich für den Grünlandboden gegenüber dem Ackerboden ein um etwa den Faktor sechs höherer Wert. Wiesen besitzen aufgrund des ausdauernden Charakters der Frucht eine größere Wurzelbiomasse als Ackerböden. Die mikrobielle Biomasse von Wiesen ist deshalb in der Regel mindestens doppelt so hoch wie jene von Ackerböden (Lynch 1984).

In zwei Böden, welche sich für mehr als 100 Jahre unter der gleichen Bewirtschaftung befanden untersuchten Patra et al. (1990) Veränderungen des Biomasse-C, -N und -P im Jahresgang. Ein Standort hatte sich fortgesetzt unter Weizen der andere unter Gras befunden. Über den Jahresgang hinweg enthielt der Ackerboden (0–23 cm) ein Mittel von 689 kg Biomasse-C/ha, 154 kg Biomasse-N/ha und 47 kg Biomasse-P/ha. Die entsprechenden Mittelwerte für den Grünlandboden betrugen 1121 kg Biomasse-C/ha, 255 kg Biomasse-N/ha und 129 kg Biomasse-P/ha.

Woods (1989) unternahm vergleichende Untersuchungen zur Verteilung des organischen Kohlenstoffgehaltes, des Kjeldahl-Stickstoffs, des mikrobiellen Biomasse-C und -N sowie des mineralisierbaren organischen C und N in Lagen des A-Horizonts (in 1 cm Schichten in den oberflächlichen 10 cm und in 2.5 cm Schichten zwischen 20 und 15 cm Bodentiefe) zweier benachbart liegender sandiger Lehme. Es handelte sich um einen ungestörten Grünlandboden (Kurzgras-Steppe) und einen Kulturboden (langjähriger Weizen-Brache Wechsel). Im ungestörten Boden war die organische Substanz in den oberflächlichen Zentimetern hoch konzentriert; der mikrobielle Biomasse-C und Biomasse-N übertraf in einer Tiefe von 0–1 cm jenen in 2–15 cm Tiefe um mehr als das fünffache. Selbiges galt für den

mineralisierbaren organischen Kohlenstoff- und Sticktstoffgehalt mit
einem Faktor 8 und 18. Unterhalb einer Tiefe von 3 cm waren die Konzentrationen von ungestörtem und kultiviertem Boden ident. Der durchschnittliche Biomasse-C und -N wurde in den 0–15 cm Lagen durch Bewirtschaftung um 62 und 32% und der mineralisierbare C und N um 71
und 46% reduziert. Die Konzentrationen obiger Größen in den 0–1 cm
Schichten wurden damit auf Niveaus gestellt, welche jenen der 2–15 cm
Schichten des ungestörten Bodens vergleichbar waren.

Kiss et al. (1975) nahmen auf frühe Untersuchungen zur Enzymaktivität
von unterschiedlich genutzten Böden Bezug. Demgemäß konnte in einem
Ausgewaschenen Tschernosmen unter Grünland (*Festuca sulcata*-Gesell-
schaft) eine höhere Invertase- und Lichenaseaktivität nachgewiesen
werden als in Ackerland des gleichen Bodentyps. Ebenso konnte in einem
Braunen Waldboden an mit ausdauernden Gräsern (*Festuca rubra* und
Dactylis glomerata) bestellten Standorten eine höhere Invertaseaktivität
festgestellt werden als an mit Roggen bestellten Standorten.

Im Oberboden eines schluffigen Lehms, welcher seit einem Jahr bzw.
seit drei, sieben und 13 Jahren unter gedüngten Weiden (Gräser, Leguminosen) stand und zuvor Riedgräser, Farne und Buschwerk getragen hatte,
konnte auf Basis des organischen Kohlenstoffgehaltes eine mit dem Wei-
denalter zunehmende Invertaseaktivität nachgewiesen werden (Speir et al.
1982). Die Aktivitäten der Enzyme Amylase und Hemicellulase zeigten
ähnliche jedoch geringere Trends. Die Aktivitäten der Enzyme Cellulase,
Urease, Phosphatase und Sulfatase zeigten keine Trends mit dem Weiden-
alter. Die Nettomineralisierung des organischen Stickstoff (auf Basis des
gesamten Boden-N) und die Nitrifikation nahmen mit zunehmendem Alter
der Weide zu. In Einjahrproben waren sehr geringe Gehalte an Nitratstickstoff nachweisbar. Die ältesten Proben zeigten die hauptsächliche Bildung
von Nitratstickstoff an. Mit zunehmendem Alter der Weide nahm die Zahl
der Bakterien zu und jene der Pilze ab.

Untersuchungen an verschiedenen Bodentypen (Braunerde, Pelosol, Anmoorgley, Parabraunerde, Gley, Pseudogley, Pararendsina, Niedermoor,
Rendsina) unter verschiedener Nutzung (Grünland, Acker, Naturschutzgebiet) ergaben für die Ackerböden generell niedrigere organische Kohlenstoffgehalte als für Wiesenböden und Böden im Naturschutzgebiet (Suttner
1987; Suttner und Alef 1988). Suttner (1987) konnte für Ackerböden die
geringsten Enzymaktivitäten (Katalase, Dehydrogenase, alkalische Phosphatase, Invertase, Protease), die geringste mikrobielle Biomasse und die
niedrigste daraus errechnete bodenmikrobiologische Kennzahl feststellen.
In Böden mit hohen organischen Substanzgehalten waren diese Werte
hoch. Das Verhältnis des mikrobiellen Biomasse-C zum organischen
Kohlenstoffgehalt (C_{mic}/C_{org}-Verhältnis) war im Mittel in Ackerböden am
höchsten. Die Ackerböden erwiesen sich damit gegenüber Grünland- und
Naturschutzböden als relativ aktiver.

In einem Boden, welcher während 40 Jahren kontinuierlich Maiskulturen trug (konventionelle Bodenbearbeitung, Einpflügen von Maisrückständen) konnte im Vergleich zu einem Kontrollboden unter Grünland neben einem signifikanten Verlust an organischem N und C, an Kationenaustauschkapazität sowie an austauschbaren Basen auch ein solcher hinsichtlich der Aktivität der Enzyme Urease, Phosphatase und Dehydrogenase nachgewiesen werden (Riffaldi et al. 1994).

Wald, Baumsteppe, Grünland, Acker

Cochran et al. (1989) konnten im Boden eines drei Jahre zuvor gerodeten und mit Sommergerste bestellen Schwarzfichtenbestandes (schluffiger Lehm) eine im Vergleich zum nicht bewirtschafteten Waldboden geringere mikrobielle Biomasse und Bodenenzymaktivität nachweisen. Der Vergleich war zwischen den A_p/B-Horizonten des Ackerbodens und den A/B-Horizonten des Waldbodens durchgeführt worden. Die mikrobielle Biomasse und die Aktivitäten der Enzyme Phosphatase, Dehydrogenase und Urease waren im A_p-Horizont mäßig bis hoch, jedoch sehr gering im B-Horizont.

Gonzales-Carcedo et al. (1988/89) nahmen Bezug auf die ackerbauliche Nutzung eines Laubwaldes (*Quercus* sp. und *Fagus sylvatica*) sowie die sekundäre Aufforstung desselben mit Koniferen. Die Waldböden zeigten höhere Ureaseaktivität und höhere organische Substanzgehalte als die ackerbaulich genutzten Böden. Die Bodenbearbeitung hatte zu einer Reduktion der absoluten, nicht aber zu einer solchen der spezifischen Enzymaktivität (bezogen auf die Einheit der organischen Substanz) geführt.

Das Baumsteppen- und Grünland Indiens leitet sich großteils von tropischem Wald ab. Die Umwandlung von Wald in Baumsteppe und Ackerland bewirkte eine signifikante Reduktion des organischen Kohlenstoffgehaltes (40–46%), des Gesamtstickstoffgehaltes (47–53%) und des mikrobiellen Biomasse-C (52–58%) (Basu und Behera 1993). Die Basalatmung war vergleichend für Wald, Baumsteppe und Ackerland im Wald am höchsten. Die spezifische Atmung war am geringsten im Wald und am höchsten im Ackerland.

Etwa 20 Jahre vor der Untersuchung war ein Waldstandort (gemischter Eichenwald) geschlägert und in drei Bereiche geteilt worden. Diese drei Bereiche wurden mit Eiche (Wald), Gras (Grasland) und Mais (Ackerland) bepflanzt. Herbien und Neal (1990) bestimmten in diesen Böden die Phosphomonoesteraseaktivitäten in einem pH-Bereich von 2–12 und die Phosphodiesteraseaktivitäten in einem solchen von 4–12. Im Waldboden konnte nur saure Phosphomonoesteraseaktivität nachgewiesen werden; deren pH-Optimum lag beim bestimmten pH des Bodens von 4.9. Die neutrale Phosphomonoesterase wurde im Graslandboden, pH 6.6, mit einem breiten pH-Optimum rangierend zwischen 4.6 bis 7.0 gefunden, während der Nachweis von saurer Phosphatase und alkalischer Phosphatase mit einem pH-Optimum von 4.8 und 11.0 mit Ackerland mit einem pH von 7.2 verbunden war. Die Phosphodiesteraseaktivität wies bei jenen in den Böden bestimmten pH-Werten das Optimum auf bzw. lag dieses nahe daran. Die freigesetzten Phosphatasen wiesen unterschiedliche Optima hinsichtlich des pH auf. Auf das Vorhandensein verschiedener Arten der Phosphomonoesterasen und Phosphodiesterasen konnte ebenso geschlossen werden, wie darauf, daß die Reaktion im Boden durch mehr als ein Enzym oder durch multiple Formen des gleichen Enzyms katalysiert wird. Das Bestehen einer Beziehung zwischen dem pH des Bodens und der Synthese und der Freisetzung von Phosphatasen im Boden, der Organismenart, welche die Enzyme bildet sowie der Phosphatasestabilität oder der Konformation war angezeigt.

Vergleichende Untersuchungen an einem Eisen-Humus-Podsol unter Wald (Fichte) bzw. unter Getreide zeigten die Verbesserung der Bodeneigenschaften infolge Bewirtschaftung (Beyer 1994). Neben einer Erhöhung des pH und der Basensättigung sowie des Umsatzes der organischen Substanz trat am bewirtschafteten Standort eine Erhöhung der mikrobiellen Aktivität ein. Im Feld war die Bodenatmung und der Celluloseabbau während einer Periode von zwei Jahren erfaßt worden. Die mikrobielle Biomasse, die Aktivität der Enzyme Dehydrogenase, Phosphatase sowie die Atmung wurden an im Herbst gezogenen Proben bestimmt.

In voll entwickelten Böden Zentral-Spaniens, welche unter natürlicher Vegetation (Immergrüner Eichenwald, Aquic Haploxerult) bzw. unter dem Einfluß verschiedener Grade menschlicher Eingriffe auf die Vegetation (Gestrüpp, Aquic Haploxerult) (Getreideanbau, Aquultic Haploxeralf) standen nahm die gesamte Mikroflora in der Folge: Immergrüner Eichenwald > Gestrüpp > Getreide ab (Garcia-Alvarez und Ibanez 1994). Die oberen 10 cm der Profile waren beprobt worden. Die Faktorenanalyse etablierte einen klaren Unterschied zwischen natürlicher Vegetation, Gestrüpp oder Getreide. Eine signifikante Reduktion der mikrobiellen Populationen und der katalytischen Kapazität (Aktivität verschiedener Enzyme wie Amylase, Xylanase, β-Glucosidase, Invertase, Urease, Asparaginase, Glutaminase, saure, alkalische und neutrale Phosphatase, Phytase, Dehydrogenase, Katalase) konnte im Getreidefeldboden nachgewiesen werden. Im Eichenwaldboden konnte eine klare vertikale Schichtung der biologischen Aktivität in den oberen 10 cm festgestellt werden, wobei die höchste Intensität in der obersten Lage (0–4 cm Tiefe) auftrat. Im Gestrüpp und im Getreidefeld war eine derartige Schichtung nicht nachweisbar und die Parameter waren in einer Tiefe von 0–10 cm einheitlich. Die Veränderung der Vegetation bzw. der Art der Landnutzung war, bei entsprechenden Bedingungen hinsichtlich Klima und Gestein, für die Modifikationen der biologischen Parameter hauptsächlich verantwortlich. Im Getreidefeld konnte ein Rückgang der Mikroorganismen beobachtet werden, wobei dies vor allem für die Bakteriengruppe der Aktinomyceten und die Pilze zutraf. Mit Ausnahme der Amylaseaktivität war im Getreidefeld ein wesentlicher Rückgang der Enzymaktivitäten nachweisbar. Bolton et al. (1993) nahmen Bezug auf die Strauch-Steppe im Osten Washingtons, in Oregon, im Süden Idahos, im Norden Utahs und in Nevada. Im Bereich von Sträuchern und Gräsern bestehen „Inseln der Fruchtbarkeit" mit einer erhöhten Rate mikrobiell vermittelter Prozesse wie jene der Nitrifikation, der Stickstoffmineralisierung, der Denitrifikation und der Sauerstoffaufnahme. In zwei ariden Ökosystemen, einer ungestörten ausdauernden Strauch-Steppe und einem einjährigen Grasland, welches ursprünglich eine Strauch-Steppe war, wurde die mikrobielle Biomasse und die Aktivität ausgewählter Enzyme bestimmt. Das einjährige Grasland hatte sich etabliert nachdem die Störung durch Bewirtschaftung in den Vierziger Jahren beendet worden war. Man ging von der Hypothese aus, daß jene für die Steppe auf Flächenbasis berechnete mikrobielle Biomasse die gleiche sein sollte wie jene des einjährigen Graslandes. Bei Berechnung auf Landschaftsniveau konnten Bolton et al. (1990) eine an beiden Standorten ähnliche N-Mineralisierung feststellen. Da die N-Mineralisierung ein mikrobiell mediierter Prozess ist, sollte die mikrobielle Biomasse einen ähnlichen Trend zeigen. Am ausdauernden Standort wurden die Böden unter *Artemisia tridentata*, *Elytrigia spicata* und Krusten cryptogamer Flechten in einer Tiefe von 0–5 und 5–15 cm beprobt, im einjährigen Grasland erfolgte dies unter *Bromus tectorum*. Das pH des Bodens und die Bodendichte gingen zurück, während der anorganische Stickstoffgehalt, der Gesamtstickstoffgehalt und der Gesamtkohlenstoffgehalt als eine Funktion der Bodentiefe abnahmen. Der mikrobielle Biomasse-C und -N, die Bodenatmung und die Dehydrogenaseaktivität waren ungeachtet des Pflanzentyps in den oberen fünf cm 2–15mal höher als in 5–15 cm Tiefe. Der oberflächennahe Boden (0–5 cm Tiefe), der mikrobielle Biomass-C und -N und die Bodenatmung, die Dehydrogenaseaktivität und die Phosphataseaktivität wurden durch den Pflanzentyp beeinflußt und gingen in der Reihe *B. tectorum* > *A. tridentata* = *E. spicata* > Krusten zurück. Am Standort der Strauchsteppen führte die räumliche Verteilung der Pflanzenarten im Vergleich zu den mit Krustenflechten bedeckten Flächen unter den Sträuchern und Gräsern zu Inseln erhöhter mikrobieller Biomasse und Aktivität. Wurde die Pflanzendecke genutzt eine Abschätzung des mikrobiellen Biomasse-C und -N für die ausdauernde Steppe und das einjährige Grasland auf Landschaftsebene durchzuführen, so konnten für beide ähnliche Werte erzielt werden. Dies bedeutet, daß obgleich die Verteilung der Mikroorganismen in der Strauch-Steppe heterogener ist, der Durchschnitt auf Landschaftsbasis der gleiche ist wie jener des homogeneren einjährigen Graslandes.

An zwei pedologisch homogenen und für temperate mediterrane Lokalitäten repräsentativen Bodenökosystemen wurde der Einfluß unterschiedlicher Nutzung auf die mikrobiologische Komponente der Bodenfruchtbarkeit untersucht (Ceccanti et al. 1994). Ein sandiger und ein schluffiger Lehmboden wurden in 0–10 cm Tiefe beprobt. Die Böden waren ungestört (nativ), befanden sich im Kulturzustand (Feldfrucht-Wiesen-Wechsel) bzw. im intensiven Kulturzustand (charakterisiert durch kontinuierlich intensive Bestellung). Die Aktivitäten von Hydrolasen (Urease, Protease, Phosphatase, β-Glucosidase) veränderten sich mit der Bewirtschaftung. Die Enzymaktivitäten gingen infolge Kultivierung zurück. Unter intensiver landwirtschaftlicher Nutzung zeigte sich eine geringe biologische Aktivität. Der ATP-Gehalt, die Dehydrogenaseaktivität sowie der C- und N-Gehalt gingen in kultivierten Böden zurück. Austauschbare Metalle (Mn, Fe, Cu, Zn) folgten einem ähnlichen Muster wie die biochemischen Parameter, wobei diese in kultivierten und intensiv kultivierten Böden wesentlich geringer waren.

Die Eliminierung der natürlichen Vegetation und die Inkulturnahme von nativen Prärie-Grünland- und Waldböden beeinflußten die Aktivität und die Kinetik der Bodenarylsulfatase signifikant (Farrell et al. 1994). Die Aktivitäten des Enzyms rangierten zwischen 89 und 829 µg p-Nitrophenol/g Boden/Stunde. Kahlschlag und Bearbeitung führten zu einem signifikanten Rückgang der Enzymaktivitäten im Grünland- sowie im Waldboden. Die Langzeitbearbeitung (69 Jahre) des natürlichen Grünlandes bedingte eine Reduktion der Enzymaktivität im Ausmaß von 66%. Für den kultivierten Waldboden konnten Rückgänge von 63% nach fünf Jahren und von 88% nach 40 Jahren ermittelt werden. In Gegensatz dazu bedingte der Kahlschlag und die Brachhaltung des Waldbodens für fünf Jahre nur eine Reduktion im Ausmaß von 30%. Die Arylsulfatase zeigte typische Michaelis-Menten Kinetik. Langzeitbearbeitung der Böden bewirkte eine Reduktion von V_{max} um 74% im Grünlandboden und eine solche von 90% in Waldböden. Die K_m-Werte rangierten zwischen 1.72 und 9.38 mM. Diese gingen mit zunehmender Intensität (Dauer) der Kultivierung zurück, wobei der Großteil der Reduktion von V_{max} während der ersten fünf Jahre nach Entfernung der natürlichen Vegetation eintrat. Die Variation der für native Böden erhaltenen K_m-Werte ließ auf eine unterschiedliche Herkunft der Arylsulfatasen in Grünland- und Waldböden schließen. Variationen innerhalb jeder Bewirtschaftungssequenz gaben Hinweis auf einen signifikanten Effekt der Bewirtschaftung auf die Natur und die Lokalisation der Enzyme. Die maximale Geschwindigkeit der enzymkatalysierten Reaktion nahm infolge Bearbeitung sowie Kahlschlag von natürlichem Grünland- und von Waldböden signifikant ab. Die Kultivierung der nativen Böden reduzierte V_{max}, erhöhte jedoch die Substrataffinität.

Weinberg, Hopfengarten, Acker, Grünland

In Weinbergböden und angrenzenden Ödlandstreifen wurde die Aktivität der Enzyme Protease, alkalische Phosphatase, Saccharase, Dehydrogenase und Katalase sowie die mikrobielle Biomasse und die Zahl der Bakterien und Hefen bestimmt (Beck 1989). Die Proben der an die Weinberge angrenzenden Ödlandstreifen wiesen einheitlich deutlich höhere Aktivitätswerte und Biomassegehalte auf. Die Quantität und Aktivität der Bodenmikroflora war jeweils um den Faktor drei bis fünf gegenüber den kultivierten Flächen erhöht. An einem Standort konnte dies besonders deutlich erkannt werden. Hier erhöhte sich die Bodenbelebung ausgehend vom Weinbergboden zunächst zum anschließenden Grasstreifen um den Faktor zwei und in der Folge zum Laubgehölz noch einmal um den Faktor zwei. Der infolge fehlender Bodenbearbeitung und intensiver Durchwurzelung von Trockenrasengesellschaften erhöhte Kohlenstoffgehalt des Ödlandes wurden als ursächlich für diese Befunde diskutiert. Die aus den mikrobiologischen Kennwerten und den vorhandenen Humusgehalten errechneten Beziehungen für die relative Stabilität der organischen Bodensubstanz ließen ableiten, daß die Böden der Weinbergkulturen eine leicht negative, jene von unkultiviertem Ödland jedoch eine positive Humusbilanz aufwiesen.

Tabelle 4. Die mikrobielle Biomasse und die mittlere Enzymaktivität von Böden verschiedener Weinberglagen bezogen auf die organische Substanz der Böden

Standort	Kultur	C_t %	Biomasse mg C/g C_t	mittlere Enzymaktivität pro g C_t
1	Weinberg	1.84	24.5	16.7
	Ödland	5.08	25.1	16.3
2	Weinberg	1.12	37.2	15.2
	Ödland	2.07	22.0	15.1
3	Weinberg	1.45	38.4	26.4
	Ödland1	2.82	58.2	28.4
	Ödland2	5.47	33.7	20.3
4	Weinberg	1.04	22.6	11.6
	Ödland	5.76	36.0	20.0

Nach Beck (1989).

An Hand eines großen Probenkollektivs war für Grünlandböden eine im Vergleich zu Ackerböden im Mittel vierfach höhere mikrobielle Biomasse nachweisbar (Heilmann und Beese 1991). Ackerböden und Hopfenböden wiesen hinsichtlich des Biomassegehaltes keine signifikanten Unterschiede auf. Die spezifische Atmung (qCO_2) der mikrobiellen Biomasse zeigte hingegen signifikante Unterschiede zwischen den unterschiedlich bewirtschafteten Böden an. Die niedrigsten qCO_2-Werte konnten für Grünlandböden nachgewiesen werden. Deutlich höhere Werte konnten für die Ackerböden bestimmt werden. Sehr hohe qCO_2-Werte waren für die Hopfenanbauflächen erhalten worden.

Vergleichende Untersuchungen mit unterschiedlich genutzten landwirtschaftlichen Böden (Ackerland im Fruchtwechsel, Hopfengarten, Grünland) ergaben für den Grünlandboden die höchste sowie für den zuvor mit Hopfen bestellten Boden die geringste mikrobielle Biomasse (Zelles et al. 1994). Zusätzlich konnte das höchste Verhältnis Poly-β-Hydroxybutyrat:Phospholipidfettsäuren (PHB:PLFA), die höchste Rate der spezifischen Atmung und die geringste Adenylat-Energy-Charge (AEC) in einem der früheren Hopfengärten bestimmt werden. Infolge der regelmäßigen Behandlung der Hopfenpflanzen mit Fungiziden hatte sich in den ehemaligen Hopfengärten eine wesentliche Menge an Kupfer angereichert. Zwischen der substratinduzierten Atmung, der Menge an Adeninnucleotiden und der Gesamtmenge an Phospholipidfettsäuren konnten signifikante Korrelationen beobachtet werden. Die Nutzung der Böden hatte jeweils zur Etablierung einer mikrobiellen Gemeinschaft geführt, welche sich hinsichtlich ihrer biochemischen Eigenschaften wesentlich unterschied. Das Profil der Fettsäuren im kupferkontaminierten Boden zeigte eine Zunahme der Zahl Gram-negativer Bakterien. Eine geringere Konzentration an verzweigtkettigen Fettsäuren gab Hinweis auf einen verringerten Anteil Gram-positiver Bakterien in den beiden vormaligen Hopfengartenböden.

Das PHB:PLFA-Verhältnis war am höchsten in einem der früheren Hopfenböden (Boden 5), gefolgt von einem Fruchtwechselboden mit einem hohen C-Gehalt (Boden 4), einem Grünlandboden (Boden 7) und einem anderen früheren Hopfenboden (Boden 6). In Boden 5 war die spezifischen Atmung signifikant erhöht. Boden 5 zeigte die geringste AEC. Die Schwermetallkontamination verursachte erhöhte PHB:PLFA-Verhältnisse. Andere Indikatoren, welche mit der Störung von Mikroorganismen im gleichen Boden übereinstimmten waren die bereits angeführte geringe AEC und die hohe spezifische Atmung (qCO_2).

Tabelle 5. Bestellungsvergangenheit, Textur, pH-Wert, gesamter organischer C-Gehalt und Kupferkonzentration (FW: Fruchtwechsel)

Boden	Feldfrucht bis 1990	Ton %	Schluff %	Sand %	pH	C-Gehalt g/kg	Cu-Gehalt mg/kg
1	FW	18	38	44	6.0	12	4.2
2	FW	21	59	20	5.7	14	6.2
3	FW	18	42	40	6.2	13	3.1
4	FW	18	46	36	5.5	24	3.5
5	Hopfen	12	32	56	6.1	16	150.0
6	Hopfen	19	62	19	6.3	16	11.9

Nach Zelles et al. (1994).

Tabelle 6. Phospholipidfettsäurekonzentration (PLFA), Biomasse-C und Konzentration der Adeninnucleotide (AN)

Boden	PLFA mmol/g	Biomasse-C µg/g	AN µg/g
1	71.5	383	1.69
2	58.3	477	1.95
3	48.0	437	1.75
4	58.5	630	2.88
5	41.9	237	1.30
6	43.8	364	1.41
7	163.2	1262	7.49

Nach Zelles et al. (1994).

Touristisch genutzte alpine Böden

Untersuchungen zum Einfluß von Massentourismus auf mikrobielle Aktivitäten alpiner Böden (Obergurgl, Tirol) zeigten in nahezu sämtlichen Fällen von touristischer Bodenutzung einen Rückgang der Bodenenzymaktivitäten (Hofmann und Pfitscher 1982b). Neben dem Rückgang der Aktivität der Enzyme Amylase, Katalase, Invertase, Urease, Xylanase und Cellulase konnte auch eine Reduktion des Stickstoffgehaltes und der Atmung nachgewiesen werden. Die Bodendichte hatte zugenommen und eine infolge der veränderten Standortbedingungen Verringerung des Pflanzenwachstums war zu verzeichnen. Die untersuchten Standorte umfaßten: (1) eine ausschließlich landwirtschaftlich genutzte Wiese über einem Podsol-Kolluvium; (2) einen vergleichbaren Standort wie unter (1) jedoch unter intensiver wintersportlicher Nutzung; (3) wie (2) jedoch eine Stelle an welcher die Grasnarbe durch Schikanten abgetragen worden war; (4) Weideland über einem Podsol-Kolluvium; (5) vergleichbar (4) jedoch planiert (oberer Horizont entfernt) für wintersportliche Zwecke. (6) Schafweide über Alpiner Rasenbraunerde; (7) entsprechend (6) aber stark als Spazierweg genutzt.

Moser et al. (1987) konnten im Raum Obergurgl an Hand eines unbegangenen und begangenen (Wanderpfad) alpinen Grasheidebodens eine Verschiebung der Stickstofffixierer von aeroben zu anaeroben Keimen im begangenen Boden nachweisen. Untersuchungen zur Atmung, zum Streuabbau, zum ATP-Gehalt sowie zur Aktivität der Enzyme Saccharase, Amylase, Pektinase, Cellulase, Xylanase, Urease und Katalase zeigten eine sehr starke Beeinträchtigung der Mikroorganismen und Enzymaktivitäten auf einer planierten Schipiste, an einem Standort mit Schereffekten durch Schifahrer sowie auf dem Wanderpfad in der Grasheide.

3 Bodenbearbeitung

3.1 Bedeutung und Systeme

Die Bodenbearbeitung verfolgt das Ziel die Luft- und Wasserverhältnisse im pflanzentragenden oberen Bodenbereich zu verbessern sowie das Auftreten von Unkräutern, Ausfallgetreide, Schädlingen und Krankheitserregern zu kontrollieren. Die Einarbeitung von Pflanzenrückständen und Düngern ist eine weitere Funktion der Bodenbearbeitung. Durch die Bodenbearbeitung soll das Bodengefüge im Hinblick auf die nachhaltige Ertragsfähigkeit des Bodens (Bodenfruchtbarkeit) positiv beeinflußt werden. Die Eigenschaften des jeweils betrachteten Bodens bestimmen die Eignung verschiedener Bearbeitungsmaßnahmen zur Verbesserung von Bodeneigenschaften zum Zwecke der pflanzlichen Produktion wesentlich mit.

Die Bearbeitung ist neben dem Klima und dem Bewuchs ein strukturbildender Faktor. Die Werkzeuge der Bodenbearbeitung verändern die Grob- und Feinstruktur des Bodens. Bearbeitungsmaßnahmen prägen das Relief des Ackers und formen den Lebensraum für die Bodenfauna, die Wurzeln und die Bodenmikroflora. Diese nehmen Einfluß auf die Wasserführung, die Belüftung, die Mobilisierung, Immobilisierung, Verteilung und Bewegung von Nährstoffen, die Durchwurzelungstiefe, die Wurzeldichte, die Quantität und Qualität der den Boden besiedelnden Organismen sowie auf die dort ablaufenden biochemischen Stoffumsetzungen.

In den vergangenen dreißig Jahren kam es zu einer Intensivierung der Bodenbearbeitung. Der Maschinenbestand und der Traktorbesatz können als Indikatoren dafür herangezogen werden. Eine zunehmende Vertiefung der Krume trat ein, entsprechende Werte können in Anlehnung an Literaturdaten mit etwa 40% angegeben werden.

Konventionelle Bodenbearbeitung, Erhaltungsbodenbearbeitung

Jene in der Feldfruchtproduktion zur Anwendung gelangenden Praktiken der Bodenbearbeitung variieren hinsichtlich deren Eingriffsintensität in den Boden. Die Palette der angewandten Bearbeitungspraktiken reicht von der konventionellen Bearbeitung, welche häufig eine sehr hohe Intensität aufweist über reduzierte Bearbeitung bis hin zur Nichtbearbeitung (Direkt-saat) des Bodens vor Bestellung.

Bodenbearbeitungsmaßnahmen beeinflussen physikalische, chemische und biologische Bodeneigenschaften in Abhängigkeit vom gewählten Sys-tem unterschiedlich. Besonders deutliche Unterschiede können beim Ver-gleich von konventioneller Bearbeitung und Nichtbearbeitung nachgewie-sen werden.

Die möglichen Konsequenzen unterschiedlicher Bearbeitungspraktiken wie die physikalische, chemische und biologische Schichtung, die Immo-bilisierung von Nährstoffen, die Stimulierung des organischen Substanz-abbaus, die Auswaschung und die Verflüchtigung von Nährstoffen oder der Abtrag von Bodenmaterial durch Wind und Wasser werden durch die weiteren am Standort herrschenden Umweltbedingungen mitbeeinflußt.

Die konventionelle Bodenbearbeitung verwendet den Scharpflug, des-sen Aufgabe im Lockern der Krume, dem Wenden zur vollständigen Ein-arbeitung von Feldfruchtrückständen und Düngern sowie in der mecha-nischen Unkrautkontrolle besteht. Der Scharpflug wendet die oberen 15 bis 20 cm des Bodens und hält die Bodenoberfläche bar. Bei der konven-tionellen Bearbeitung kommen noch weitere Geräte wie beispielsweise Eg-gen zur Saatbettbereitung und Kontrolle von Unkräutern zum Einsatz.

Im Sinne des Bodenschutzes werden die langfristigen Effekte der kon-ventionellen Bearbeitung als ungünstig bewertet.

Die langfristigen Effekte einer intensiven Bodenbearbeitung auf die Bodenfruchtbarkeit stehen mit dem Verlust an organischer Substanz, der Störung von Nährstoffkreisläufen und der Bodenstruktur in Beziehung. Die Bodenverdichtung und die Bodenerosion werden in erster Linie als eine Folge der Intensität der Bodenbearbeitung gesehen. Intensive Boden-bearbeitung fördert den Abtrag von Bodenmaterial durch Wasser- und Luftströme (Erosion). Die Folgen von Erosion schließen den Verlust von organischer Substanz, von Nährstoffen und Biomasse sowie den Eintrag von Nährstoffen und von an Bodenteilchen gebundenen potentiellen Schadstoffen in angrenzende terrestrische Systeme sowie in Oberflächen-gewässer ein. Mögliche Konsequenzen von Erosionsvorgängen können mechanische Schäden an Pflanzenteilen sowie eine erschwerte Bewirt-schaftung infolge Verschlämmung, Rillen- und Furchenbildung sowie ein-getragenes Bodenmaterial darstellen. Böden sind gegenüber Erosion umso gefährdeter je feiner deren Textur und je geringer deren Kohäsion ist.

Die Intensität der Bodenbearbeitung nimmt über das Ausmaß der Bodenbedeckung Einfluß auf die Erosion. Der unbedeckte bzw. nur teil-weise bedeckte Boden ist dem Abtrag von Bodenmaterial durch Wind und Wasser zugänglich. Bei konventioneller Bearbeitung wird die Bodenober-fläche solange bar gehalten bis die Feldfrucht für eine ausreichende Bedec-kung des Bodens sorgt.

Das Bestreben Erosionsverluste und Strukturschäden zu vermindern sowie auch die Notwendigkeit des verringerten Einsatzes von Treibstoff und Arbeit in die landwirtschaftliche Produktion stimulierte die Praxis der reduzierten Bodenbearbeitung.

Die reduzierte Bodenbearbeitung wird in verschiedenen Varianten hinsichtlich des Ausmaßes der Bodenstörung und der Bodenbedeckung praktiziert. Kennzeichnend für die reduzierte Bodenbearbeitung ist eine gegenüber der konventionellen Bearbeitung geringere Bodenstörung und die Erhaltung eines relativ hohen Anteiles an Feldfruchtrückständen an oder nahe der Bodenoberfläche. Vorhandene Ernterückstände werden als Mulche an der Oberfläche belassen bzw. kann durch die Vermischung von Rückständen mit dem Boden eine oberflächennahe Mulchschicht erstellt werden. In bzw. durch diese Mulchschichten wird das Saat- und Pflanzgut abgelegt. Unkräuter werden bei reduzierter Bearbeitung maschinell und/oder unter Einsatz von Herbiziden kontrolliert. Typische Bearbeitungsgeräte sind Bodenfräsen, Grubber, Tieflockerer und Scheibeneggen. Nichtbearbeitung (Direktsaat) des Bodens bedeutet, daß der Boden nur so weit gestört wird, als dies die Einbringung der Saat erfordert. Feldfruchtrückstände verbleiben an der Bodenoberfläche und die Samen der Folgefrucht werden in die Rückstände der vorangehenden Feldfrucht abgelegt. Im letzteren Falle erfolgt die Kontrolle der Konkurrenzvegetation, der Schädlinge und Krankheitserreger ausschließlich durch Pflanzenschutzmittel. Die Praktiken der reduzierten Bodenbearbeitung und die Direktsaat werden in der Literatur kollektiv auch als Erhaltungsbodenbearbeitung definiert und als solche der konventionellen Bodenbearbeitung gegenübergestellt.

Historisch gesehen, stellt die reduzierte Bodenbearbeitung ein Mittel dar, die Bodenerosion zu reduzieren und den Bodenwassergehalt für eine verbesserte Pflanzenproduktion zu erhalten. Die Grundgedanken der Erhaltungsbodenbearbeitung umfassen die Reduktion der Bodenbearbeitungsintensität und das Belassen pflanzlicher Rückstände auf oder nahe der Bodenoberfläche. Die Erhaltungsbodenbearbeitung verzichtet auf die wendende Pflugarbeit, bei Bedarf wird mit nichtwendenden Geräten gelockert. Ein stabiles, tragfähiges Gefüge als Schutz vor Bodenverdichtung wird angestrebt.

Die Bodenbedeckung bzw. das Belassen von Pflanzenresten auf oder nahe der Bodenoberfläche stellt gemeinsam mit einem intakten Bodengefüge eine wirksame Maßnahme zur Vorbeugung von Erosion, Verschlämmung und Oberflächenabfluß dar. Eine, durch eine solche Praxis, negative Beeinflussung der Ertragsleistung der Kulturpflanzen konnte nicht nachgewiesen werden (Dambroth 1990). Die unter Bedingungen von Erhaltungsbodenbearbeitung erzielten Erträge entsprechen jenen oder übersteigen solche von konventionell bearbeiteten Systemen. Eine Ausnahme können schlecht dränierende Böden bzw. Standorte darstellen, an welchen Unkräuter nicht ausreichend kontrolliert werden konnten. Pagliai et al. (1995)

konnten nach zehnjähriger minimaler bzw. konventioneller Bearbeitung eines Schlufflehmbodens sowie eines Tonbodens die Reduktion des Feldfruchtertrages im Tonboden unter Minimalbodenbearbeitung feststellen. Probleme bei der Saatbettbereitung aufgrund eines höheren Wassergehaltes der oberen Bodenlagen konnten damit in Beziehung gesetzt werden. Für den Schlufflehm konnten keine signifikanten bearbeitungsbedingten Unterschiede im Feldfruchtertrag nachgewiesen werden.

Die flache Fräsbearbeitung ist ein Verfahren der Minimalbodenbearbeitung. Zum Sävorgang wird der Boden bis etwa acht Zentimeter aufgefräst. Borchert (1988) präsentierte Ergebnisse zur Erosion, welche an Hand eines seit 1980 laufenden Bodenbearbeitungsversuches erhalten wurden. Auf der fräsbearbeiteten Fläche war eine gegenüber konventionell bearbeiteten bessere Infiltration festgestellt werden. Bei dem Boden handelte es sich um eine Parabraunerde aus Löß, die Fruchtfolge umfaßte Sommerweizen und Körnermais.

Tabelle 7. Oberflächenabfluß und Bodenabtrag

	Bodenbedeckung %	Abfluß %	Bodenabtrag g/l	t/ha
Frässaat	56	22	6.2	2.8
Pflug	11	45	29.6	26.7

Aus Borchert (1988).

Erhaltungsbearbeitungssysteme, bei welchen 30% oder mehr der Feldfruchtrückstände anstelle von Einpflügen an der Bodenoberfläche verbleiben, werden in den USA verbreitet gepflegt. Die Gesamtfläche unter Erhaltungsbearbeitung wurde zum gegebenen Zeitpunkt auf 24 bis 36 Millionen Hektar oder auf etwa ein Drittel des nationalen Ackerlandes geschätzt (Hendrix et al. 1986).

Beim Vergleich der Effekte unterschiedlicher Bearbeitungsmethoden auf physikalische, chemische und biologische Bodeneigenschaften ist es wesentlich, welche Bereiche und bis zu welcher Tiefe die Böden beprobt werden. Unterschiede zwischen den Versuchsvarianten, welche bei abgestufter Beprobungstiefe z.B. 0–5 cm und 5–15 cm erkannt werden, können sich bei einer Gesamtbeprobung, im gegebenen Beispiel 0–15 cm, nivellieren.

3.2 Physikalische Bodeneigenschaften

Der Einfluß der Bearbeitung auf Ackerböden wurde vielfach mit physikalischen Eigenschaften in Beziehung gesetzt, da derartige Einflüsse makroskopisch und leicht zu bestimmen sind. Entsprechende Größen schließen die Porosität, die Bodendichte und die Aggregatstabilität ein.

Bodenphysikalische Eigenschaften traten mit zunehmender Verbesserung der Nährstoffversorgung landwirtschaftlicher Böden immer häufiger als ertragsbegrenzende Faktoren auf. Neben der chemischen Verfügbarkeit von Nährstoffen ist deren „räumliche" Verfügbarkeit von Bedeutung. An Standorten mit schlechten strukturellen Eigenschaften ist diese reduziert.

Böden werden durch das Befahren mit Traktoren und anderen Maschinen sowie durch Betreten verdichtet. Die Bodenverdichtung, welche als die Zunahme der Bodendichte bzw. die entsprechende Abnahme des Porenvolumens definiert ist, konnte zunehmend als ein Problem bei der Feldfruchtproduktion erkannt werden. Die Verdichtung kann entweder durch Einlagerung fester Stoffe oder durch Sackung entstehen. Die Sackung wird durch das Eigengewicht des Bodens oder durch Bearbeitung und Befahren des Bodens bewirkt. Bei normal verdichteten Böden nimmt die Dichte mit zunehmender Bodentiefe zu. Bei überverdichteten Böden nimmt diese mit der Tiefe kaum zu oder nimmt sogar ab.

Beim Übergang des Bodens aus dem Zustand der Normalverdichtung in den Zustand der Überverdichtung werden vor allem Grobporen zerstört. Der Rückgang der Grobporen bedingt Veränderungen im Luft- und Wasserhaushalt des Bodens sowie auch eine Zunahme des Eindringwiderstandes für Pflanzenwurzeln.

Neben einer Verringerung des Porenvolumens tritt auch eine Störung der Porenkontinuität auf. Das schädigende Potential einer verdichtungsbedingten Unterbrechung der Porenkontinuität wird höher bewertet als jenes der Volumenreduktion. Die Unterbrechung der Porenkontinuität beeinträchtigt den Wasserhaushalt durch die Reduktion der Rate mit welcher Wasser versickert sowie durch die Unterbindung bzw. Einschränkung des Aufsteigens von Kapillarwasser bzw. der Verdunstung. Der Oberflächenabfluß wird durch die Unterbrechung der Porenkontinuität gefördert.

Das Ausmaß der sich einstellenden Verdichtung zeigt Abhängigkeit vom Ausmaß der zunächst vorliegenden Lockerung des Bodens, wobei die Wirkung eines Bodendruckes umso größer ist je lockerer ein Boden gelagert ist. Die Fähigkeit von Böden einer Verdichtung zu widerstehen ist von der Strukturstabilität und vom Wassergehalt abhängig. Unter natürlichen Bedingungen variiert die Strukturstabilität von Böden mit der Textur und dem Humusgehalt. Feinkörnige, tonreiche Böden sind besonders verdichtungsgefährdet. Bewirtschaftungsmaßnahmen, welche zu einer Reduktion des organischen Substanzgehaltes führen verringern die Strukturstabilität von Böden. Die Gefahr einer Verdichtung ist in nassen Böden erhöht, da die mechanische Beanspruchbarkeit von Böden mit der Zunahme des Wassergehaltes sinkt.

Ein verdichteter Boden kann durch Bearbeitungsmaßnahmen teilweise wieder gelockert werden. Unmittelbar nach dem Pflügen ist der Gesamtporenraum des gepflügten Bodens höher als jener des nicht gepflügten Bodens. Gelockerte Böden weisen eine höhere Empfindlichkeit gegenüber Verdichtung auf als nicht gelockerte. Unter ungünstigen Bedingungen kann vor allem unterhalb des umgepflügten Bodens eine weitere Verdichtung des Boden auftreten. Wiederholtes Pflügen mit schweren Maschinen fördert die Etablierung eines verdichteten Horizonts im Bodeninneren, welcher auch als Pflugsohle definiert ist.

Meliorationen sind Maßnahmen zur langfristigen Verbesserung eines Standortes. Tiefpflügen, Untergrundlockerung und Dränung sind Beispiele für physikalische Meliorationsmaßnahmen.

Konventionelle Bearbeitung und Erhaltungsbodenbearbeitung im Vergleich

Porosität, Dichte, Aggregatstabilität. An konventionell bearbeiteten Standorten konnte die Zunahme der Gesamtporosität festgestellt werden. Die oberflächennahen Bereiche nicht bearbeiteter Böden können kompakter sein und eine geringere Gesamtporosität sowie einen höheren Eindringwiderstand aufweisen als konventionell bearbeitete Vergleichstandorte. Bodentypabhängige Variationen können diesbezüglich auftreten. Eine in nicht bearbeiteten Böden gegenüber bearbeiteten Böden nachweisbare höhere Stabilität der Bodenoberfläche bzw. höhere Porenkontinuität kann den zuerst angeführten nachteiligen Effekt ausgleichen.

Die flache Fräsbearbeitung ist ein Verfahren der Minimalbodenbearbeitung. Borchert (1988) konnte im Rahmen eines seit 1980 laufenden Bodenbearbeitungsversuches auf einer mit der Fräse bearbeiteten Fläche gegenüber der konventionell bearbeiteten Fläche eine höhere Infiltration nachweisen. Der untersuchte Standort war eine Parabraunerde (Fruchtfolge, Sommerweizen, Körnermais).

Der gegenüber konventioneller Bearbeitung günstige Effekt von reduzierter Bearbeitung auf die Aggregatstabilität des Bodens konnte wiederholt beobachtet werden. Der in reduziert bzw. nicht bearbeiteten Böden gegenüber konventioneller Bearbeitung nachweisbare organische Substanzgehalt ist eine wesentliche Determinante für diesen Befund. Während sieben und neun Jahren direkt besäte Standorte wiesen gegenüber konventionell bearbeiteten Vergleichstandorten eine in den oberen 0.2 Metern signifikant höhere Aggregatstabilität auf (Haynes und Knight 1989). In einem Typischen Braunen Tschernosem wurde die Bodenaggregation durch ein einziges Jahr der Nichtbearbeitung und Stoppelbelassung im Vergleich zu

Bearbeitung und Brache erhöht (Campbell et al. 1989). Der in reduziert bzw. nicht bearbeiteten Böden höhere organische Substanzgehalt des oberflächennahen Bodenbereiches fördert die stabile Aggregation.

Die Charakterisierung von Bodenporen schließt die Betrachtung der Porenform und der Porengrößenverteilung ein. Diese Eigenschaften stehen mit wichtigen Pflanzen- und Bodenprozessen wie Durchwurzelbarkeit, Speicherung und Bewegung von Wasser und Gasen in Beziehung. Poren mit einem Äquivalentdurchmesser von 0.5–50 µm fungieren demnach als Speicherporen, während Poren eines Durchmessers von 50–500 µm für die Transmission genutzt werden. Poren eines Durchmessers von 100–200 µm werden von einwachsenden Wurzeln genutzt. Eine Verschlechterung der Bodenstruktur wird mit dem Rückgang jenes Porenraumanteils in Beziehung gesetzt, welcher in Form von Transmissions- und Speicherporen vorliegt. Die durch Poren einer bestimmten Größe okkupierten Volumina sind wesentlicher als das kombinierte Volumen sämtlicher Poren.

An nicht bearbeiteten Standorten konnte eine Zunahme des Anteils der Poren eines Äquivalentdurchmessers von 30–500 µm nachgewiesen werden. Poren des Größenbereiches 30–500 µm wird in Bezug auf die Wechselwirkungen Boden-Wasser-Pflanze sowie auf die Erhaltung einer guten Bodenstruktur die größte Bedeutung beigemessen. Bodenbearbeitung verändert die Morphologie von Bodenporen und führt zur Reduktion der länglichen Poren eines Äquivalent-Durchmesserbereiches von 30–500 µm (Pagliai et al. 1984).

Untersuchungen an Dünnschnitten ungestörter Bodenproben mittels der elektronenoptischen Bildanalyse ergaben für konventionell bearbeitete Standorte eine gegenüber nicht bearbeiteten Standorten höhere Gesamtporosität (Pagliai et al. 1983). Nicht bearbeitete Standorte zeichneten sich durch einen höheren Anteil der Poren eines Äquivalentdurchmesserbereiches von 30–500 µm aus. Ebenso konnten Unterschiede hinsichtlich der Orientierung von Poren nachgewiesen werden. An der Oberfläche nicht bearbeiteter Standorte war die Krustenbildung stark vermindert. Standorte eines Tonlehms unter Weingarten wiesen nach zwölfjähriger konventioneller Bearbeitung eine signifikant höhere Gesamtporosität auf als entsprechende Standorte unter Nichtbearbeitung (Pagliai und De Nobili 1993). Der Anteil an Poren eines Äquivalentdurchmessersbereiches von 30–500 µm war an den nicht bearbeiteten Standorten höher. Die länglichen Poren stellten die dominante Fraktion der Porosität dar, wobei dies vor allem für die konventionell bearbeiteten Standorte zutraf. Die höhere Porosität der konventionell bearbeiteten Standorte stand mit dem Anteil an länglichen Poren > 500 µm in Beziehung. An den nicht bearbeiteten Standorten war der Anteil länglicher Poren im Größenbereich von Transmissionsporen höher. Die Zunahme dieser Poren konnte als Hinweis auf eine Verbesserung der Bodenstruktur gewertet werden. Nicht bearbeitete Standorte zeigten über den A_p-Horizont hinweg eine homogene kantengerundete grobe

Mikrostruktur. An konventionell bearbeiteten Standorten war die Mikrostruktur komplexer. An der Bodenoberfläche zeigte sich eine plattige Struktur, welche sich aus Bodenverdichtung und der Bildung von Oberflächenkrusten ergab. Unter dieser Lage konnte in großen Bereichen eine drusige Feinstruktur nachgewiesen werden (mit zahlreichen unregelmäßigen Poren, welche die Kontinuität von Feinmaterial durchbrechen). Andere Bereiche wiesen eine krümelige bis körnige Struktur auf, dies heißt große Aggregate, welche im Inneren relativ dicht sind und durch große Poren getrennt werden. Die Reduktion der Transmissionsporen und die Zunahme der großen Poren ließ im Vergleich zu den nicht bearbeiteten Standorten die Bildung großer Bodenaggregate zu. Große Aggregate zeichnen sich durch eine relativ große innere Dichte und eine geringe Stabilität gegenüber physikalischem Streß (Befahren, Regen, usw.) aus. Die plattenförmige Struktur zeigte dies an. Die Porenmuster der konventionell bearbeiteten Standorte gaben Hinweis auf die rückläufige Durchwurzelbarkeit. Da ein höherer Anteil an Transmissionsporen vorlag, war das Durchwurzelungspotential des nicht bearbeiteten Bodens höher. Im A_p-Horizont nicht bearbeiteter Standorte war eine im Vergleich zu konventionell bearbeiteten Standorten höhere Wurzeldichte nachweisbar. Bearbeitete Standorte wiesen eine gegenüber nicht bearbeiteten geringere Rate der Zersetzung toter Wurzeln auf.

In einer weiteren Arbeit bewerteten Pagliai et al. (1995) an Dünnschnitten ungestörter Bodenproben mit Hilfe der Bildanalyse strukturelle Eigenschaften zweier alluvialer Böden (Schlufflehm, Ton), welche seit zehn Jahren minimal bzw. konventionell bearbeitet worden waren. In den minimal bearbeiteten Böden nahm die Interaggregat-Mikroporosität zu, wobei vor allem eine Zunahme der Speicherporen (0.5–50 µm) zu verzeichnen war. Die länglichen Transmissionsporen (50–500 µm) hatten unter Minimalbodenbearbeitung ebenfalls zugenommen. Die resultierende Bodenstruktur war offener und homogener als jene unter Bedingungen der konventionellen Bearbeitung und erlaubte folglich eine bessere Bewegung des Wassers. An den konventionell bearbeiteten Standorten war die Aggregatstabilität erniedrigt, wodurch im Gegensatz zur Minimalbodenbearbeitung, eine Zunahme der Tendenz zur Bildung von Oberflächenkrusten und Verdichtung festzustellen war.

In Untersuchungen zur Wirkung der Minimalbodenbearbeitung nach dem Horsch-System auf das Gesamtporenvolumen, das Grobporenvolumen und den Eindringwiderstand wurden verschiedene Bodentypen (Braunerden, Parabraunerden, Pelosole) beprobt (Flieger et al. 1988). Die Böden waren bis vor zirka fünf Jahren 10 cm tief gegrubbert und in der Folge in Direktsaat bestellt worden. Die physikalischen Eigenschaften wurden auf den sandigen, schluffigen und tonigen Vergleichsstandorten bis zu einer Tiefe von 35 cm erfaßt. Hinsichtlich der Gesamtporenvolumina bestand zwischen den Bearbeitungsvarianten nur geringe Variation.

Das Grobporenvolumen der minimal bearbeiteten Braunerden war lediglich in 2–6 cm Tiefe um 4% niedriger als bei den konventionellen Vergleichsflächen. Das Grobporenvolumen war auf minimal bearbeiteten Parabraunerden in sämtlichen Tiefen deutlich gegenüber den Vergleichsflächen erhöht. Die mögliche Strukturlabilität der Schluffböden, deren Hohlraumsystem nach der Bearbeitung mit Pflug oder Grubber zusammenbricht, wurde damit im Beziehung gesetzt. Auf minimal bearbeiteten Tonböden waren die Grobporenanteile in 2–6 cm und 6–20 cm Tiefe gegenüber den konventionellen Varianten signifikant geringer. Charakteristisch für alle minimal bearbeiteten Böden war der höhere Eindringwiderstand in der obersten Bodenschicht. Die hohe Porenkontinuität glich in schluffigen und tonigen minimal bearbeiteten Böden den Effekt des erhöhten Eindringwiderstandes und des bei den Tonböden verminderten Grobporenvolumens aus. Bei den sandigen Braunerden konnten hinsichtlich deren Eigenschaften keine deutlichen Unterschiede zwischen den Bearbeitungsverfahren beobachtet werden.

Niederbudde und Flessa (1989) führten vergleichende Untersuchungen zum Einfluß verschiedener Bodenbearbeitungstechniken auf physikalischen Eigenschaften von Tonböden durch. Diese schlossen ein als Technik des naturnahen Landbaus (TNL) bezeichnetes Verfahrens sowie ein konventionelles Bewirtschaftungssystem (TKL) ein. Beim letzteren System wurde 22 cm tief gepflügt. An einem Wiesenboden wurden Vergleichsmessungen durchgeführt. Im Rahmen des TNL waren die Böden 14 Jahre lang nicht gewendet worden. Bei der genannten Technik wird der Unterboden gelockert und die zugeführten organischen Substanzen werden mit dem Oberboden flach vermischt. Die TNL-Böden wiesen eine ähnlich hohe Wasserleitfähigkeit auf wie der Wiesenboden; der TKL-Boden war in beiden Oberbodenschichten weniger wasserdurchlässig als der TNL-Boden. In der 0–10 cm Bodenschicht war die Porenkontinuität besonders gering. Die höchste Aggregatstabilität wurde im Wiesenboden gefunden, diese war gefolgt von der 10–20 cm Schicht des TKL-Bodens. Die 0–10 cm Schicht des TNL-Bodens war mechanisch so intensiv behandelt worden, daß es zu einer Zerschlagung des natürlich gebildeten Bodengefüges gekommen war.

Temperatur und Feuchte. Die Bodenfeuchte und die Bodentemperatur sind zwei wesentliche die biologischen Vorgänge im Boden beeinflussende Bodeneigenschaften. Diese beiden Parameter werden durch die Intensität der Bodenbearbeitung stark beeinflußt.

Klimatische Faktoren sowie die Eigenschaften der Bodenoberfläche und des Profils bestimmen die Bodentemperatur und -feuchte. Erhöhte Beschattung, welche durch Mulchen oder Zurückhalten des Bewuchses erzielt werden kann sowie erhöhte organische Substanzgehalte mindern die

Geschwindigkeit mit welcher Temperaturveränderungen auftreten. Hohe organische Substanzgehalte erhöhen die Wasserhaltekapazität des Bodens. Reduziert oder nicht bearbeitete Böden sind in der Regel kälter und nässer als solche unter konventioneller Bearbeitung. Der höhere Wassergehalt, welcher vor allem in den oberen Bodenbereichen auftritt, kann mit der höheren Infiltration, der geringeren Oberflächenverdunstung und dem höheren organischen Substanzgehalt in Beziehung gesetzt werden. Die an der Oberfläche angereicherte organische Substanz wirkt wie eine Mulchdecke und bewirkt im Frühjahr niedrigere Bodentemperaturen. In nicht bearbeiteten Systemen sind die Temperaturen im frühen Frühjahr erniedrigt, im Herbst hingegen erhöht. Nicht bearbeitete Böden weisen infolge höherer organischer Substanzgehalte eine höhere Wasserhaltekapazität auf. Die Schwankungen der Bodentemperatur sind umso stärker gepuffert, je höher die Bodenfeuchte ist.

Veränderungen des Bodenwassergehaltes modifizieren physikalisch-chemische Bodeneigenschaften, den mikrobiellen Metabolismus und damit die Richtung und Intensität von Stofftransformationen in den Nährstoffkreisläufen.

Weitere durch Mulchen veränderte Bodeneigenschaften konnten angegeben werden. Bei Verwendung einer Plastikmulche konnten Pan et al. (1987) zusätzlich zur Erhöhung der Wasserhaltekapazität des Bodens eine Verringerung der Bodendichte und des Volumens der festen Bodensubstanz sowie die Zunahme der Porosität und der Belüftung feststellen. Auch konnte ein zahlenmäßiger Anstieg von Mikroorganismen und ein Aktivitätsanstieg von Bodenenzymen beobachtet werden. Organische Bodenabdeckungen erhöhen je nach Art den Humusgehalt von Böden unterschiedlich stark. Die Abdeckung des Bodens mit Eichenrinden hinterließ mehr stabile Humusverbindungen als jene mittels Rapsstroh (Gut et al. 1990). Vergleichende Untersuchungen von Salau et al. (1992) mit fünf unterschiedlichen Mulchen (Elefantengras, Plastik, Elefantengras auf Plastik, Plastik auf Elefantengras und Hobelspäne) zur Beeinflussung der Eigenschaften eines Ultisols, zeigten die gegenüber synthetischen Mulchen bzw. nicht gemulchten Ansätzen, generell günstigere Wirkung organischer Mulchen auf physikalische und chemische Bodeneigenschaften. In einer Untersuchung zum Einfluß unterschiedlicher Bodenbedeckungen (Nadelholzrinde, Holzspäne, Gewebematte Anti Wortelmat) auf bodenbiologische Parameter konnte Biasi (1993) unter der Gewebematte (schwarz, Polypropylen) die geringste Aktivität feststellen. Auch wies der Boden bei dieser Variante einen sehr geringen Humus- und Nährstoffgehalt auf. Neben der mikrobiellen Biomasse waren die Bodenatmung, spezifische Enzymaktivitäten und Prozesse des Stickstoffkreislaufes untersucht worden. Hankin et al. (1982) verwendeten Mulchen aus hellem Plastik, schwarzem Plastik und nicht zersetzten Blättern bedeckt mit hellem oder schwarzem Plastik bzw. diesem aufliegend. Mulchebedingte Differenzen hinsichtlich der Temperatur von 11–14°C konnten beobachtet werden, nicht jedoch bedeutende Unterschiede hinsichtlich biochemischer Bodeneigenschaften.

3.3   Chemische Bodeneigenschaften

Organische Substanz, Bodenreaktion

Bodenbearbeitungspraktiken verändern die Gesamtmenge und die Zusammensetzung der organischen Bodensubstanz sowie deren vertikale Verteilung. In nicht und reduziert bearbeitete Böden kommt es in den oberen Zentimetern des Bodens zu einer Konzentrierung von organischer Substanz und von Nährstoffen. Die oberflächlichen 0 bis 5–10 Zentimeter nichtbearbeiteter Böden (bepflanzt entweder mit Reihen- oder Getreidepflanzen) wiesen signifikant höherer C- und N-Gehalte auf, als entsprechende Böden unter konventioneller Bearbeitung. Nichtbearbeitete Böden verfügten im oberflächennahen Bereich über höhere Gehalte an wasserlöslichem Kohlenstoff (Linn und Doran 1984).

Konventionelle Bodenbearbeitung beschleunigt den Abbau der organischer Substanz. Die Angaben zu den unter konventioneller Bearbeitung im Vergleich zu Nichtbearbeitung zu beobachtenden Abnahmen des organischen Kohlenstoffgehaltes bewegen sich in einem Bereich von 12–25%. Diese Reduktion steht mit Veränderungen der Temperatur, der Feuchte, der Belüftung sowie mit der Exposition neuer, durch Aggregatzerfall entstandener, Bodenoberflächen, der reduzierten Zufuhr von organischem Material und häufig auch mit einer erhöhten Erosion in Beziehung. Die konventionelle Bearbeitung fördert den mikrobiellen Abbau der organischen Substanz durch die Zerstörung von Bodenaggregaten und eine geeignetere Exposition und Belüftung des abbaubaren Materials. Die Einarbeitung von organischen Rückständen in den Boden fördert deren Kontakt mit Bodenmikroorganismen und steigert die Umsatzrate der Rückstände. Intensive Bearbeitung fördert durch die Aufhebung natürlicher physikalischer Barrieren den Abbau der organischen Substanz. Solche Barrieren bestehen im physikalischen Einschluß von Substraten und in der Sauerstofflimitierung infolge verminderter Diffusion in die Bodenporen. Intensive Bearbeitung pulverisiert den Boden und setzt diesem der Sonne aus, wodurch die Oxidation und der Verlust an organischer Substanz erhöht wird. In nicht bzw. reduziert bearbeiteten Systemen verläuft der Abbau der organischen Substanz langsamer. Je häufiger ein Boden im Laufe eines Jahres bearbeitet wird und je mehr wendende Geräte eingesetzt werden, desto stärker wird das Gleichgewicht für den Umsatz der organischen Substanz in die Richtung des Abbaus verschoben. Ein rascher Umsatz der organischen Substanz begünstigt Nährstoffverluste durch Auswaschung und Verflüchtigung.

Im oberen Bodenbereich reduziert bzw. nicht bearbeiteter Böden der humiden Region kann es zu einer Erhöhung der Bodenacidität kommen. Diesbezüglich besteht Abhängigkeit vom Bodentyp. Im Zuge des Abbaus von Feldfruchtrückständen gebildete Säuren sowie die Applikation sauer wirkender Stickstoffdünger können als Ursachen für die Reduktion des pH-Wertes angeführt werden. Unter Berücksichtigung der möglichen Intensivierung des versauernden Effektes ergab ein Vergleich der Erträge von unterschiedlich bearbeiteten Böden (Nichtbearbeitung, konventionelle Bearbeitung) keinen signifikanten Unterschied (Foth und Ellis 1988).

Direktsaat, Minimalbodenbearbeitung und konventionelle Bodenbearbeitung waren an einem schluffigen tonigen Lehmboden (Mollic Ochraqualf) 18 Jahre und an einem Schluff-Lehmboden (Typischer Fragiudalf) 19 Jahre lang praktiziert worden. Untersuchungen zum Einfluß dieser Praktiken auf die Verteilung des organischen C, N und P im Profil (0–30 cm) und auf den pH-Wert der Böden zeigten, daß Direktsaat zu signifikant höheren organischen C- und N-Gehalten in der 0–15 cm Schicht führte jedoch signifikant niedrigere Gehalte in der 15–30 cm Schicht des Mollic Ochraqualf bewirkte (Dick 1983). Direktsaat verursachte höhere Gehalte derselben in der 0–7.5 cm Schicht des Typic Fragiudalf. In der 7.5 bis 30 cm Schicht waren Unterschiede zwischen den Bearbeitungsintensitäten nicht nachweisbar. Ein Vergleich der organischen C-Gehalte in der Pflugschicht (0–22.5 cm) zu Beginn der Praktiken und zum Untersuchungszeitpunkt 1983 zeigte, daß die Konzentrationen unter Direktsaat in beiden Böden konstant blieben oder um 11% zurückgingen. Die organischen C-Gehalte des Mollic Q. waren unter Langzeit-Minimalbodenbearbeitung oder konventioneller Bearbeitung um 12–14% niedriger; im Typic F. war diesbezüglich ein Rückgang um 23–24% nachweisbar. Die organischen P-Gehalte waren unter Direktsaat in der 0.7.5 cm Schicht des Typic F. signifikant höher und signifikant niedriger in der 22.5–30 cm Schicht. Die errechneten organischen C/N-, C/P-, N/P-Verhältnisse waren für Direktsaat in den oberflächlichen Schichten höher als für Minimalbearbeitung und konventionelle Bearbeitung. Die Bodenbearbeitungsintensität hatte auf die über das gesamte Profil hinweg (0–30 cm) gemittelten Verhältnisse wenig Einfluß. Das pH war unter Direktsaat in sämtlichen Lagen mit Ausnahme der 22.5–30 cm Lage des Typic F. um 0.1–0.3 Einheiten niedriger.

Auf sandigen, schluffigen und tonigen Vergleichsstandorten unter konventioneller und minimaler Bearbeitung wurden chemische Eigenschaften sowie das pH in Tiefen von 0–6 cm und 6–20 cm bestimmt (Flieger et al. 1988). Die Bodentypen schlossen Braunerden, Parabraunerden und Pelosole ein. Die Minimalbodenbearbeitung erfolgte nach dem Horsch-System. Die minimal bearbeiteten Flächen wiesen in 0–6 cm Tiefe einen erhöhten Kohlenstoff- und Stickstoffgehalt auf. Anders als die konventionellen Vergleichsflächen zeigten die minimal bearbeiteten Flächen die Tendenz zur Versauerung der obersten Bodenschicht. Diese Tendenz war in den minimal bearbeiteten sandigen Braunerden am stärksten ausgeprägt. In den minimal bearbeiteten Pelosolen konnte diese Tendenz aufgrund der hohen Pufferkapazität dieser Böden nur in schwacher Form erkannt werden. Bezogen auf die Tiefe von 20 cm, lagen in sämtlichen minimal bearbeiteten Böden höhere Humusmengen vor. Die minimal bearbeiteten sandigen Böden hatten 53 t/ha, die schluffigen 68 t/ha und die tonigen 79 t/ha gespeichert; dies im Vergleich zu 48 t/ha, 50 t/ha und 67 t/ha der konventionell bearbeiteten Vergleichsflächen. Die Gehalte an Kalium und Phosphor waren in minimal bearbeiteten Böden in 0–6 cm Tiefe gegenüber den konventionellen Vergleichsflächen ebenfalls erhöht.

Dalal et al. (1991) untersuchten die Effekte von zwanzigjähriger Bearbeitungs- und Feldfruchtrückstandspraxis sowie von Dünger-Stickstoff (Harnstoff) Applikation auf den organischen Kohlenstoff-, den Gesamtstickstoffgehalt und das pH in 0–25, 25–50 und 50–100 mm Tiefe eines feintextierten (65% Ton) Vertisols. Die Behandlungen umfaßten Bodenbearbeitung (konventionell, Nichtbearbeitung), Rückstände (belassen, verbrannt) und Harnstoff (0, 23 und 69 kg N/ha/Jahr) appliziert in 40–50 cm Tiefe. Weizen und Gerste wurden für 15 und drei Jahre gezogen. Unter Nichtbearbeitung und Belassung der Rückstände zeigten die Bodeneigenschaften eine starke Stratifizierung mit der Tiefe. Der organische Kohlenstoffgehalt und der Gesamtstickstoffgehalt waren am höchsten und das pH am niedrigsten in der 0–25 mm Lage unter Nichtbearbeitung, Rückstandbelassung und 69 kg N/ha.

Die Veränderungen des organischen Substanzgehaltes werden neben der Bearbeitungsdauer und der Bearbeitungsintensität auch vom Ausgangsgestein, vom Bodentyp, vom Relief, von der Textur, von anderen Bewirtschaftungsmaßnahmen und vom Klima mitbestimmt.

Bearbeitungsbedingte Veränderungen in der Verteilung der organischen Substanz auf verschiedene Korngrößen und deren unterschiedliche Stabilisierung können beobachtet werden.

Berichte über substantielle organische Substanzverluste von Grünlandböden während langfristiger Bearbeitung liegen vor (Tiessen und Stewart 1983). Böden, welche während 60 bis 90 Jahren bearbeitet worden waren, hatten wesentliche Verminderungen ihres Kohlenstoff-, Stickstoff- und Phosphorgehaltes erlitten. Die Zusammensetzung der organomineralischen Partikelgrößenfraktionen dreier Prärieböden unterschiedlicher Textur, welche zwischen vier und 90 Jahren unter Körnerfrucht-Brache-Wechsel gehalten worden waren, wurde bewertet. Natürliche Prärieböden dienten dem Vergleich. Nach vier Jahren Bearbeitung des Prärbodens (Schlufflehm) betrug der Kohlenstoffverlust aus Teilchen > 50 µm 43% des gesamten Kohlenstoffverlustes. Dieser Befund wurde mit der Zerstörung von Makroaggregaten in Beziehung gesetzt. Jene mit feinem Ton (< 0.2 µm) assozi-

ierte organische Substanz erschöpfte sich während der ersten 60 Jahre
rasch, danach konnten nur geringe Veränderungen festgestellt werden und
ein neues Gleichgewicht stellte sich ein. Dieses entsprach etwa der Hälfte
des ursprünglichen Kohlenstoffgehaltes. Jene mit feinem Schluff (5–2 μm)
und grobem Ton (2–0.2 μm) assoziierte organische Substanz ging in einem
wesentlich geringerem Ausmaß verloren. Mit zunehmender Bearbeitungsdauer nahm der Anteil der gesamten organischen Bodensubstanz in diesen
Formen zu. Die relative Häufigkeit dieser biologisch widerstandsfähigen,
stärker humifizierten Materialien in bearbeiteten Böden zeigte, daß die
verbleibende organische Substanz eine reduzierte Kapazität zur Bereitstellung von Nährstoffen durch Mineralisierung aufweist. Die nach 90 Jahren
der Kultivierung anhaltend langsame Mineralisierung dieser resistenteren
organischen Substanzfraktion des schluffigen Lehms ließ eine Gleichge-
wichtseinstellung innerhalb eines absehbaren Zeitraumes nicht erwarten.
In einem sandigen Lehmboden von grober Textur zeigte die Verteilung der
organischen Substanzverluste aus den verschiedenen Größenfraktionen
nach 65 Jahren der Bearbeitung ein ähnliches Bild. Ein durch eine höhere
Stabilität der mit Schluff und Ton assoziierten organischen Substanz cha-
rakterisierter schwerer Tonboden verlor während 70 Jahren nur 10% organische Substanz. Für labile Formen der organischen Substanz konnten mit
Zunahme der Bearbeitungsdauer relativ rasche quantitative Abnahmen beobachtet werden. Die Anreicherung von organischer Substanz in labilen
Formen wird durch eine zunehmende Reduktion der Bearbeitungsintensität begünstig. Kohlenhydrate und die mikrobielle Biomasse repräsentieren wichtige labile Kohlenstoffquellen in Böden.

Nach 60 Jahren Bearbeitung eines sandigen Lehms betrug die Reduktion des organischen Kohlenstoff-, Stickstoff- und Phosphorgehaltes des
Bodens in den oberflächlichen 15 cm 55–63% (Bowman et al. 1990). Die
Hälfte des Verlustes trat in den ersten drei Jahren der Kultivierung auf. Die
labilen Fraktionen des organischen Kohlen- und Stickstoffs waren nach 60
Jahren um 67–72% zurückgegangen, wobei mehr als 80% des Verlustes an
labilem Kohlenstoff und mehr als 60% dessen an labilem Stickstoff während der ersten drei Jahre der Bearbeitung auftrat. Die Hälfte des gesamten
Rückganges des Phosphors entstammte dem organischen Phosphor-Pool.
Dieser repräsentierte in den ersten drei Jahren einen Rückgang von etwa
60% des organischen Kohlenstoffgehaltes.

In einem Tonboden führte die während vier Jahren praktizierte Erhaltungsbodenbearbeitung und in einem geringeren Ausmaß der Fruchtwechsel mit Rotklee im Vergleich zu intensiveren Systemen zu einem höheren
organischen Substanzgehalt in der obersten Bodenlage (Angers et al.
1993). Diese organische Substanz reicherte sich in labilen Formen an.
Zwei Bestellungsregime, kontinuierliche Gerstenkultur und eine Zweijah-
res Fruchtfolge von Gerste und Rotklee und drei Bodenbearbeitungspraktiken (Scharpflug, Tiefenlockerer, Nichtbearbeitung) waren verglichen

worden. Der Kohlenstoffgesamtgehalt wurde durch die Bodenbearbeitung, nicht jedoch durch das Bestellungsregime, beeinflußt. In der Bodenlage 0–7.5 cm wiesen die Ansätze ohne Bearbeitung und die Ansätze mit Tiefenlockerung einen um 20% höheren Kohlenstoffgehalt auf als die Ansätze mit Scharpflug. Bei reduzierter Bearbeitung waren die Gehalte an heißwasserextrahierbaren sowie an säurehydrolysierbaren Kohlenhydraten durchschnittlich um 40% höher als unter Bearbeitung mit dem Scharpflug. Die Verhältnisse des mikrobiellen Biomasse-C und Kohlenhydrat-C zum gesamten organischen Kohlenstoffgehalt zeigten, daß eine signifikante Anreicherung von organischer Substanz in labilen Formen erfolgte indem die Bearbeitungsintensität reduziert wurde. Insgesamt waren jene durch die Bewirtschaftung induzierten Unterschiede in der 0–7.5 cm Lage größer als in der tieferen Lage des A_p-Horizontes (7.5–15 cm).

Untersuchungen zum Einfluß verschiedener Bearbeitungsmethoden auf die Gruppenzusammensetzung von Humin- und Fulvosäuren eines Rasenpodsolbodens zeigten die infolge tiefer Bearbeitung zunehmende Labilität von Huminsäuren an (Chernikov 1993). Oberflächliche Bearbeitung übt in einem stärkeren Ausmaß protektive Funktionen aus, welche bis zum Schutz der Huminsäuren vor Abbau reichen. Arshad et al. (1990) untersuchten mittels ^{13}C NMR und chemischen Methoden Veränderungen der Qualität der organischen Substanz des Bodens unter konventioneller Bearbeitung und Nichtbearbeitung. Die Proben wurden im September aus Oberflächenhorizonten konventionell bearbeiteter und nicht bearbeiteter Standorte entnommen. Diese hatten sich für zehn Jahre kontinuierlich unter Gerste befunden. Der nicht bearbeitete Boden wies einen höheren Gehalt an C und N (etwa 26%) auf als der konventionell bearbeitete. Der Gesamtboden und die mit Kohlenstoff angereicherte Fraktion des nicht bearbeiteten Bodens war reicher an Kohlenhydraten (etwa 10 und 18% höher) und an Aminosäuren (etwa 11 und 15% höher) als der Gesamtboden und die mit Kohlenstoff angereicherten Fraktionen des konventionell bearbeiteten Bodens. In nicht bearbeiteten Böden konnte auch ein größerer Reichtum an aliphatischem Kohlenstoff (Paraffinen) nachgewiesen werden. Solche enthielten auch geringere Mengen an aromatischem Kohlenstoff als konventionell bearbeitete.

Bearbeitungsbedingte quantitative und qualitative Veränderungen der organischen Bodensubstanz stehen mit anderen für die Qualität von Böden wichtigen Parametern wie der Größe und Aktivität der mikrobiellen Biomasse oder strukturellen Bodeneigenschaften in Beziehung. In Verbindung mit dem Rückgang des organischen Substanzgehaltes tritt ein Rückgang des von der Bodenatmosphäre eingenommenen Raumes, der Aggregation und der Wasserkapazität auf. Die organische Substanz ist ein wesentlicher Faktor der Strukturstabilität von Böden. Der organische Kohlenstoffgehalt gilt neben der Korngrößenverteilung als der Hauptindikator der Erodierbarkeit eines Bodens (Gabriels und Michiels 1991).

Nährstoffe, Nährstoffverhältnisse

Nährstoffgehalte und Nährstoffverhältnisse wie das C/N- und das C/P-Verhältnis von Böden können bearbeitungsbedingte Unterschiede aufweisen. Böden unter Direktsaat wiesen im oberflächennahen Bereich höhere C/N-, C/P-, N/P-Verhältnisse auf als Vergleichsböden unter konventioneller Bearbeitung. Konventionelle Bodenbearbeitung fördert die Mobilisierung von Nährstoffen, während sich in reduziert bzw. nicht bearbeiteten Systemen der Trend zur Immobilisierung von Nährstoffen im oberen Bodenbereich zeigt.

An Hand von Proben aus den oberen 20 cm von Tonböden, welche in drei aufeinanderfolgenden Jahren entweder direktbesät oder zuvor gepflügt worden waren unternahmen Drew und Saker (1978) einen Vergleich zur Verteilung der Wurzeln von Sommergerste und von extrahierbarem Phosphat und Kalium. Die Konzentration der Nährstoffe war bei Pflügen bis zur maximalen Bearbeitungstiefe von 20 cm etwa gleichmäßig. Bei Direktsaat waren die Konzentrationen an Phosphor und Kalium in den oberen fünf Zentimetern des Bodens erhöht. In Tiefen zwischen zehn und 20 cm waren die Konzentrationen an Kalium und vor allem an Phosphat niedriger als bei Pflügen. Die verstärkte oberflächliche Verteilung von Phosphat und Wurzeln bei Direktsaat beschränkte die Phosphataufnahme durch die Frucht nicht; trockene Sommer stellten diesbezüglich eine Ausnahme dar. Nachteilige Wirkungen der Nichtbearbeitung auf den Phosphat- und Kaliumstatus der Frucht waren nicht angezeigt, obgleich sich die verfügbaren Nährstoffe in den oberen Bodenlagen fanden. Eine Begründung konnte darin gesehen werden, daß sich im Laufe vieler Jahre der Düngung und Bearbeitung in tieferen Bodenlagen Reserven an Phosphor und Kalium bilden. Auch erfolgt der Großteil der gesamten Phosphat- und Kaliumaufnahme von Getreide in einem relativ frühen Stadium, oft vor dem Austrocknen der oberen Bodenlagen.

Im A_p-Horizont von vier Böden, welche während zwei, vier, zwölf und 16 Jahren der Nichtbearbeitung bzw. der konventionellen Bearbeitung unterlagen bestimmten Carter und Rennie (1982) Konzentrationsgradienten von verfügbaren Nährstoffen sowie von mineralisierbarem Stickstoff. Nach 16 Jahren der Nichtbearbeitung waren die Konzentrationen an pflanzenverfügbarem P und K in 0–2 cm Tiefe leicht erhöht. Mit Ausnahme des Zweijahres-Standortes war der Gehalt an potentiell mineralisierbarem C und N in 0–5 cm Tiefe bei Nichtbearbeitung gegenüber konventioneller Bearbeitung signifikant höher. In der 5–10 cm Schicht waren die Mineralisierungspotentiale der bearbeiteten Systeme gegenüber jener der nichtbearbeiteten höher.

Untersuchungen an Standorten, welche während sieben und neun Jahren konventionell bearbeitet bzw. direktbesät worden waren zeigten unter Bedingungen der Nichtbearbeitung eine Anreicherung des organischen C, des

Gesamt-N, des organischen S und P und des potentiell verfügbaren N in einer Tiefe von 0.05 m (Haynes und Knight 1989). Im Oberboden des nichtbearbeiteten Bodens reicherte sich mikrobieller Biomasse-N und extrahierbares Phosphat an. An den konventionellen Standorten war die organische Substanz innerhalb des Profils bis zu einer Tiefe von 0.2 m einheitlicher verteilt. Bei Betrachtung des Profils (0–0.3 m) waren signifikante Veränderungen des pH oder des organischen Substanzgehaltes (0–0.3 m) infolge unterschiedlicher Bodenbearbeitung nicht nachweisbar.

3.4 Mikrobiologie und Bodenenzymatik

Die Mehrzahl der Arbeiten zu den Langzeiteffekten von Bodenbearbeitungsmaßnahmen auf bodenmikrobiologische und -enzymatische Parameter beschäftigte sich mit Prozessen des Stickstoffkreislaufes sowie mit der mikrobiellen Biomasse. Ökophysiologische Parameter weisen ein Potential als sensible Kennwerte für bearbeitungsbedingte Veränderungen der Bodenqualität auf.

Der Einfluß von Bearbeitungsmaßnahmen auf bodenmikrobiologische und -enzymatische Größen wird durch weitere Standortfaktoren überlagert bzw. modifiziert. Klimatische Einflüsse spielen eine wesentlich Rolle.

3.4.1 Unterschiedliche Verteilung im Profil

Bodenbearbeitungspraktiken verändern die Verteilung und die Verfügbarkeit von organischen und anorganischen Nährstoffen im Boden und modifizieren Nährstoffkreisläufe. Maßnahmen der Erhaltungsbodenbearbeitung und der konventionellen Bodenbearbeitung bedingen eine unterschiedliche Schichtung chemischer, physikalischer und biologischer Parameter im Profil.

Wie bereits angeführt ist es beim Vergleich der Effekte unterschiedlicher Bearbeitungsmethoden auf Bodeneigenschaften wesentlich, welche Bereiche und bis zu welcher Tiefe die Böden beprobt werden. Bei abgestufter Beprobungstiefe nachweisbare Unterschiede können sich bei Gesamtprobung des Bereiches aufheben. El-Haris et al. (1983) konnten beispielsweise beim Vergleich des Einflusses von Scharpflug- und Nichtbearbeitungs-Systemen auf das N-Mineralisierungspotential in einem Weizensystem für nicht bearbeitete Systeme in 0–5 cm Tiefe ein höheres N-Mineralisierungspotential nachweisen als im Scharpflugsystem. In 5–15 cm Tiefe war dieses hingegen geringer als jenes des Scharpflugsystems. Bei einer Beprobungstiefe von 0–15 cm war ein Nettoeffekt der Bearbeitung auf dieses Potential nicht gegeben. Carter (1986) fand für ein System in Kanada ähnliche Ergebnisse. In diesem Fall war die CO_2-Bildung und die mikrobielle Biomasse in 0–5 cm Tiefe höher. Bei Vergleich der Summen dieser biologischen Aktivitäten in 0–10 cm Tiefe konnten für Scharpflug und Nichtbearbeitung ähnliche Ergebnisse erzielt werden.

Bei Erhaltungsbodenbearbeitung kann gegenüber konventioneller Bearbeitung in den oberen Bodenbereichen eine Zunahme des organischen Substanz- und Nährstoffgehaltes beobachtet werden. Die unterschiedliche Verteilung der organischen Substanz im Profil trägt wesentlich zu jenen bei verschiedenen Bearbeitungssystemen auftretenden Unterschieden hinsichtlich chemischer, physikalischer und biologischer Bodeneigenschaften bei.

Innerhalb des Profils werden bodenmikrobiologische und -enzymatische Parameter durch das Ausmaß der Bodenmischung und Belüftung, die Einarbeitung von Feldfruchtrückständen, die Verteilung und die Qualität der organischen Substanz, das Bodenfeuchteregime und das Wurzelwachstum beeinflußt. Bodenmikrobiologische und -enzymatische Parameter werden durch eine reichlich vorhandene Wurzelmasse begünstigt. Bearbeitungsmethoden, welche die Pflanzenrückstände an der Oberfläche bewahren fördern die Entwicklung größerer mikrobieller Populationen sowie eine höhere biochemische Aktivität im oberen Bereich des Bodens. Bei solchen Systemen kann die Aktivität in tieferen Bodenbereichen gleich oder geringer sein als jene bearbeiteter Böden. Infolge einer erhöhten Bodenruhe, einer Beschattung durch den Bewuchs und durch Pflanzenrückstände und somit besserer Feuchtebedingungen ähneln reduziert bzw. nichtbearbeitete Standorte natürlichen. Praktiken der Erhaltungsbodenbearbeitung führen im Vergleich zu konventioneller Bearbeitung zu einer Anreicherung von Pflanzenrückständen an oder nahe der Oberfläche des Bodens. Nahe der Oberfläche kann deshalb ein höherer Gehalt an organischer Substanz, mikrobiellem Biomasse-Kohlenstoff sowie partikulärem und löslichem Kohlenstoff gefunden werden.

Die Größe der mikrobiellen Biomasse ist von den vorhandenen verfügbaren Nährstoffquellen abhängig. Eine bei nicht wendenden Bodenbearbeitungsverfahren im Bereich der Oberkrume auftretende Anreicherung von leicht verfügbarer organischer Substanz fördert die mikrobielle Biomasse und biochemische Aktivitäten. Für die nichtwendende Einmischung organischer Rückstände in den Oberboden zeigte sich eine gegenüber Nichtbearbeitung bzw. wendende Bodenbearbeitung günstigere Wirkung auf enzymatische Umsetzungen. Eine vom gewählten Bearbeitungssystem abhängige unterschiedliche Verteilung organischer Substrate in der Krume sowie die Qualität der Substrate kann mit unterschiedlichen Aktivitätswerten in Beziehung gesetzt werden. In der Literatur angegebene durchschnittliche Werte zum Verbleib von Strohrückständen in der Oberkrume bei unterschiedlicher Bearbeitung wurden bei einer solchen mittels Pflug mit 17.4% sowie bei einer solchen mittels Grubber mit 81.9% angegeben (Böhm et al. 1991).

Die Lokalisation bzw. die Plazierung der organischen Dünger, einschließlich der am Feld verbleibenden Feldfruchtrückstände ist für deren Effizienz bedeutsam. Die Nährstoffe müssen durch die Bearbeitung in jenen Bereich gebracht werden, wo diese einer enzymatischen Umsetzung zugänglich und den Pflanzen von Nutzen sind. Jene durch die Bodenbearbeitung in den Boden inkorporierten Rückstände unterliegen infolge der relativ kontanten Temperatur- und Feuchtebdingungen und deren intensiverer Exposition gegenüber Bodenmikroorganismen und -enzymen einem rascheren Umsatz als an der Oberfläche verbleibende Rückstände. Bei einer ungünstigen Bearbeitungpraxis besteht die Möglichkeit der Inaktivierung von Düngern (Rid 1962).

3.4.2 Populationen, Biomasse und biochemische Stoffumsetzungen

Die im oberen Bereich von nicht bzw. reduziert bearbeiteten gegenüber konventionell bearbeiteten Böden nachweisbare größere mikrobielle Biomasse und höheren biochemischen Aktivitäten stehen mit der Natur des Bearbeitungssystems, welches durch die Anreicherung von organischer Substanz, eine erhöhte Bodenruhe, eine Beschattung durch Pflanzenrückstände und somit bessere Feuchtebedingungen gekennzeichnet ist, in Beziehung.

Das Bearbeitungssystem wirkt modifizierend auf die Wirkung von im Jahresgang auftretenden Schwankungen der Niederschlagstätigkeit auf bodenmikrobiologische und -enzymatische Parameter.

Die Erhaltungsbodenbearbeitung stellt im Rahmen einer Integrierten Landbewirtschaftung eine Praxis zur nachhaltigen Wahrung der Bodenfunktionen dar. Bei Erhaltungsbodenbearbeitung wird eine Verbesserung der biologischen Pufferfähigkeit des Bodens beobachtet. Letztere steht mit höheren Umsatzleistungen im oberen Bodenbereich in Beziehung, welche verstärkte Mobilisierungs- und Immobilisierungsprozesse anzeigen. Unter anderem wird dadurch die Gefahr von Nährstoffverlusten vermindert. Die Förderung des organischen Substanzabbaus bei konventioneller Bodenbearbeitung ist mit einer höheren Nährstoffmobilität bei dieser Form der Bodenbearbeitung gegenüber Nichtbearbeitung verbunden. In nicht bearbeiteten Böden treten gegenüber konventionell bearbeiteten oxidative Aktivitäten mit geringerer Intensität auf. In Nichtbearbeitungssystemen zeigt sich die Tendenz zu einer erhöhten Nährstoffimmobilisierung im oberen Bereich des Bodens. Die Immobilisierung von Stickstoff im Zuge des Abbaus von Pflanzenrückständen wird auch mit dem erhöhten Düngerstickstoffbedarf von Feldfrüchten, welcher in Nichtbearbeitungssystemen wiederholt beobachtet werden konnte in Beziehung gesetzt.

Eine aus hohen Humusgehalten und hohen Biomasse- und Aktivitätswerten abzuleitende positive Wirkung auf die Aggregatstabilität und die
Bodengare steht mit einer Verminderung der Verschlämmungsneigung sowie der Erosionsgefahr in Beziehung.

Die den bearbeitungsbedingten Veränderungen von Nährstoffkreisläufen im Boden zugrundeliegenden Mechanismen sind noch nicht vollkommen geklärt. Verschiedene Organismengruppen können durch Bearbeitungsmaßnahmen unterschiedlich beeinflußt werden.

In terrestrischen Ökosystemen bestehen Detritus-Nahrungsnetze aus
Gruppen von Organismen, welche miteinander in intensiver Wechselwirkung stehen und den Abbau und die Freisetzung von Nährstoffen aus der
organischen Substanz mediieren. Untersuchungen zum Detritus-Nahrungsnetz in natürlichen Ökosystemen zeigen, daß derartige Wechselwirkungen
zwischen trophischen Gruppen sowohl die Geschwindigkeit als auch die
Richtung des Nährstoffflusses durch Streu und Boden beeinflussen. Befunde, welche Unterschiede zwischen den Gemeinschaften der Abbauorganismen (Detritus-Nahrungsnetz) in Nichtbearbeitungssystemen und konventionellen Bearbeitungssystemen anzeigen, konnten erhalten werden
(Hendrix et al. 1986). Untersuchungen zur Charakterisierung von Detritus-
Nahrungsnetzen in Agrarökosystemen ließen die Feststellung zu, daß die
Nichtbearbeitung die relative Bedeutung der Pilze gegenüber jener der
Bakterien als Primärzersetzer in Agrarökosystemen erhöht. Die ersteren
werden dadurch zur Basis der Detritus-Nahrungsnetze. Durch Pflügen werden günstige Bedingungen für auf Bakterien basierende Nahrungsnetze
geschaffen. Diese werden durch Organismen repräsentiert, welche an Störungen angepaßt sind und hohe metabolische Raten aufweisen. Diese Muster sind mit einem raschen Abbau der organischen Substanz und mit einer
höheren Mobilität von Nährstoffen bei konventioneller Bearbeitung gegenüber Nichtbearbeitung verbunden.

Praktiken der Erhaltungsbodenbearbeitung, welche die Entwicklung
einer größeren mikrobiellen Biomasse im oberen Bereich des Bodens fördern begünstigen auch das Auftreten von Bodentieren. Zwischen Mikroorganismen und Bodentieren bestehende vielfältige Wechselwirkungen
können durch Bodenbearbeitungsmaßnahmen, welche zu einer Verschüt-
tung, Zerteilung oder Quetschung von Bodentieren führen modifiziert
werden. Bodenporen repräsentieren mikrobielle und tierische Habitate.
Diese werden durch Landwirtschaftverkehr und Bodenbearbeitungsmaßnahmen verändert oder gehen verloren.

In Ackerböden ist der Tierbesatz geringer und artenärmer als in vergleichbaren Grünlandböden. Eine Reihe von Untersuchungen zeigte die
unter reduzierter Bearbeitung oder Nichtbearbeitung im Vergleich zu konventioneller Bearbeitung höhere Dichte an Würmern. In mit Getreide bestellten Böden unterschiedlichen Typs konnte für direkt besäte gegenüber
gepflügten Böden beständig eine größere Population an Regenwürmern

nachgewiesen werden, wobei sich der Unterschied mit jedem Folgejahr vergrößerte (Barnes und Ellis 1979). Tiefwühlende Arten wurden ähnlich beeinflußt wie die Population als solche. Die Höhe des organischen Substanzeintrages bestimmt die Größe und die Aktivität von Regenwurmpopulationen im Boden ebenso mit wie jene der Mikroorganismen. Dieser Eintrag ist charakteristischerweise in reduziert bzw. nicht bearbeiteten Böden höher als in konventionell bearbeiteten. Die Dichte und die Biomasse der Regenwürmer war in Nichtbearbeitungssystemen gegenüber konventioneller Bearbeitung um 70% erhöht; die entsprechenden Werte für die Kleinen Borstenwürmer betrugen 50–60% (Parmelee et al. 1990). Arbeiten anderer Autoren zeigten Übereinstimmung hinsichtlich der für die Regenwürmer erhaltenen Befunde (z.B. Flieger et al. 1988; Thompson 1992). Unter den Bodeninvertebraten zeigen die Mikroarthropoden, vor allem die Springschwänze (Collembolen), extrem rasche Populationsveränderungen infolge veränderter Umweltbedingungen, einschließlich Bodenbearbeitung (Tarashchuk und Maliyenko 1993). Die im Vergleich zu nicht bearbeiteten Standorten geringere Menge an Kotbällchen in Proben konventionell bearbeiteter Böden gab Hinweis auf eine geringere Aktivität der Fauna an den letztgenannten Standorten (Pagliai und De Nobili 1993).

Das Bearbeitungssystem wirkt modifizierend auf weitere am Standort zur Anwendung gelangende Bewirtschaftungspraktiken. Hemmende Effekte von Pflanzenschutzmitteln auf Mikroorganismen können durch an bzw. nahe an der Bodenoberfläche belassene Pflanzenrückstände reduziert werden (z.B. Doran 1980b).

Der Einfluß von Bearbeitungspraktiken auf mikrobielle Populationen ist auch im Hinblick auf das Auftreten von Pflanzenkrankheiten von Interesse. Bodenbearbeitungsmaßnahmen beeinflussen biologische Wechselwirkungen und nehmen Einfluß auf die Verbreitung von Phytopathogenen. Die Häufigkeit des Auftretens der Schwarzbeinigkeit des Weizens, verursacht durch den Pilz *Gaeumannomyces graminis* var. *tritici*, war an Standorten mit konventioneller Bodenbearbeitung signifikant höher als an direktbesäten Standorten (Rothrock 1987). Der primäre Einfluß der Bearbeitung auf die Krankheit wurde nicht im Inokulumpotential (vermehrt bei Direktsaat) gesehen. Vielmehr war auf die Förderung der Erregerausbreitung durch die Bodenbearbeitung zu schließen. Von Pankhurst et al. (1995) durchgeführte Untersuchungen zum Einfluß von Direktsaat und konventioneller Bearbeitung auf die Epidemiologie von *Pythium*-Infektionen des Weizens ergaben für den direktbesäten Ansatz während einer vierjährigen Untersuchungsperiode signifikant höhere Zahlen an *Pythium*-Populationen. Das Einarbeiten von Pflanzenrückständen kann historisch auch als eine Maßnahme zur Reduktion der Überlebensfähigkeit von Phytopathogenen gesehen werden. Dabei wird das reduzierte Überleben eines Pathogens mit ungünstigen Bedingungen in tieferen Bodenbereichen sowie auch mit einer Intensivierung der Konkurrenz des Pathogens mit einer besser angepaßten bodeneigenen mikrobiellen Population in Beziehung gesetzt. Es besteht auch die Möglichkeit, daß infolge des mikrobiellen Abbaus von an bzw. nahe der Oberfläche belassenen Pflanzenresten das Überleben von am Substrat überdauernden Pathogenen reduziert wird. Parameter wie der Verlauf der Witterung, der Bodentyp und andere Bewirtschaftungsmaßnahmen können modifizierend auf Beziehungen zwischen dem Auftreten von Pflanzenkrankheiten und Bearbeitungsmaßnahmen wirken.

Mikrobielle Populationen, Biomasse und Atmung

Untersuchungen an einer größeren Anzahl unterschiedlicher Bodentypen zeigten den Rückgang der Pilze und der Vertreter der Bakteriengruppe der Streptomyceten infolge von Pflügen. Die Biomasse anderer Bakterien wurde hingegen kaum beeinflußt (Wolff-Straub 1970). Untersuchungen zur Aggregation gaben Hinweis darauf, daß vor allem die pilzliche Biomasse als labile Komponente der organischen Substanz durch Bodenbearbeitung geschädigt und als Nährstoffquelle verfügbar wird (z.B. Gupta und Germida 1988).

Oberböden von Langzeitstandorten unter Nichtbearbeitung wiesen bis zu einer Tiefe von 7.5 cm höhere organische C-, N- und Wassergehalte sowie größere mikrobielle Populationen auf als konventionell bearbeitete Vergleichsstandorte (Doran 1980a).

Die Zahlen der aeroben Mikroorganismen, der fakultativen Anaerobier und der Denitrifikanten waren an der Oberfläche der nicht bearbeiteten Böden gegenüber dem gepflügten Boden um den Faktor 1.14 bis 1.58 sowie 1.47 und 7.31 höher. In einer Tiefe von 7.5–15 cm sowie von 15–30 cm waren die Trends umgekehrt. Die mikrobiellen Populationen sowie die Gehalte an Wasser und an organischem Kohlenstoff und Stickstoff entsprachen einander im konventionell und im nichtbearbeiteten Boden oder waren im erstgenannten höher. Die Trends der mikrobiellen Population wurden durch das pH und die Gehalte an organischem C und N reguliert. Konventionelle Bearbeitung stimulierte die aeroben Aktivitäten bis in größere Bodentiefen. Gepflügte Böden zeigten in 7.5–15 cm Tiefe signifikant größere Populationen an Pilzen, aeroben Bakterien und autotrophen Nitrifikanten als nicht bearbeitete Böden. In dieser Bodentiefe kann somit eine höhere Mineralisierung und Bildung von Nitrat erwartet werden. In nicht bearbeiteten Böden nahmen die mikrobiellen Populationen unterhalb 7.5 cm rasch ab. Der Anteil fakultativer Anaerobier und Denitrifikanten war im nicht bearbeiteten Boden gegenüber dem konventionell bearbeiteten zweifach erhöht.

Tabelle 8. Verhältnis mikrobieller und physikalisch/chemischer Parameter bei Bearbeitung bzw. Nichtbearbeitung des Bodens (obere 7.5 cm)

Parameter	Verhältnis unbearbeitet/bearbeitet
Aerobe Mikroorganismen	1.35
Pilze	1.57
Aktinomyceten	1.14
Aerobe Bakterien	1.41
NH_4^+-Oxidierer	1.25
NO_2^--Oxidierer	1.58
Fakultative Anaerobier	1.57
Denitrifikanten	7.31
Potentiell mineralisierbarer N	1.35
Organischer C	1.25
Kjeldahl-N	1.20
Bodenwassergehalt	1.47

Nach Doran (1980a).

Unter der kombinierten Wirkung von reduzierter Bodenbearbeitung und von an der Bodenoberfläche belassenen Rückständen von Maispflanzen nahmen die Populationen der Bakterien, einschließlich der Gruppe der Aktinomyceten sowie der Pilze um das Zwei- bis Sechsfache zu (Doran 1980 b). Die Zahlen der Nitrifikanten und Denitrifikanten nahmen im Oberboden von mit Maisrückständen versehenen Standorten um das Zwei- bis 20fache sowie um das Drei- bis 43fache zu. Die Reaktionen der mikrobiellen Populationen auf die Pflanzenrückstände konnten mit einem erhöhten Bodenwassergehalt in Beziehung gesetzt werden.

In in situ Untersuchungen an Oberböden (0–75 mm) von sechs verschiedenen Lokalitäten konnte für den Fall der langfristigen Nichtbearbeitung eine gegenüber Oberflächenpflügung um den Faktor 1.35 bis 1.41 und 1.27 bis 1.31 höhere Zahl an aeroben und anaeroben Mikroorganismen nachgewiesen werden (Linn und Doran 1984). In größerer Tiefe (75–300 mm) waren in konventionell bearbeiteten Böden die aeroben mikrobiellen Populationen signifikant höher.

In Versuchsserien zum Einfluß der Bodenbearbeitung auf die Bodenmikroflora betrug die Bearbeitungstiefe mittels Pflug 30 cm, jene mittels Fräse 20 cm; die Proben wurden aus 5–10 cm Tiefe entnommen (Küster und Sauter 1985). Klare Unterschiede waren nur in Bezug auf eine erfolgte beziehungsweise nicht erfolgte Bodenbearbeitung, nicht aber in Bezug auf die Art der Bearbeitung (Pflug bzw. Fräse) nachweisbar. Bodenbearbeitung im Herbst reduzierte den jahreszeitlichen Rückgang der Zahl der Bodenorganismen; im Vergleich zum Kontrollboden war die Zahl der Mikroorganismen und die CO_2-Entwicklung erhöht. Im Frühjahr führte die Erwärmung des Bodens an den nicht bearbeiteten Standorten zu einer steilen Zunahme der Zahl der Bodenorganismen. Eine starke Austrocknung der bearbeiteten Standorte verhinderte den jahreszeitlich bedingten Anstieg der Organismenzahl. Die Bakterien (Ausnahme Gruppe der Aktinomyceten) reagierten diesbezüglich besonders empfindlich. Pilze und die Bakteriengruppe der Aktinomyceten waren weniger empfindlich. In den unbearbeiteten Parzellen konnte im Frühjahr ein leichter Anstieg, in den gepflügten Parzellen hingegen ein Abfall der Atmungsaktivität nachgewiesen werden.

Die mikrobielle Biomasse eines Tonbodens nahm sowohl bei direkter Einsaat als auch bei Pflügen während des Wachstums von Weizenpflanzen zu und sank sodann auf einen annähernd konstanten Wert ab (Lynch und Panting 1980b). In den direkt besäten Böden war die Biomasse signifikant höher als in den gepflügten Böden. Die mikrobielle Biomasse nahm in den oberflächlichen fünf Zentimetern des Bodens mit dem Pflanzenwachstum zu (Lynch und Panting 1982). Das Maximum wurde zur Zeit der maximalen Wurzelbildung erreicht. Der Einsatz einer Fräse im Herbst verursachte eine im Frühjahr gegenüber dem ungestörten Boden verringerte Biomasse. Die Applikation von Ammoniumnitrat erhöhte die Biomasse im Boden nach Direktsaat der Getreide nicht aber nach Pflügen.

Nach zehn Jahren Bearbeitung und Fruchtwechsel wurden drei für eine Winterweizenregion typische Mollisole aus Löß hinsichtlich der mikrobiellen Biomasse sowie des gesamten Kohlenstoff- und Stickstoffgehaltes untersucht (Granatstein et al. 1987). Die Behandlungen schlossen Bearbeitung, Nichtbearbeitung und drei verschiedene Getreide-Gemüse Rotationen ein. Die mikrobielle Biomasse sowie der Gesamtgehalt an C und N waren in den nicht bearbeiteten Oberböden (0–5 cm) am höchsten. Infolge der relativen Homogenität der Behandlungen unterschied sich die mikrobielle Biomasse zwischen den Rotationen nicht wesentlich. Die mikrobielle Biomasse war in nicht bearbeiteten Oberböden signifikant höher, wenn die gegenwärtige Frucht eine Vorfrucht mit hohem Streuanfall aufwies. Das Gegenteilige war zutreffend für die bearbeiteten Standorte. In nicht bearbeiteten Oberböden reflektierte das jahreszeitliche Muster der Biomasse das durch trockene Sommer und winterlichen Regen ausgezeichnete Klima der Region.

Untersuchungen, welche unterschiedliche Bearbeitungssysteme aus verschiedenen Klimaten einschlossen, ergaben für Sommergetreide unter semiariden-subhumiden Feuchteregimen nach vier Jahren der Nichtbearbeitung im Vergleich zu Seichtpflügen in 0–5 cm Tiefe eine Erhöhung des mikrobiellen Biomasse-C und -N im Ausmaß von 10–23% (Carter 1986). Im Laufe der Zeit kam es durch einen Rückgang der mikrobiellen Biomasse in tieferen Bodenlagen zu einem graduellen Ausgleich der beobachteten Biomassezunahme. In einer perhumiden Region war eine ähnliche Neuverteilung der mikrobiellen Biomasse nach zwei Jahren nachweisbar. Direktsaat von Raygras führte in 0–5 cm Tiefe im Vergleich zu einem bearbeiteten System nach drei Jahren zur Erhöhung des mikrobiellen Biomasse-C und -N im Ausmaß von 26–28%. In direktbesäten Systemen war der Gehalt an mikrobieller Biomasse jenem unter permanenten Weiden vergleichbar.

Angers et al. (1993) konnten in vergleichenden Untersuchungen mit zwei Bestellungsregimen und drei Bodenbearbeitungpraktiken (Scharpflug, Tiefenlockerer, Nichtbearbeitung) in einem Tonboden keine Beeinflussung des Kohlenstoffgesamtgehaltes durch das Bestellungsregime, jedoch eine solche durch das Bearbeitungssystem nachweisen. In der Bodenlage 0–7.5 cm wiesen die Ansätze unter Nichtbearbeitung und die Ansätze unter Verwendung eines Tiefenlockerer einen um 20% höheren Kohlenstoffgehalt auf als die Ansätze mit Scharpflugbearbeitung. In derselben Bodenlage betrug die mikrobielle Biomasse durchschnittlich 300 mg C/kg bei Einsatz des Scharpfluges und bis zu 600 mg C/kg im nicht bearbeiteten Boden. Die durch die Bewirtschaftung induzierten Unterschiede waren in der 0–7.5 cm Lage größer als in der tieferen Lage des A_p-Horizontes (7.5–15 cm).

Braunerden, Parabraunerden und Pelosole wurden in vergleichende Untersuchungen zum Einfluß einer Minimalbodenbearbeitung nach dem System Horsch sowie einer konventionellen Bearbeitung auf biologische Bodeneigenschaften einbezogen (Flieger et al. 1988). Die Böden waren bis vor zirka fünf Jahren 10 cm tief gegrubbert worden, ab diesem Zeitpunkt wurden diese in Direktsaat bestellt. Die Beprobung erfolgte in einer Tiefe von 0–6 cm und von 6–20 cm. Höhere Humus- und Nährstoffgehalte der obersten Bodenschicht bedingten in den minimal bearbeiteten Schluff- und Tonböden eine höhere mikrobielle Biomasse. In der Unterkrume waren zwischen den Bearbeitungsvarianten keine Unterschiede nachweisbar. Wurde die mikrobielle Biomasse auf 1% Kohlenstoff bezogen, blieben bei den schluffigen und tonigen Böden die Unterschiede in 0–6 cm Tiefe zwischen minimaler und konventioneller Bearbeitung bestehen.

Verhältnisse zwischen chemischen und biologischen Parametern bzw. auf die mikrobielle Biomasse bezogene Stoffumsetzungen geben Hinweis auf die qualitative und quantitative Dynamik der organischen Substanz. Carter (1991) bestimmte in der Oberflächenlage (0–5 cm) von Podsolen (feine sandige Lehme mit geringem Tonanteil, 8–10%) das Verhältnis des mikrobiellen Biomasse-C Gehaltes zum organischen C-Gehalt des Bodens (C_{mic}/C_{org}-Verhältnis) sowie das Verhältnis des mikrobiellen Biomasse-N Gehaltes zum Stickstoffgesamtgehalt des Bodens (N_{mic}/N_{gesamt}-Verhältnis). Diese Böden standen für drei bis fünf Jahre unter dem Einfluß unterschiedlicher Bodenbearbeitung. Als Vergleichsflächen dienten auf dem gleichen Boden während 10–40 Jahren etablierte Grünlandstandorte. Die mikrobielle Biomasse betrug in Grünlandböden, in Böden mit reduzierter Bearbeitung und in solchen mit Pflugbearbeitung 561, 250 und 155 µg/g Boden. In sämtlichen Systemen stand der mikrobielle Biomasse-C zum gesamten organischen Kohlenstoffgehalt und der Biomasse-N zum gesamten Stickstoffgehalt in positiver Beziehung. Durch reduzierte Bodenbearbeitung kam es zu einer Steigerung des mikrobiellen Biomassegehaltes pro Einheit bodenorganischem Kohlenstoffgehalt (C_{mic}/C_{org}). Für die reduziert bearbeiteten Böden wurde eine Verschiebung des Gleichgewichtes der organischen Substanz in Richtung rasche, bearbeitungsinduzierte, Anreicherung von organischer Substanz in der Oberflächenlage abgeleitet.

Feldversuche mit Parabraunerden ließen an Hand der mikrobiellen Biomasse, der bodenmikrobiologischen Kennzahl sowie der Beziehung dieser beiden Parameter zum Kohlenstoffgesamtgehalt der Böden die Ableitung zu, daß bei Minimalbodenbearbeitung (Frässaat) gegenüber Pflügen nur die obersten Krumenschichten, nicht aber tiefere Horizonte, höhere Biomassewerte und eine positive Humusbilanz aufweisen (Beck 1984c).

An Standorten eines australischen Vertisols, welche während sechs Jahren entweder konventioneller Bearbeitung bzw. Nichtbearbeitung unterlagen und an welchen Hirserückstände entweder belassen oder entfernt wurden hatte die Rückhaltung von Streu zu einer gegenüber dem Gesamtgehalt an organischem Kohlenstoff bzw. an Stickstoff höheren prozentuellen Zunahme des mikrobiellen Biomasse-C geführt (Saffigna et al. 1989). Die Zunahme des Biomasse-C betrug 12%, des Biomasse-N 23% und des Biomasse-P 45%. Die Belassung von Hirserückständen verringerte das C/P-Verhältnis von 48 auf 35. Rückstandbelassung erhöhte die Atmung um etwa 45%, hatte jedoch wenig Effekt auf das C/N-Verhältnis der Biomasse oder die Stickstoffmineralisierung. Im Mittel war der organische Kohlenstoffgehalt in der Oberflächenlage unter Nichtbearbeitung um 7% höher als unter konventioneller Bearbeitung. Der entsprechende Anstieg des Biomasse-C betrug 14–21%. Bezüglich des Biomasse-N oder Biomasse-P bestanden keine Unterschiede. Die Kombination Rückstandbelassung und Nichtbearbeitung erhöhte den Gehalt an organischem Kohlenstoff im Oberboden um 15%, jenen des Gesamtstickstoffs um 18% und jenen des Biomasse-C um 31%. Die Grundatmung (CO_2-Freisetzung) und die spezifische Atmung (qCO_2) der Biomasse war in nicht bearbeiteten Böden geringer als in konventionell bearbeiteten.

In Untersuchungen zum Einfluß von dreijähriger Gerstenbestellung unter Einsatz verschiedener Bearbeitungssysteme auf die Qualität eines sandigen Tonbodens wurden die oberen 0–7.5 cm beprobt (Simard et al. 1994). Der Gehalt an mikrobiellen Biomasse-C war bei Minimalbodenbearbeitung signifikant höher als unter Scharpflug-Bearbeitung.

Ausgewählte Bodenenzymaktivitäten

Die Beeinflussung von Bodenenzymen durch unterschiedliche Formen der Bodenbearbeitung wurde nicht sehr intensiv untersucht. Verschiedene Bearbeitungssysteme tragen unterschiedlich zur Etablierung günstiger Verhältnisse hinsichtlich der Verteilung von Substraten bei. In Abhängigkeit vom Bodentyp kann es im Falle von reduzierter Bodenbearbeitung durch eine intensivierte Acidifizierung des oberflächennahen Bodenbereiches zu einer negativen Beeinflussung enzymatischer Umsetzungen kommen. Gegenüber konventionell bearbeiteten Böden kann sich bei nicht bearbeiteten der relative Einfluß des Bewuchses auf biochemische Umsetzungen stärker zeigen.

Kiss et al. (1975) nahmen Bezug auf Literatur zum Einfluß dreier unterschiedlicher Pflugtiefen (15, 25, 35 cm) auf die enzymatische Aktivität eines Ausgewaschenen Tschernosems. Die Praxis war während sechs Jahren ausgeübt worden. Die Aktivität des Enzyms Dehydrogenase war im 15 cm tief gepflügten Boden in der 0–40 cm Lage am höchsten; diese Aktivität war im Falle des Tiefpflügens (35 cm) am geringsten. Die Aktivitäten der Enzyme Invertase, Urease und Phosphatase wiesen ein der Dehydrogenaseaktivität gleichendes Verhalten auf. Insgesamt ergab eine Pflugtiefe von 15 cm in Bezug auf die Enzymaktivitäten die besten Ergebnisse. Einer an diesen Standorten auftretenden geringen Permeabilität sollte durch eine periodisch erfolgende (im Abstand von 3–5 Jahren) Unterbodenlockerung bis zu einer Tiefe von 40–50 cm erfolgreich begegnet werden können.

Oberböden von Langzeitstandorten unter Nichtbearbeitung wiesen bis zu einer Tiefe von 7.5 cm höhere Enzymaktivitäten auf als konventionell bearbeitete Vergleichsstandorte (Doran 1980a). Gleiches galt für den organischen C- und N-Gehalt sowie den Wassergehalt. Die Aktivität der Enzyme Phosphatase und Dehydrogenase war an der Oberfläche des nicht bearbeiteten Bodens signifikant höher als unter konventioneller Bearbeitung. In einer Tiefe von 7.5–15 cm sowie von 15–30 cm waren die Trends umgekehrt. Die Regulierung der biologischen Parameter durch den organischen C- und N-Gehalt sowie das pH war angezeigt.

Vergleichende Untersuchungen mit Proben zweier Standorte (schluffiger, toniger Lehm; schluffiger Lehm), welche über 18 (ersterer) bzw. 19 (letzterer) Jahre verschiedenen Kombinationen an Bodenbearbeitung (Direktsaat, NT, bzw. konventionell, CT) und Fruchtfolge unterlagen, zeigten in einer Tiefe von 0–7.5 cm bei NT gegenüber CT für den schluffigen Lehm eine signifikant höhere Aktivität sämtlicher untersuchter Enzyme, mit Ausnahme der alkalischen Phosphatase (Dick 1984). Die untersuchten Enzyme schlossen die Arylsulfatase, die Invertase, die Amidase, die Urease und die alkalische Phosphatase ein. Unterhalb einer Tiefe von 7.5 cm variierte der Einfluß der Bearbeitung auf die Enzymaktivität mit dem

Boden und/oder dem untersuchten Enzym. In einer Tiefe von 22.5–30 cm wurden diese Unterschiede aufgehoben. Die gepflügten Böden wiesen in dieser Tiefe die gleiche oder in einigen Fällen eine höhere Enzymaktivität auf als nicht bearbeitete. An den NT-Standorten wurde die Enzymaktivität des 0–7.5 cm Bereiches signifikant von der Fruchtfolge beeinflußt. Die höchsten Aktivitäten konnten für Mais-Hafer-Luzerne und die niedrigsten für Mais-Sojabohne Wechsel festgestellt werden. Die Beeinflussung der Bodenenzyme korrelierte positiv mit dem organischen C-Gehalt. Für den schluffigen Lehm konnten 78–92%, für den schluffigen tonigen Lehm 28–83% der Variation der Enzymaktivitäten auf den organischen C-Gehalt zurückgeführt werden.

In von Küster und Sauter (1985) geführten Versuchsserien betrug die Bearbeitungstiefe mittels Pflug 30 cm, jene mittels Fräse 20 cm; die Proben wurden aus 5–10 cm Tiefe entnommen. Klare Unterschiede waren nur in Bezug auf eine erfolgte beziehungsweise nicht erfolgte Bodenbearbeitung, nicht aber in Bezug auf die Art der Bearbeitung (Pflug bzw. Fräse) nachweisbar. Bodenbearbeitung im Herbst führte im Vergleich zum Kontrollboden zu einer Erhöhung der Dehydrogenaseaktivität. In den unbearbeiteten Parzellen konnte im Frühjahr ein leichter Anstieg, in den gepflügten Parzellen hingegen ein Abfall der Dehydrogenaseaktivität nachgewiesen werden.

Flieger et al. (1988) berücksichtigten Braunerden, Parabraunerden und Pelosole im Rahmen vergleichender Untersuchungen zum Einfluß einer Minimalbodenbearbeitung nach dem System Horsch sowie einer konventionellen Bearbeitung auf biologische Bodeneigenschaften. Die Böden waren bis vor zirka fünf Jahren 10 cm tief gegrubbert worden, ab diesem Zeitpunkt wurden diese in Direktsaat bestellt. Die Beprobung erfolgte in einer Tiefe von 0–6 cm und von 6–20 cm. Höhere Humus- und Nährstoffgehalte der obersten Bodenschicht bedingten in den minimal bearbeiteten Schluff- und Tonböden eine höhere Dehydrogenaseaktivität. In der Unterkrume waren zwischen den Bearbeitungsvarianten keine Unterschiede nachweisbar. Die saure Bodenreaktion der Braunerden in 0–6 cm Tiefe beeinflußte die mikrobielle Aktivität derart, daß sich in dieser oberflächennahen Schicht, trotz etwas höherer Humusgehalte in minimal bearbeiteten Böden, keine Unterschiede in der biologischen Aktivität zwischen den Bearbeitungsvarianten ausbildeten. An sämtlichen Standorten sank die biologische Aktivität mit der Tiefe; signifikante Unterschiede zwischen den Bewirtschaftungsweisen bestanden nicht.

Silomais- und Körnermaisstandorte (feiner sandiger Lehm), welche etwa zehn Jahre lang in Monokultur gehalten und zum einen konventionell zum anderen nicht bearbeitet worden waren, wurden bezüglich der Aktivität der Enzyme Urease, Protease, saure Phosphatase, des organischen Substanzgehaltes sowie der Bodenfeuchte untersucht (Klein und Koths 1980). Die Ansätze umfaßten: NTG: keine Bearbeitung, Körnermais; NTS: keine

Bearbeitung, Silomais; PG: konventionell gepflügt, Körnermais; PS: konventionell gepflügt, Silomais. Die höchste Aktivität sämtlicher Enzyme wurde für NTG, die niedrigste für PS bestimmt; signifikant höhere Aktivitäten konnten für die nicht bearbeiteten Standorte erfaßt werden, wobei diesbezüglich keine signifikanten Unterschiede zwischen Silo- und Körnermaisstandorten bestanden. Die nicht bearbeiteten Standorte wiesen eine höhere Bodenfeuchte auf. Der organische Substanzgehalt sank in der folgenden Reihe NTG > NTS > PG > PS; selbiger war an den nicht bearbeiteten Standorten signifikant höher. Die Korn- und Silomaisstandorte zeigten hinsichtlich des organischen Substanzgehaltes keine signifikanten Unterschiede.

An zwei Standorten, welche während sieben und neun Jahren konventionell bearbeitet oder direkt besät worden waren untersuchen Haynes und Knight (1989) die Aktivitäten der Enzyme Urease, Protease, Phosphatase und Sulfatase. Die Standorte wiesen bezogen auf eine Tiefe von 0–0.3 Meter keine signifikanten Unterschiede hinsichtlich des organischen Substanzgehaltes auf. Die vertikale Verteilung der organischen Substanz war jedoch zwischen den beiden Systemen sehr unterschiedlich. An den direktbesäten Standorten reicherte sich diese in den oberen 0.05 Metern an; an den konventionellen Standorten war diese bis zu einer Tiefe von 0.2 Meter einheitlicher verteilt. Die Aktivitäten der Enzyme Urease und Protease reflektierten die Unterschiede hinsichtlich der Verteilung der organischen Substanz in den beiden Systemen, wobei die Aktivitäten in den oberen 0.05 m des nicht bearbeiteten Bodens höher waren. An den konventionellen Standorten zeigte sich der Trend zu einer höheren Aktivität in größerer Tiefe. Die Aktivitäten der Enzyme Phosphatase und Sulfatase waren unter Nichtbearbeitung bis zu einer Tiefe von 0.1–0.2 m höher.

In einem Typischen Braunen Tschernosem, welcher während sechs Jahren nicht bearbeitet und unter kontinuierlichen Weizen-Systemen stand konnte in den oberen 7.5 cm eine gegenüber benachbarten konventionell bearbeiteten Weizen-Systemen (während mehr als 70 Jahren) erhöhte Phosphataseaktivität nachgewiesen werden (Campbell et al. 1989).

Im Rahmen eines Verfahrens, welches als Technik des naturnahen Landbaus (TNL) bezeichnet wird, waren Tonböden 14 Jahre lang nicht gewendet worden (Niederbudde und Flessa 1989). Bei dem genannten Verfahren wird der Unterboden gelockert und die zugeführten organischen Substanzen werden mit dem Oberboden flach vermischt. Durch das flach wendende und tief lockernden Systems (Terra-Vator) sollen Unterbodenverdichtungen vermieden und eine Nährstoffkonzentrierung in der Oberschicht gewährleistet werden. Im Zuge des anderen Verfahrens wurde der Boden konventionell bewirtschaftet und 22 cm tief gepflügt (TKL). Vergleichsmessungen erfolgten an einem Wiesenboden. Die Dehydrogenaseaktivität war im Oberboden des TNL ebenso hoch wie in der Wiese; im TKL-Boden war dieselbe eindeutig geringer; entsprechendes galt auch für die Werte des potentiell mineralisierbaren N. Die Atmungsaktivität war im TKL-Boden gegenüber dem TNL-Boden erhöht.

In einer Tschernosem-Parabraunerde, einer Braunerde und einer pseudovergleyten Parabraunerde wurde der Einfluß unterschiedlicher Bodenbearbeitungssysteme (Pflug, Schwertgrubber mit Rotoregge, Flügelschargrubber mit Rotoregge, Frässaat und Direktsaat) auf die Aktivität der Enzyme Dehydrogenase, Katalase, β-Glucosidase, Protease, Urease, Nitratreduktase untersucht (Böhm et al. 1991). Die Bodenproben wurden im Frühjahr/Frühsommer 1987–1989 und bis zur Ernte 1988 und 1989 entnommen. In sämtlichen Fällen waren die Aktivitätswerte in der Oberkrume (0–10 cm) und der Unterkrume (15–25 cm) nach Pflugbearbeitung vergleichbar. Dagegen wiesen die anderen Verfahren in der Oberkrume deutlich höhere, in der Unterkrume niedrigere Werte auf als die Pflugvariante. Ähnlich verhielten sich die Humusgehalte. Die flache, jedoch intensive Durchmischung bei der Frässaat führte in der pseudovergleyten Parabraunerde zu den höchsten Enzymaktivitäten in der Oberkrume. Während die ebenfalls die Oberkrume gut mischenden Grubberverfahren nur leicht niedrigere Aktivitätswerte bewirkten, waren die des vollständig unbearbeiteten Bodens (Direktsaat) deutlich geringer. Über beide Krumenschichten betrachtet, zeigte sich bei allen Standorten ein Trend zu höheren Aktivitätswerten der nicht wendenden Verfahren im Vergleich zur Pflugvariante.

In einem Tonboden konnte bei Nichtbearbeitung sowie bei Verwendung eines Tiefenlockerers ein gegenüber Scharpflug-Bearbeitung in der Bodenlage 0–7.5 cm ein um 20% höherer Kohlenstoffgehalt nachgewiesen werden (Angers et al. 1993). Die Aktivität der alkalischen Phosphatase war unter Nichtbearbeitung um 50% und bei Tiefenlockerung um 20% höher als unter Scharpflugbehandlung.

Aspekte zur Stickstofftransformation

Im Vergleich zu Pflügen konnte bei langfristiger Nichtbearbeitung eine Zunahme der Gesamtstickstoffmenge in der oberen Lage des Bodens (0–10 cm) und ein Rückgang oder keine Änderung derselben in den tieferen Lagen (10–20 cm) nachgewiesen werden. Stickstoffgesamtgehalte geben keine Auskunft über die relative Stickstoffverfügbarkeit.

Wie bereits weiter oben diskutiert nimmt die Bearbeitungsintensität Einfluß auf die Geschwindigkeit der Mineralisierung der organischen Substanz. Dabei zeigt sich der Trend zur Zunahme der Mineralisierungsvorgänge von Nichtbearbeitung in Richtung konventionelle Bearbeitung. Bearbeitungsbedingte Veränderungen im Mineralisierungs- und Immobilisierungmuster von Nährstoffen treten auf.

In nicht bearbeiteten Böden wird die Immobilisierung von Nährstoffen, speziell auch von Stickstoff stärker begünstigt als deren Mineralisierung.

Direktsaat erfordert oftmals mehr Düngerstickstoff zur Erzielung maximaler Erträge als konventionelle Saat.

Es konnten auch Befunde erhalten werden, welche einen in intensiv bearbeiteten Böden gegenüber minimal bearbeiteten Vergleichstandorten erhöhten Düngerstickstoffbedarf zeigten. In einem Tonboden unter kontinuierlichen Baumwollkultur wurde zum einen eine Minimal-Bodenbearbeitung zum anderen eine intensive Bearbeitung praktiziert (Constable et al. 1992). Zusätzlich wurden verschiedene Methoden der N-Applikation mit Raten von 0–225 kg N/ha bewertet. Unter maximaler Bearbeitung war der Boden am dichtesten. Die optimalen N-Düngerraten betrugen durchschnittlich 189 kg/ha für minimale Bearbeitung und 210 kg/ha für maximale Bearbeitung.

Hinsichtlich der erniedrigten Verfügbarkeit von Stickstoff für Pflanzen unter reduzierter Bearbeitung werden verschiedene Ursachen diskutiert, welche die raschere Abwärtsbewegung des Nitratstickstoffs, die niedrigeren Mineralisierungs- und Nitrifikationsraten, die erhöhten Immobilisierungsraten und den Rückgang aerober Verhältnisse, welche zu größeren Stickstoffverlusten durch Denitrifikation führen, einschließen.

N-Immobilisierung, N-Verluste. Reduziert bzw. nicht bearbeitete Böden zeigten im Gegensatz zu konventionell bearbeiteten ein erhöhtes Potential zur Immobilisierung von oberflächlich appliziertem Stickstoff sowie ebenfalls einen geringeren Gehalt an pflanzenverfügbarem Nitrat. Denitrifikation kann zum Teil für die niedrigeren Nitratkonzentrationen und die zu beobachtenden Stickstoffdüngeransprüche von Pflanzen in nicht bearbeiteten Böden verantwortlich sein. An der Oberfläche nichtbearbeiteter Böden war gegenüber konventionell bearbeiteten die Dichte, der Wassergehalt, der wassergefüllte Porenraum und der Gehalt an wasserlöslichem Kohlenstoff erhöht (Linn und Doran 1984). Der in nicht bearbeiteten Böden höhere Wassergehalt wurde mit der höheren Denitrifikationsaktivität dieser Böden in Beziehung gesetzt, wenngleich nicht für sämtliche Böden eine beständige Beziehung zwischen Bearbeitung und Denitrifikationsaktivität nachgewiesen werden konnte (Rice und Smith 1982). Bei konventioneller Bearbeitung war die potentielle Rate der Mineralisierung und der Nitrifikation gegenüber Nichtbearbeitung erhöht, während die Denitrifikation bei Nichtbearbeitung höher war (Doran 1980a).

Durch Bearbeitungsmaßnahmen veränderte physikalische und chemische Bodeneigenschaften nehmen Einfluß auf Stickstoffverluste. Gasförmige Stickstoffverluste können mit Veränderungen des Wasser- und Sauerstoffgehaltes sowie des Angebotes an wasserlöslichen organischen Kohlenstoffquellen in Beziehung stehen. Eine in nicht bearbeiteten gegenüber konventionell bearbeiteten Böden höhere Porenkontinuität kann Stickstoffverluste durch die Auswaschung von Nitrat begünstigen.

Stickstoffverluste an die Atmosphäre weisen sowohl in quantitativer als auch in qualitativer Hinsicht ökologische Relevanz auf. Unter verschiedenen Bearbeitungssystemen variieren die Stickstoffverluste sowohl in quantitativer als auch in qualitativer Hinsicht. Das Endprodukt der Denitrifikation ist N_2. Im Verlauf des Denitrifikationsprozesses bzw. der Nitrifikation auftretendes N_2O ist als Treibhausgas wirksam bzw. fördert den Ozonabbau in der Stratosphäre. Bei Direktsaat ist eine vermehrte Bildung von N_2O möglich.

Bei Pflugbearbeitung einer Tschernosem-Parabraunerde mit vergleytem Unterboden wurde im Vergleich zu Direktsaat die zweieinhalbfache Menge an N_2 freigesetzt (Hütsch und Mengel 1991). Der Boden war seit 1979 differenziert bearbeitet worden. Bei Direktsaat wurde deutlich mehr N_2O produziert als bei Pflugbearbeitung. Das Verhältnis von N_2O zu N_2 betrug etwa 1:20. Auf eine Bildung des N_2O bei der Nitrifikation und nicht bei der Denitrifikation war zu schließen. Die Gesamtmenge an gasförmigen Stickstoffverlusten war bei Pflugbearbeitung höher. In einer weiteren Arbeit konnten Hütsch und Mengel (1993) für einen sandigen Boden wesentlich geringere Stickstoffreisetzungsraten nachweisen als für einen lehmigen. Diese waren höher bei Nichtbearbeitung als bei Pflügen.

Vergleichende in situ Untersuchungen zur Beeinflussung des Denitrifikationspotentials von Oberböden aus sechs verschiedenen Lokalitäten durch unterschiedliche Bodenbearbeitung ergaben für Oberböden (0–75 mm) nicht bearbeiteter Standorte höhere Potentiale als für Böden mit Oberflächenpflügung (Linn und Doran 1984). Die Dichte, der Wassergehalt, der wassergefüllte Porenraum, die Werte des wasserlöslichen C- und jene des organischen C- und N-Gehaltes waren an der Oberfläche der nicht bearbeiteten Böden höher. Eine Beregnung mit Wasser erhöhte das Potential zur Denitrifikation in den oberflächlichen 0–75 mm des nicht bearbeiteten Bodens stärker als im konventionell bearbeiteten. In 75–150 mm Tiefe entsprach das Denitrifikationspotential der konventionell bearbeiteten Böden jenem der nicht bearbeiteten Böden oder war höher.

Potential zur N-Mineralisierung. Wie bereits angeführt ist es beim Vergleich der Effekte unterschiedlicher Bearbeitungsmethoden auf Bodeneigenschaften wesentlich, welche Bereiche und bis zu welcher Tiefe die Böden beprobt werden. Bei abgestufter Beprobungstiefe nachweisbare Unterschiede können sich bei Gesamtbeprobung des Bereiches aufheben. El-Haris et al. (1983) konnten beispielsweise beim Vergleich des Einflusses von Scharpflug- und Nichtbearbeitungs-Systemen auf das N-Mineralisierungspotential in einem Weizensystem für nicht bearbeitete Systeme in 0–5 cm Tiefe ein höheres N-Mineralisierungspotential nachweisen als im Scharpflugsystem. In 5–15 cm Tiefe war dieses hingegen geringer als jenes des Scharpflugsystems. Bei einer Beprobungstiefe von

0–15 cm war ein Nettoeffekt der Bearbeitung auf dieses Potential nicht gegeben.

Nach Pflügen war die Nitratkonzentration in einem Tonboden in einer Bodentiefe von 30 cm gegenüber dem direktbesäten Boden zwei- bis fünfmal höher (Dowdell und Cannell 1975).

In einem Dauerversuch (nach 40jähriger Laufzeit) auf lehmigem Sandboden (degradierte Braunerde) untersuchten Tamm und Krzysch (1964) die Wirkung einer differenzierten Pflugtiefe auf die potentielle CO_2-Entwicklung und die Nitratbildung. Die Untersuchung umfaßte unterschiedliche Bearbeitungstiefen; Bodenschichten von 1–15 cm (Oberkrume), 15–28 cm (Unterkrume) und 28–40 cm (nicht bearbeiteter Unterboden). Die langjährige flache Bodenbearbeitung verstärkte die potentielle CO_2-Produktion und die Nitratbildung in der vom Pflug erfaßten Oberkrume, verminderte jedoch die Mikroorganismentätigkeit der tiefer liegenden Bodenschichten. Eine tiefe Pflugkultur etablierte die Voraussetzungen für eine rege Umsatztätigkeit auch in der Unterkrume und ließ darüber hinaus noch Auswirkungen auf den nicht bearbeiteten Unterboden erkennen. Insgesamt bestand für die Tiefkultur eine gut gesicherte Mehrproduktion an CO_2. Für die Nitrifikation zeigten sich ähnliche Trends.

Im Langzeitversuch erwiesen sich die Werte für die mikrobielle Biomasse und den Gehalt an potentiell mineralisierbarem Stickstoff in der Oberflächenlage des nicht bearbeiteten Bodens gegenüber jenen des gepflügten Bodens um durchschnittlich 54% und 34% erhöht (Doran 1987). Im nicht bearbeiteten Boden konnten die höchsten Werte für die Biomasse und den Gehalt an potentiell mineralisierbaren Stickstoff in der 0–7.5 cm Lage nachgewiesen werden; diese gingen bis zu einer Tiefe von 30 cm zurück. Im gepflügten Boden waren diese beiden Parameter generell in einer Tiefe von 7.5–15 cm am höchsten. Die mikrobielle Biomassegehalt war eng mit der Verteilung des gesamten C und N im Boden, mit dem Wassergehalt und dem wasserlöslichen Kohlenstoff korreliert. Die Gehalte an potentiell mineralisierbarem Stickstoff standen primär mit der Verteilung der mikrobiellen Biomasse und dem Gesamtstickstoff in Beziehung.

Unter dem Einfluß verschiedener Langzeit-Bodenbearbeitungssysteme (Pflügen, Grubber, Nichtbearbeitung) konnte in Ackerböden eine unterschiedliche Anreicherung von mit Hilfe der Elektro-Ultrafiltration extrahierbarem organischen Stickstoff nachgewiesen werden (Hütsch und Mengel 1993). Der mit dieser Technik extrahierbare Stickstoff erwies sich als standortabhängig. Die Nichtbearbeitung und die beiden nicht wendenden Grubbersysteme führten im Vergleich zu Pflügen zu einer Anreicherung des durch Elektro-Ultrafiltration extrahierbaren organischen Stickstoffs in 0–10 cm Tiefe. In tieferen Bereichen (15–25 cm) konnte im lehmigen Boden das umgekehrte Muster nachgewiesen werden, mit höheren Konzentrationen nach Pflügen als nach reduzierter Bearbeitung. Im sandigen Boden zeigten sämtliche vier Behandlungen in 15–25 cm Tiefe ähnliche Werte. Die Mineralisierung des organischen Stickstoffs verlief im sandigen Boden rascher und reduzierte Bearbeitung verzögerte diese. In der Gesamttiefe von 0–25 cm konnte diese Verzögerung im lehmigen Boden nicht beobachtet werden.

Carter und Rennie (1982) untersuchten Konzentrationsgradienten der mikrobiellen Biomasse sowie des mineralisierbaren Stickstoff- und Kohlenstoffgehaltes im A_p-Horizont von vier Böden, welche während zwei, vier, zwölf und 16 Jahren der Nichtbearbeitung beziehungsweise der konventionellen Bearbeitung unterlagen. Mit Ausnahme des Zweijahres-Standortes waren der mikrobielle Biomasse-C und -N sowie der potentiell mineralisierbare C und N in 0–5 cm Tiefe bei Nichtbearbeitung gegenüber konventioneller Bearbeitung signifikant höher. In der 5–10 cm Schicht waren die Mineralisierungspotentiale der bearbeiteten Systeme gegenüber jener der nichtbearbeiteten höher, wobei dies auch einer größeren Biomasse in dieser Schicht entsprach. Der Prozentsatz des in der mikrobiellen Biomasse vorhandenen organischen Bodenstickstoffs und -kohlenstoffs reflektierte die obigen Trends.

Campbell et al. (1989) untersuchten den Einfluß von sechsjähriger Nichtbearbeitung und mineralischer Stickstoffdüngung auf die Bodenqualität eines Typischen Braunen Tschernosems vergleichend mit benachbarten konventionell bearbeiteten Brache-Weizen Systemen (während mehr als 70 Jahren). In nichtbearbeiteten kontinuierlichen Weizen-Systemen war in den oberen 7.5 cm des Bodens eine erhöhte C- und N-Mineralisierung nachweisbar.

In Untersuchungen zum Einfluß von dreijähriger Gerstenbestellung unter Einsatz verschiedener Bearbeitungssysteme auf die Qualität eines sandigen Tonbodens wurden die oberen 0–7.5 cm beprobt (Simard et al. 1994). Der Gehalt an leicht mineralisierbarem N, die Gesamtmenge an in 155 Tagen mineralisiertem N, die Geschwindigkeit der N-Mineralisation sowie der mikrobielle Biomasse-C waren bei Minimalbodenbearbeitung signifikant höher als unter Scharpflug-Bearbeitung. Mit zunehmender Bearbeitungsintensität ging die Gesamtmenge an pro Einheit Biomassekohlenstoff mineralisiertem Stickstoff zurück. Ein Rückgang der Effizienz der Biomasse zur Transformation des organischen Stickstoffs in potentiell pflanzenverfügbare Formen und damit ein Qualitätsverlust der organischen Bodensubstanz war angezeigt.

Der sich unter Nichtbearbeitung anreichernde organische Stickstoff repräsentiert eine wesentliche Quelle anorganischen Stickstoffs für das Pflanzenwachstum. Etwa 30–45% des gesamten Bodenstickstoffs treten in Form von Aminosäuren auf. Aminosäuren können an Bodenbestandteile gebunden oder frei in der Bodenlösung vorliegen. Literaturberichten zufolge kam es durch Gefrieren von Laborbodenproben zu einer Anhebung des freien Aminosäuregehaltes auf 69 mg/kg Boden (Ton-Lehmboden). Ebenso bewirkte der Zusatz von Glucose und Kaliumnitrat Konzentra-

tionen an freien Aminosäuren von 100 mg/kg (Morra und Freeborn 1990).
Pyridoxal-5'-Phosphat (PLP), welches ein für den Aminosäurestoffwechsel
wesentliches Coenzym darstellt, zeigte in Abwesenheit des Enzympro-
teins, jedoch in Anwesenheit von Kupfer-substituiertem Smectit, die
Fähigkeit Glutaminsäure zu deaminieren (Mortland 1984). In der Gegenwart von Boden und PLP (unter die mikrobielle Aktivität ausschließenden
Bedingungen) erfolgt die Deaminierung einer Reihe von Aminosäuren
(Morra und Freeborn 1989). Das Ausmaß der Deaminierung variierte mit
der Aminosäure und dem Boden. In einer weiteren Untersuchung versu-
chten Morra und Freeborn (1990) festzustellen, ob PLP als Bodenzusatz-
stoff zur Erhöhung der Deaminierung von Aminosäuren in Böden geeignet
ist. Dessen Einsatz in nicht bearbeiteten Böden wurde für den positiven
Fall erwogen. PLP war nicht geeignet die Bildung von anorganischem
Stickstoff aus dem organischen Stickstoffpool zu steigern.

3.4.3 Bodenverdichtung und Bodenaggregate

Verdichtung des Bodens, physikalische Melioration

Durch Bodenbearbeitung, Fahrzeugverkehr, Maschinen sowie Begehen bedingte Bodenverdichtungen nehmen über einen veränderten Luft- und
Wasserhaushalt sowie über ein reduziertes Wurzelwachstum negativen
Einfluß auf die mikrobielle Biomasse und biochemische Stoffumsetzungen. Dieser Effekt konnte wiederholt nachgewiesen werden (Hofmann
und Pfitscher 1982a,b; Suttner 1987; Dick et al. 1988a,b; Suttner und Alef
1988; Kaiser et al. 1991; Heisler und Kaiser 1995).
    Der mikrobielle Biomasse-C nahm infolge der mit steigender Intensität
des Landwirtschaftsverkehrs zunehmenden Bodenverdichtung ab (Heisler
und Kaiser 1995).
    In Proben alpiner und subalpiner Böden bestand eine negative Korrela-
tion zwischen Bodenenzymaktivitäten bzw. Keimzahlen und der Bodendichte (Hofmann und Pfitscher 1982a).
    Von Greilich und Klimanek (1976) mit einer Löß-Schwarzerde durchge-
führte Versuche zeigten im Gegensatz zur Bodenatmung eine bei Bearbeitungsvarianten, welche zu einer höheren Bodendichte führten, höhere
Dehydrogenaseaktivität (TTC-Reduktion). Die Intensität der Atmung, der
Ammonifikation und der Nitrifikation war bei höherer Dichte des Bodens
geringer. Die höchste CO_2-Entwicklung und die intensivste Nitrifikation
waren an den stark gelockerten Standorten nachweisbar.
    In Untersuchungen zum Einfluß der Bodenverdichtung auf den Abbau
von Pflanzenrückständen, die mikrobielle Biomasse sowie den metabolischen Quotienten der mikrobiellen Biomasse konnten Kaiser et al. (1991)
einen Rückgang der mikrobiellen Biomasse, eine Erhöhung der spezifi-

schen Atmung sowie eine geringere Effizienz beim Abbau von Pflanzenrückständen infolge Verdichtung nachweisen.

Tabelle 9. Entwicklung des Prozentsatzes an wassergefülltem Porenraum (%WGP), der
mikrobiellen Biomasse (C_{mic}) und des metabolischen Quotienten (qCO_2) unter dem Einfluß unterschiedlicher Bodenverdichtung (bd= Bodendichte)

Radinduzierte Belastung	Datum	%WGP	C_{mic}	qCO_2
Keine Belastung	Nov.88	40.1	340	1.4
(bd= 1.23 Mg.m^{-3})	Dez.88	54.4	340	1.4
Hohe Belastung	Nov.88	51.3	335	1.4
(bd= 1.37 Mg.m^{-3})	Dez.88	66.5	260	1.7

Nach Kaiser et al. (1991).

Die Ergebnisse bezüglich qCO_2 gaben Hinweise darauf, daß Mikroorganismen in stärker verdichteten Böden mehr Energie zum Überleben benötigen als in nicht verdichteten Böden.

Nach zwölf Jahren Nichtbearbeitung bzw. konventioneller Bearbeitung
eines Tonlehmbodens unter Weingarten wurden Untersuchungen zur langfristigen Veränderungen der Feinstruktur und Porosität des Bodens sowie
von mikrobiologischen und enzymatischen Größen durchgeführt (Pagliai
und De Nobili 1993). Dünnschnitte der A_p-Horizonte wurden ebenso wie
die Länge und die Größenverteilung der Pflanzenwurzeln mittels eines
Bildanalysators untersucht. Die Proben der konventionell bearbeiteten
Standorte wiesen eine höhere Gesamtporosität auf; der Anteil von Poren
mit einem Äquivalentdurchmesser von 30–500 µm war an den nicht konventionell bearbeiteten Standorten höher. Die Wurzelentwicklung zeigte
eine enge positive Beziehung zur Gegenwart kleinerer Poren, welche an
den nicht bearbeiteten Standorten zahlreicher waren. Ebenso war die Aktivität der Enzyme Phosphatase und Urease an diesen Standorten höher. In
jedem der Böden zeigten die Beziehungen zwischen den Enzymaktivitäten
und den verschiedenen Porengrößenklassen einen positiven Trend mit dem
prozentuellen Anteil an Poren mit einem Äquivalentdurchmesser von
30–200 µm. Die Aktivität des Enzyms Urease korrelierte positiv mit der
Bodenporosität eines Bereiches von 30–200 µm. Dieser Porengrößenbe-
reich erwies sich sowohl für die Wurzelentwicklung als auch für die Aktivität von Bodenenzymen als günstig. Zwischen dem Anteil der Transmissionsporen und dem Wurzelwachstum sowie der Aktivität von Boden-

enzymen bestand eine positive Korrelation. Als Transmissionsporen sind
Poren mit einem Durchmesser von 50–500 µm definiert; diesen wird in
Bezug auf eine gute Bodenstruktur und günstige Verhältnisse hinsichtlich
der Wasserbewegung im Boden besondere Bedeutung beigemessen.

Ein verdichteter Boden kann durch Bearbeitungsmaßnahmen teilweise
wieder gelockert werden. Unter ungünstigen Bedingungen kann jedoch vor
allem unterhalb des umgepflügten Bodens eine weitere Verdichtung der
Aggregate stattfinden.

Meliorationen sind Maßnahmen zur langfristigen Verbesserung eines
Standortes. Das Tiefpflügen und die Untergrundlockerung sind entsprechende Beispiele für physikalische Meliorationsmaßnahmen. Die Untergrundlockerung kann durch die Beseitigung stauender Nässe das Gefüge
verbessern. Diesbezüglich ist der Bodentyp von Bedeutung.

Vorteile der Tiefpflügung oder der Untergrundlockerung für das Bodenleben sind besonders in Böden zu erwarten, in welchen die Krumen-
mächtigkeit stärker ist als die normale Pflugtiefe. Auf diese Weise kann
der Lebensraum für erwünschte Mikroorganismenpopulationen vergrößert
werden. Die Umschichtung der Mikroflora nach Untergrundlockerung
zeigt sich umso stärker je größer die Unterschiede des Nährstoffgehaltes
im Ober- und Unterboden sind. Für Sandböden konnte manchmal anfänglich auch eine diesbezügliche Entwicklung in negativer Richtung beobachtet werden. In Solonetz-Böden bewirkte die Meliorationspflügung eine
Reihe von Veränderungen (Babushkin et al. 1986). Die Pflanzenwurzeln
entwickelten sich besser und konnten tiefer in den Boden eindringen, der
Lufthaushalt verbesserte sich und der Gehalt des Bodens an mobilen Nährstoffen wurde erhöht. Nach langjähriger fortgesetzter Unterlassung von
Tiefpflügen (20 Jahre) eines Bodens mit schwachen Solonetzeigenschaften
in der Weizen- und Maisproduktion waren zahlenmäßige Veränderungen
bei Bakterien nachweisbar (Rankov et al. 1988). Das Wachstum von Stick-
stofffixierern, darunter *Azotobacter* sowie in einem geringeren Ausmaß
jenes von Actinomyceten und von Ammonifikanten wurde reduziert.
Wesentliche Veränderungen der Ammonifikationsraten, der Nitrifikation
und der cellulolytischen Aktivitäten sowie der CO_2-Entwicklung konnten
nicht festgestellt werden.

McAndrew und Malhi (1990) untersuchten den Einfluß langfristiger Effekte von Tiefpflügen auf bodenchemische Eigenschaften und den Feldfruchtertrag von Solonetzböden. Es handelte sich um vier Standorte, welche sämtliche in einem einzelnen Vorgang bis zu einer Tiefe von 50–70
cm bzw. 50–60 cm tiefgepflügt worden waren. In vor 11–29 Jahren tiefge-
pflügten Solonetzböden führten Ca-haltige Mineralien aus der Tiefe zu
signifikanten pH-Zunahmen im A_p-Horizont. Vergleichende Untersuchungen zeigten für die Mehrzahl der Standorte eine signifikante Verbesserung der bodenchemischen Eigenschaften durch Tiefpflügen an. Nach
Tiefpflügen verlief der Abbau der organischen Substanz und die Humifi-

kation in einem Kartoffelfeld langsamer als nach Untergrundlockerung. Letztere war in Bezug auf Bodenpopulationen günstiger zu beurteilen (Tarashchuk und Maliyenko 1993).

Ein verdichteter Boden wies in 10–20 cm einen signifikant geringerem Gehalt am mikrobiellem Biomasse-C auf als der nicht verdichtete Boden; der Rückgang betrug 38% (Dick et al. 1988a). Die Aktivität von Bodenenzymen war gleichfalls reduziert, wobei Rückgänge von 41–75% festgestellt werden konnten. Der Versuchboden war ein schluffiger toniger Lehm und die erfaßten Enzymaktivitäten schlossen jene der Dehydrogenase, Phosphatase, Arylsulfatase und Amidase ein. Die Tiefpflüge-Eggen Behandlung erhöhte den Biomasse-C, die Aktivität des Enzyms Phosphatase und den Gesamtstickstoffgehalt in einer Tiefe von 10–60 cm signifikant gegenüber jenen des verdichteten Bodens. Tiefpflüge-Eggen- und Tiefpflüge-Behandlungen stellten die biologischen Aktivitäten, die organischen Kohlenstoffgehalte und den Gesamtstickstoffgehalt auf ein Niveau ein, welches dem nicht verdichteten Boden in Tiefen von 10–60 cm entsprach. Die Enzymaktivitäten, der Biomasse-C, der organische Kohlenstoffgehalt und der Gesamtstickstoffgehalt korrelierten signifikant negativ mit der Bodendichte.

Bodenaggregate

Die strukturellen Eigenschaften von Böden werden durch die Bodenbearbeitung wesentlich mitbestimmt. Die Bodenlebewesen, die Wurzeln und die organische Substanz spielen bei der Bildung von Bodenaggregaten eine Schlüsselrolle.

Das Vorhandensein stabiler Aggregate ist für die Aufrechterhaltung der Produktivität eines Standortes von Bedeutung. Ein wesentlicher Effekt der Bodenaggregate auf die Feldfruchtproduktion besteht in deren Effekt auf die Luft- und Wasserverhältnisse im Boden. Die Verringerung der Oberflächenstabilität, die Bodenverdichtung und die Etablierung anaerober Bodenbereiche sind Kennzeichen einer schlechten Bodenstruktur. In intensiven landwirtschaftlichen Systemen stellt die Instabilität der Aggregate einen wesentlichen limitierenden Faktor für die Feldfruchtproduktion dar.

Aggregatstabilität. Unter Aggregatstabilität versteht man jenen Widerstand, welchen die Bodenstruktur Druckeinflüssen entgegensetzt. Das Wasser spielt bei der Zerstörung von Aggregaten eine wesentliche Rolle und man versteht unter Aggregatstabilität meist die wasserstabile Aggregation. Aggregate sollten nach Befeuchten gegenüber Zerfall stabil sein. Instabile Makroaggregate zerfallen nach Befeuchten infolge eingeschlossener Luft und ungleichem Schwellen. Durch diesen Zerfall entstehen Mikroaggregate, von welchen Tonpartikel entfernt werden können. In die Poren transportierte Mikroaggregate und Tonpartikel verengen diese und machen sie ungängig. Bei Vorhandensein von dispergierbarem Ton wird die Porosität verringert, die Bodenfestigkeit nimmt zu und es herrschen generell ungünstige physikalische Bedingungen vor. Instabile Oberflächenaggregate fördern die Bildung von Krusten, welche die Bewegung von Luft und Wasser in den Boden hemmen. Der Aggregatzerfall verursacht die Reduktion der Infiltrationsrate von Niederschlag und Bewässerungswasser sowie der kapillaren Leitfähigkeit.

Die Aggregatstabilität verändert sich in Reaktion auf Bewirtschaftungsmaßnahmen und Veränderungen des organischen Substanzgehaltes und umsatzes. Bei der regelmäßigen Bearbeitung der Böden werden die Aggregate unter dem Einfluß schwerer Maschinen sowie unter dem Einfluß von aufprallenden Regentropfen und durch rasches Befeuchten physikalisch belastet und zerfallen. Dieser Zerfall und die infolge der Wendung des Bodens zusätzliche Belüftung fördert den Abbau von ansonsten dem mikrobiellen Metabolismus nicht zugänglicher organischer Bodensubstanz. Unterhalb der Pflugtiefe entnommene Bodenproben wiesen keine Veränderung hinsichtlich der organischen Substanz infolge der Bearbeitung auf (Lynch 1984). Der Rückgang an organischer Substanz wird normalerweise von einer Abnahme der Zahl wasserstabiler Aggregate begleitet. Sowohl der organische Substanzgehalt als auch die Aggregatstabilität gehen in der Regel infolge von Bodenbearbeitung zurück.

Der Bewuchs, die Bodenlebewesen und Düngemaßnahmen beeinflussen die Aggregatstabilität wesentlich. Verschiedene Pflanzen nehmen über die Streu und über die Wurzeln unterschiedlich Einfluß auf die Bodenmikroflora und die Entwicklung der Bodenstruktur. Die Verbesserung der Bodenstabilität infolge der Etablierung von Grünland konnte vielfach bestätigt werden. Andere Feldfrüchte zeigten demgegenüber kein einheitliches Bild (Lynch 1984). Die Zunahme der Zahl wasserstabiler Aggregate unter guten Grasweiden wurde mit der Wurzellänge und der Länge der Hyphen von vesikulär-arbuskulären-Mykorrhiza (VAM) Pilzen in Beziehung gesetzt. Die Aufnahme von Futterpflanzen in das Bestellungssystem modifiziert die Oberflächenstruktur von Böden. Der Erfolg dieser Praxis erfordert das Auffinden jener Futterpflanzen, welche die rascheste Verbesserung der Bodenstruktur bedingen und ebenso ein Verständnis dafür, wie die assoziierte Rhizosphärenmikrobenpopulation die Bodenstruktur beeinflußt. Hinsichtlich der strukturverbessernden Eigenschaften von ausdauernden Futterpflanzen bestehen signifikante Unterschiede (z.B. Drury et al. 1991).

Unter Grünlandböden bedingt die oberflächliche Anreicherung der organischen Rückstände, daß sich der Großteil der Aggregate in den oberen Bodenlagen findet (Tisdall und Oades 1982). Böden unter Dauergrünland weisen eine stabilere Aggregatstruktur auf als Böden unter kontinuierlicher Ackernutzung. Eine hohe Wurzelmasse und die damit verbundene Förderung der mikrobiellen Biomasse ist eine Ursache dafür. Die jahreszeitliche Variation der mikrobiellen Biomasse wird durch die Wurzelbildung wesentlich mitbestimmt. Die mikrobielle Biomasse nimmt mit dem Wurzelwachstum zu und die höchsten Biomassewerte können in Zeiten der maximalen Wurzelproduktion nachgewiesen werden. Zusätzlich zur indirekten Förderung der Etablierung von Bodenaggregaten durch die differentielle Förderung von Mikroorganismen können die Wurzeln als solche Bodenteilchen zusammenführen und deren lokal verursachte Trocknung des Bodens trägt zur Stabilisierung von Aggregaten bei. Die mit der Bodentiefe unter Dauergrünland rückläufige Aggregatstabilität wurde mit Unterschieden bezüglich der Wurzeldichte und der mikrobiellen Aktivität in Beziehung gesetzt (Murer et al. 1993).

Langzeit-Weidestandorte wiesen eine höhere Aggregatstabilität auf als Langzeit-Ackerstandorte (Haynes und Swift 1990). Lufttrocknen der Aggregate vor Naßsiebung erhöhte die Aggregatstabilität von Langzeit-Weidestandortproben, verringerte jedoch jene von Langzeit-Ackerstandortproben. Innerhalb einer Probe fanden sich einen weiten Stabilitätsbereich aufweisende Aggregate. Mit zunehmender Dauer der landwirtschaftlichen Nutzung nahm der Anteil vorhandener instabiler Aggregate zu. Instabile Aggregate zeigten generell geringere organische Substanzgehalte als stabile. Für eine Gruppe von Böden mit verschiedener Bestellungsvergangenheit konnte für die Aggregatstabilität eine signifikant engere Korrelation mit dem heißwasserextrahierbaren Kohlenhydratgehalt nachgewiesen werden als dies mit dem organischen Kohlenstoffgehalt oder dem hydrolysierbaren Kohlenhydratgehalt zutraf. Die heißwasserextrahierbare Kohlenhydratfraktion kommt als ein Pool von in die Bildung stabiler Aggregate involvierter Kohlenhydrate in Betracht. Hinweise auf die Bedeutung der aliphatischen Komponente der organischen Bodensubstanz für die Aggregatstabilität konnten erhalten werden. Hohe positive Korrelation bestand zwischen der unter superkritischen Bedingungen mit einem nichtpolaren Lösungsmittel (Hexan) extrahierten aliphatischen Fraktion der organischen Bodensubstanz und der Aggregatstabilität sowie zwischen dieser Fraktion und der Biomasse (Capriel et al. 1990). Den organischen Substanzgehalt des Bodens fördernde Bewirtschaftungsmaßnahmen wie Fruchtwechsel und organische Düngergaben sowie Etablierung von Grünland fördern diese Fraktion quantitativ.

Entwicklung der Bodenstruktur, Aggregatgrößenklassen

Im ersten Band dieser Publikationreihe wurde die Entwicklung der Bodenstruktur näher berücksichtigt.

Verschiedene Modelle zur Entwicklung der Bodenstruktur werden diskutiert. In jenem von Tisdall und Oades (1982) vorgeschlagenen Modell wird die Assoziation von organischer Substanz mit drei verschiedenen Typen physikalischer Einheiten beschrieben. Diese umfassen freie Primärpartikel (Sand, Schluff, Ton), Mikroaggregate (< 0.25 mm) und Makroaggregate (> 0.25 mm). Durch die Wechselwirkung mit Mikroorganismen, Pflanzenwurzeln, Polysacchariden und aromatischem Humusmaterial verbinden sich Primärpartikel und bilden Mikroaggregate, welche wiederum zu Makroaggregaten vereint werden. Entsprechend Tisdall und Oades (1982) und Oades (1984) existieren drei Gruppen organischer Bindemittel. Transiente Bindemittel bestehen aus mikrobiellen und Wurzelexsudat-Polysacchariden sowie aus Polysaccharidgummi, deren Effekt nur wenige Wochen anhält. Temporäre Bindemittel umfassen Wurzeln, Wurzelhaare und Hyphen, deren Bestehen zumindest für einige Monate gegeben ist. In Bezug auf die Bindung von Mikroaggregaten zu Makroaggregaten wird den Hyphen von vesikulär-arbuskulären (VA) Mykorrhizapilzen besondere Bedeutung beigemessen. Wurzelhaare und Hyphen können in kleinere Poren eindringen als dies Wurzeln möglich ist. Die temporären Bindemittel bilden in stabilen Makroaggregaten ein ausgedehntes Netzwerk. Diese scheiden Polysaccharidschleime aus, an welche Tonteilchen gebunden werden (Tisdall 1991). Es konnten auch Hinweise darauf erhalten werden, daß es sich bei den temporären stabilisierenden Agentien um jene Komponente der organischen Substanz handelt, welche infolge Bodenbearbeitung freigesetzt wird. Persistente Bindemittel bestehen in stark humifizierter organischer Substanz und in Komplexen aus organischen Kolloiden mit polyvalenten Metallkationen und Tonen. In dem von Tidall und Oades vorgestellten hierarchischen Modell der Aggregatbildung sind anorganische und relativ persistente organische Agentien der Bindung für die Entwicklung von Mikroaggregaten wichtig.

Die physikalische Umschließung durch Wurzeln und Hyphen von Mykorrhizapilzen ist ein wesentlicher Mechanismus bei der Bindung von Mikroaggregaten zu Makroaggregaten. Makroaggregate werden von sowohl lebenden als auch von sich zersetzenden Wurzeln umgeben. Diese weisen Sensitivität gegenüber Bewirtschaftung auf. In mit Gräsern bewachsenen, ungestörten Böden sind diese erhöht. Fehlendes Wurzelwachstum, z.B. bei Brache, hat den gegenteiligen Effekt. Die Effizienz von *Lolium perenne* bei der Aggregatstabilisierung wurde auf die große Population der VA-Mykorrhizapilze zurückgeführt, da die Hyphenlänge positiv mit der Aggregatstabilität korrelierte (Tisdall und Oades 1980). Später erhaltene Befunde zeigten, daß die stabilisierenden Substanzen durch sich zersetzende Wurzeln und Pilzhyphen repräsentiert wurden. Durch die Gegenwart von Pilzen können die Bodenteilchen mechanisch gebunden werden. Eine Stabilisierung kann durch Polymere, welche entweder direkt durch den Pilz oder durch assoziierte Bakterien gebildet werden, gefördert werden. Verschiedene Wurzeltypen, welche eine variierende Vergesellschaftung mit Mykorrhizapilzen aufweisen, können unterschiedlich zur Bindung beitragen. Miller und Jastrow (1990) bestimmten den relativen Effekt von Wurzeln und VAM-Pilzhyphen auf den mittleren geometrischen Durchmesser von Bodenaggregaten. Letzterer ist ein Maß für die

Stabilität naßgesiebter Makroaggregate. Der direkte Effekt der externen Hyphenlänge auf den mittleren geometrischen Durchmesser der Aggregate war bedeutsamer als jener der Feinwurzellänge. Die Länge der Hyphen außerhalb der Wurzeln übte gefolgt von der Feinwurzellänge (0.2–1 mm Durchmesser) den stärksten direkten Effekt auf den mittleren geometrischen Durchmesser der wasserstabilen Aggregate aus.

Bewirtschaftungsmaßnahmen bewirken in verschiedenen Aggregatgrößenklassen Veränderungen biologischer und chemischer Eigenschaften.

Es konnten Hinweise darauf erhalten werden, daß die infolge von Bodenbearbeitung reduzierte biologische Aktivität von Böden durch die Reduktion von Makroaggregaten bei Langzeitbearbeitung verursacht wird. Bezüglich der Verteilung der mikrobiellen Biomasse in den verschiedenen Aggregatgrößenklassen und die Beziehung zwischen der mikrobiellen Biomasse und der labilen organischen Substanz, welche die Mikroaggregate zu Makroaggregaten verbindet besteht Forschungsbedarf.

Die Natur, die Zusammensetzung und die Abbaubarkeit von mit Makro- und Mikroaggregaten assoziierter organischer Substanz variiert (Elliott 1986). Dies insofern als die mit Makroaggregaten verbundene organische Substanz „weniger bearbeitet" und jene mit Mikroaggregaten verbundene, „stärker bearbeitet" war. Der Umsatz von Biomolekülen, welche die Bindemittel der Mikroaggregate darstellen erfolgt wesentlich langsamer als jener der Makroaggregate, welche periodisch zerstört und neugebildet werden (Duchaufour und Gaiffe 1993).

Der Verlust an organischer Substanz vermindert den Anteil der Makroaggregate in bearbeiteten Böden (Tisdall und Oades 1980; Elliott 1986). Bearbeitung führt zu einem Verlust der labilen organischen Substanz, welche die Mikroaggregate zu Makroaggregaten verbindet. Von Elliott (1986) durchgeführte Untersuchungen mit Graslandböden zeigten, daß der native Boden die gleichen generellen strukturellen Eigenschaften aufwies wie der bewirtschaftete. Im nativen Boden wiesen die Makroaggregate jedoch eine höhere Stabilität auf. Die verminderte Stabilität infolge Bearbeitung verlief parallel zur Verminderung der organischen Substanz und zur Zunahme der Mikroaggregate. Mikroaggregate wiesen geringere Gehalte an organischem C, N und P sowie geringere spezifische N-Mineralisierungsraten auf als Makroaggregate. Erstere besaßen auch engere C/N-, C/P- und N/P-Verhältnisse als Makroaggregate. Mehr organische Substanz war mit den Makroaggregaten assoziiert als mit den Mikroaggregaten, wobei diese auch labiler war. Die organische Substanz, welche die Mikro- zu Makroaggregaten verbindet, scheint jene organische Substanz darzustellen, welche infolge von Bearbeitung primär freigesetzt wird und als Nährstoffquelle dient. In diesem Sinne infolge von Bodenbearbeitung „verloren geht".

In einem für 69 Jahre bewirtschafteten Tschernosem konnte die Reduktion der mikrobiellen Biomasse sowie deren Aktivität ebenso nachgewiesen werden wie eine solche von Bodenenzymaktivitäten (Gupta und

Germida 1988). Die Mikroaggregate (< 0.25 mm) besaßen sowohl im nativen als auch im bewirtschafteten Boden niedrigere Gehalte an organischem C, an mikrobiellem Biomasse-C, an pilzlicher Biomasse sowie eine geringere Arylsulfatase-, saure Phosphatase- und Atmungsaktivität als Makroaggregate. Im bearbeiteten Boden waren die Nährstoffverhältnisse sowohl in den Aggregaten als auch in der mikrobiellen Biomasse enger als im nicht bearbeiteten Boden. Unabhängig von der Bewirtschaftung war die C-, N-, S-Mineralisierung in Makroaggregaten stets höher als in Mikroaggregaten. In den Makroaggregaten zeigten sich die negativen Einflüsse der Bewirtschaftung stärker. In der Aggregatgrößenklasse von 0.25–1.00 mm Durchmesser waren die Einflüsse der Bewirtschaftung in Bezug auf die Nährstoffe und die mikrobiellen Eigenschaften am stärksten ausgeprägt. Die Makroaggregate aus dem natürlichen Boden wiesen ein ausgedehntes Mycelwachstum auf. Bei den Makroaggregaten des bearbeiteten Bodens konnte hingegen nur geringes Pilzwachstum nachgewiesen werden. Die Befunde gaben Hinweis darauf, daß die mikrobielle Biomasse, vor allem die pilzliche Biomasse, eine wesentliche Rolle bei der Bildung von Makroaggregaten spielt und daß selbige jene labile organische Substanz darstellt, welche infolge der Bearbeitung primär freigesetzt und als C-Quelle verfügbar wird.

Tabelle 10. Korrelationskoeffizienten (R) zwischen Aggregatstabilität, mikrobieller Biomasse und verschiedenen bodenmikrobiologischen und -enzymatischen Parametern

Biologischer Parameter	Aggregatstabilität
Biomasse	0.58[a]
Dehydrogenaseaktivität	0.64[a]
N-Mineralisation	0.58[a]
Proteaseaktivität	0.52[a]
Ureaseaktivität	0.61[a]
Potentielle Nitrifikation	-0.30 n.s.
Aktuelle Nitrifikation	0.54[a]
Alkalische Phosphataseaktivität	0.65[a]
Xylanaseaktivität	0.42[a]

[a] Signifikante Korrelation bei $P < 0.001$, n.s.: nicht signifikant.

Nach Kandeler und Murer (1993).

In einem während zwei Jahren in einem Feldversuch (Lockersedimentbraunerde) erfaßte Auswirkungen von Grünbrache (temporäres Grünland),

Dauergrünland und konventioneller Bearbeitung (Fruchtwechsel, Mais, Sommergerste) auf die Aggregatstabilität und bodenmikrobiologische Parameter zeigten eine signifikante Zunahme der substratinduzierten Atmung und der Dehydrogenaseaktivität im temporären Grünland ein Jahr nach der Saat (Kandeler und Murer 1993).

Die weitere Entwicklung des Grünlandes förderte die Proteaseaktivität, die Xylanaseaktivität und die Aggregatstabilität. Das Grünland förderte die mikrobielle Biomasse. Nach Pflügen des Grünlandes waren rasche Rückgänge der Aggregatstabilität sowie mikrobiologischer Parameter nachweisbar.

Tabelle 11. Einfluß der Bodenbearbeitung/Bestellung auf die Aggregatstabilität, die mikrobielle Biomasse und verschiedene mikrobiologische Prozesse in einer Lockersedimentbraunerde

Parameter	Fruchtfolge/ konventionelle Bearbeitung	temporäres Grünland	Dauer- grünland
Mikrobielle Biomasse	3.6	4.9	6.3
Dehydrogenase	134.0	197.0	322.0
Xylanase	681.0	947.0	1018.0
Phosphatase	527.0	659.0	1201.0
Protease	304.0	396.0	624.0
Urease	36.5	47.4	61.7
Aktuelle Nitrifikation	161.0	229.0	308.0
Potentielle Nitrifikation	500.0	456.0	477.0
N-Mineralisation	45.3	59.8	67.8
Aggregatstabilität (%)	46.6	54.8	82.4

Mikrobielle Biomasse: mg CO_2/100 g TS/h
Dehydrogenase: µg TPF/g TS/16 h
Xylanase: µg Glucose/g TS/24 h
Phosphatase: µg Phenol/g TS/3 h
Protease: µg Tyrosin/g TS/2 h
Urease: µg N/g TS/2 h
Aktuelle Nitrifikation: ng N/g TS/24 h
Potentielle Nitrifikation: ng N/g TS/5 h
N-Mineralisation: µg N/g TS/7 d.

Nach Kandeler und Murer (1993).

4 Bestellungsregime

4.1. Bedeutung der Fruchtfolgegestaltung

Die Gestaltung der Feldfruchtfolgen wurde zu einem zentralen Thema der Landwirtschaft und der sie begleitenden Forschung. Eine der jeweiligen natürlichen Standortleistung angepaßte Fruchtfolgegestaltung war einer der entscheidendsten Schritte zur Steigerung der Leistungsfähigkeit ackerbaulich genutzter Flächen. Nach dem Zweiten Weltkrieg und insbesondere mit der Entstehung der Europäischen Gemeinschaft, änderte sich diese Situation. Immer mehr Kulturarten wurden aus dem Anbau verdrängt, die diesbezügliche Zahl wurde zum gegebenen Zeitpunkt mit 40 angegeben (Dambroth 1990). Preis- und Absatzgarantien führten zu einer Konzentration des Anbaues auf nur wenige Arten. Diese Praxis bedingt die Reduktion der organismischen Diversität in Agarökosystemen. Die Frage nach nachteiligen Konsequenzen einer solchen Form der Bewirtschaftung für die nachhaltige Ertragsfähigkeit von landwirtschaftlich genutzten Böden stellte sich.

Daten bezüglich vereinfachter Anbausysteme belegen, daß ertragsbegrenzende Einflußgrößen, welche ihre Ursachen im Fruchtfolgeaufbau haben, vielfach durch Züchtungsfortschritte, hohe Aufwendungen an Düngern, Pflanzenschutzmitteln und verbesserte Anbautechniken überdeckt werden (Debruck 1981). Der mehrmalige oder in sehr engem Abstand erfolgende Anbau derselben Kulturart muß nicht unmittelbar zu sichtbaren Schäden führen. Erste Schwächen können durch Düngemaßnahmen behoben werden bzw. werden die Kulturen durch einen vermehrten Einsatz von Pflanzenschutzmitteln stabilisiert. Man spricht in diesem Zusammenhang von einer die Fruchtfolgeschäden maskierenden Phase. Diese Phase der Maskierung kann je nach Standort unterschiedlich lange anhalten. Der wiederholte Anbau bodengefährdender Kulturen, damit verbundene Rückgänge des organischen Substanzgehaltes sowie Schäden an der Bodenstruktur reflektieren sich bei ausreichender Nährstoffversorgung nicht notwendigerweise unmittelbar im Ertrag (z.B. Moldenhauer et al. 1967).

Mit dem Verlust der Artenvielfalt wird die Wahrscheinlichkeit des Auftretens von Prozessen der Selbstregulation in Agrarökosystemen reduziert.

Die Konsequenzen vereinfachter Anbausysteme können ein Sinken der Ertragsleistung mit zunehmendem Getreideanteil infolge der Zunahme des Infektionsdruckes durch Pilze oder des Befalls durch Tiere, eine Intensivierung der Ausprägung von Verträglichkeitsbeziehungen zwischen Pflanzen (z.B. allelopathische Wurzelausscheidungen) sowie auch eine Veränderung hinsichtlich der Abbaubarkeit der Wurzelmasse einschließen. Letztere basiert auf dem bei verschiedenen Feldfrüchten vorliegenden C/N-Verhältnis (Getreide etwa 20:1, Hackfrüchte und Leguminosen 10 bis 12:1). Unter Getreide erfolgt der Wurzelabbau langsamer als unter den beiden anderen Pflanzengruppen.

Eine die Umwelt entlastende Verminderung des Einsatzes von Dünge- und Pflanzenschutzmitteln kann durch eine Erweiterung der Fruchtfolgeglieder erreicht werden. Diese Beziehung ist vielfach gesichert.

Quantität und Qualität der organischen Substanz

Direkte Wirkungen der Fruchtfolgegestaltung auf die Bodenfruchtbarkeit können an Veränderungen des C- und N-Gehaltes im Boden nachgewiesen werden. Durch Bewirtschaftungsmaßnahmen eintretende Verluste an organischer Substanz führen zu einer Strukturverschlechterung der Böden und fördern Erosionsvorgänge. Die infolge von Bewirtschaftung zu beobachtenden organischen Substanzverluste stehen mit der Bearbeitung und der Erosion des an organischer Substanz reichen Oberbodens sowie mit dem Biomasseentzug und der Entfernung bzw. der Verbrennung von Rückständen in Beziehung. Beim Anbau von Feldfruchtarten wie Mais und Rüben, welche die Erosionsgefährdung des Bodens erhöhen, und dem gleichzeitigen Rückgang des Feldfutteranbaus wird der als tolerierbar angesehene Bodenabtrag von 8–10 t pro Hektar und Jahr vielfach überschritten (Haider und Gröblinghoff 1991).

Der organische Substanzgehalt des Bodens wird durch die Natur und die Aufeinanderfolge der Feldfrüchte sowie durch den Einsatz von mineralischen Düngern, Stalldünger und von Kalkungmitteln beeinflußt. Im Falle von Monokulturen zeigen sich hinsichtlich der Beeinflussung des organischen Substanzgehaltes feldfruchtabhängige Unterschiede.

Vergleichende Untersuchungen zeigten die positive Wirkung von Feldfruchtrotationen (wie beispielsweise von Mais, Hafer und Klee) gegenüber kontinuierlicher Monokultur (z.B. Mais) auf den organischen Substanzgehalt. Die gleichzeitig mit dem Bestellungsregime zur Anwendung gelangenden Düngemaßnahmen sind hinsichtlich der Beeinflussung des organischen Substanzgehaltes von Bedeutung. Die diesbezügliche günstige Wirkung organischer Düngergaben konnte wiederholt gezeigt werden. Bei viehlosen Intensivbetrieben mit hohem Ackerfruchtanteil treten Schwierigkeiten bei der Erzielung bzw. bei der Erhaltung einer positiven bzw. gleichbleibenden Humusbilanz auf. Negative Humusbilanzen konnten bei langjähriger Monokultur von Hackfrüchten sowie bei Getreidefruchtfolgen mit fehlender Gründüngung und Stroheinarbeitung beobachtet werden (Beck 1984c).

Höhere Feldfruchterträge, welche auf dem Einsatz ertragreicher Sorten, der Applikation von Kalkungsmitteln sowie von organischen und mineralischen Düngern beruhen, sollten über den damit verbundenen erhöhten Anfall von Feldfruchtrückständen auch eine Erhöhung des organischen Substanzgehaltes im Boden bedingen. Eine hohe Bodenproduktivität sollte demgemäß die Aufrechterhaltung hoher organischer Substanzgehalte gewährleisten. Unter der Voraussetzung, daß durch die Vermehrung der pflanzlichen Biomasse auch die Ernterückstände erhöht werden, wäre entsprechend Tate (1987) der Schluß zu ziehen, daß die optimale Nutzung von landwirtschaftlich genutzten Böden die Maximierung der Fruchterträge einschließen muß.

Das Angebot an Feldfruchtrückständen variiert mit dem Fruchtertrag und der Erntepraxis. Es wurde die Auffassung vertreten, daß jene durch erhöhte Düngung ebenfalls vermehrten Wurzel- und Sproßrückstände den Humusbedarf alleine decken könnten. An Hand weiterer Befunde kann dies in Frage gestellt werden. Erstens kann bei intensiver Düngung ein erhöhter Abbau der Rückstände stattfinden und zweitens lieferten radiometrische Untersuchungen Hinweise darauf, daß die Rückstände für die Erhaltung des Humusgehaltes im Boden nicht ausreichend sein können. Auch kann die Wurzelmassebildung infolge intensiver Düngung reduziert werden. Weiters variiert die Biomasse verschiedener Feldfrüchte hinsichtlich deren ober- und unterirdischer Anteile und deren Aberntung erfolgt quantitativ unterschiedlich. Ferner bedingen verschiedene Feldfrüchte eine unterschiedliche Bodenbearbeitung. Zum Beispiel wird dem Boden bei Kartoffeln und Rüben die geringste Menge (< 10 dt/ha) bei Getreide eine mittlere Menge (12–17 dt/ha) und bei Klee-Gras und Luzerne (25–60 dt/ha) die höchste Menge an Wurzelrückständen einverleibt. Bei einem hohen Anteil an Rüben in der Fruchtfolge ist der etwas niedrigere C-Gehalt des Böden nicht nur eine Folge der stärkeren Bodenbearbeitung, sondern auch der geringeren Wurzelrückstände. Der Großteil der Wurzelrückstände reichert in einer Tiefe von 0–23 cm an. Schachtschabel et al. (1992) präsentierten ein Beispiel aus den USA. Der C-Gehalt hatte zu Beginn des Versuches in der 0–17 cm Schicht 230 dt/ha betragen, nach 30 Jahren betrug dieser bei Monokultur von Mais 83 dt/ha, bei Monokultur von Weizen 144 dt/ha und bei der Fruchtfolge Weizen-Klee-Mais 191 dt/ha.

Eine prinzipielle Begünstigung des organischen Substanzgehaltes in Fruchtwechselsystemen gegenüber Monokultursystemen kann durch in das Fruchtwechselsystem eingeschaltete Brachen aufgehoben werden. Permanenter Pflanzenbewuchs begünstigt sowohl den Humusgehalt als auch bodenbiologische Parameter. Die mikrobielle Biomasse und biochemische

Stoffumsetzungen werden durch große Wurzelmassen bildende Pflanzen gefördert.

Hinweise auf unterschiedliche Stimulierung der biologischen Aktivität im Wurzelbereich verschiedener Feldfrüchte implizieren auch eine damit verbundene unterschiedliche Beanspruchung der organischen Bodensubstanz. Die Informationen bezüglich eines hemmenden oder stimulierenden Effektes von lebenden Wurzeln auf den Abbau der organischen Substanz sind nicht einheitlich. Untersuchungen zum Einfluß von Wurzeln auf die Mineralisierung der organischen Bodensubstanz ergaben für die bepflanzte Variante einen höheren CO_2-Verlust und eine höhere Effizienz bei der Nutzung des ^{14}C-markierten Materials (Cheng und Coleman 1990). Diese Autoren inkubierten ^{14}C-markiertes Roggenstroh in gedüngtem und nicht gedüngtem Boden mit oder ohne Pflanzen (Winterroggen) für 49 Tage unter halbkontrollierten Bedingungen. Lebende Wurzeln übten infolge der durch die Wurzeln induzierten höheren mikrobiellen Aktivität einen stimulierenden Effekt auf den Abbau der organischen Bodensubstanz aus. Der stimulierende Effekt wurde durch Düngerapplikation (NPK) reduziert.

Unterschiedliche Bestellungspraktiken führen erwartungsgemäß neben quantitativen Veränderungen der organischen Bodensubstanz auch zu solchen qualitativer Natur. Es wurde postuliert, daß die Menge an Huminsubstanzen mit niedrigem Molekulargewicht einen geeigneteren Hinweis auf die Bodenfruchtbarkeit geben kann, als der gesamte Huminsubstanzgehalt. Huminsubstanzen mit einem niedrigen Molekulargewicht enthalten eine noch große Zahl aktiver Gruppen. Eloff und Pauli (1975) unternahmen entsprechende Untersuchungen, wobei mit sechs verschiedenen Lösungsmitteln Huminsubstanzen aus Böden extrahiert wurden, welche sich unter Dauer-Maisanbau, Fruchtwechsel, Grünland (*Eragrostis curvula*) bzw. unter natürlichem Grünland befanden. Aus den erhalten Ergebnissen wurde der relative Fruchtbarkeitsstatus des Bodens unter unterschiedlichem Bewuchs abgeleitet. Im gegebenen Falle war (unter Vorbehalt, daß die Bodenfruchtbarkeit eine komplexe Eigenschaft darstellt) der feinsandige Lehm unter natürlichem Grünland als der fruchtbarste zu betrachten. Dieser war gefolgt vom gleichen Bodentyp unter Gras sowie jenem unter Dauer-Mais und Fruchtwechsel. Dauer-Mais und Fruchtwechsel unterschieden sich diesbezüglich nicht.

Die aliphatische Fraktion der organischen Bodensubstanz weist Beziehungen zur Aggregatstabilität und zur mikrobiellen Biomasse auf. Bewirtschaftungsmaßnahmen beeinflussen hauptsächlich die Quantität der aliphatischen Fraktion (Capriel et al. 1990). Die von den genannten Autoren unter superkritischen Bedingungen mit einem nichtpolaren Lösungsmittel (Hexan) aus unterschiedlich bestellten Langzeitstandorten extrahierte aliphatische Fraktion der organischen Bodensubstanz korrelierte hoch positiv mit der Aggregatstabilität sowie mit der Biomasse der Böden (Tabelle 12).

Mögliche Ursachen einer in bewirtschafteten Böden gegenüber nativen Böden zumeist zu beobachtenden Rückläufigkeit der Aggregatstabilität wurden in den vorangehenden Kapiteln näher diskutiert. Quantitative und qualitative Veränderungen der organischen Substanz sowie Veränderungen biologischer Parameter stehen damit in engem Zusammenhang.

Hinsichtlich der qualitativen Veränderung der organischen Bodensubstanz infolge anthropogener Einflüsse auf den Boden sowie der diesbezüglich bestehenden Wechselwirkung mit bodenphysikalischen und bodenbiologischen Parametern besteht Forschungsbedarf.

4.2 Mikrobiologie und Bodenenzymatik

In der Vergangenheit versuchte man zunächst die Beantwortung der Frage, inwieweit es in Abhängigkeit von einer Vegetationsform zu einer quantitativen und zum Teil auch zu einer qualitativen Verschiebung der Mikroflora kommt. Landwirtschaftliche Praktiken wie kontinuierliche Monokultur und Fruchtwechsel waren dabei von besonderem Interesse.

Der Einfluß einer während längerer Perioden praktizierten Monokultur auf das Bodenleben wurde vornehmlich unter zwei Gesichtspunkten betrachtet. Es waren dies das einseitige Aufkommen bodenbewohnender phytopathogener Organismen und die Störung des Gleichgewichtszustandes hinsichtlich der mikrobiellen Besiedelung des Bodens bzw. der Versuch einer selektiven Förderung natürlicher Antagonisten. Die Entwicklung pflanzenpathogener Mikroorganismen ist eines der relevanten Probleme im Zusammenhang mit der Intensivierung des Landbaues.

In der Folge wurden Untersuchungen zum Einfluß verschiedener Bestellungssysteme auf die mikrobielle Biomasse, auf Stoffwechselleistungen, auf Bodenenzymaktivitäten und ökophysiologische Parameter unternommen.

Der Bewuchs beeinflußt als Quelle der anfallenden Streu und der Wurzelausscheidungen die Qualität und Quantität der organischen Bodensubstanz. Veränderungen der organischen Substanz sind in der Regel mit solchen mikrobiologischer und bodenenzymatischer Parameter gekoppelt.

Als Lebensgrundlage der heterotrophen Organismen, als Substrat enzymatischer Umsetzungen sowie als Struktur- und Stabilisierungselement bestimmt die organische Bodensubstanz die Zusammensetzung, Menge und Aktivität der Bodenmikroorganismen und der Bodenenzyme wesentlich mit. Die mikrobielle Nutzung verfügbarer Kohlenstoffquellen wird durch weitere Bodeneigenschaften wie Nährstoffhaushalt, Feuchte, Temperatur, Belüftung, Textur und pH-Wert kontrolliert. Durch Bestellungssysteme veränderte Bodeneigenschaften vermögen kinetische Eigenschaften von Enzymen und damit das Nährstoffnachlieferungsvermögen von Böden zu modifizieren.

Der Bewuchs liefert organische Substrate und schützt die Bodenoberfläche vor intensiver Sonneneinstrahlung und Austrocknung. Bei Brache zu beobachtende Abnahmen der mikrobiellen Biomasse sowie von Enzymaktivitäten sind im Zusammenhang mit Temperatur-, Feuchte- und Strahlungseffekten sowie mit Substraterschöpfung zu bewerten. Der schützende Effekt des Bewuchses, ein geringerer Humusgehalt, ein geringes Angebot an leicht abbaubaren organischen Substraten sowie eine Verringerung der Immobilisierungsmöglichkeiten für Enzyme müssen dabei mitberücksichtigt werden.

Feldfruchtrückstände sind eine für die Aufrechterhaltung des organischen Substanzgehaltes wichtige Komponente in landwirtschaftlich genutzten Böden. Die Erhaltung oder der Zusatz von Feldfruchtrückständen fördert die Entwicklung von Mikroorganismen sowie das Auftreten biochemischer Stoffumsetzungen und beeinflußt über diese die Nährstoffkreisläufe und die Bodenstruktur. Zwischen der Zufuhr organischer Rückstände und der Diversität sowie der Aktivität von Mikroorganismen besteht eine positive Beziehung.

Verschiedene Monokultur- bzw. Fruchtwechselsysteme nehmen unterschiedlich Einfluß auf mikrobielle und bodenenzymatische Eigenschaften. Charakteristische Muster bestimmter Enzymaktivitäten konnten bei bestimmten Bestellungsregimen beobachtet werden. Unterschiede bezüglich bodenmikrobiologischer und -enzymatischer Parameter können besonders deutlich bei längerfristig gleichbleibenden Regimen beobachtet werden. Der kulturartenspezifische Einfluß auf mikrobielle Parameter kann bereits am Ende eines Anbaujahres, wenn ein Unterschied im organischen Substanzgehalt noch nicht festgestellt werden kann, nachgewiesen werden. Die feldfruchtspezifische Rhizosphäre und Streu kann unter sonst gleichen Bedingungen als die primäre Ursache für zu beobachtende Biomasse- und Aktivitätsunterschiede gesehen werden.

Neben der Art des Fruchtwechsels oder der Monokultur kommen auch weitere Bewirtschaftungspraktiken wie Bodenbearbeitung und Düngung, natürliche Standortfaktoren sowie auch der Faktor Zeit zum tragen. Zeitliche Variationen bodenmikrobiologischer und -enzymatischer Parameter müssen abgesehen von klimatischen Einflüssen auch unter dem Aspekt betrachtet werden, daß verschiedene Feldfrüchte im Laufe des Jahres unterschiedliche Bewirtschaftungsmaßnahmen erfordern. Ebenso fallen bei unterschiedlichen Feldfrüchten unterschiedliche Mengen und Qualitäten an Streu und Exsudaten an, wobei diesbezüglich auch eine zeitliche Variation zu berücksichtigen ist.

4.2.1 Populationen und Biomasse

Die Erforschung der Grundlagen einer kulturspezifischen Anreicherung von Mikroorganismen bietet der Bodenmikrobiologie ein noch reiches Betätigungsfeld.

Frühe erfolgreiche Versuche zur Aufklärung der Auswirkung verschiedener Fruchtfolgen auf bodenmikrobiologische Parameter datieren in der Mittes des 20. Jahrhunderts. Müller (1959a) untersuchte unter Berücksichtigung von Standortfaktoren (Klima, physikalische und chemische Bodeneigenschaften) den Einfluß verschiedener Misch- und Reinsaaten auf Bodenbakterien, -pilze und -tiere. Sowohl in qualitativer als auch in quantitativer Hinsicht zeigten sich enge Wechselwirkungen zwischen der Kulturpflanzenart und dem Bodenleben. In einer weiteren Arbeit (Müller 1959b) konnten die Nachwirkungen der Vorfrucht auf die bodenbiologischen Parameter bis in das erste Nachbaujahr nachgewiesen werden. Die geringste Ertragsleistung lag bei der auch bodenbiologisch gering aktiven „Vorfrucht" (Variante) der Nichtbestellung des Boden vor. Rehm (1960) versuchte unterschiedlich bebaute Böden mit Hilfe der Bestimmung deren Streptomycetenflora zu charakterisieren. Die Änderungen der Keimzahl und qualitative wie quantitative Artenverschiebungen wurden erfaßt. Böden, welche einmal bzw. siebenmal (ohne Zwischenfrucht) mit Gerste bestellt worden waren (letzterer wies Gerstenmüdigkeit auf) wurden beprobt. Die relative Verteilung der Streptomycetenarten veränderte sich im Jahreslauf wesentlich. Infolge von siebenmaligem Gerstenanbau trat eine sichtbare Beeinflussung der Streptomycetenflora auf. Es konnte Verringerung, unwesentliche Veränderung bzw. Vermehrung bestimmter Arten gegenüber der Kontrolle und einmaligem Gerstenanbau festgestellt werden. Die Veränderung der Streptomycetenflora durch siebenmaligen Gerstenanbau wurde als eine Sekundärerscheinung und nicht als die primäre Ursache der aufgetretenen Gerstenmüdigkeit des Bodens diskutiert.

Untersuchungen zum Einfluß verschiedener Vorfrüchte auf das Bodenpilzspektrum in Weizenfeldern zeigten als typische Folgepilze des Weizenanbaus: *Fusarium culmorum, Aureobasidium bolleyi, Cylindrocarpon destructans*, ein steriles Mycelium und *Gaeumannomyces graminis*; als jene des Erbsenanbaus: *Phoma medicaginis* var. *pinodella, Penicillium* cf. *restrictum*; und als jene des Rapsanbaus: *Plectosphaerella cucumeris* und *Cladorrhinum foecundissimum* (Domsch et al. 1968). Weizen, Erbsen und Raps waren je zweimal als Vorfrüchte in zwei Weizenfeldern angebaut worden. Die Aussagen beschränkten sich auf 28 Pilze deren Häufigkeitsverteilung unter den drei Vorfruchtbedingungen signifikante Unterschiede aufwies.

Vergleiche zum relativen Vorkommen verschiedener Pilze (*Apergillus fumigatus, Penicillium funiculosum, Trichoderma* sp., *Fusarium* sp.) in Böden unter Monokulturen von Hafer, Weizen bzw. Mais zeigten die Dominanz von *Aspergillus fumigatus* in Böden unter Hafer. Entsprechendes traf für *Penicillium funiculosum* unter Mais zu. *Trichoderma* sp. konnte unter Hafer nicht nachgewiesen werden; das Auftreten unter Weizen war gegenüber jenem unter Mais um etwa 15% höher. Das Auftreten von *Fusarium* sp. war für Hafer und Mais entsprechend und etwas höher unter Weizen (20%) (Schachtschabel et al. 1992).

In Proben von seit 1888 etablierten Feldstandorten (kontinuierliche Mais- oder Weizenkultur und Fruchtwechsel von Mais, Hafer, Weizen und Rotklee) konnte im Falle von Weizenkultur eine gegenüber Maiskultur erhöhte Zahl von Mikroorganismen nachgewiesen werden (Martyniuk und Wagner 1978). In Abwesenheit von tierischem Dünger oder von anorganischem Dünger waren die Bakterienzahlen bei Fruchtwechsel höher. Dies konnte im Zusammenhang mit Rotklee im Fruchtwechsel gesehen werden, welcher im Vergleich zu kontinuierlicher Weizen- oder Maiskultur zusätzlichen Stickstoff zur Verfügung stellte. Wurden N-, P- und K-Gaben oder tierische Dünger appliziert, waren die Bakterienzahlen an den kontinuierlichen Standorten höher. Im Fall der Pilze war deren Zahl an den Fruchtwechselstandorten ungeachtet der Düngerbehandlung generell geringer. Der Bestand an Vertretern der Gattung *Fusarium* wurde durch den Fruchtwechsel reduziert. Diese Pilzgattung steht mit mehreren Pflanzenkrankheiten in Beziehung. Die Unterdrückung von *Fusarium* durch die infolge des Fruchtwechsels gegebene höhere Biodiversität war angezeigt.

Die Erhöhung des Getreideanteils am Fruchtwechsel von 50 auf 75% beeinflußte die Zusammensetzung und die Menge der Hauptgruppen an Mikroorganismen in einem bewässerten Schwarzen Tschernosem nicht (Andrusenko und Kovalenko 1981). Die permanente Bestellung des Bodens mit Winterweizen führte jedoch zu einer zahlenmäßigen Abnahme der Vertreter der Gattung *Azotobacter*.

Gawronska et al. (1992) konnten im Rahmen einer Vierjahres-Untersuchung basierend auf Feldversuchen mit einer Schwarzerde einen Rückgang der Zahl heterotropher Bakterien infolge Maismonokultur nachweisen. Weitere Bewirtschaftungsmaßnahmen schlossen chemische Unkrautkontrolle und NPK-Düngung ein.

In den oberen 23 cm von schluffigen Lehmböden und schluffigen Tonlehmen, welche kontinuierlich unter Weizen gehalten worden waren betrug der mikrobielle Biomasse-C/ha 530 kg (ungedüngter Standort), 590 kg (Standort, welcher anorganische Dünger erhalten hatte) und 1160 kg (Standort, welcher Stalldünger erhalten hatte) (Jenkinson und Powlson 1976). Böden, welche für ein Jahr brach gehalten wurden (Wechsel von Weizen/Weizen/Brache) enthielten weniger Biomasse als feldfruchttragende Böden. Ein kalkiger Waldboden enthielt 1960 kg Biomasse-C/ha und ein nicht gedüngter Boden unter Dauergrünland 2020 kg Biomasse-C/ha. Eine nachteilige Beeinflussung der mikrobiellen Biomasse durch die Einschaltung von Brache konnte auch Carter (1986) angeben, wobei in einem Weizen-Brache Wechsel die mikrobielle Biomasse gegenüber einer kontinuierlichen Weizenkultur signifikant reduziert war.

Vergleichende Untersuchungen zur Wirkung unterschiedlicher Vorfrüchte auf die mikrobielle Biomasse zeigten die gegenüber Kartoffel günstige Wirkung von Rotklee (Beck 1986). Obgleich es sich um die Auswirkungen einer einjährigen unterschiedlichen Bewirtschaftungsweise (Vorfrucht) handelte, waren die Werte bei Leguminosen gegenüber der Hackfrucht relativ einheitlich um etwa 1/4 bis 1/3 erhöht. Der Kohlenstoffgesamtgehalt der Krumenproben einer Parabraunerde (Langzeitversuch) nahm von der Schwarzbrache, welche über 34 Jahre keine C-Einträge erhalten hatte über drei Kartoffelvarianten (Monokultur, Monokultur mit Stallmist, Fruchtfolge) und drei Getreidevarianten (Monokultur ohne/mit Zwischenfrucht, Fruchtfolge) von 0.75 auf 1.61 zu. Auf Basis der Getreidemonokultur ohne Zwischenfrucht mit einem Kohlenstoffgesamtgehalt von 1.45 entsprach dies in 34 Jahren einem Humusabbau bei der Schwarzbrache von etwa der Hälfte, bei Kartoffelmonokultur ohne Stallmist von etwa einem Fünftel, bei Getreide in der Fruchtfolge jedoch einem Anstieg von zirka 10%. Gleichsinning konnte die Entwicklung der mikrobiellen Biomasse beurteilt werden. Böden mit Getreide in der Fruchtfolge enthielten etwa sechsmal mehr mikrobielle Biomasse als Schwarzbracheböden. Die Werte für die relative Stabilität der organischen Substanz wiesen auf eine extrem negative Humusbilanz bei der Schwarzbrache hin. Bei den Kartoffelvarianten blieb die Humusbilanz auf der negativen Seite, mit einer deutlich steigenden Tendenz über Monokultur mit Stallmist zur Fruchtfolge. Das Getreide wies in den Daueranbauvarianten eine annähernd ausgeglichene und in der Fruchtfolge eine leicht steigende Tendenz hinsichtlich der Humusbilanz auf.

An Hand eines 80jährigen Dauerfeldversuches untersuchten Anwarzay et al. (1990) während eines Jahres den Einfluß verschiedener Fruchtfolgen auf die mikrobielle Biomasse eines Tschernosems. Die Systeme des 1906 angelegten Versuches umfaßten eine alte Dreifelderwirtschaft mit Winterroggen-Sommergerste-Brache sowie eine Monokultur mit Winterroggen. Die Düngevarianten ungedüngt, mineralisch gedüngt, stallmistgedüngt wurden geprüft. Eine ausschließlich mineralisch gedüngte, ortsübliche Fruchtfolge (Mais-Sommergerste-Winterweizen, beginnend 1986) diente als Vergleichsvariante. Die pH-Werte variierten weder in Bezug auf die unterschiedlichen Fruchtfolgen noch hinsichtlich der verschiedenen Düngervarianten. Diese lagen sämtlich bei pH 7.5. Der Humusgehalt der Langzeitstandorte unterschied sich bei den Fruchtfolgegliedern im Falle der ungedüngten Variante nicht. Die mineralisch gedüngten Parzellen wiesen innerhalb des Fruchtwechsels den gleichen Humusgehalt auf wie die ungedüngten Parzellen, die mineralisch gedüngte Variante der Dauerroggenparzelle ergab demgegenüber einen höheren Humusgehalt. Auf den mit Stallmist gedüngten Parzellen nahm der Humusgehalt in der Folge Gerste

< Brache < Dauerroggen zu. Der Humusgehalt war gegenüber den beiden anderen Düngervarianten im Falle der mit Stallmist gedüngten Parzellen stets höher. Der Humusgehalt der ortsüblichen Fruchtfolge lag mit 1.9% über jenem der vergleichbaren mineralisch gedüngten Fruchtfolgevariante, jedoch unter dem Humusgehalt der mineralisch gedüngten Dauerroggenparzelle. Die mikrobielle Biomasse wurde im Dauerroggen-System gegenüber den Gliedern der alten Dreifelderwirtschaft bzw. der Parzelle mit Winterweizen begünstigt. Für die Dauerroggenparzelle war auf die günstige Wirkung des permanenten Pflanzenbewuchses zu schließen. Das Fruchtfolgeglied Brache konnte mit der geringeren Biomasse an Standorten der alten Dreifelderwirtschaft in ursächlichem Zusammenhang stehen.

Der Einfluß der jeweiligen Kultur auf die mikrobielle Biomasse war in langjährigen, achtgliedrigen Fruchtfolgeversuches mit und ohne Kalkdüngung klar zu erkennen (Beck 1990). Die Untersuchungen wurden an einer leicht pseudovergleyten Parabraunerde durchgeführt; die Beprobung erfolgte im Spätsommer nach der Ernte. Die Getreidearten (Winterweizen, Sommergerste, Winterweizen und Gründüngung und Sommergerste) beeinflußten die Biomasse günstig, während der Einfluß der Hackfrüchte (Zuckerrübe, Kartoffel) weniger günstig zu beurteilen war. Klee-Gras nahm eine Mittelstellung ein. Die höchsten Biomassewerte fanden sich bei Winterweizen und Gründüngung, die niedrigsten nach Kartoffelanbau. Unter Beibehaltung des kulturartenspezifischen Einflusses war der günstige Effekt von Kalkung angezeigt.

Alfisole unter einer Weizen-Wiesen Rotation wiesen einen höheren Gehalt an mikrobiellem Biomasse-C auf als solche unter kontinuierlicher Weizenkultur (Ladd et al. 1994). Böden, in welche Pflanzenreste eingearbeitet oder an deren Oberfläche Pflanzenreste zurückgehalten wurden wiesen ebenfalls einen höheren Biomasse-C auf. Der Biomasse-C war jedoch in mit Stickstoff gedüngten Böden geringer als in ungedüngten Böden. Die in mit N-gedüngten Böden, trotz einer erhöhten Rückführung von Pflanzenresten und einer erhöhten Anreicherung von organischem C und N, reduzierten Biomasse-C-Gehalte konnten teils mit einem pH-Wert erniedrigenden Effekt des Düngers in Beziehung gesetzt werden. Jedoch waren selbst nach Korrektur von pH-Veränderungen im Falle von N-Düngerapplikationen verringerte Biomasse-C Gehalte auf Basis des organischen C-Gehaltes bestimmbar. Erhöhte Todesraten der Abbauorganismen wurden als ursächlich dafür diskutiert. Die Rate der C- und N-Mineralisierung ausgedrückt als Prozentsatz des organischen C und N war unbeeinflußt von der N-Düngerpraxis.

Die unter superkritischen Bedingungen mit einem nichtpolaren Lösungsmittel (Hexan) aus unterschiedlich bestellten Langzeitstandorten extrahierte aliphatische Fraktion der organischen Bodensubstanz korrelierte hoch positiv mit der Aggregatstabilität sowie mit der Biomasse der Böden.

Die Bewirtschaftung beeinflußte hauptsächlich die Quantität dieser aliphatischen Fraktion (Capriel et al. 1990).

Tabelle 12. Ertrag an superkritischen Hexanextrakten, Biomasse-C und Aggregatstabilität (GMD: gewichteter mittlerer Durchmesser) der Böden (nb: nicht bestimmt)

Standort	Vegetation Bewirtschaftung	Ertrag (mg/kg)	Biomasse-C (mg/kg)	GMD (mm)
1	Schwarzbrache	140	110	0.5
2	Kartoffel, kein Stalldünger	350	200	1.0
3	Kartoffel, Stalldünger	400	220	1.2
4	Weizen, Stroh	440	290	2.8
5	Weizen, Stroh, Wicke	440	320	3.2
6	Fruchtwechsel	670	320	3.8
7	Grünland	860	830	4.3
8	Fruchtwechsel, 18 000 kg Stalldünger/ha	740	680	4.0
9	Fruchtwechsel, 12 000 kg Stalldünger/ha	640	600	nb
10	Fruchtwechsel, Stroh, Zwischenfrucht, 124 kg N/ha	500	370	nb
11	Fruchtwechsel, Stroh, Zwischenfrucht, 182 kg N/ha	440	330	2.4

Aus Capriel et al. (1990).

Die aliphatische Fraktion der organischen Bodensubstanz weist Beziehungen zur Aggregatstabilität und zur mikrobiellen Biomasse auf.

Tabelle 13. Kohlenstoffgehalt des Hexan-Extraktes (C_{Hex}) sowie Anteil des Biomasse-C (C_{Biom}) und des Hexanextrakt-C am Kohlenstoffgehalt des Bodens (C_{Boden})

Standort	Vegetation, Bewirtschaftung	C_{Hex}	C_{Hex}/C_{Boden}	C_{Biom}/C_{Boden}
		mg/kg	%	
1	Schwarzbrache	98	1.3	1.4
2	Kartoffel, Stalldünger	292	2.8	2.1
6	Fruchtwechsel	482	3.6	2.4
7	Grünland	630	3.6	4.7
8	Fruchtwechsel, 18 000 kg Stalldünger/ha	550	4.3	5.4
11	Fruchtwechsel, Stroh, Zwischenfrucht, 182 kg N/ha	320	2.7	2.7

Aus Capriel et al. (1990).

Nach 50 Jahren der Bestellung eines Lehmbodens mit zwei verschiedenen Fruchtwechselsystemen bestimmten McGill et al. (1986) die Dynamik der mikrobiellen Biomasse und des wasserlöslichen Kohlenstoffgehaltes. Die beprobten Standorte des Grauen Luvisols umfaßten die Kontrolle sowie mit Stalldünger bzw. mit NPKS versehene Standorte, welche während 50 Jahren entweder einem Weizen-Brache Wechsel oder einem Wechsel von Weizen-Hafer-Gerste-Futterpflanzen-Futterpflanzen unterlagen. Der Fünfjahresfruchtwechselboden enthielt 38% mehr Stickstoff jedoch 117% mehr mikrobiellen Stickstoff als der Zweijahresfruchtwechselboden. In den organisch gedüngten Ansätzen war der mikrobielle Stickstoffgehalt gegenüber den Ansätzen mit NPKS oder den Kontrollen um das Doppelte erhöht. Der durchschnittliche Umsatz der mikrobiellen Biomasse betrug pro Jahr 0.2–3.9 und war im Zweijahresfruchtwechsel eineinhalb- bis zweimal höher als im Fünfjahresfruchtwechsel. Zur Versorgung des mikrobiellen Umsatzes war die Nachlieferung der wasserlöslichen Kohlenstoffkomponente 26–39mal pro Jahr notwendig. Die jährlichen Kohlenstoffeinträge waren geringer als dies dem Erhaltungsbedarf entsprach. Dieser Befund ließ auf eine sich Großteils in einem schlafenden Zustand befindende Biomasse schließen.

4.2.2 Biochemische Stoffumsetzungen

Der Bewuchs stellt organische Substrate von unterschiedlicher Qualität und Quantität zur Verfügung und schützt den Boden unter anderem vor Austrocknung und intensiver Sonnenstrahlung. Langzeituntersuchungen zeigten, daß Bewirtschaftungssysteme mit höheren organischen Substanzeinträgen (Fruchtwechsel, Applikation organischer Dünger, Erhaltungsbodenbearbeitung) Bodenenzymaktivitäten fördern. Unter solchen Bedingungen erhöhte Aktivitäten können mit einem entsprechenden Angebot an Substraten, günstigen Verhältnissen bezüglich des Wasser- und Temperaturhaushaltes sowie auch mit einer Zunahme von Stabilisierungsmöglichkeiten für Enzyme (Huminstoffe, organomineralische Komplexe, Aggregate) in Beziehung gesetzt werden.

Speir et al. (1980) unternahmen vergleichende Versuche zum Einfluß der Temperatur auf Bodenenzyme im Falle von Brache oder Bestellung. Während eines Zeitraumes von fünf Monaten wurden die Aktivitäten der Enzyme Sulfatase, Urease und Protease in zwölf Oberböden Neuseelands bestimmt. Die Bodenmaterialien wurden zu diesem Zweck bei 10, 18 und 25°C in Töpfen gehalten, in welchen diese mit *Lolium perenne* besät bzw. brach gehalten wurden. Während der Versuchszeit zeigte die Sulfataseaktivität in den bepflanzten Böden keine signifikante Veränderung. In den brachgehaltenen Ansätzen ging diese Enzymaktivität in beinahe sämtlichen Fällen signifikant zurück, wobei das Ausmaß des Rückganges mit steigender Temperatur zunahm. Die Ureaseaktivität war in ihrem Verhalten ähnlich jenem der Sulfatase; in bepflanzten Böden traten jedoch einige signifikante Aktivitätszunahmen auf. Die Aktivität der Protease erwies sich als sehr variabel, zeigte jedoch die gleichen Trends wie die beiden anderen Enzyme. In den bepflanzten Böden konnten aus Pflanzen und aus Mikroorganismen freigesetzte sowie intrazelluläre Enzyme die durch Hitzedenaturierung verlorengegangene Aktivität ersetzen; dies war im brach gehaltenen Boden nicht möglich.

In einem Grauen Waldboden untersuchte Khan (1970) den Langzeiteinfluß (40 Jahre) verschiedener Bestellungsregime und Düngepraktiken auf biochemische Stoffumsetzungen im Boden. Als Proben dienten Oberbodenhorizonte von Standorten im Fünfjahresfruchtwechsel von Getreide und Leguminosen sowie von solchen eines Weizen-Brache-Systems. Folgende Düngerbehandlungen waren angewandt worden: Stalldünger 44.8 t/ha jedes fünfte Jahr; jährliche Gaben von 11.2 kg N, 5.9 kg P, 16.7 kg K und 9.0 kg S/ha; jährliche Gaben von 11.2 kg N, 9.0 kg S/ha; keine Dünger. Die Aktivitäten der Enzyme Dehydrogenase, Urease, Katalase, Phosphatase und Invertase waren an den Standorten im Fünfjahresfruchtwechsel signifikant höher als jene im Weizen-Brache System. Die Phosphatase- und Invertaseaktivitäten waren im Fruchtwechselsystem annähernd doppelt so hoch wie im Weizen-Brache System. Bei Düngergabe zeigte sich der Trend zur Erhöhung der Enzymaktivitäten, wenngleich die Unterschiede statistisch nicht signifikant waren. Das Ausmaß des Aktivitätsanstieges infolge Düngergabe war für die Enzyme Invertase und Phosphatase im Fruchtwechsel gegenüber jenem im Weizen-Brache System wesentlich erhöht. Der organische Substanzgehalt war im Fruchtwechselsystem signifikant höher. Mit zunehmendem organischen Substanzgehalt nahm die Enzymaktivität ebenfalls zu.

In Untersuchungen zum Einfluß verschiedener Fruchtwechselformen auf die Aktivität und thermale Stabilität verschiedener Bodenenzyme (L-Asparaginase, Amidase, β-Glucosidase) wurden Bestellungssysteme, welche traditionelle Gemüserotationen repräsentierten sowie eine alternative Rotation, in welcher Gemüse mit Rotklee alternierte einbezogen (Miller und Dick 1995). Der Rotklee wurde im Frühjahr als Gründünger eingearbeitet. Stickstoffdüngung erfolgte mit einer Rate von 0 bzw. 280 kg N/ha. Die Aktivität der Enzyme β-Glucosidase und Amidase war im System mit Klee im Falle beider N-Düngeregime zwei Jahre nach Initiierung der Systeme signifikant erhöht. Vier Jahre nach Iniitierung der Systeme bestand dieser Aktivitätsunterschied nur mehr im Falle der Applikation von N-Dünger. Die Aktivität der L-Asparaginase war im System mit Klee vier Jahre nach Initiierung des Systems signifikant höher. Auf Massenbasis konnten 60–70% der Bodenenzymaktivität als mit Makroaggregaten assoziiert angegeben werden. Die spezifische Verteilung der Aktivität auf die Größenfraktionen variierte mit dem Enzym. Sowohl zwei als auch vier Jahre nach Initiierung des Versuches wies die β-Glucosidase eine im System mit Klee signifikant höhere thermale Resistenz auf. Keine solchen Effekte waren für die Enzyme Amidase und L-Asparaginase nachweisbar. Zur Feststellung der Hitzeresistenz waren Bodenproben für zwei Stunden 85°C exponiert worden.

Bodenproben aus einem vergleichenden 23jährigen Monokultur-Fruchtfolgeversuch auf schwach saurer Parabraunerde wurden bezüglich der Aktivität der Enzyme Katalase, Dehydrogenase, Amylase, Protease, alkalische Phosphatase, der Sauerstoffaufnahme und der Nitrifikation untersucht (Beck 1974). Die Bestimmung erfolgte im Frühjahr, Sommer und Herbst. Eine über einen längeren Zeitraum ohne zusätzliche Zufuhr von organischem Material praktizierte Monokultur von Hackfrüchten (Kartoffeln, Zuckerrüben) ließ, unabhängig von der Jahreszeit, die Umsetzungsaktivität auf ein sehr niedriges Niveau sinken. Letzteres lag nur geringfügig über jenem der Schwarzbrache. Durch periodische Stallmistgaben und verstärkt eingeschaltete Getreidefruchtfolgen verbesserte sich die Bodenbelebung, wobei die beiden Maßnahmen auch entgegen einem stärkeren Abbau der bodeneigenen organischen Substanz und einer Versauerung wirkten. Bei Getreidemonokultur allein war die Aktivität deutlich höher als bei Hackfruchtanbau. Zwischenfruchtanbau bewirkte einen leichten, Fruchtwechsel einen sehr deutlichen Aktivitätsanstieg. Die Bodenreaktion und die Humuszehrung wurden vergleichsweise gering beeinflußt. Im Dauergrünland war die Umsetzungsaktivität sehr hoch. Die mineralische Volldüngung (NPK) begünstigte in sämtlichen geprüften Eigenschaften die Umsetzungsaktivität. Die verstärkte Bildung von Wurzelmasse und die damit langfristig verbundene Zunahme an bodeneigener organischer Substanz konnte damit in Beziehung gesetzt werden.

Während einer Dreijahresperiode vorgenommene Untersuchungen mit Ackerböden (Pseudogley-Parabraunerden, Parabraunerden-Braunerden) unter ortsüblicher Fruchtfolge zeigten für Böden unter Getreide meist höhere Aktivitäten als für solche unter Zuckerrüben (Frank und Malkomes 1993). Triticale, Winterroggen, Winterweizen und Zuckerrüben wurden während dieser Periode unter Einbeziehung von Düngung und Pflanzenschutz praxisüblich kultiviert. Der Boden und die Vegetationsperiode nahmen unterschiedlichen Einfluß auf die mikrobiellen Aktivitäten. Eine Gegenüberstellung der Durchschnittswerte sämtlicher sechs untersuchten mikrobiellen Aktivitäten (Kurzzeitatmung, Dehydrogenaseaktivität, FDA-Spaltung, alkalische Phosphatase, β-Glucosidase, Arylsulfatase) für die einzelnen Standorte und Kulturen ergaben für die substratinduzierte Kurzzeitatmung und die Dehydrogenaseaktivität unter Getreide tendentiell höhere Werte als unter Zuckerrüben.

Gawronska et al. (1992) konnten basierend auf Feldversuchen mit Maismonokulturen in einer vierjährigen Untersuchung einen Rückgang der Aktivität der Enzyme Katalase und Dehydrogenase nachweisen. Die Bodenatmungsrate, die Stickstoffmineralisierung, die Nitrifikation, der Gehalt an Nitrat-N im Boden sowie der Ertrag an Grünsubstanz gingen infolge dieser Praxis ebenfalls zurück. Der Versuchsboden war eine Schwarzerde, deren Bewirtschaftung üblichen Kriterien genügte und NPK-Düngung sowie chemische Unkrautkontrolle einschloß.

Fruchtwechsel mit Rotklee führte gegenüber Monokultur von Gerste zu einem erhöhten Gehalt an organischer Substanz in Oberboden eines Tonbodens (Angers et al. 1993). Diese organische Substanz reicherte sich in labilen Formen an. Die Aktivität des Enzyms Phosphatase war bei Fruchtwechsel gegenüber kontinuierlicher Gerstenkultur um durchschnittlich 15% erhöht. Die Bewirtschaftungspraktiken waren während einer Periode von vier Jahren erfolgt.

Untersuchungen von Lykov et al. (1981) zur Dynamik der Aktivität von Bodenenzymen (Polyphenoloxidase, Peroxidase, Protease, Nitratreduktase, Nitritreduktase, Hydroxylaminreduktase) in Fruchtwechsel- und Monokulturbeständen von Körnerfrüchten ergaben die geringste Enzymaktivität des Bodens unter Monokulturbeständen in der frühen Phase der Pflanzenentwicklung. Gleichzeitig konnte im Boden-Wasserextrakt eine geringere Keimung von Winterweizen- und Gerstensamen beobachtet werden, woraus auf die höhere Toxizität des Bodens in frühen Phasen der Entwicklung von Körnerfrüchten geschlossen wurde.

An Hand eines 80jährigen Dauerfeldversuches verfolgten Anwarzay et al. (1990) während eines Jahres den Einfluß verschiedener Fruchtfolgen auf biochemische Aktivitäten (alkalische Phosphatase, Phosphatase bei bodeneigenem pH, Protease, Urease, β-Glucosidase, Xylanase, Cellulase) eines Tschernosems. Die Systeme des 1906 angelegten Versuches umfaßten eine alte Dreifelderwirtschaft mit Winterroggen-Sommergerste-Brache sowie eine Monokultur mit Winterroggen. Verschiedene Düngevarianten (ungedüngt, mineralisch gedüngt, stallmistgedüngt) wurden getestet. Eine ausschließlich mineralisch gedüngte, ortsübliche Fruchtfolge (Mais-Sommergerste-Winterweizen, beginnend 1986) diente als Vergleichsvariante. Die pH-Werte der Standorte lagen sämtlich bei 7.5. Unabhängig von den untersuchten Fruchtfolgen und Enzymen konnte eine Steigerung der Aktivitäten in der Folge ungedüngt < mineralisch gedüngt < stallmistgedüngt festgestellt werden. Hinsichtlich der unterschiedlichen Fruchtfolgen konnte bei sämtlichen Enzymaktivitäten deren klare Begünstigung im Dauerroggen-System gegenüber den Gliedern der alten Dreifelderwirtschaft bzw. der Parzelle mit Winterweizen festgestellt werden. Die Aktivitäten nahmen in der Folge alte Dreifelderwirtschaft < ortsübliche Fruchtfolge < Dauerroggen zu. Die Reihung nach Humusgehalten zeigte Übereinstimmung mit der obigen Reihung.

In Böden eines Dreijahresfruchtwechsels von Mais, Baumwolle und Sojabohne als Sommerfrüchte untersuchte Rodriguez-Kabana (1982) die Bodenxylanaseaktivität. Weizen folgte auf Mais und eine Periode der Winterbrache folgte auf Sojabohne. Eine Kombination von Wicke und Inkarnatklee folgte auf Baumwolle während der Wintermonate und diente als Gründünger. Unter den Sommerfrüchten konnte höchste Xylanaseaktivität nach Sojabohne und geringste nach Baumwolle festgestellt werden. Die Kultur von Weizen und Winterfrüchten stimulierte die Bodenxylanaseaktivität wohingegen Winterbrache die Aktivität reduzierte. Die jahreszeitlichen Fluktuationen der Xylanaseaktivität wurden durch die Düngeregime nicht beeinflußt und die höchsten Xylanaseaktivitäten konnten während der Feldfruchtperiode und mit Düngerbehandlungen beobachtet werden, welche in hohe Wurzeldichten, jedoch nicht notwendigerweise in hohe Erträge mündeten.

In einer weiteren Arbeit untersuchten Rodriguez-Kabana und Truelove (1982) die Aktivität des Enzyms Katalase in einem lehmigen Sand unter einem Dreijahresfruchtwechsel und unterschiedlichen Düngersystemen. Die höchste mittlere Katalaseaktivität war in Böden unter Winterweizen, Sojabohne und Winterleguminosen nachweisbar. Während der Winterbrache und in Böden mit Mais und Baumwolle waren die Aktivitäten am geringsten. Das Düngersystem beeinflußte die Katalaseaktivität unabhängig von der Feldfrucht. Die höchste Aktivität lag in Böden mit PK-Dünger kombiniert mit Winterleguminosen vor. Die zusätzliche Gabe von anorganischem Stickstoff (PKN-Dünger kombiniert mit Winterleguminosen) führte zu einer leichten Reduktion der Aktivität. Eine sehr starke Reduktion der Aktivität konnte bei Weglassen der Winterleguminosen bei einer sonst kompletten Düngung beobachtet werden. In Böden, welche eine komplette Düngung (PK kombiniert mit Winterleguminsoen, NPK kombiniert mit Winterleguminosen, NPK ohne Winterleguminosen) erhalten hatten bestand eine enge Korrelation zwischen der Aktivität der Katalase und der Xylanase; bei nicht kompletter Düngung war eine derartige Korrelation nicht nachweisbar.

Rao et al. (1995) konnten in einem dreijährigen Versuch (acht Fruchtwechsel) mit einem lehmigen Sandboden unter ariden Klimaverhältnissen feststellen, daß zur Verbesserung der Bodenqualität Leguminosen, vor allem Traubenbohne (*Cyamopsis tetragonoloba*), für mehr als ein Jahr sukzessive in Leguminosen-Getreide-Rotationen gehalten werden sollte. Die Einbeziehung der Leguminosen Traubenbohne oder Mungbohne (*Vigna radiata*) in die Feldfruchtrotation übte im Vergleich zu Brache-Perlhirse (*Pennisetum americanum*) einen günstigen Effekt auf Bodenenzymaktivitäten (Dehydrogenase, Nitrogenase, alkalische und saure Phosphatase) aus. Nitrifizierende Bakterien und die Populationen der vesikulärarbuskulären Mykorrhizapilze wurden ebenfalls günstig beeinflußt. Eine signifikante Erhöhung der Perlhirse-Produktion war damit verbunden. Für drei Jahre praktizierter kontinuierlicher Einschluß von Traubenbohne in die Rotation führte gegenüber kontinuierlich Perlhirse zu einer maximalen Erhöhung des organischen Substanzgehaltes, des Nitrat-N-Gehaltes, des Gehaltes an verfügbarem P sowie der obigen Enzymaktivitäten. Die letztgenannte Praxis führte jedoch zu einer Umkehrung des Trends für die nitrifizierenden Bakterien und die Populationen der VAM-Sporen. Generell waren die biochemischen Aktivitäten im Oberboden (0–15 cm) höher als im Unterboden. Der Aufbau von VAM-Sporen Populationen war hingegen im Unterboden höher.

An Hand eines langjährigen, achtgliedrigen Fruchtfolgeversuches mit und ohne Kalkdüngung konnte der Einfluß der jeweiligen Kultur auf die β-Glucosidaseaktivität und den Strohabbau eindeutig nachgewiesen werden (Beck 1990). Die Untersuchungen wurden an einer leicht pseudovergleyten Parabraunerde durchgeführt; die Beprobung erfolgte im Spätsommer nach der Ernte. Von den acht Kulturarten wiesen jeweils die Böden unter den Getreidearten, Winterweizen, Sommergerste, Winterweizen und Gründüngung und Sommergerste, die höchsten Aktivitätswerte auf. Die drei Ansätze mit Hackfrüchten, zweimal Zückerrübe und Kartoffeln wiesen die geringsten Werte auf. Klee-Gras nahm eine Mittelstellung ein. Die höchten Aktivitäten waren im Falle von Winterweizen und Gründüngung nachweisbar, die niedrigsten nach Kartoffelanbau. Mit Ausnahme von Klee-Gras, lagen sämtliche Werte der sauren, nicht gekalkten Varianten unter jenen der neutralen gekalkten Böden. Die pH-Bereiche der gekalkten Böden lagen zwischen 6.3 und 6.8, jene der nicht gekalkten zwischen 4.4

und 5.4. Der kulturartenspezifische Einfluß zeigte sich jedoch auch in den sauren Böden. Zwischen den 16 Parzellen bestanden nur geringfügige Schwankungen hinsichtlich des Humusgehaltes.

4.2.3 Ökophysiologische Parameter

Ökophysiologische Parameter wurden in den vergangenen zehn Jahren zunehmend in Untersuchungen zum Einfluß anthropogener Aktivitäten auf den Zustand von Böden einbezogen.

Bewirtschaftungsbedingte Veränderungen physikalischer und chemischer Bodeneigenschaften wie veränderte Bedingungen hinsichtlich des Wasserhaushaltes oder ein relativer Mangel an anorganischen Nährstoffen bzw. Variationen hinsichtlich der Menge und Qualität der eingetragenen organischen Substrate können mit nachzuweisenden Veränderungen physiologischer Parameter in Beziehung stehen. Verschiedene Bestellungssysteme fördern die Entwicklung von Populationen mit unterschiedlichen metabolischen Anpassungen differentiell.

Anderson und Domsch (1989) ermittelten für Böden des temperaten Klimaraumes C_{mic}/C_{org}-Verhältnisse. Universelle Gleichgewichtskonstanten bezüglich C_{mic} und C_{org} konnten nicht erhalten werden. Zwischen Standorten mit fortgesetzter Monokultur und fortgesetztem Fruchtwechsel waren signifikante Unterschiede nachweisbar. Ein höherer mikrobieller Kohlenstoffgehalt erwies sich als ein Charakteristikum des fortgesetzten Fruchtwechsels. Die C_{mic}/C_{org}-Verhältnisse betrugen 2.3 für permanente Monokultur und 2.9 für Fruchtwechsel. Die C_{mic}/C_{org}-Verhältnisse nahmen an den Standorten unter Monokultur und Fruchtwechsel um 4 oder 3.7% zu, soferne diese im Jahr vor der Probennahme organische Düngergaben erhalten hatten. Der Anstieg von C_{mic} über C_{org} konnte als ein transientes, durch die leichtverfügbare C-Fraktion des applizierten organischen Materials verursachtes, Phänomem betrachtet werden. Eine lineare Beziehung zwischen C_{mic} und C_{org} bestand nur bis zu 2.5% C_{org}.

Eine in Langzeitfruchtwechselsystemen stattfindende Entwicklung von mikrobiellen Gemeinschaften mit höheren Ertragskoeffizienten (Y) wurde als eine mögliche Erklärung für das höhere C_{mic}/C_{org}-Verhältnis in Langzeitfruchtwechselsystemen diskutiert.

Für mikrobielle Gemeinschaften unter Langzeitmonokultur (17 Systeme) bzw. Langzeitfruchtwechsel (19 Systeme) konnten Anderson und Domsch (1990) einen mittleren Wert für die spezifische Atmung der mikrobiellen Biomasse von 1.097 µg CO_2-C bzw. von 0.645 µg CO_2-C angeben. Der Unterschied zwischen den verschiedenen Systemen erwies sich mit dem Faktor 1.7 als signifikant. Jene über fünf Wochen hinweg in Proben von Monokultur- und Fruchtwechselstandorten bestimmte mikrobielle Absterberate (qD) betrug für Biomassen aus Monokultursystemen im

Mittel 0.301 μg C (14 Böden) und für Fruchtwechselsysteme 0.188 μg C (14 Böden). In Monokultursystemen war diese demnach 1.6mal höher als in den Fruchtwechselsystemen. Diese Unterschiede standen nicht mit der Textur, dem organischen C-Gehalt oder dem pH-Wert der Böden in Beziehung.

McGill et al. (1986) konnten nach 50 Jahren der Bestellung eines Lehmbodens (Grauer Luvisol) mit zwei verschiedenen Fruchtwechselsystemen (Weizen-Brache-Wechsel, Weizen-Hafer-Gerste-Futterpflanzen-Futterpflanzen Wechsel) den durchschnittliche Umsatz der mikrobiellen Biomasse mit 0.2–3.9/Jahr angeben, wobei dieser im Zweijahresfruchtwechsel eineinhalb- bis zweimal höher war als im Fünfjahresfruchtwechsel. Zur Versorgung des mikrobiellen Umsatzes war die Nachlieferung der wasserlöslichen Kohlenstoffkomponente 26–39mal pro Jahr notwendig. Die jährlichen Kohlenstoffeinträge waren geringer als dies dem Erhaltungsbedarf entsprach. Dieses Befunde gaben Hinweis auf eine sich Großteils im ruhenden Zustand befindende Biomasse.

Anderson und Gray (1991) nahmen Bezug auf Untersuchungen zur unterschiedlichen Fähigkeit zweier sich hinsichtlich der Bewirtschaftung unterscheidender Standorte zur Assimilation von Glucose. Beide Böden waren Luvisole und hinsichtlich pH, organischem Kohlenstoffgehalt und Größe der ursprünglichen mikrobiellen Biomasse vergleichbar. Boden I stand permanent unter Zuckerrüben (17 Jahre) mit NPK-Düngung, Boden II war seit 33 Jahren in Schwarzbrache ohne Düngung gehalten worden. Trotz Überschuß an Glucose-Kohlenstoff war die mikrobielle Reaktion (Anstieg der CO_2-Freisetzung) im Falle der Schwarzbrache geringer. Durch Zusatz von Nährstoffen, entweder N oder P bzw. einer Kombination der beiden im Verhältnis 4 N-, 1 P- pro 10 C-Einheiten wurde das Bestehen eines Nährstoffmangels als Ursache dieses Befundes getestet. Zu jenem Zeitpunkt an dem die Atmung in der Schwarzbrache unterdrückt wurde, führte der Zusatz von N zu einem weiteren Glucosekonsum (Zunahme der CO_2-Freisetzung). Diese war bei N+P noch ausgeprägter und fehlte bei alleiniger Gabe von P.

In Böden unter langjähriger Monokultur war die maximale Glucoseaufnahmerate (V_{max}) doppelt so hoch wie in Fruchtfolgeböden (Anderson und Gray 1990). Demgegenüber war die Substrataffinität (K_m) in den Monokulturböden im Vergleich zu den Fruchtfolgeböden signifikant geringer.

4.2.4 Bodenmüdigkeit

Die Verminderung des Feldfruchtertrages, welche bei häufigem Anbau der gleichen Kulturpflanze in kurzen Abständen bzw. unmittelbar nach sich selbst auftritt wird als Bodenmüdigkeit definiert. Die Reduktion der Erträge kann selbst durch Nährstoffzufuhr nicht verhindert werden.

Die Bodenmüdigkeit ist ein komplexes Phänomen. Die zugrundeliegende Mechanismen können einschließen:

- Etablierung eines unausgeglichenen Nährstoffhaushaltes durch den einseitigen Entzug von Makro- und Mikronährstoffen
- Störung der Salzbilanz
- Schädigung der Bodenstruktur
- Veränderung der Bodenreaktion
- Unausgeglichene Zusammensetzung der Mikroflora
- Etablierung schädigend wirkender Rhizobakterien sowie phytopathogener Mikroorganismen
- Erhöhte Reproduktion von Schädlingen und Unkräutern
- Anreicherung phytotoxischer Substanzen

In einer vielfältigen Organismengemeinschaft sorgen Mechanismen der Biokontrolle für die Einstellung eines Gleichgewichtszustandes zwischen den Organismengruppen. Eine zu starke Vermehrung potentieller Krankheitserreger oder Schädlinge wird dadurch verhindert. In nicht anthropogen beeinflußten Böden oder in einem nur extensiv bewirtschafteten Boden kann sich ein als biologisches Gleichgewicht bezeichneter Zustand einstellen. Die gegenseitigen biologischen Hemm- und Förderwirkungen gleichen einander aus und ein derartiger Boden wird als biologisch relativ stabil bewertet.

Unter anthropogenem Einfluß werden verschiedene Mikroorganismengruppen unterschiedlich gefördert bzw. gehemmt. Einseitige Substrate, bestimmte mechanische Behandlungen des Bodens und toxisch wirkende Substanzen können das biologische Gleichgewicht im Boden stören. Eine Verarmung des Spektrums auftretender Mikroorganismen und die Vermehrung pathogener Organismen kann verursacht werden.

Der Einfluß von Fruchtwechsel auf die Unterbrechung von Krankheits- und Schädlings-Kreisläufen ist gut etabliert. In einem sinnvollen Wechsel der Kulturpflanzen ist eine Möglichkeit zu sehen, parasitäre Erkrankungen zu mindern und Erträge nachhaltig zu sichern.

Es konnten Hinweise darauf erhalten werden, daß der Fruchtwechseleffekt auf der Unterdrückung schädigender Rhizobakterien beruht, welche sich unter kontinuierlicher Kultur etablieren können. Eine Pathogenität dieser Organismen muß nicht direkt gegeben sein. Deren schädigende Wirkung kann darin bestehen, daß diese die Vitalität der Pflanzen verringern, die Wurzellänge reduzieren und die Anfälligkeit der Pflanzen gegenüber pilzlichen Pathogenen erhöhen.

Allelopathie, Phytotoxine

Die Bodenmüdigkeit steht teilweise mit dem Phänomen der Allelopathie in Beziehung. Hierbei treten physiologisch aktive Substanzen als Regulatoren inter(intra)pflanzlicher Beziehungen und der Entwicklung von Vegetationsdecken auf. Diese physiologisch aktiven Substanzen sind sehr unterschiedlich. Zu diesen zählen Metabolite von Pflanzen und deren Umwandlungsprodukte, vorherrschend phenolische Säuren und verwandte aromatische Verbindungen.

Im Zuge des mikrobiellen Abbaus organischer Rückstände werden in Abhängigkeit von den herrschenden Umweltbedingungen Abbauprodukte gebildet, welche den Charakter von Phytotoxinen aufweisen. Die Bildung phytotoxischer Substanzen erfolgt am häufigsten in frühen Stadien des Abbaus der Pflanzenrückstände und unter anaeroben Bedingungen. Organische Säuren, welche im anaeroben Stoffwechsel von Mikroorganismen entstehen sind diesbezüglich von besonderer Bedeutung.

Wiederholt konnte festgestellt werden, daß die auf organischen Bestandteilen beruhende Bodentoxizität meist an schwere, schwach belüftete oder wassergesättigte Böden gebunden ist. Bei Sauerstoffdefizienz und einem reichen Angebot an abbaubarer organischer Substanz reichern sich flüchtige Fettsäuren, andere organische Säuren oder auch Schwefelwasserstoff an. Methan, H_2S, Ethylen, Essigsäure, Milchsäure, Buttersäure, Ameisensäure; phenolische Verbindungen, Syringaldehyd, Vanillin, p-Hydroxybenzaldehyd, Ferulasäure, Syringasäure, Vanillinsäure, p-Hydroxybenzoesäure, Benzoesäure; verschiedene Aminosäuren und zahlreiche andere Intermediate des Abbaus können nachgewiesen werden. In Laborversuchen konnte die Phytotoxizität vieler dieser Verbindungen festgestellt werden. Benzoe-, Phenylessig-, Phenylpropion- und 4-Phenylbuttersäure konnte in etherlöslichen Phytotoxinen von im Labor- und Feldversuch sich zersetzenden Pflanzenrückständen identifiziert werden.

Verschiedene organische Säuren können für Pflanzen in millimolaren Konzentrationsbereichen toxisch sein. Effekte, welche derartige Verbindungen auf Pflanzen ausüben schließen die Verzögerung oder die völlige Hemmung der Keimung, die Wachstumshemmung, die Schädigung des Wurzelsystems, eine gestörte Nährstoffaufnahme, die Chlorose sowie die Welke und das Absterben der Pflanzen ein. Atmungshemmung in Wurzelspitzen und Sämlingen konnte ebenso wie veränderte Permeabilität der Pflanzenzellen beobachtet werden.

In frühen Phasen der Strohzersetzung können phytotoxische Konzentrationen an organischen Säuren, vor allem an Essigsäure, Propionsäure und Buttersäure auftreten. Der unter nassen Bedingungen erfolgende Abbau von Stroh kann die Etablierung von Pflanzen hemmen und einen Ertragsrückgang verursachen. Der in zahlreichen Labor- und Feldversuchen gezeigte phytotoxische Effekt ist nicht auf Stroh beschränkt. Gras- und Unkrautreste können ähnliche Probleme verursachen, obgleich in diesen Fällen die Etablierung von pathogenen Pilzen, insbesondere von *Fusarium culmorum*, wahrscheinlich größere relative Bedeutung besitzt (Gussin und Lynch 1983).

Die Säuren treten in hoher Konzentration nur an der Oberfläche von sich anaerob zersetzendem Stroh auf. Der phytotoxische Effekt ist vom Kontakt der sich etablierenden Sämlingswurzel mit dem sich zersetzenden Stroh abhängig (Lynch 1991). Eine Mischpopulation von Bodenmikroorganismen baute Weizenstroh in Bodensuspensionen unter aeroben Bedingungen zu Produkten ab, welche das Wurzelwachstum von Gerstenkeimlingen stimulierten, unter anaeroben Bedingungen gebildete Produkte hemmten das Wurzelwachstum (Lynch 1977). Essigsäure war das in der höchsten Konzentration vorhandene Phytotoxin. Hinweise auf einen Hemmbeitrag von aromatischen Säuren in der wasserlöslichen Fraktion konnten nicht erhalten werden. Bei früheren Beobachtungen wurde deren Involvierung in die Hemmung angegeben. Diesbezüglich wurde die Möglichkeit diskutiert, daß zu jenem Zeitpunkt aromatische Säuren mittels der Mineralsäure oder durch Alkali extrahiert worden waren.

In Auszügen von Torf-, Lehm- und Tonböden, welche mit Weizenstroh vermischt worden waren reicherte sich Essigsäure an, welche das Wachstum von Gerstenwurzeln reduzierte (Lynch 1978). Stroh von Weizen, Gerste, Hafer und Raps und sich zersetzende Rhizome der Gemeinen Quecke hatten vermischt mit Auszügen aus dem Lehmboden den gleichen Effekt. Der Abbau der Essigsäure erfolgte im gefluteten Boden langsam; auch reicherte sich die Substanz hier am stärksten an. Durch Belüftung des Bodens konnte deren Anreicherung verhindert werden. Strohfermentationslösungen zeigten hemmende Einflüsse auf die Samenkeimung und das Wachstum von Sämlingen in Atmosphären mit einem O_2-Gehalt zwischen drei und 21%. Das Bestäuben der Samen mit Kalk milderte die Phytotoxizität.

In wäßrigen Extrakten von Weizenstrohsuspensionen konnte Phytotoxizität nachgewiesen werden (Wallace und Elliott 1979). Bei Inkubation der Extrakte unter anaeroben Bedingungen, war die auftretende Phytotoxizität bei 20°C höher als bei 10°C. Die während der Inkubation gebildeten toxischen Verbindungen waren vom Inkubationsmedium abhängig. Essig- und Buttersäure waren während der beiden ersten Wochen die häufigsten Toxine bei der Flüssig-Strohfermentation; nach dieser Zeit konnten diese Säuren nicht für die gesamte auftretende Toxizität verantwortlich gemacht werden. In Sandkultur wurden Essig-, Propion- und Buttersäure als Toxine gebildet, deren Anreicherung wurde durch die Wassersättigung der Sand-Strohmischungen gefördert.

In der toxischen Fraktion einer Weizenstroh-Wassermischung konnten Tang und Waiss (1978) hauptsächlich Salze der Essig-, Propion- und Buttersäure nachweisen. Die Menge dieser Säuren war, begleitet von der Zunahme der Toxizität des Extraktes, während zwölf Tagen angestiegen. Spuren von Isobutter-, Pentan- und Isopentansäure konnten ferner identifiziert werden.

Die Möglichkeit die Phytotoxinbildung durch Vorzersetzung des Strohs zu verringern wurde untersucht. Die Beobachtung, daß infolge des Fehlens von Substrat (Stroh) die Phytotoxinbildung nach einigen Monaten zurückging stimulierte die Idee, den natürlichen Prozeß des Substratverlustes zu beschleunigen und das Potential zur Phytotoxinbildung durch die Zersetzung des Strohs vor der Aussaat zu verringern. Gemahlenes Weizenstroh wurde in einem geeigneten Flüssigmedium mit „dominanten Strohbesiedlern" beimpft (Lynch und Elliott 1983). Nicht behandeltes Stroh erzeugte einen phytotoxischen Effekt. Fünf Tage Strohabbau führten zu einem Rückgang der Toxizität, welche in der Folge keine Bedeutung mehr besaß. Die Mikroorganismen an sich beeinflußten die Pflanzen nicht. Versuche mit Bodenmaterial zeigten, daß während 16 Tagen bei 20°C vorzersetztes Stroh eindeutig weniger phytotoxisch war, als frisches Stroh.

Toxische Effekte sind nicht nur auf organische Säuren beschränkt. Von der Wurzelrinde von Weizenpflanzen, welche in der Gegenwart von Stroh schlecht wuchsen konnten Pseudomonaden isoliert werden, welche das Pflanzenwachstum hemmten (Elliott und Lynch 1984). Diesbezüglich bestand Abhängigkeit von der Pflanzensorte.

Die überwiegende Entwicklung von Pilzen, welche Rübenpflanzen zu hemmen vermögen wurde als eine Ursache für das Auftreten von Bodentoxizität nach kontinuierlicher Kultur von Rüben diskutiert; andere Autoren sahen in der Anreicherung phenolischer Verbindungen den Hauptgrund für die Bodenmüdigkeit. Marenkov (1980) konnte in Feldversuchen mit einem Rasenpodsol, bestellt mit Futterrüben in Monokultur (1975-1977) bzw. in Fruchtfolge eine insignifikante Zunahme der Toxizität des Bodens resultierend aus der Anreicherung von phenolischen Verbindungen im Zuge der Rübenmonokultur feststellen. Bei Rübenmonokultur war die Zahl der Bodenpilze, darunter auch solcher mit toxischen Eigenschaften, drei- bis viermal höher als bei Fruchtfolge. Die Bodentoxizität wurde durch die fortgesetzte Kultur von ausdauernden Gräsern als Rübenvorfrucht erhöht. Im Boden unter Luzerne erreichte die Phenolkonzentration 51 mg/kg Boden, unter unbegrannter Trespe 9 mg/kg Boden. Bei Kultur von Rüben auf hoch produktiven Böden während eines Zeitraumes von drei bis vier Jahren war ein Rückgang des Ertrages nicht nachweisbar.

4.2.5 Suppressive und konduktive Böden

Es gibt Böden, welche bestimmte Pflanzenkrankheiten zu unterdrücken vermögen. Böden, welche Pflanzenpathogene zu unterdrücken vermögen, werden als krankheitsunterdrückende oder suppressive Böden bezeichnet. In als konduktiv definierten Böden kann sich ein Erreger ungehindert ausbreiten.

Die für das Vermögen von Böden bestimmte Phytopathogene zu unterdrücken verantwortlichen Faktoren sind nicht vollkommen bekannt. Es sind physikalische, chemische und biologische Qualitäten der Böden, welche mit deren natürlichem Vermögen verbunden sind, Pflanzenkrankheiten zu unterdrücken. Bestimmte Fraktionen von Tonmineralien, der pH-Wert des Bodens, die Al-Toxizität und die Salinität können zu diesem Vermögen beitragen. Das Vermögen zur Krankheitsunterdrückung kann durch Behandlungen, welche die natürliche Mikroflora stören, aufgehoben werden. Organische Bodenzusätze können durch eine Förderung des Aufkommens natürlicher Feinde das Fußfassen von Schädlingen oder Phytopathogenen hemmen.

Im Rahmen eines Fruchtfolge-Dauerversuches auf einer schwach degradierten Braunerde mit 60, 80 und 100% Getreideanbau, Winterweizen als Schwerpunkt, traten fruchtfolgebedingte Ertragseinbußen bei Winterweizen bis zu 15% ein (Lang und Dressel 1985). Mit steigendem Weizenanteil in der Fruchtfolge nahm der Befall mit dem Getreidezystenälchen (*Heterodera avenae*) zu. Die Ertragsverluste bei Hafer betrugen bis zu 45%. Unter Bedingungen eines relativ hohen *Heterodera avenae* Befallsdruckes senkte die kombinierte Stroh- und Gründüngung den starken Ertragsrückgang bei Hafer deutlich ab. Die Förderung des Auftretens nematophager Pilze durch organische Dünger wurde als Ursache für die obigen Beobachtungen diskuiert.

In drei für den Erreger der Kohlhernie, *Plasmodiophora brassicae*, suppressiven Böden konnte eine leicht alkalische, in drei für diesen konduktiven Böden eine leicht saure Bodenreaktion nachgewiesen werden (Young et al. 1991). Die Gesamtkonzentration an phenolischen Verbindungen und an Huminsäuren war in konduktiven Böden zwei- bis viermal und zwei- bis zehnmal höher als jene in suppressiven Böden; die Konzentration der Gentisinsäure (2,5-Dihydroxybenzoesäure) war in suppressiven Böden höher als in konduktiven. In Bioassays wurde das Wurzelwachstum von *Brassica pekinensis* stärker durch Extrakte von konduktiven als von solchen aus suppressiven gehemmt. Die Kohlhernie wurde durch die Applikation von Gentisinsäure zu empfänglichen Böden in einer Rate von 800 mg/kg signifikant unterdrückt. Infolge Tränken der Samen vor Pflanzung für 24 Stunden in Gentisinsäurelösung (800 mg/kg, pH 5.5) fiel die Krankheitshäufigkeit von 78 auf 41%.

Biologische Faktoren spielen beim induzierten Vermögen von Böden bestimmte Pflanzenkrankheiten zu unterdrücken eine bedeutsame Rolle. Die mikrobielle Bildung von Siderophoren und von Antibiotika kann in die Unterdrückung des Aufkommens von Phytopathogenen involviert sein. Bakterielle Isolate, *Acinetobacter* sp., *Bacillus polymyxa*, *Bacillus subtilis*, *Pseudomonas cepacia* und *Pseudomonas putida*, welche unter anderen von der Wurzeloberfläche verschiedener Pflanzen erhalten wurden, wiesen Antagonismus gegenüber einer Reihe phytopathogener Pilze auf, darunter

Sclerotinia sclerotiorum, Sclerotinia minor, Gaeumannomyces graminis.
Als zugrundeliegender Mechanismus war die Bildung von Antibiotika angezeigt (Line und Dragar 1993).

Die Pseudomonaden sind eine für Pflanzen und deren Gesundheit bedeutsame Bakteriengruppe. Für Vertreter der obigen Bakteriengruppe konnte Phytohormonbildung sowie auch das Bestehen antagonistischer bzw. synergistischer Beziehungen zu phytopathogenen Pilzen nachgewiesen werden. Ein Beispiel ist die für *Pseudomonas fluorescens* nachgewiesene antagonistische Beziehung zu *Gaeumannomyces graminis* var. *tritici*, dem Erreger der Schwarzbeinigkeit an Weizen.

Der Pilz *Gaeumannomyces graminins* var. *tritici* ist Erreger der Schwarzbeinigkeit an Weizen, seltener an Gerste und Roggen. Die durch diese Krankheit auftretenden Ertragseinbußen bei Weizen wurden mit bis zu 75% angegeben. Bei kontinuierlicher Weizenkultur konnte ein Rückgang der Schwere dieser Krankheit beobachtet und der mikrobielle Ursprung dieses Phänomens gezeigt werden. Die Unterdrückung dieses Pilzes durch bestimmte Böden oder infolge bestimmter Bodenbehandlungen wird als Ausdruck des entweder spezifischen oder generellen Antagonismus gesehen. Der spezifische Antagonismus ist noch in Verdünnungen von 1:1000 wirksam und kann von Boden zu Boden transferiert werden. Der spezifische Antagonismus wirkt neben oder auf Weizenwurzeln und wird durch 60°C für 30 Minuten oder durch Austrocknung zerstört. Dieser wird durch Weizenmonokultur gefördert, kann jedoch dem Boden durch Brache oder durch den Wechsel mit bestimmten Feldfrüchten, im speziellen, durch Leguminosenheu oder Weidepflanzen, verloren gehen (Cook und Rovira 1976). Die Involvierung von *Pseudomonas fluorescens* Stämmen in den Mechanismus des spezifischen Antagonismus wurde diskutiert. Der generelle Antagonismus ist eine Bodeneigenschaft, welche nicht transferiert werden kann. Dieser ist gegenüber feuchter Hitze von 80°C für 30 Minuten beständig, ebenso gegenüber Methylbromid und Chlorpicrin, nicht aber gegenüber Autoklavierung. Die Kontrolle der Schwarzbeinigkeit des Weizens durch organische Zusätze, Minimalbodenbearbeitung oder eine Bodentemperatur von 28°C kann Ausdruck eines erhöhten generellen Antagonismus sein. Für große Teile des südlichen Weizengürtels Australiens konnte das Auftreten schwerer Verluste durch Schwarzbeinigkeit berichtet werden. Auf die Wirksamkeit von generellem, kaum aber von spezifischem, Antagonismus wurde geschlossen. In Langzeit-Weizenanbauregionen des pazifischen Nordwestens der USA, wo die Schwarzbeinigkeit des Weizens praktisch nicht existent ist, ist die Wirksamkeit beider Antagonismen angezeigt.

Wiederholt konnte eine Zunahme der Schwarzbeinigkeit während der ersten Bestellungen beobachtet werden, wenn Weizen alljährlich angebaut wurde. Diese war gefolgt von einem spontanen Rückgang der Erkrankungsschwere. In der Mehrzahl der Fälle handelte es sich um Systeme wo

Weizen entweder als Winter- oder Frühjahrsfrucht mit einer dazwischen liegenden Brache angebaut wurde. Rothrock und Cunfer (1986) untersuchten die Unterdrückung der Schwarzbeinigkeit des Weizens in Systemen, in welchen Weizen jährlich als Teil einer Doppelbestellung angebaut wurde. Anstelle einer Brache wurde zwischen den Weizenbestellungen eine Sommerfrucht eingeschaltet. Eine Unterdrückung der Krankheit etablierte sich nicht, wenn alljährliche Weizenbestellung mit einer Sommerfrucht (z.B. Sojabohne) alternierte. Auf die prinzipielle Anwesenheit einer für die Unterdrückung der Krankheit nötige Mikroflora im untersuchten Boden war zu schließen. Diese spezifische Mikroflora, welche sich mit der Weizenmonokultur entwickelte wurde jedoch durch die Sommerfrucht gestört.

In einem fünfjährigen Feldversuch in Südafrika untersuchten Maas und Kotze (1990) den Einfluß von Doppelbestellung eines Boden mit Sojabohnen, Mais, Tabak und Sonnenblumen sowie von Brache und einer einmaligen Solarbehandlung auf die Schwarzbeinigkeit des Weizens. Die Wurzelexsudate der Feldfrüchte wurden bezüglich ihres Einflusses auf die Pathogenität von *Gaeumannomyces graminis* var. *tritici* untersucht. Sojabohnen, Sonnenblumen und Brache erhöhten die Erkrankungen im Vergleich zu Mais, Tabak und Solarbehandlung. Die Bodenfruchtbarkeit und die mikrobielle Aktivität konnten mit dem Erkrankungsausmaß nicht in Beziehung gesetzt werden. Die Zahl und Art der zu *G. graminis* antagonistischen Mikroorganismen wurde durch den Fruchtwechsel signifikant beeinflußt. Wurzelexsudate von Sojabohne erhöhten die Pathogenität von *G. graminis* im Vergleich zu Weizen-, Mais- und Tabakwurzelexsudaten sowie gegenüber der Kontrolle ohne Exsudate signifikant. Exsudate von Tabakwurzeln führten zur geringsten Erkrankung.

Die Qualität der in die Unterdrückung der Schwarzbeinigkeit des Weizens involvierten Mikroorganismen ist nicht vollkommen geklärt (Ryder und Rovira 1993). Neben Pseudomonaden wurden auch mycophage Amöben und nicht sporenbildende Bakterien diskutiert. Aus einem Feld mit Weizenmonokultur (suppressiv) konnten hoch antagonistische Pseudomonaden gewonnen werden; gleiches war für einen nicht suppressiven Boden nicht zutreffend. Chakraborty et al. (1983) isolierten aus einem Boden unter Dauerweide, welcher sich suppressiv gegenüber der Schwarzbeinigkeit des Weizens zeigte, Amöben und untersuchten diese auf deren Vermögen zur Mycophagie (9 Arten, 8 Gattungen angehörend). Angehörige der Gattungen *Gephyramoeba, Mayorella, Saccamoeba, Thecamoeba* und eine nicht identifizierte Art der Ordnung Leptomyxida, erwiesen sich als mycophag.

Versuche zum Einsatz spezifischer Mikroorganismen Stämme (*Pseudomonas, Bacillus*) die Schwarzbeinigkeit des Weizens biologisch zu kontrollieren wurden unternommen. Im Feld konnte eine signifikante Kontrolle der Krankheit durch Einsatz von *Pseudomonas fluorescens* und *Ba-*

cillus Arten berichtet werden. Mit in Form einer Samenbehandlung applizierten Stämmen von *Pseudomonas fluorescens* und *Pseudomonas aureofaciens* konnte im Feld ein signifikanter Schutz des Weizens erzielt werden. Als primärer Mechanismus der Suppression durch die Stämme zeigte sich die Bildung von Antibiotika. Harrison et al. (1993) gelang die Reinigung eines von *Pseudomonas aureofaciens* gebildeten, gegenüber *Gaeumannomyces graminis* var. *tritici* wirksamen, Antibiotikums.

In einer Untersuchung zur Rolle von in der Rhizoplane lebenden Vertretern der Gattung *Pseudomonas* als Hemmer von *Gaeumannomyces graminis* var. *tritici* konnte Smiley (1979) feststellen, daß die Zahlen der Pseudomonaden in der Weizenrhizoplane und die Zahlen, welche in vitro antagonistisch gegenüber *G. graminis* var. *tritici* nicht unterschiedlich waren, wenn Weizen mit NH_4-N oder NO_3-N gedüngt wurde. Mit NH_4-N versehene Böden brachten jedoch Kolonien mit intensiverem Antagonismus hervor als mit NO_3-N versehene.

5 Düngung

5.1 Bedeutung und Entwicklungen

Die land- und forstwirtschaftliche Nutzung von Böden führt infolge des Entzuges von pflanzlicher Biomasse zur Öffnung von Stoffkreisläufen. Es ist Aufgabe der Düngung, geöffnete Nährstoffkreisläufe zu schließen, wobei durch Zufuhr von Pflanzennährstoffen die Optimierung der Pflanzenproduktion bezüglich Qualität und Quantität langfristig gesichert werden soll. Die Größe der erntebedingten Nährstoffentzüge variiert mit dem Nährstoff und der Pflanzenart. Durch die Gabe von Düngern soll eine räumlich, zeitlich und stofflich optimale Ernährung der Pflanzen erreicht werden. Nährstoffe, welche mit der Ernte abgeführt wurden bzw. an die Atmosphäre und an Wasserkörper verloren gehen sollen durch Düngemittel ersetzt werden. Eine natürlich vorliegende mangelhafte Nährstoffversorgung kann durch gezielte Düngemaßnahmen verbessert werden. Die Düngung strebt die Erhaltung und Erhöhung der Fruchtbarkeit des Bodens an.

Die Förderung der Verfügbarkeit von Nährstoffen zur Pflanzenproduktion stellt einen seit langem bestehenden Eingriff des Menschen in das Pflanzenwachstum und den Boden dar. Die Menschheit kennt die fruchtbarkeitserhaltende Praxis der Düngung, der Kalkung, des Fruchtwechsels und der Brache seit dem Altertum. Bis zum Beginn des 19. Jahrhunderts setzte man Naturprodukte wie Gründünger, pflanzliche Abfälle, Stallmist, Kompost, Asche, Kalk und Mergel zur Erhaltung von pflanzenverfügbaren Nährstoffen ein. Justus von Liebig zeigte, daß das Pflanzenwachstum direkt auf die Verfügbarkeit von Mineralnährstoffen in der Wurzelregion und die Aufnahme durch die Pflanzen reagierte.

Die Geburtsstunde der modernen Düngerindustrie liegt in den Dreißiger Jahren des vorigen Jahrhunderts. Superphosphat wurde im Jahre 1842 erstmals in England kommerziell hergestellt. In England konnte man auch aufgrund von Feldexperimenten die Eignung von künstlichen Düngern zur Aufrechterhaltung der Bodenfruchtbarkeit feststellen. Durch Arbeiten von Haber und Bosch gelang in Deutschland 1913 die Entwicklung eines effizienten Verfahrens zur synthetischen Herstellung von Ammoniak und damit begann auch eine neue Ära der Stickstoffdüngung. Ab 1920 weitete sich die Produktion und der Verbrauch neuer Mineraldünger stark aus.

In den Industriestaaten fallen im Zuge von Produktion und Konsum große Mengen an organischen Abfallprodukten an, welche zu einer zunehmenden Belastung für die Umwelt wurden. Im Bestreben diese Abfallprodukte, welche auch wertvolle Pflanzennährstoffe enthalten können, in Art eines Recyclings wieder in die natürlichen Stoffkreisläufe einzuschleusen, wandte man dem Boden mit seinem Puffer- und Stoffumsetzungsvermögen großes Interesse zu. Die positive Seite dieses Abfallmanagements, nämlich die zur Verfügungstellung von Nährstoffen und von organischer Substanz, welche sich positiv auf das Bodenleben, die Pflanzenernährung und die Bodenstruktur auswirkt steht jedoch einer negativen Seite gegenüber. Diese ist durch die oftmals bedenklichen Konzentrationen derartiger Abfälle an potentiell toxischen Elementen, toxischen organischen Verbindungen, Mutagenen und Pathogenen gegeben. Zu hohe Konzentrationen an prinzipiell wünschenswerten Nährstoffen (z.B. Stickstoff) können die landwirtschaftliche Nutzung solcher Abfälle ebenfalls beschränken.

In intensiven landwirtschaftlichen Systemen erfolgt die Applikation von Düngern nicht nur mit dem Ziel verbrauchte Nährstoffe zu ersetzen sondern auch mit der Absicht durch eine Erhöhung des Nährstoffangebotes selbst an von Natur aus ertragsärmeren Standorten höhere Erträge zu erzielen. Böden können durch eine solche Praxis in ihrem Vermögen bestimmte Funktionen zu erfüllen überfordert werden.

In den letzten Jahrzehnten wuchs das mit dem großflächigen und intensiven Einsatz von Stickstoff- und Phosphordüngern verbundene Problem der Grundwasser- und Oberflächengewässerbelastung, der Anreicherung von Nitrat in Boden und Pflanzen und der gasförmigen Verluste von Stickstoff, welche sich für Wirtschaft und Umwelt als nachteilig erweisen. Man suchte deshalb nach geeigneten Applikationsformen von mineralischen Düngern bzw. nach Zusätzen, wodurch ein kontrollierter Einsatz derselben ermöglicht werden sollte.

Ein Teil der als Dünger applizierten Stoffe kann durch Niederschlag, als Oberflächenabfluß, in Oberflächengewässer transferiert werden oder in das Grundwasser perkolieren. Das Leben in einem Wasserkörper kann derart ernst gestört werden. Literaturangaben zufolge tragen die Düngerapplikation und die Applikation tierischer Abfälle mit 0.1% und 1.5% zum Fischsterben bei. Überhöhte Stickstoffgaben können die Pflanzenqualität durch Nitrat beeinträchtigen. Die Düngung beeinflußt die Krankheitsanfälligkeit der Pflanzen. Pflanzen zeigen erhöhte Krankheitsanfälligkeit sowohl bei schlechter Nährstoffversorgung, als auch bei zu intensiver und einseitiger Düngung. Eine nicht optimale relative Gegenwart von Elementen im Dünger kann für die Pflanzenernährung nachteilig sein. Stickstoffüberdüngung fördert den stärkeren Befall der Pflanzen durch Viren, Bakterien und Pilze, Stickstoffmangel fördert Schwächeparasiten. Gasförmige

Stickstoffverluste (NH_3, NO, NO_2, N_2O) leisten einen Beitrag zur sauren Deposition, zum diffusen Eintrag von Stickstoffverbindungen in terrestrische und aquatische Ökosysteme, zur Erhöhung der Konzentration des bodennahen Ozons bzw. zur Zerstörung der Ozonschicht in der Stratosphäre. N_2O zählt zu den treibhauseffektiven Gasen und trägt zur globalen Erwärmung bei. Diffuse Einträge von Nährstoffen, vor allem von Stickstoff in Wälder sowie in das Grundwasser und in Oberflächengewässer stellen ein ernstes Problem dar.

Die bewirtschaftungsbedingte Mobilisierung des organischen Stickstoffvorrates sowie die Überdüngung mit stickstoffhaltigen Düngemitteln, welche oftmals mit ungünstigen Ausbringungszeiten gekoppelt ist begünstigt die Auswaschung des Stickstoffs in Form von Nitrat und damit die Belastung des Grundwassers. Die Auswaschung von Nitrat aus dem Wurzelraum wird durch Bewirtschaftungsmaßnahmen wie die Umwandlung von Grün- in Ackerland, durch ausgedehnte bewuchsfreie Perioden, durch einen zeitlich zu früh erfolgenden Umbruch mehrjähriger Futterleguminosen (Werner 1990) sowie durch intensive Bodenbearbeitung begünstigt. Maßnahmen zur biologischen Konservierung des Stickstoffs können in der Förderung der Festlegung des Stickstoffs in mikrobieller und pflanzlicher Biomasse bestehen. Eine solche kann durch Strohdüngung, Zwischenfruchtanbau und Beipflanzen angestrebt werden.

Zur Vermeidung von Überdüngung und deren ökologischer Konsequenzen wäre es notwendig für die Bemessung des Nährstoffbedarfes an einem Standort sämtliche mit mineralischen und organischen Düngemitteln ausgebrachte Nährstoffmengen in Rechnung zu stellen. Gleiches gilt für die auf dem Feld verbleibenden Ernterückstände sowie auch für diffuse Nährstoffeinträge über die Atmosphäre.

Die Applikation konventioneller und potentieller Düngemittel, die Auflandung von Fluß- bzw. Hafensedimenten und die Deposition atmosphärischer Verunreinigungen repräsentieren Quellen für erhöhte Gehalte an anorganischen und organischen Schadstoffen in Böden. Seit den späten Fünfziger Jahren kann eine Verschiebung der Forschungsinteressen vom Themenkreis Mikronährstoffmangel zum Problembereich des Schwermetallüberschusses in Böden beobachtet werden. Aus Rohphosphaten hergestellte Phosphatdüngemittel, Stalldünger bei Intensivtierhaltung sowie landapplizierte Industrie-, Gewerbe- und Siedlungsabfälle stellen Quellen der Verunreinigung von Böden mit essentiellen Mikronährstoffen bzw. toxischen Elementen dar. Aus Rohphosphaten hergestellte Düngemittel enthalten je nach Herkunft der Rohphosphate unterschiedliche Mengen an Cd. Die Bodenbelastung mit Cadmium aus diesen Quellen kann rechnerisch zwischen 1 und etwa 25 g/ha/Jahr betragen (Sauerbeck 1990).

van Driel und Smilde (1990) gaben Schwermetallbilanzen für Acker- und Grünland. Auf Ackerland führte der Ersatz von mineralischem Dünger durch tierischen Dünger, mit Ausnahme von Cd, zu einem erhöhten

Schwermetallangebot. Bei ausschließlicher Verwendung von Mineraldünger glichen sich, mit Ausnahme von Cd, Schwermetallangebot und - verlust aus. Auf Grünland führte die Ergänzung des natürlichen Rinderdunges durch importierte Dünger, z.B. von Haustieren, zu einem erhöhten Schwermetallangebot, vor allem an Zn und Cu. Ein wesentliches Ungleichgewicht bestand zwischen Angebot und Verlust an Schwermetallen. Das Angebot infolge konzentrierter Viehaltung allein kam nahe an oder überschritt die Gesamtverluste. Die Situation wurde durch die steigende Dichte gehaltener Tiere verschärft. Das Gesamtschwermetallangebot, einschließlich nicht landwirtschaftliche Quellen (nasse Deposition), überstieg die Verluste bei weitem. Untersuchungen zur Cd- und Pb-Konzentration einiger kommerzieller Dünger Schwedens, P-, PK-, NPK, N-, NP-, S-Dünger ergaben, daß phosphathaltige Dünger gegebenenfalls ein größeres Risiko darstellen können als Klärschlamm (Stenstroem und Vahter 1984).

Sauerbeck (1982) nahm Bezug auf Hafenschlämme. Dementsprechend wurden zum gegebenen Zeitpunkt allein in Hamburg und Bremen jährlich rund 20 Millionen Kubikmeter Hafenschlamm ausgebaggert. Dieser wurde zum Zwecke einer Niveauänderung auf überschwemmungsgefährdete oder besonders grundwassernahe Landflächen aufgespült. Im Mündungsgebiet von Flüssen wie beispielsweise des Rheins abgelagerter Schlamm kann hohe Gehalte an Schadstoffen aufweisen.

Ein weiteres Problem der Industrie- und Wohlstandsgesellschaft stellt die Verunreinigung der Atmosphäre mit Stoffen dar, welche nach chemischer Umwandlung und Eintrag in den Boden dessen Eigenschaften, z.B. Säuregrad, zu verändern vermögen. Die Verringerung des Nährstoffgehaltes bzw. eine Unausgeglichenheit des Nährstoffangebotes kann als eine Folge davon auftreten. Im Rahmen der Bestrebungen, die Böden sterbender Wälder zu sanieren, wird auch die Düngung derselben als eine Möglichkeit untersucht.

Veränderung fruchtbarkeitsbestimmender Bodeneigenschaften

Sowohl qualitative als auch quantitative Veränderungen von Bodeneigenschaften infolge Düngemaßnahmen können nachgewiesen werden. Solche werden in der Folge näher diskutiert.

Bezüglich der qualitativen und quantitativen Beeinflussung der biologischen Komponente (Bodenorganismen und Bodenenzyme) der Bodenfruchtbarkeit durch Düngemaßnahmen sind die Fragen nach den physikalischen und chemischen Eigenschaften des jeweils betrachteten Bodens, nach der Aufwandmenge und der chemischen Zusammensetzung der eingebrachten Dünger sowie nach dem Vermögen dieser Dünger Bodeneigenschaften wie die Salinität, die Bodenreaktion, das Redoxpotential und die Bodenstruktur mittel- bzw. unmittelbar zu verändern (z.B. Förderung der Ausbildung von Strukturelementen oder deren Abbau) von Bedeutung.

In komplexen Düngeversuchen zeigte sich die unterschiedliche Reaktion mikrobieller Parameter auf zugesetzte Düngemittel.

Die Wirksamkeit einer Düngung wird wesentlich von der Wasserverfügbarkeit im Boden bestimmt. Andere Bewirtschaftungspraktiken wie kontinuierliche Monokultur, Fruchtwechsel, Bodenbearbeitung, nehmen Einfluß auf die Wirkung verschiedener Düngerregime. Der unterschiedliche Einfluß von Düngern auf bestimmte mikrobielle und biochemische Vorgänge in verschiedenen Böden wird dadurch erklärbar.

Die Beobachtung, daß organische und anorganische Düngemittel die Aktivität und die Vermehrung der Bodenmikroorganismen im Vergleich zum Pflanzenertrag unterschiedlich beeinflussen, kann teilweise mit der unterschiedlichen Ernährungsweise dieser beiden Organismengruppen erklärt werden.

Durch Düngemaßnahmen veränderte mikrobielle Artenspektren bzw. biochemische Leistungen modifizieren die Kapazität des Bodens zur Erbringung spezifischer Transformationsleistungen. Die negative Beeinflussung von Bodenfunktionen durch zu hohe Düngerangebote ist selbst dann möglich, wenn aus dem Blickwinkel der Pflanzenproduktion noch ökonomische Verhältnisse vorzuliegen scheinen (De Haan 1987).

Die Düngepraxis der vergangenen fünfzig Jahre kommt vielfach in einer Erhöhung der Humus- und Stickstoffvorräte in den Böden zum Ausdruck. Eine Erhöhung des organischen Bodenstickstoffgehaltes kann sowohl infolge der Langzeitapplikation von organischem als auch infolge einer solchen von anorganischem Stickstoffdünger auftreten. Anorganische Stickstoffgaben vermögen den organischen Bodenstickstoffgehalt über die Immobilisierung von Düngerstickstoff sowie über zunehmende Einträge an organisch gebundenem Stickstoff in Form von Pflanzenrückständen zu erhöhen.

5.2 Anorganische Dünger

Die Anfänge der Düngerindustrie liegen in den Dreißiger Jahren des 19. Jahrhunderts. Wurden zunächst Phosphatdünger hergestellt, traten jeweils in Abständen von etwa dreißig Jahren zunächst Kalium- und in der Folge Stickstoffdünger hinzu. Calciumcyanamid war der erste im industriellen Prozeß erzeugte Stickstoffdünger. Der Abbau von Calciumcyanamid erfolgt im Boden über seine Umwandlung in Harnstoff. Die Entwicklung von Spurenelementdüngern begann erst in der jüngeren Vergangenheit.

Der Einsatz der wichtigsten anorganischen Dünger erfolgt in Form rasch wirksam werdender Ein- oder Mehrkomponentendünger. Ammoniumnitrat (Ammonsalpeter), Calciumnitrat (Kalksalpeter), Harnstoff und Kalkstickstoff (Calciumcyanamid) sind wichtige anorganische Stickstoffdünger und Superphosphat sowie Thomasmehl wichtige anorganische Phosphordünger. Daneben kommen Kalium-, Magnesium- und Spurenelementdünger zur Anwendung.

Anorganische Dünger gelangen entweder in trockener oder flüssiger Form zur Anwendung, wobei eine Oberflächen- oder Tiefenapplikation im Boden oder auch Blattdüngung erfolgt. Der intensive und großflächige Einsatz von anorganischen Düngern, vor allem Stickstoff- und Phosphordünger, und die im Gefolge auftretenden Probleme führten zur Suche nach Möglichkeiten deren Wirkung im Boden zu kontrollieren. In Bezug auf den Versuch die Stickstoffdüngung zu kontrollieren kommen Modifikationen von Stickstoffdüngern, welche als Depotdünger bezeichnet werden bzw. auch Verbindungen, welche bestimmte Reaktionen der Stickstofftransformation hemmen sollen, nämlich Nitrifikations- und Ureasehemmer, zum Einsatz. Die Kombination von anorganischen Düngern mit Pflanzenschutzmitteln erlangte in den letzten Jahrzehnten an Popularität.

Zwei Eigenschaften anorganischer Dünger sind hinsichtlich deren Einfluß auf biologische sowie nichtbiologische Bodeneigenschaften von wesentlicher Bedeutung. Es ist dies zum einen der vorwiegende Salzcharakter von anorganischen Düngern sowie zum anderen deren unterschiedliche Säure- und Baseneigenschaften.

5.2.1 Physikalische und chemische Bodeneigenschaften

Die Wirkung anorganischer Düngergaben auf Bodeneigenschaften ist standortabhängig und es treten Überlagerungen mit anderen am Standort zur Anwendung gelangenden Bewirtschaftungspraktiken auf.

Ionengleichgewichte, Bodenreaktion

Anorganische Dünger werden dem Boden normalerweise in Form von leicht löslichen Salzen zugesetzt. Im Boden können diese das Gleichgewicht zwischen austauschbar gebundenen und in Lösung vorliegenden Kationen verändern und zur Einstellung neuer Gleichgewichte führen. Dünger-Anionen wie Chlorid können unter Mitnahme von ausgetauschten Kationen ausgewaschen werden. In ihrer Eigenschaft als lösliche Salze erhöhen anorganische Dünger die Ionenkonzentration der Bodenlösung. Ein erhöhter osmotischer Druck der Bodenlösung und ein Absinken des Wasserpotentials ist die Folge. Verschiedene Dünger besitzen unterschiedliche Salz-Indices. Letztere stellen ein Maß für das Vermögen eines Düngermaterials dar, den osmotischen Wert der Bodenlösung zu erhöhen. Leicht lösliche anorganische Dünger wirken, indem diese den Salzgehalt der Bodenlösung erhöhen, zum Teil direkt auf die Stabilität der Bodenstruktur ein. Anorganische Dünger können sauer oder neutral reagieren. Deren Einfluß auf den pH-Wert des Bodens ist von Bodeneigenschaften sowie von komplexen Umwandlungen und Transfers abhängig, welche im Boden unter Mitwirkung von Mikroorganismen, Bodenenzymen und Pflanzen stattfinden. Den Transformationen des Elementes Stickstoff kommt diesbezüglich besondere Bedeutung zu.

Stickstoff ist ein für Pflanzen und Mikroorganismen essentielles Element. Pflanzen benötigen für das maximale Wachstum große Mengen an Stickstoff. Die Verfügbarkeit von Stickstoff im Boden wird durch die Geschwindigkeit des organischen Substanzabbaus limitiert, soferne diese nicht durch die biologische Stickstofffixierung oder zusätzliche Stickstoffdüngergaben erhöht wird. Anorganischer Stickstoff weist im Boden drei Hauptquellen auf. Die organische Substanz, den atmosphärischen Stickstoff und die mineralischen Stickstoffdünger.

In Abwesenheit von Düngerstickstoff repräsentiert die organische Bodensubstanz die Hauptstickstoffquelle. Die Stickstoffverfügbarkeit wird durch die Menge und den Typ der vorhandenen organischen Substanz sowie von der Gegenwart mikrobieller Populationen und jenen Bedingungen, welche deren Aktivität fördern, bestimmt. Die mikrobielle Aktivität wird generell unter solchen Bedingungen begünstigt, welche auch für das Pflanzenwachstum optimal sind. Mikroorganismen weisen jedoch gegenüber Pflanzen einen in der Regel weiteren Toleranzbereich auf.

Am Ort der Applikation anorganischer Stickstoffdünger treten hoch konzentrierte Lösungen auf. In den ersten Tagen nach Applikation können Mikrostandortkonzentrationen im Bereich von 10 000–100 000 ppm auftreten (Hauck 1984).

Die löslichen Stickstoffdünger können entsprechend deren Einfluß auf den pH-Wert der Lösung am Mikrostandort in drei Gruppen eingeteilt werden. Die Salze schwacher Basen hydrolysieren unter Bildung saurer Lösungen (z.B. Ammoniumsulfat, Ammoniumchlorid, Ammoniumnitrat, Monoammoniumphosphat). Salze wie Calciumnitrat und Kaliumnitrat reagieren neutral. Dünger, welche unter Bildung alkalischer Lösung hydrolysieren schließen wasserfreies Ammoniak, Harnstoff, Harnstoff-Ammoniumphosphat und Diammoniumphosphat ein. Aufgrund der folgenden Reaktion stellen Stickstoffverbindungen, welche nach Hydrolyse Ammoniumionen liefern, potentielle Säurequellen dar: $NH_4^+ + 2O_2 \rightarrow 2H^+ + NO_3^- + H_2O$.

Normalerweise besitzen die Stickstoffträger das Potential zur Beeinflussung des pH-Wertes. Literaturangaben zufolge tragen Cl, S und ein Drittel des N zur Bodenacidifizierung bei. Ca-, Mg-, K- und Na-Kationen tragen zur Basizität des Bodens bei. Für Dünger wie KCl und K_2SO_4 wird eine neutrale Reaktion und für K- und P-Träger in Düngern keine signifikante Beeinflussung des pH-Wertes angegeben. P-Dünger, welche NH_4-N enthalten sind infolge der Nitrifikation des Ammoniums säurebildend.

In kalkigen, alkalisch reagierenden Böden kann die Anwendung säurebildender Stickstoffdünger vorteilhaft sein. In sandigen Böden können jedoch infolge einer geringen Pufferkapazität Veränderungen rasch erfolgen, wodurch die Einflüsse entsprechend negativ sein können.

Die Bereitstellung von Stickstoff aus organischen Quellen kann in Abhängigkeit von der Menge an ausgewaschenem Nitrat einen ähnlichen Säureeintrag in den Boden bewirken wie eine entsprechende Menge eines sauer reagierenden anorganischen Düngers. Die infolge der organischen Düngung erhöhte Pufferkapazität des Bodens kann jedoch die Effekte dieses Säureeintrages reduzieren.

Der vollständige, unveränderte Kreislauf des Stickstoffs ist ein neutraler Prozeß. Veränderungen der Bodenreaktion sind von Stickstoffgewinnen und -verlusten des Systems abhängig. Der Einfluß von Stickstoffdüngern auf das pH des Bodens ist von der Form abhängig in welcher dieser in den Boden eingetragen bzw. aus diesem aufgenommen wird. Die Bodenreaktion verändert sich durch die Stickstoffaufnahme der Feldfrüchte, wobei die Richtung der Veränderung von der Stickstoffquelle abhängig ist.

Pflanzen weisen unterschiedliche Stickstoffaufnahmestrategien auf. Der Großteil der Pflanzen nutzt Nitrat und Ammonium. Einigen Pflanzen ermangelt es an der Fähigkeit Nitrat aufzunehmen oder zu reduzieren. Leguminosen vermögen ausschließlich mit N_2 zu wachsen. Durch die pflanzliche Assimilation von Ammonium wird pro assimilierten NH_4^+ zumindest ein Proton gebildet. Die Assimilation von Nitrat produziert zumindest ein OH^- pro assimiliertem NO_3^-. Im Überschuß gebildete H^+ oder OH^- müssen zur Aufrechterhaltung des Cytoplasma-pH neutralisiert oder aus dem metabolischen Strom entfernt werden. Es gibt Hinweise darauf, daß der Großteil der NH_4^+-Assimilation in den Wurzeln erfolgt und daß überschüssige Protonen aktiv in die Bodenlösung ausgeschieden werden.

Der Einfluß der Pflanzen auf die Bodenreaktion ist von der relativen Aufnahme von Kationen und Anionen abhängig. Nimmt die Pflanze mehr Anionen als Kationen auf, wie dies der Fall ist, wenn Nitrat die N-Hauptquelle darstellt, wird die elektrische Neutralität durch den Export von OH^- und Bicarbonat aufrechterhalten. Dadurch steigt das pH im Boden. Werden mehr Kationen als Anionen aufgenommen, wie dies der Fall ist, wenn NH_4^+ oder N_2 die Hauptquelle des Stickstoffs sind, exportiert die Pflanze Protonen. Dadurch sinkt das pH im Boden.

Denitrifikation und Nitratabsorption fördern die Alkalisierung des Bodens, während Ammoniumabsorption und Nitrifikation dessen Ansäuerung fördern. Bei der Hydrolyse von Harnstoff kann der pH-Wert des Bodens durch die Bildung von Ammonium stark ansteigen. Bei hohen pH-Werten im Boden können bedeutende Stickstoffverluste durch Ammoniakverflüchtigung auftreten, dies infolge der Verschiebung des Gleichgewichtes $NH_3 + H_2O \leftrightarrow NH_4^+ + OH^-$ auf die linke Seite. Eine maximale Versauerung kann mit Ammonium als Stickstoffquelle, bei hohen Entzugsraten an Nährkationen mit dem Erntematerial und bei hohen Nitratauswaschungsraten erwartet werden.

Bei niedrigen pH-Werten besteht die Gefahr von Schwermetalltoxizität und Nährstoffmangel (z.B. Mn-Toxizität und Mg-, Mo-Mangel). Der pH-Wert nimmt Einfluß auf das Ladungsmuster von Sorptionskomplexen und mikrobiellen Oberflächen sowie auch auf den Ionisierungszustand und die Löslichkeit von Enzymen, Substraten und Cofaktoren. In vielen der in der Folge besprochenen Arbeiten zur Düngung bzw. auch späterhin besprochenen Arbeiten zur Kalkung, kann der durch die Düngung veränderte pH-Wert des Bodens als eine wesentliche Ursache veränderter Enzymaktivitäten angesehen werden. Eingebrachte Düngernährstoffionen können auch eine direkte enzymaktivierende wie auch -hemmende Wirkung ausüben. In Langzeitversuchen können die Effekte mineralischer Dünger indirekt sein. Veränderungen des Pflanzenertrages, des Eintrages an organischer Substanz, des Feuchteregimes, des Nährstoffstatus, des Bodengefüges sowie der Qualität und Quantität der organischen Bodensubstanz stehen damit im Zusammenhang.

Quantität und Qualität der organischen Substanz

Anorganische Dünger beeinflussen die Quantität und Qualität der organischen Bodensubstanz. Im Falle nicht ausreichender Einträge an organischer Substanz wird die Bodenstruktur, die Nährstoffnachlieferung und die Rückhaltung von Nährstoffen und Wasser sowie von potentiellen Schadstoffen nachteilig beeinflußt. Diesbezüglich besteht Variation zwischen unterschiedlichen Böden. Nicht ausreichende Einträge an organischer Substanz fördern in schweren, tonigen Böden eine Verdichtung, während auf leichten, sandigen Böden eine Erhöhung der Durchlässigkeit begünstigt wird. Zur Erhaltung der Bodenhumus sind hohe Einträge an organischer Substanz notwendig.

Rowell (1994) nahm Bezug auf klassische in England durchgeführte Langzeituntersuchungen zum Vergleich der Wirkung von organischen bzw. anorganischen Düngerapplikationen zu Winterweizen, dessen Bestellung seit 1843 alljährlich erfolgte. Mit mineralischen Düngergaben konnte der organische Kohlenstoffgehalt mit 0.84 und 1.04% im Vergleich zu 2.59% bei jährlicher Applikation von Stalldünger angegeben werden. Die Erträge der mineralisch gedüngten Standorte hielten sich eng an jene der organisch gedüngten. Die natürliche Fruchtbarkeit des Bodens im Sinne des Vermögens zur Bereitstellung von Stickstoff durch Mineralisierung war im Falle der mineralischen Düngung gesunken. Die Fruchtbarkeit im Sinne von organischem Substanzgehalt hatte sich hingegen während der letzten 100 Jahre stabilisiert. Hinsichtlich der Bodenstruktur waren im mineralisch gedüngten Boden Schäden nachweisbar. Die nachteiligen Effekte konnten jedoch umgekehrt werden, wenn die Standorte unter Gräsern gehalten wurden.

Verschiedene Formen von Düngerstickstoff variieren hinsichtlich deren Wirkung auf quantitative und qualitative Eingeschaften der organischen Bodensubstanz. Bosch und Amberger (1983) unternahmen vergleichende Untersuchungen zum Einfluß von langjähriger Düngung mit verschiedenen Stickstofformen auf den pH-Wert, die Humusfraktionen und die Stickstoffdynamik einer Acker-Braunerde (schluffiger Lehm), pH 5.9, Gesamt-C 0.9%, Gesamt-N 0.1%. Die untersuchten Düngervarianten umfaßten: kein N; Stallmist; Kalkstickstoff; Ammoniumsulfat $(NH_4)_2SO_4$; $(NH_4)_2SO_4$ + Kalk (CaO); $NaNO_3$; $Ca(NO_3)_2$. Der bei Applikation der verschiedenen Stickstofformen sich einstellende pH der Krume lag zwischen 5.8 und 6.0. Das C/N-Verhältnis hatte sich im Zuge der Düngung kaum verändert. Bei Unterlassung von Stickstoffdüngung wies der Boden den geringsten Gesamtkohlenstoffgehalt auf. Die Düngung mit Stallmist führte zum höchsten Kohlenstoffgehalt des Bodens. Mit Ammonium-N beziehungsweise mit Kalkstickstoff gedüngte Böden wiesen höhere Kohlenstoffgehalte auf als mit Nitrat gedüngte.

Unter dem Einfluß von Düngergaben verändern sich Huminstoffkohlenstoff-Verhältnisse. Entsprechend Gisi et al. (1990) beläuft sich das Verhältnis von Huminsäure-C zu Fulvosäure-C bei NPK-Düngung, Strohdüngung und Stallmistdüngung entsprechend obiger Reihe auf 0.58, 0.77 sowie 0.81; dies entspricht einer Zunahme der Humusstabilität. Bosch und Amberger (1983) konnten im mit Ammoniumsulfat gedüngten Boden, welcher einen relativ geringeren pH-Wert aufwies einen hohen Anteil an niedermolekularen Fulvosäuren nachweisen. Im mit Kalkstickstoff gedüngten Boden, welcher relativ höhere pH-Werte aufwies, war dieser deutlich geringer. Eine Anreicherung von Huminsäuren erfolgte besonders durch eine Düngung mit Stallmist sowie mit Kalkstickstoff. Dies ist entsprechend Sandhoff (1962) eine Folge einer längeren Ammoniumphase, welche den Huminstoffaufbau begünstigt. Die Fraktion der Humine und Streustoffe wurde durch Ammoniumsulfatgabe stark vermindert. Bei niedrigen pH-Werten wird die organische Substanz langsamer abgebaut. Leicht zersetzbare organische Verbindungen können dadurch im Boden angereichert werden. Die abiologische Humifizierung wird unter solchen Bedingungen gefördert und die Bildung von Fulvosäuren wird begünstigt. Bei höheren pH-Werten (Kalkstickstoff) verläuft der Abbau der organischen Substanz rascher. Durch das Überwiegen der biologischen Humifizierung wird die Anreicherung hochmolekularer Huminstoffe begünstigt. Nach Nehring und Wiesemüller (1968) führt Kalkung zu einer Verringerung der Fulvosäuren und zu einer Zunahme nicht extrahierbarer Substanzen (Humine) sowie jener der Grauhuminsäuren. Ein solcher Einfluß einer Kalkung war im beschriebenen komplexen Versuch im Ansatz Ammoniumsulfat + CaO angezeigt. In diesem Ansatz konnten gegenüber dem Ansatz ohne Kalk weniger Fulvosäuren und mehr nicht extrahierbare Substanzen festgestellt werden. In den Varianten Calciumsalpeter und Natronsalpeter dürfte die Bildung hochmolekularer Huminstoffe wegen des fehlenden reaktionsfähigen Ammoniak geringer gewesen sein.

Stickstoffgaben nehmen Einfluß auf die Stickstoffmobilisierung. Ohne Stickstoffgaben wurde mehr Stickstoff mobilisiert (Bosch und Amberger 1983). Im Falle von Düngung wurden die höchsten Stickstoffmineralisierungsraten mit schwefelsaurem Ammonium, Kalkstickstoff und Stallmist nachgewiesen. Die Standortabhängigkeit und die weitgehende Unabhängigkeit der Verteilung des Gesamt-Stickstoffs auf die verschiedenen Fraktionen (hydrolysierbar, nicht hydrolysierbar, Aminosäurestickstoff) wurde angenommen. Die Menge an festgelegtem Ammonium war in jenen Varianten am höchsten, welche ständig mit Ammonium bzw. mit Stoffen gedüngt worden waren, bei deren Umsetzung Ammonium entsteht. Ammonium, welches infolge des niedrigeren pH-Wertes bei der Ammoniumsulfat-Variante langsamer nitrifiziert wurde als in jener mit Ammoniumsulfat + CaO, konnte im ersteren Falle in größerem Umfang festgelegt werden. In der Ammoniumsulfat-Variante war die biologische Aktivität gering und verhinderte eine hohe Stickstoffmineralisierung. Die Aufkalkung auf pH 6.5 erhöhte die biologischen Aktivität. Die günstigeren Lebensbedingungen für die Mikroorganismen führten zu einem verstärktem Abbau der angereicherten organischen Substanz, welche vorwiegend aus Fulvosäuren bestand. Eine erhöhte Stickstoffaufnahme durch die Pflanzen war in der Folge möglich. Als Ursache für die Verringerung der pflanzlichen Stickstoffaufnahme im Versuchsgang Stallmist wurde eine verstärkte biologische Festlegung diskutiert. Bei Kalkzufuhr ist eine intensivere Huminstoffbildung und eine chemische Stickstoffestlegung möglich.

5.2.2 Mikrobiologie und Bodenenzymatik

Mikroorganismengemeinschaften des Boden werden durch die langfristige Anwendung anorganischer Dünger verändert. Düngemaßnahmen bewirken auch eine Veränderung in der Zusammensetzung von Pflanzengesellschaften, wobei eine Verdrängung der an nährstoffärmere Standorte angepaßten Pflanzen zu beobachten ist. Die Wirkung der Düngung auf das Artenspektrum der Pflanzengesellschaft ist auch im Zusammenhang mit der Verdrängung symbiontischer Mikroorganismen zu sehen. Die symbiontische Stickstoffbindung der Leguminosen kann durch Stickstoffdüngung weitgehend zurückgedrängt werden.

Anorganische Dünger erhöhen das Nährstoffangebot für Bodenmikroorganismen und Pflanzen unmittelbar durch die Zufuhr lebensnotwendiger anorganischer Nährstoffe sowie auf dem Umweg über einen vermehrten Anfall von Streu. Die mineralische Düngung führt zur Vermehrung der pflanzlichen Biomasse. Je nach Feldfrucht und Erntemethode verschieden, werden dem Boden vermehrt Ernterückstände und Wurzelexsudate zugeführt. Pflanzen reagieren auf empfohlende Düngerraten typischerweise mit einer Erhöhung des Wurzelwachstums und der Wurzeldichte (Dick 1992). Die Zunahme der mikrobiellen Biomasse mit dem Wurzelwachstum und der Wurzeldichte der Feldfrucht konnte wiederholt beobachtet werden. Die Wurzelmasse kann jedoch durch hohe Düngerapplikationsmengen reduziert werden.

Stickstoff-, Phosphor- und Kalium-Dünger

Mikrobielle Biomasse, biochemische Stoffumsetzungen. Wiederholt konnte eine fördernde Wirkung anorganischer Dünger auf Bodenmikroorganismen nachgewiesen werden. Bei NPK-Düngung konnte gegenüber der Kontrolle eine höhere Zahl an Bakterien, einschließlich der Gruppe der Aktinomyceten und an Pilzen nachgewiesen werden (Martyniuk und Wagner 1978). Bei Gabe von N, NP und NPK war eine Vermehrung von Pilzen und von Bakterien der Gattung *Beijerinckia* feststellbar (Sharma et al. 1983). *Azotobacter* sp. dagegen fehlte infolge der ungünstigen pH-Verhältnisse. Pilzliche Populationen erfuhren sowohl in der Rhizosphäre als auch in der Nichtrhizosphäre eine Stimulierung durch Ammoniumsulfatgaben.

Bezüglich der Förderung der mikrobiellen Biomasse durch anorganische Dünger zeichnet sich eine Beziehung zwischen dem Nährstoffstatus des betrachteten Bodens und dem Ausmaß dieser Förderung ab. In Böden mit guter Nährstoffversorgung wird die mikrobielle Biomasse durch eine mineralische Düngung geringer beeinflußt als in Böden mit schlechterer Nährstoffversorgung oder bei Erhöhung des pH-Wertes durch den Dünger.

Die Förderung bzw. Hemmung biochemischer Aktivitäten durch mineralische Dünger bei niedrigen bzw. hohen Applikationsraten konnte nachgewiesen werden. Biochemische Parameter werden durch anorganische Dünger selektiv beeinflußt. Die Wirkung anorganischer Dünger auf Bodenenzymaktivitäten variiert mit den Eigenschaften des betrachteten Bodens, dem Düngertyp und dem untersuchten Enzym.

Die Hemmung biochemischer Aktivitäten kann auf spezifischen Effekten von Düngernährionen auf das mikrobielle Wachstum, auf der osmotischen Austrocknung und der Lyse mikrobieller Zellen sowie auf einem Aussalzeffekt von Enzymen beruhen. Eingebrachte Düngernährstoffionen können eine direkte enzymaktivierende wie auch -hemmende Wirkung ausüben. In Langzeitversuchen können die Effekte mineralischer Dünger indirekt sein. Veränderungen des Pflanzenertrages, des Eintrages an organischer Substanz, des Feuchteregimes, des Nährstoffstatus, des Bodengefüges sowie der Qualität und Quantität der organischen Bodensubstanz stehen damit im Zusammenhang. Anorganische Düngernährstoffe können die mikrobielle Biomasse fördern jedoch die Aktivität von Bodenenzymen hemmen und dadurch die Fähigkeit des Bodens Nährstoffkreisläufe zu unterhalten und anorganische Nährstoffe freizusetzen verringern. Diese Befunde werden auch im Zusammenhang mit dem Produktionsabfall gesehen, welcher typischerweise während der Überführung von konventionellen Bewirtschaftungssystemen zu alternativen Systemen eintritt. Alternative Systeme zeichnen sich durch eine stärkere Abhängigkeit der Nährstoffverfügbarkeit vom Umsatz der organischen Bodensubstanz und von biologischen Wechselwirkungen aus. Konventionelle Systeme weisen aufgrund deren stärkerer chemischer Orientierung, welche sich auch im vermehrten Einsatz anorganischer Nährstoffe und in limitierter organischer Düngung zeigt, ein reduziertes Vermögen zur effizienten Betreibung von Nährstoffkreisläufen auf. Während des Überganges von konventioneller zu alternativer Bewirtschaftung kann deshalb eine Verringerung der Nährstoffverfügbarkeit auftreten.

Das Vermögen zur Transformation bodenfremder organischer Verbindungen kann durch die Zufuhr anorganischer Nährstoffe reduziert werden. In der konventionellen landbaulichen Praxis kommen neben Düngern auch Pflanzenschutzmittel zum Einsatz. Die Relevanz von Wechselwirkungen zwischen Agrarchemikalien und deren Einfluß auf bodenbiologische Vorgänge ist angezeigt, diese wurden jedoch nur wenig erforscht. Atrazin und 2,4-Dichlorphenoxyessigsäure (2,4-D) sind Herbizide. Atrazin kommt bzw. kam im Maisanbau häufig zum Einsatz. Weißfäulepilze sind für deren Fähigkeit, sowohl Lignin als auch aromatische Kohlenwasserstoffe abzubauen, bekannt. Das ligninolytische Enzymsystem mancher Pilze wird durch Stickstofflimitierung stimuliert. Hohe Konzentrationen an Stickstoff können deshalb die ligninolytischen Enzymsysteme und so die Mineralisierung aromatischer Herbizide reduzieren. Entry et al. (1993) nahmen Bezug auf Donnelly (1991), wonach die Mineralisierung von Atrazin und 2,4-D durch *Phanerochaete chrysosporium* und *Trappea darkeri* durch zusätzlichen Stickstoff in vitro gehemmt wurde. In drei Weidenböden wurde der Effekt zweier Dosen zugesetzten Stickstoffs auf die Mineralisierung von Atrazin und 2,4-D untersucht. Stickstoff wurde in Form von NH_4NO_3 äquivalent zu 0, 250 und 500 kg N/ha drei Grünlandböden zugeführt. Im Vergleich zur Kontrolle unterdrückten die 250 und 500 kg Behandlungen die Mineralisierung von Atrazin um 75 und 54% und hemmten die Mineralisierung von 2,4-D um 89 und 30%. Die aktive pilzliche Biomasse reagierte auf die Stickstoffbehandlungen in umgekehrter Weise. Im Vergleich zur Kontrolle stieg die aktive pilzliche Biomasse bei den 250 bis 500 kg Behandlungen um mehr als 300 und 30%. Diese Befunde stimmen mit anderen Beobachtungen überein, wonach Stickstoff den Abbau widerstandsfähiger Verbindungen unterdrücken, jedoch das primäre Pilzwachstum stimulieren kann. Die Ernährungssituation forstlicher Jungpflanzen kann durch die Anwendung leicht verfügbarer anorganischer Nährstoffe und die damit verbundene Förderung von Mikroorganismen verschlechtert werden. Im Boden eines Keimbeetes von *Pinus cembra* konnten Schinner et al. (1980) durch die Applikation von Volldünger (NPK) eine Förderung des Wachstums mikrobieller Populationen sowie den Rückgang der Aktivität streuabbauender Enzyme feststellen. Die Anwendung von NPK führte zu einer Hemmung der Aktivität der Enzyme Urease und Xylanase sowie zu einer Reduktion der Atmungsaktivität. Die Aktivität des Enzyms Dehydrogenase war im Falle der NPK-Applikation stark erhöht. In mit NPK versehenen Böden konnte im Vergleich zu ungedüngten Böden nach sechs Wochen ein erhöhter Gehalt an abbaubarer organischer Substanz nachgewiesen werden. Die Zunahme der Dehydrogenaseaktivität konnte mit dem Wachstum der Populationen in Beziehung gesetzt werden. Der Vergleich von Ergebnissen bodenmikrobiologischer Untersuchungen mit dem Wachstum und dem Bioelementgehalt von Pflanzen (*Pinus cembra* Sämlinge) zeigte bedeutende Nährstoffkonkurrenzverhältnisse im Zusammenhang mit der NPK-Gabe an. Während die Aktivität der Mikroorganismen an den mit NPK gedüngten Standorten zunahm, zeigten die Sämlinge an diesen Standorten niedrigere Gesamtgewichte und niedrigere Bioelementgehalte in ihren Organen als Sämlinge unbehandelter Standorte sowie solcher Standorte, welche zusätzlich zu NPK mit Kupfersulfat versehen worden waren. Durch die Gabe leicht verfügbarer Nährstoffe wurde die Aktivität der Mikroorganismen erhöht und die keimenden Zirben wurden infolge ihres langsameren Stoffwechsels von der verkürzten Nahrungskette ausgeschlossen (Neuwinger und Schinner 1980). Die NPK-Düngung führte infolge der Nahrungskonkurrenz von Mikroorganismen zur Entstehung von Hungerformen von *Pinus cembra*, welche nach zwei Jahren geringere Überlebensquoten gegenüber unbehandelten Kontrollen aufwiesen. Der Zusatz von Kupfersulfat zu den Düngerparzellen schaltete diese Konkurrenz großteils aus und die Keimlinge wiesen nach zwei Jahren eine höhere Überlebensquote auf, als dies bei den Kontrollen festgestellt werden konnte (Neuwinger und Schinner 1981).

Auf das Vermögen anorganischer Dünger die Bodenreaktion zu verändern wurde bereits weiter oben Bezug genommen. Enzyme zeigen hinsichtlich ihrer Aktivität Abhängigkeit von mehr oder minder engen pH-Bereichen und es scheint evident, daß durch jegliche Eingriffe, welche zur Veränderung von pH-Werten führen, die Aktivität vorhandener Enzyme gehemmt werden kann. In Abhängigkeit vom jeweils eingestellten pH-Wert, werden demnach unterschiedliche Enzymaktivitäten zu messen, andere aber maskiert sein. Ein Wechsel des pH-Wertes im Boden kann vorhandene Enzymspektren auch durch Veränderung spezifischer angepaßter Organismengemeinschaften beeinflussen. Pilze zeigen bei niedrigeren pH-Werten normalerweise Konkurrenzvorteile gegenüber Bakterien.

Bosch und Amberger (1983) führten vergleichende Untersuchungen zum Einfluß langjähriger Düngung mit verschiedenen Stickstofformen auf mikrobiologische und enzymatische Parameter einer Acker-Braunerde (schluffiger Lehm), pH 5.9, Gesamt-C 0.9%, Gesamt-N 0.1% durch. Folgende Düngervarianten wurden untersucht: kein N; Stallmist; Kalkstickstoff; Ammoniumsulfat $(NH_4)_2SO_4$, $(NH_4)_2SO_4$ + Kalk (CaO); $NaNO_3$; $Ca(NO_3)_2$. Für jede Düngungsart wurde die biologische Aktivität als Mittel aus sieben Einzelaktivitäten dargestellt. Die Aktivitäten der Enzyme Dehydrogenase, Katalase, alkalische Phosphatase, Protease, Amylase und die Nitrifikation wurden bestimmt. Sämtliche Aktivitäten zeigten mit Ausnahme der Katalase das Maximum bei Düngung mit Kalkstickstoff, die Katalase besaß selbiges im Ansatz ohne Stickstoffgabe. Das Minimum der gemessen Aktivitäten lag mit Ausnahme jenes der Nitrifikation bei Düngung mit schwefelsaurem Ammoniak. Das Minimum der Nitrifikation konnte mit Stallmistdüngung bestimmt werden. Die Biomasse und die Aktivitäten der Enzyme Dehydrogenase, Phosphatase und Protease waren mit Stallmistdünger geringer als ohne N-Dünger. Ein Reihung der Varianten nach der „summarischen Gesamtaktivität" stellte sich wie folgt dar: Kalkstickstoff > $NaNO_3$ > ohne N > $Ca(NO_3)_2$ > Stallmist > $(NH_4)_2SO_4$ + CaO > $(NH_4)_2SO_4$. Diese Reihenfolge gibt Hinweis auf eine starke pH-Abhängigkeit der Parameter. Zwischen der summarischen Gesamtaktivität und dem mittleren pH-Wert bestand eine hohe signifikante Korrelation. Die Mobilisierung von Stickstoff verlief ohne Stickstoffgaben intensiver. Im Falle von Düngung waren die höchsten Stickstoffmineralisierungsraten mit schwefelsaurem Ammonium, Kalkstickstoff und Stallmist nachweisbar.

Die Form des applizierten Düngernährstoffes nimmt kontrollierend Einfluß auf die Aktivität von in die Transformationen dieses Nährstoffes involvierten Enzymen.

An Langzeitstandorten (58 Jahre) unter Weizen-Brache Systemen in einer semiariden Region der USA wurde die Aktivität der Enzyme Amidase und Urease durch organische Dünger stimuliert (Dick et al. 1988b). Zunehmende Raten, 0–90 kg N/ha, an anorganischem Stickstoff reduzierten die Aktivität der Enzyme. Die Standorte hatten seit 1944 Ammonium erhalten. Ammonium ist das Endprodukt der von diesen beiden Enzymen katalysierten Reaktion. Für weitere untersuchte, nicht in den Stickstoffkreislauf involvierte, Enzyme bestanden solche Beziehungen nicht.

Orthophosphat kommt als Bestandteil anorganischer Dünger regelmäßig zum Einsatz. Mehrere Autoren bemühten sich um die Klärung einer möglichen regulativen Wirkung von Orthophosphat auf die Aktivität von Bodenphosphatasen. Die Ergebnisse zur Beeinflussung der Phosphataseaktivität durch phosphorhaltige anorganische Dünger weisen meist auf eine Hemmung hin. Die Hemmung der Bodenphosphataseaktivität durch Phosphat wurde wiederholt beobachtet.

Die Phosphataseaktivität wird durch den Gehalt des Bodens an organischen Phosphorverbindungen bzw. durch den Gehalt an verfügbarem Bodenphosphor kontrolliert. Die von verschiedenen Autoren erhaltenen Ergebnisse zur Korrelation zwischen der Phosphataseaktivität und dem Gehalt des Bodens an verfügbarem Phosphor waren heterogen. Einige Autoren fanden eine positive, andere eine negative und wieder andere keine eindeutige Abhängigkeit zwischen diesen beiden Größen. Das Bestehen einer zumeist negativen, wenngleich nicht immer zu beobachtenden, Beziehung zwischen dem Gehalt an verfügbarem Phosphor und der Phosphataseaktivität in verschiedenen Bodentypen wurde etabliert. Die Wurzeldichte stellt neben dem Gehalt an verfügbarem Phosphat und dem Gehalt an organischen Phosphorverbindungen eine die Phosphataseaktivität im Boden beeinflussende Größe dar.

Panikov und Ksenzenko (1982) untersuchten in einem Rasenpodsol die Hemmung der Phosphatase durch Substrat und Orthophosphat. Die Substrathemmung konnte durch eine Gleichung beschrieben werden, welche der Bildung eines nicht produktiven intermediären Komplexes E-S2 Rechnung trug. Unter der Annahme, daß 15% des Enzyms einer Hemmung durch Orthophosphat unzugänglich sind, wurde die mit Orthophosphat gefundene Hemmung als eine solche des linearen Typs dargestellt.

In Proben repräsentativer Bodentypen wurde die Phosphodiesteraseaktivität durch 5 mM PO_4^{3-} gehemmt (Browman und Tabatabai 1978).

In verschiedenen Bodentypen (Pseudogleye, Braunerden, Rendsinen) unter Wald, Rasen und Ackernutzung bestand eine negative Korrelation zwischen der alkalischen Phosphataseaktivität der Böden und deren Gehalt an laktatlöslichem Phosphor (Dutzler-Franz 1977).

Der Zusatz von Nährstoffkombinationen zu Böden führte nur dann zur anfänglichen Erhöhung der Phosphataseaktivität, wenn diese Kombinationen kein anorganisches Phosphat enthielten (Nannipieri et al. 1978). In Gegenwart von anorganischem Phosphat hielt der Boden jenes Ausmaß an Phosphataseaktivität bei, welches dem Kontrollboden entsprach. Der Zusatz von anorganischem Phosphat führte jedoch ungleich zu den Verhältnissen in Reinkulturen, zu keiner Abnahme der Bodenphosphataseaktivität. Solche Befunde geben Hinweis darauf, daß ein wesentlicher Teil der Bodenphosphataseaktivität auf die Aktivität abiontischen Enzyms zurückzuführen ist. Die Festlegung von anorganischem Phosphat im Boden ist ebenfalls möglich.

Einer Literaturübersicht von Speir und Ross (1978) konnte entnommen werden, daß Harnstoff, Ammoniumnitrat, mit und ohne Kalium, sowie andere Stickstoffdünger die Aktivität der Bodenphosphatase stimulierten. Die gemeinsame Gabe von organischen Düngern und Mineraldüngern, welche anorganisches Phosphat enthielten, konnte den negativen Einfluß des letzteren aufheben. Andere Autoren hatten geschlossen, daß die Phosphataseaktivität durch Phosphat- und Kaliumdünger reduziert und durch Stickstoffdünger gesteigert wird. Eine langjährige (45 Jahre) Anwendung von Stickstoff- und Kaliumdüngern hatte zu einer Erhöhung der Aktivität der sauren Phosphatase, jedoch keine Veränderung der Aktivitäten der Enzyme neutrale und alkalische Phosphatase, Glycerophosphatase, Nuclease oder Phytase bewirkt. Im Feldversuch konnte an Standorten, welche ausgelichtet und zwei Jahre vor Aktivitätsbestimmung mit Harnstoff und Ammoniumnitrat gedüngt worden waren, eine Unterdrückung der Phosphomonoesteraseaktivität durch Harnstoff nachgewiesen werden. Ammoniumnitratgabe übte einen solchen Einfluß nicht aus (Pang und Kolenko 1986). Der Zusatz obiger Chemikalien (20 µmol/ml) während des Versuches zeigte einen kompetitiven Hemmechanismus an.

In Bezugnahme auf Literatur konnten Kiss et al. (1975) über eine Erhöhung der Aktivität der Phosphatase in einem mit Weizen bestellten Boden infolge der Applikation von N, P, NP und NPK plus Kalk berichten. Hohe Gaben an Phosphor (64 kg P_2O_5/ha und mehr) reduzierten jedoch die Bodenphosphataseaktivität. Der übermäßige Einsatz physiologisch saurer Dünger, vor allem von Superphosphat, ohne gleichzeitig erfolgender Kalkung wurde als Ursache für die zu beobachtenden Streßphänomene an den Weizenkulturen sowie hinsichtlich der reduzierten Phosphataseaktivität gesehen.

Es konnten Hinweise darauf erhalten werden, daß sich die Wirkung des Phosphats auf die Bodenphosphatase stärker in dessen Effekt auf die Phosphatasesynthese als in dessen Effekt auf die Aktivität bereits vorliegender Phosphatase begründet. In Böden, welche hinsichtlich des organischen Substanzgehaltes, des extrahierbaren Phosphors und der Phosphordüngepraxis variierten untersuchten Spiers und McGill (1979) die Bildung und Aktivität der sauren Phosphatase. Die Enzymaktivität wurde durch jene der Probennahme vorangehende fünfjährige Düngepraxis beeinflußt. In einem Schwarzen Tschernosem mit hohem organischen Substanzgehalt und hoher ursprünglicher Phosphataseaktivität reduzierten Phosphordünger mit 27 oder 54 kg P/ha/Jahr für fünf Jahre die Phosphataseaktivität um etwa 20%. In einem Grauen Luvisol mit niedrigem organischen Substanzgehalt und niedriger ursprünglicher Phosphataseaktivität zeigte die Phosphordüngung mit 54 kg P/ha/Jahr für fünf Jahre aktivitätssteigernde Tendenz. Die Steigerung des Wurzelwachstums und des Eintrages an organischer Substanz konnten ursächlich dafür sein. Versuchslösungen, welche Pi in einer Konzentration von 0.55 mM enthielten, reduzierten die Aktivität in einem Schwarzen Tschernosem und einem Braunen Tschernosem um 25% und 47%. Eine weitere Erhöhung der Phosphatkonzentration auf 5.5 mM reduzierte die Phosphataseaktivität in den beiden Böden um 50% und 76%. Durch Inkubation des Bodens mit Glucose und NH_4NO_3 kam es zu einer Steigerung der Phosphataseaktivität bis zum sechsfachen. Der Zusatz von Phosphor zur Herstellung eines Verhältnisses von zugesetztem Kohlenstoff zu zugesetztem P von 20:1 verhinderte die Synthese von Phosphatase durch wachsende Mikroorganismen und hemmte bereits vorhandene Phosphatase. Ähnlich, hatte der Zusatz von Phosphor ohne Kohlenstoffquelle in einer sechswöchigen Inkubation nur einen geringen Effekt auf die Phosphataseaktivität und hielt die Phosphorkonzentrationen in der Versuchslösung unterhalb 0.55 mM.

Die Aktivität der Phosphatase nahm infolge des Rückganges von pflanzenverfügbarem Phosphat zu (Nielsen und Eiland 1980). An den mit NPK versehenen Standorten konnte eine erhöhte Wurzeldichte der Pflanzen und eine höhere Phosphataseaktivität nachgewiesen werden. Eine erhöhte Wurzeldichte gepaart mit einer erhöhten Phosphataseaktivität gibt Hinweis auf einen indirekten Einfluß anorganischer Dünger auf die Phosphataseaktivität. Die durch die Düngergabe geförderte pflanzliche Biomasse liefert neben vermehrter Streu und abgestoßener Wurzelmasse auch Exsudate, welche förderlich auf die mikrobielle Biomasse und die Phosphatase wirken. Der ebenfalls untersuchte ATP-Gehalt des Bodens nahm an den mit NPK gedüngten Standorten nicht im gleichen Maße zu wie die Phosphataseaktivität. An Hand dieses Befundes wurde auf einen Beitrag der Pflanzen geschlossen.

An Standorten hoher und geringer Fruchtbarkeit untersuchten Speir und Cowling (1991) während zwölf Monaten die Phosphataseaktivität von Wiesenpflanzenwurzeln sowie des Bodens. Der Standort mit geringer Fruchtbarkeit hatte für mehr als 30 Jahre keinen Dünger erhalten; die mittlere jährliche Produktion an Trockensubstanz betrug 5000 kg/ha. Der Standort mit hoher Fruchtbarkeit hatte für mehr als 30 Jahre jährliche Düngergaben erhalten (mehr als 30 kg P); die mittlere jährliche Produktion an Trockensubstanz betrug 17 000 kg/ha. Die Phosphataseaktivitäten folgten generell komplexen jahreszeitlichen Mustern, obgleich einige Trends apparent waren. An den Standorten geringer Fruchtbarkeit, wo der organische Phosphor den Großteil des P-Angebotes an die Pflanzen darstellte, korrelierten die Kraut- und Wurzelphosphataseaktivitäten signifikant mit dem verfügbaren organischen Phosphor. Der Bodenfeuchtegehalt erwies sich als jener Faktor, welcher die Pflanzenphosphataseaktivität am stärksten kontrollierte. Am Standort geringer Fruchtbarkeit korrelierte die Bodenphosphataseaktivität signifikant mit dem Fruchtertrag.

Kinetische Parameter von Bodenphosphatasen werden durch Phosphordünger differentiell modifiziert. Kandeler (1988) untersuchte an vier Feldstandorten die Wirkung unterschiedlicher Phosphordünger auf die Aktivität und kinetische Parameter von Phosphatasen. Die Phosphordüngervarianten umfaßten in kg/ha: 0, 90 kg Hyperphosphat, 90 kg Thomasphosphat, 540 kg Hyperphosphat, 540 kg Thomasphosphat. Die Aktivität der sauren Phosphatase wurde durch sämtliche P-Düngervarianten gegenüber ungedüngt um etwa 25% reduziert, der Wert für V_{max} wurde erniedrigt.

Der K_m-Wert der sauren Phosphatase wurde durch die Phosphordüngung nicht beeinflußt. Die Aktivität der alkalischen Phosphatase wurde durch Hyperphosphat und Thomasphosphat erhöht. Die Werte für K_m und V_{max} wurden dadurch ebenfalls erhöht.

Andere Autoren hatten über vergleichbare Zunahmen der Aktivität des Enzyms Invertase berichtet, wenn Böden unter Weizen oder Mais mit Stalldünger allein bzw. mit Mineraldünger plus Kalk versehen wurden (Kiss et al. 1975). Die alleinige Applikation von Mineraldünger reduzierte diese Enzymaktivität. Junge Weizen- und Maispflanzen, welche auf einem Ausgewaschenen Tschernosem wuchsen, welcher während fünf bis sieben Jahren alljährlich mit hohen Applikationsraten an Ammoniumnitrat (N240) versehen worden war, zeigten Streß-Symptome. Die Aktivitäten der Enzyme Invertase und Dehydrogenase waren in diesen Böden gegenüber der nicht gedüngten Kontrolle signifikant reduziert. Eine während fünf bis sieben Jahren praktizierte Applikation von sehr hohen Mengen an Ammoniumnitrat (N240) führte in Kombination mit Stalldünger (40 t/ha) und Stroh (5 t/ha) im Vergleich zur alleinigen Applikation der organischen Dünger, zu einer signifikant reduzierten Aktivität der Enzyme Invertase und Dehydrogenase.

In einer weiteren Literaturübersicht verwiesen Kiss et al. (1978) auf Versuche mit einem bearbeiteten Torf (pH 4.2). Bei Gabe von Stickstoff in Form von $NaNO_3$, Phosphor und Kalium in Form von K_2HPO_4 bzw. von Stickstoff, Phosphor und Kalium konnte eine 200–225%ige Erhöhung der Amylaseaktivität nachgwiesen werden. Der Zusatz von Kalk alleine oder in Kombination mit N, PK, NPK führte zu einem Absinken der Amylaseaktivität. Die Langzeitbehandlung eines sauren Rasenpodsols mit NH_4NO_3 ohne Kalkung führte zur Reduktion der Amylaseaktivität. In einem Rasenpodsol unter einer mit NPK gedüngten und periodisch gekalkten gesäten Wiese war die Cellulaseaktivität wesentlich höher als unter einer unbehandelten Wiese. Die Förderung der Mikroorganismen sowie der Cellulaseaktivität durch die Düngernährstoffe, die neutralisierende Wirkung des Kalkes sowie auch durch die Förderung von gesäten Wiesenpflanzen war angezeigt.

Bei langfristiger Anwendung von Volldünger NPK, die Anfangsraten der Dünger betrugen N (90 kg/ha), K_2O (100 kg/ha), P_2O_5 (6 kg/ha); diese wurden in der Folge erhöht N (100 kg/ha) K_2O (100 kg/ha), P_2O_5 (100 kg/ha), kam es zu einem Rückgang der Dehydrogenaseaktivität, zu einer Verschlechterung der chemischen Bodeneigenschaften sowie zu einem Rückgang des Pflanzenertrages (Gomonova 1979). Kalkung beeinflußte selbige Größen positiv; dies sowohl an den Standorten, welche der Langzeit-Mineraldüngung unterlagen, als auch an jenen der Kontrolle.

Novakova und Sisa (1984) untersuchten in einem Laborversuch sowohl den Einfluß von Kaolinit und Montmorillonit auf die cellulolytische Aktivität eines Rasenpodsolbodens, als auch die Wirkung eines Zusatzes von

Cellulose und von anorganischem N (NH_4NO_3). Die cellulolytische Aktivität wurde durch die Cellulosegabe erhöht und durch die Stickstoffapplikation erniedrigt. Kaolinit stimulierte und Bentonit hemmte die Aktivität. Im Falle der Stickstoffgabe wurde ein Rückgang des stimulierenden Effekts von Kaolinit nachgewiesen. Dieser Rückgang wurde mit der Bindung von Ammoniumionen an aktive Stellen des Kaolinit in ursächliche Verbindung gesetzt. Dessen aktivierender Einfluß auf die Bodencellulasen sollte dadurch wegfallen.

Im Langzeitversuch (12–15 Jahre) untersuchten Stefanic et al. (1984) den Einfluß verschiedener Dosen an Stickstoff (Ammoniumnitrat) und Phosphor (Superphosphat) sowie verschiedener Stickstoff/Phosphor-Verhältnisse auf das pH, den Gehalt an organischer Substanz, den Gesamtstickstoffgehalt und die Aktivität der Enzyme Dehydrogenase und Saccharase. Varianten einer zweifaktoriellen Kombination von Stickstoff und Phosphor (N0, N50, N100, N150, N200 kg/ha aktive Substanz als Ammoniumnitrat und P0, P40, P80, P120, P160 kg/ha aktive Substanz als Superphosphat) aus Feldversuchen auf einem Tschernosem ähnlichen Boden und einem Ausgewaschenen Tschernosem wurden beprobt. Die Standorte unterlagen einem Fruchtwechselregime. Ohne einer Einarbeitung von organischer Substanz verursachte ausschließliche chemische Düngung die Verminderung des pH-Wertes und der biologischen Aktivität. Hohe Nitratdosen, vor allem, wenn diese im Gleichgewicht mit hohen Phosphordosen standen, intensivierten die Verschlechterung des Bodenzustandes. Die Aktivität der Dehydrogenase und das pH des Bodens stellten sensitive Indikatoren des Fruchtbarkeitsstatus dar. Die Bestimmung des organischen Substanzgehaltes und des Nährstoffangebotes erlaubte weder eine Unterscheidung des Einflusses experimenteller Varianten, noch die Bestimmung eines Fruchtbarkeitsniveaus der Böden.

In einem bewirtschafteten sauren Torfboden untersuchten Weber et al. (1985) den Einfluß von mineralischem Dünger, NPK bzw. von Holzasche auf verschiedene mikrobiologische Aktivitäten. Bei Düngung mit Holzasche oder NPK konnte eine Erhöhung der Konzentrationen an Ca, Mg, K, Cu, Mn und B beobachtet werden. Holzasche bewirkte einen pH-Anstieg im Boden, stimulierte die Mineralisierungvorgänge und erhöhte die Stickstoffverfügbarkeit. Ammoniumnitrat erhöhte die Stickstoffmineralisierung ebenfalls, jedoch geringfügiger. Beide Dünger stimulierten den Celluloseabbau. Bei Aschegabe war die Stickstoffixierung durch freilebende Organismen erhöht. Stickstoffdüngung unterdrückte diese. Die Denitrifikationsrate ohne Düngung sowie jene mit Nitratzusatz (potentielle Denitrifikationsrate), korrelierte positiv mit der Gegenwart von wasserlöslichem organischen Kohlenstoff. Die Aschezusätze führten zu keiner signifikanten Steigerung der Denitrifikationsrate. Nach Stickstoffdüngung ging die Menge an wasserlöslichem organischen Kohlenstoff zurück. Die potentielle Denitrifikationsrate zeigte sich gesteigert und diesbezüglich pH-abhängig.

Untersuchungen zur Denitrifikation in einem landwirtschaftlich genutzten Boden, welcher infolge 20jähriger Düngung mit Ammoniumsalzen ein niedriges pH (um 4) aufwies, gaben Hinweis auf die Selektion einer säuretoleranten denitrifizierenden Population (Parkin et al. 1985). Im angrenzenden gekalkten Boden (pH etwa 6.0) war die Denitrifikationsrate etwa 2.5mal höher als im sauren Boden. Das pH-Optimum der Denitrifikation lag im sauren Boden bei 3.9, im neutralen bei 6.3. Der Belüftungsstatus (Feuchte), das Angebot an verfügbarem organischen Kohlenstoff sowie die Nitratkonzentration gelten als jene, die Denitrifikation primär beeinflussende Faktoren. Im typischen Falle kann eine hohe räumliche Variabilität der Denitrifikation, eine verhältnismäßig geringe Variabilität der aktiven denitrifizierenden Enzyme und die relativ uniforme Verteilung von denitrifizierenden Bakterien beobachtet werden. Die CO_2-Bildung wurde als geeignet befunden, das Ausmaß der Denitrifikationsrate vorherzusagen, da diese die Verfügbarkeit von organischem Kohlenstoff und die Belüftung des Bodens anzeigt (O_2-Konsum). Hohe Denitrifikation- und CO_2-Bildungsraten waren mit partikulärem organischen Kohlenstoff im Boden assoziiert.

Rankov und Ivanova (1986) konnten nachweisen, daß die Aktivität des Enzyms Katalase in vier verschiedenen Böden durch steigende Aufwandmengen an Ammoniumnitrat kombiniert mit PK (Superphosphat und Kaliumphosphat) abnahm, wobei diese Beeinflussung bei Böden mit einem höheren organischen Substanzgehalt, einer schwereren Textur und einem alkalischen pH-Wert weniger stark ausgeprägt war. Die alleinige Gabe von PK führte zu einem Rückgang der Katalaseaktivität.

Stickstoff wurde in den Mengen von 120, 240, 360, 480 und 600 kg/ha als Ammoniumsulfat, Ammoniumnitrat, Natriumnitrat und Harnstoff zu Böden appliziert, welche zuvor eine P240K240-Gabe erhalten hatten (Rankov und Ivanova 1987). Die Ausbringung von Ammoniumsulfat, Ammoniumnitrat und Harnstoff führte, vor allem in den leichteren sandigen Böden zu einer Unterdrückung der Katalaseaktivität. Natriumnitrat hemmte die Enzymaktivität in einem geringeren Ausmaß.

Dinesh et al. (1995) konnten in Topfversuchen mit Ammoniumchlorid und Ammoniumsulfat bei Einstellung einer Chlorid- bzw. Sulfatkonzentration von 132, 264 und 396 kg/ha eine mit zunehmender Konzentration abnehmende Aktivität der Enzyme Urease, Amidase, Phosphatase und Dehydrogenase im mit Reis bepflanzten Bodenmaterial nachweisen. Die Enzymaktivitäten waren zur Zeit des Ansetzens von Seitentrieben, des Rispenschiebens und der Ernte bestimmt worden. Hinsichtlich des Hemmausmaßes bestand Variation zwischen den Enzymen und der Natur sowie der Menge des Düngersalzes.

Rankov und Dimitrov (1987) untersuchten in einem Ausgewaschenen Zimtfarbigen Boden (mit Feldfrüchten) nach zehn Jahren intensiver Düngung Bodenenzymaktivitäten. NPK-Dünger war in fünf verschiedenen Aufwandmengen 0, 120, 240, 360 und 480 kg/ha appliziert worden. Geringe Aufwandmengen an Mineraldüngern erhöhten die Aktivität der Enzyme Protease, Urease und Katalase; bei höheren Aufwandmengen wurden diese Enzymaktivitäten reduziert.

Schwefel-Dünger

Nach wiederholter Düngung zweier unterschiedlicher Grauer Luvisole mit elementarem Schwefel fanden Gupta et al. (1988) einen Rückgang der Atmungsaktivität sowie einen solchen der Aktivitäten der Enzyme Dehydrogenase, Urease, alkalische Phosphatase und Arylsulfatase. An beiden Standorten kam es infolge der Applikation von elementarem Schwefel zu einem Rückgang des mikrobiellen Biomasse-C im Ausmaß von 29–45% bzw. 2–51%. Der Schwefel war entweder in Form von Körnchen mit einem Durchmesser von 2–5 mm bzw. eines solchen von 1–2 µm zugesetzt worden. Die Applikation erfolgte in einer Rate von 22, 44, 50 bzw. 100 kg S⁰ pro Hektar und Jahr während fünf Jahren. Das pH des Bodens wurde infolge der Schwefelapplikation signifikant gesenkt. Ein Rückgang des organischen Kohlenstoffgehaltes und eine Annäherung der C/N/S-Verhältnisse konnte nachgewiesen werden. Die hohe negative Korrelation zwischen der Arylsulfataseaktivität und den Gehalten an anorganischem Sulfat ließ auf eine mögliche Produkthemmung durch Sulfatschwefel schließen.

5.2.3 Ausgewählte Stickstoffdünger - Kalkstickstoff und Harnstoff

Kalkstickstoff (Calciumcyanamid)

Kalkstickstoff war der erste im industriellen Prozeß gefertigte Stickstoffdünger. Im Verlauf der Umsetzung von Kalkstickstoff entsteht Harnstoff. Ernst (1967) fand, daß der Großteil dieser Umwandlung enzymatisch, sowohl durch intrazelluläre, als auch durch angereicherte Enzyme, ein geringerer Teil durch anorganische Katalyse erfolgt. Gemäß Amberger und Vilsmeier (1979) erfolgt die Überführung des im Verlaufe der Umsetzung von Kalkstickstoff gebildeten Harnstoffs zu Ammonium entsprechend den gegebenen Bedingungen nach wenigen Stunden oder Tagen. Je nach Form (geperlt bzw. gemahlen) und Applikationsweise (in den Boden eingearbeitet oder oberflächlich aufgebracht) des Kalkstickstoffs können in unterschiedlichem Maße Dicyandiamid, Guanylharnstoff und Guanidin auftreten. Der Nitrifikationshemmstoff Dicyandiamid ist im geperlten Kalkstickstoff mit einem Anteil von etwa 10% neben 90% Cyanamidstickstoff am Gesamtstickstoff enthalten. Neben den obigen Metaboliten untersuchten Amberger und Vilsmeier (1979) auch den Einfluß von Nitrit auf die Aktivität des Enzyms Urease, wobei Ansätze sowohl mit Enzymlösungen als auch mit verschiedenen Bodenproben geprüft wurden. Nitrit kann insbesondere nach hohen Harnstoffgaben in beträchtlichen Mengen im Boden auftreten. In den wäßrigen Lösungen mit reiner Urease trat unter den gewählten Bedingungen keine Beeinflussung der Harnstoffspaltung auf. In Böden wirkten Dicyandiamid und Guanidin in geringem Maße beschleunigend (5–15%) auf den Harnstoffumsatz, Cyanamid hatte keine, Guanylharnstoff eine teilweise sehr geringe hemmende Wirkung. Nitrit (10 mg NO_2-N/100 g Boden) hemmte die Harnstoffspaltung bis zu 50%.

Über Jahrzehnte geführte vergleichende Düngeversuche mit Perlkalkstickstoff, schwefelsaurem Ammoniak sowie mit Kalksalpeter ergaben für die Perlkalkstickstoffgabe stets die höchsten Enzymaktivitäten sowie die höchste Biomasse (Amberger 1981). Durch die Kalkstickstoffzufuhr konnte infolge der damit verbundenen laufenden Einbringung von erheblichen Mengen an basisch wirkenden Bestandteilen das pH des Bodens nahe des neutralen Bereiches gehalten werden. In diesem Bereich konnten auch die Aktivitätsoptima der untersuchten Enzyme Dehydrogenase, Katalase, alkalische Phosphatase, Protease, Amylase und jenes der Atmung nachgewiesen werden. Der im geperlten Kalkstickstoff vorhandene Nitrifikationshemmstoff, Dicyandiamid (DCD, Didin), beeinflußte die biologischen Parameter nicht nachteilig.

Harnstoff

Harnstoff ist das Diamid der Kohlensäure $CO(NH_2)_2$. Ammoniumnitrat und Harnstoff werden als Stickstoffdünger in großem Umfang produziert und eingesetzt. Harnstoff gewann infolge seiner geringen Kosten pro Stickstoffeinheit und auch seiner geringeren Bodenversauerungseigenschaften beispielsweise im Vergleich zu Ammoniumsulfat zunehmende Bedeutung. Dessen Einsatz übersteigt global gesehen bei weitem jenen von Ammoniumnitrat (Rodgers et al. 1987).

Harnstoff kommt entweder in Körnchenform auf nassen Böden oder als hochkonzentrierte Lösung zur Anwendung. Harnstoff unterliegt im Boden leicht der Hydrolyse, wobei Ammoniumcarbonat entsteht: $CO(NH_2)_2$ + $2H_2O \rightarrow (NH_4)_2CO_3$. Die Spaltung von Harnstoff erfolgt im Boden durch Ureaseenzyme, welche intrazellulär in lebenden Organismen, frei in der Bodenlösung oder immobilisiert an Bodenbestandteilen oder in Organismenresten wirksam sind. Es gibt zahlreiche Hinweise auf eine hauptsächlich als immobilisiertes Enzym agierende Bodenurease (z.B. Paulson und Kurtz 1969; Burns et al. 1972; Nannipieri et al. 1974, 1975; Pettit et al. 1976; Zantua und Bremner 1976, 1977).

Leftley und Syrett (1973) konnten in Extrakten einzelliger Algen (Chlorophyceen) ATP-Harnstoffamidolyaseaktivität nachweisen. Der Besitz dieses Enzyms schloß jenen der Urease aus und umgekehrt. Zwei Enzymkomponenten repräsentieren die ATP-Harnstoffamidolyase. Die Harnstoffcarboxylase (Harnstoff:CO2-Ligase) und die Allophanathydrolase (Allophanat:Amidohydrolase). Die Harnstoffcarboxylase benötigt ATP, Mg^{2+}, K^+ und CO_2 und wird durch Avidin gehemmt.

Bei jener durch die ATP-Harnstoffamidolyase katalysierten Reaktion finden zwei aufeinanderfolgende Reaktionen statt. Die erste Reaktion wird durch das Enyzm Harnstoffcarboxylase, die zweite durch das Enzym Allophanathydrolase katalysiert. Die erste Reaktion führt zu Allophanat, welches in der zweiten Reaktion zu Ammoniak und Kohlendioxid umgesetzt wird.

Mittels Harnstoff oder Acetamid konnte die Allophanat-Lyase in Kulturen von *Chlamydomonas reinhardi*, welchen Ammonium fehlte innerhalb von vier Stunden 20–40fach induziert werden (Semler et al. 1975).

Stickstoffverluste, Toxizität. Das bei der Hydrolyse von Harnstoff im Boden entstehende Ammoniumcarbonat ist bei pH-Werten oberhalb 7 instabil und entläßt gasförmiges NH_3. Harnstoff ist einer der Hauptstickstoffdünger im Reisanbau und in den meisten Reisanbauländern betragen die NH_3-Verluste bis zu 50% des aufgewandten Harnstoffdüngers (Pedrazzini und Tarsitano 1986).

Gasförmige Stickstoffverluste in Form von Ammoniak stellen große Probleme dar. Ammoniak ist die dritthäufigste Stickstoffspezies in der Troposphäre und wird nur von N_2 und N_2O mengenmäßig übertroffen.

Weitere Probleme eines intensiven Harnstoffeinsatzes ergeben sich aus der Anreicherung von Nitrit, welche mit einer verzögerten Nitratbildung einhergehen kann. Die Anreicherung von Nitrat und dessen Auswaschung kann die Pflanzenernährung, das Grundwasser und die Oberflächengewässer beeinträchtigen. Ein weiteres mit dem vermehrten Einsatz von Harnstoff verbundenes Problem besteht in dessen negativem Einfluß auf die Samenkeimung, das Keimlingswachstum und das frühe Wachstum der Pflanzen. Dabei gibt es Hinweise darauf, daß dieser Einfluß großteils durch Ammonium verursacht wird, welches bei der Harnstoffhydrolyse entsteht.

Die rasche Hydrolyse von Harnstoff bedingt Stickstoffverluste, welche sowohl wirtschaftliche als auch ökologische Probleme verursachen. Aus diesem Grund intensivierte man Untersuchungen zur Klärung des Schicksals von in den Boden gelangenden Harnstoff und zur Klärung der komplizierten Beziehung zwischen Ureaseaktivität, Harnstoff, Bodeneigenschaften und Stickstoffverlusten aus Harnstoff.

Die biologische Aktivität, welche das pH beeinflußt und die Aktivität des Enzyms Urease sind wesentliche Ursachen von Ammoniakverlusten

aus Unterwasserböden. Mit einer Rate von 200 kg/ha applizierter Harnstoff kann in einem normalen Boden in wenigen Tagen hydrolysiert
werden (Cervelli et al. 1976). Pedrazzini und Tarsitano (1986), welche in
einem Laborversuch den Gesamtstickstoffverlust durch NH_3-Verflüchti-
gung im einem mit Harnstoff versehenen Unterwasserboden untersuchten,
setzten die Verluste mit dem Ammoniumstickstoffgehalt, dem pH und der
Ureaseaktivität im Flutungswasser in Beziehung.

Bouwmeester et al. (1985) bewerteten die Ureaseaktivität, die Textur,
den Calciumcarbonatgehalt, die Temperatur und den Wassergehalt des Bodens, die Niederschlagsverteilung, die relative Luftfeuchte, die Windge-
schwindigkeit und das Düngermanagement als jene die Ammoniakverluste
aus Düngerharnstoff steuernden Größen.

Reynolds und Wolf (1987) beprobten sieben verschiedene Kulturböden
und bestimmten den Einfluß verschiedener Bodeneigenschaften wie Prozentgehalt an Ton, Kationenaustauschkapazität, organischer Kohlenstoffgehalt und Protonenpufferkapazität sowie der Ureaseaktivität auf die
Ammoniakverflüchtigung aus Harnstoff. Die Verflüchtigungsraten korrelierten negativ mit dem Prozentgehalt an Ton, dem Gesamtstickstoffgehalt,
der Kationenaustauschkapazität, dem organischen Kohlenstoffgehalt, der
Protonenpufferkapazität und der Ureaseaktivität. Aus der in der Regel
positiven Korrelation zwischen dem Prozentsatz an Ton, der Kationenaustauschkapazität, dem organischen Kohlenstoffgehalt und der Protonenpufferkapazität wurde auf die Eignung einer jeden dieser Eigenschaften,
zur Abschätzung des Vermögens eines Bodens, NH_4-N zu halten oder umgekehrt NH_3 zu verlieren, geschlossen. Die Ureaseaktivität und der ursprüngliche pH-Wert des Bodens können dabei in Bezug auf eine derartige
Vorhersage weniger bedeutsam sein.

Ureaseaktivität und Bodeneigenschaften. Zahlreiche Untersuchungen zum
Einfluß von Bodeneigenschaften auf die Aktivität der Urease zeigten eine
in der Mehrzahl der Fälle positive Korrelation zwischen der Ureaseaktivität und dem Gehalt des Bodens an organischer Substanz. In sandigen
Böden konnte eine gegenüber Böden mit schwerer Textur geringere
Ureaseaktivität nachgewiesen werden. Eine enge Beziehung zwischen dem
Ausmaß und der Verteilung der Aktivität dieses Enzyms und dem organischen Substanzgehalt in den Profilen verschiedener Bodentypen konnte
etabliert werden. Innerhalb einzelner Horizonte kann diese Beziehung zwischen dem organischen Substanzgehalt und der Ureaseaktivität durch
andere Faktoren wie pH-Wert, Salinität, Textur und Vergleyung modifiziert werden. Die Ureaseaktivität korrelierte signifikant positiv mit dem
organischen Kohlenstoffgehalt verschiedener Oberböden (Dalal 1975;
Tabatabai 1977). Eine signifikante positive Korrelation bestand auch mit
der Kationenaustauschkapazität (Dalal 1975). In 21 verschiedenen Oberböden korrelierte die Ureaseaktivität hoch signifikant mit dem organischen

Kohlenstoffgehalt, dem Gesamtstickstoffgehalt und der Kationenaustau
schkapazität (Zantua et al. 1977). Vielfache Regressionsanalysen der erhaltenen Daten zeigten, daß der Großteil der Variation der beobachteten
Ureaseaktivität auf dem organischen Substanzgehalt beruht. Diese Ergebnisse harmonierten mit dem aus anderen Untersuchungen gezogenen
Schluß, daß organische Bodenbestandteile wesentlich zum Schutz der nativen Bodenurease beitragen (Bremner und Mulvaney 1978).

Eine Reihe von Autoren konnten die Beeinflussung der Ureaseaktivität
von Ackerböden durch die Art der Feldfrucht feststellen (Ladd 1978). Arbeiten, in welchen eine signifikante Korrelation zwischen dem organischen
Kohlenstoffgehalt bzw. dem pH-Wert und der Ureaseaktivität in Oberböden nicht nachgewiesen werden konnte (z.B. Pancholy und Rice 1973),
zeigten die Bedeutung des Vegetationstyps für diese Enzymaktivität an.
Wickremasinghe et al. (1981) fanden keine Beziehung zwischen der
Ureaseaktivität und dem organischen Kohlenstoffgehalt. Es konnte im Ge-
genteil festgestellt werden, daß die beiden Böden, welche einen höheren
organischen Kohlenstoffgehalt aufwiesen, eine wesentlich geringere
Ureaseaktivität besaßen als die beiden anderen Böden mit geringeren organischen Kohlenstoffgehalten. Dies wurde auf den hohen Polyphenolgehalt
der Teestreu zurückgeführt. Eine Analyse des Polyphenolgehaltes der Böden ergab eine direkte Beziehung zwischen dem Gesamtpolyphenolgehalt
und der Ureaseaktivität der Böden. Dies stützte frühere Befunde (Bremner
und Douglas 1971; Fernando und Roberts 1976), wonach Polyphenole die
Ureaseaktivität im Boden zu hemmen vermögen und gab auch eine Erklärung für die Beobachtungen anderer Autoren, wonach die Ureaseaktivität
des Bodens stärker durch die Art der Vegetation als durch den organischen
Kohlenstoffgehalt und die Textur des Bodens bestimmt wird. In Glashausversuchen mit einem sauren Boden zum Einfluß von phenolreichen
und phenolarmen Pflanzenresten auf die Aktivität der Urease wiesen die
mit phenolreichen Resten versehenen Böden gegenüber den mit
phenolarmen Resten versehenen eine um etwa 50% geringere Ureaseaktivität auf (Sivapalan et al. 1983).

In der Literatur angegebene pH-Optima für die Bodenurease liegen bei
6.5 bis 7.0 (Hofmann und Schmidt 1953; Pettit et al. 1976) bzw. bei 8.8 bis
9.0 (Tabatabai und Bremner 1972; May und Douglas 1976). Chunderova
(1970) fand in Rasenpodsolen ein pH-Optimum der Urease im Neutralen
(6.3–7.2). Bremner und Mulvaney (1978) stetzten diese Divergenzen mit
Unterschieden bei den verwendeten Puffern sowie bei den verwendeten
Harnstoffkonzentrationen in Beziehung. Wickremasinghe et al. (1981) fanden in Teeböden selbst bei sehr niedrigen pH-Werten (4.0 bis 4.5) hohe
Ureaseaktivität.

Untersuchungen zur Verteilung des Enzyms Urease sowie dessen Beeinflussung durch das pH in einem Vertisol bis zu einer Tiefe von 120 cm
ergaben, eine in einer Tiefe von 20–60 cm höhere Ureaseaktivität als im

Oberboden (0–10 cm), soferne die Aktivität beim pH-Wert des Bodens bestimmt wurde (Dalal 1985). Bei optimalen Verhältnissen hinsichtlich des pH (Einsatz von Tris-HCl-Puffer, pH 9.0) erwies sich die Ureaseaktivität in sämtlichen Tiefen als relativ einheitlich. Suboptimale Verhältnisse hinsichtlich des pH konnten für die geringere Ureaseaktivität im Oberboden primär verantwortlich gemacht werden. Dadurch konnte es zu einer stärkeren konformativen oder sterischen Behinderung der Bildung und/oder dem Abbau von Harnstoff-Ureasekomplexen im Boden kommen.

Als Folge von Wassersättigung treten im Boden unter anderem elektrochemische Veränderungen auf. Diese bestehen in der Abnahme des Redoxpotentials und dem Anstieg des pH-Wertes. Die Ergebnisse früherer Untersuchungen zur Beziehung zwischen dem Wassergehalt des Bodens und der Ureaseaktivität zeigten bei einem Anstieg des Wassergehaltes teils keine signifikante Beeinflussung, teils einen Anstieg sowie teils eine Abnahme der Ureaseaktivität. Wickremasinghe et al. (1981), welche die Harnstoffhydrolyse in sauren Teeböden untersuchten, konnten eine rasche und fast vollständige Harnstoffspaltung beobachten, wobei die Hydrolysegeschwindigkeit bei einem Feuchtegehalt des Bodens von 25% und darüber unabhängig von selbigem war. Sahrawat (1984) fand, daß die Ureaseaktivität zweier Böden (Vertisol, Alfisol) mit dem Feuchtegehalt bis zur Feldkapazität zunahm und sodann bei einem weiteren Anstieg des Wassergehaltes konstant blieb. In Proben, welche im späten Sommer genommen worden waren und deren Wassergehalt weit unter -15 bar lag, konnte keine Ureaseaktivität nachgewiesen werden. In einem Oberboden unter Wiese zeigten sämtliche untersuchten Enzymaktivitäten signifikante zeitliche Fluktuation (Ross et al. 1984a). Bei Eliminierung der Standorteinflüsse, korrelierten die Fluktuationen der Ureaseaktivität negativ mit der Bodenfeuchte. Nach sieben Tagen Wassersättigung ging die Ureaseaktivität, bestimmt bei optimalem pH und bei 37°C, um 19–66% zurück. Zwischen der Aktivität der Urease und dem Redoxpotential bei pH 7 bestand eine signifikante positive Korrelation (Pulford und Tabatabai 1988). Die Hydrolyse von oberflächenappliziertem Harnstoff nahm in Böden, welche einen Wassergehalt von > 6% bis nahe der Feldkapazität aufwiesen mit zunehmender Dichte zu (Savant et al. 1987). Die Förderung der Bildung von Urease-Harnstoffkomplexen durch die erhöhte Diffusion von Harnstoff zu sorbierter Urease infolge zunehmender Dichte konnte angenommen werden. Unter Bedingungen der Verdunstung beeinflußte die Zunahme der Dichte in Böden mit leichter Textur die Hydrolyse von appliziertem Harnstoff nicht wesentlich. Ezzeldin Ibrahim et al. (1984) untersuchten den Einfluß steigender Harnstoffgaben und unterschiedlicher Bodenfeuchte, 30 und 60 % sowie 100% Wasserkapazität und Überstauung, auf die Harnstofftransformation. Die Harnstoffspaltung nahm bis zu einer bestimmten Harnstoffkonzentration linear zu. Auch Ezzeldin Ibrahim et al. (1984) fanden, daß die Rate der Harnstoffspaltung bei Überstauung auf 50% der trockeneren Versuchglieder absank; innerhalb des Bereichs der Wasserkapazität bestand keine wesentliche Beeinflussung derselben durch verschiedene Wassergehalte. Steigende Harnstoffgaben erhöhten die NH_3-Verluste. Die NH_3-Verluste waren bei Überstauung am höchsten. Eine vorübergehende Steigerung der Nitritkonzentration im Boden durch steigende Harnstoffgaben, welche mit der Verzögerung der Nitratbildung einherging, konnte beobachtet werden. Dabei bestand eine Abhängigkeit der Persistenz von Nitrit vom Bodenwassergehalt; bei Überstauung persistierte dieses länger als sechs Woche im Boden. Die Nitratkonzentration der Böden entsprach am Ende des Versuches den Harnstoffaufwendungen eher reziprok, das heißt die Nitratkonzentration war im Boden mit der höchsten Aufwandsmenge an Harnstoff am geringsten. Die Nitratbildung war bei Überstauung völlig unterbunden, bei 100% Wasserkapazität verlief die Nitratbildung rascher als bei niedrigeren Wassergehalten.

Rachhpal-Singh und Nye (1984) konnten feststellen, daß die Aktivität der Urease in einem lehmigen Sand nach Befeuchten des lufttrockenen Bodens stark anstieg, wobei das Maximum innerhalb der ersten 24 Stunden erreicht wurde. Dies war gefolgt von einem langsamen Abfall und einem Einpendeln der Aktivität nach etwa vier Tagen.

Die Konzentrierung der Ureaseaktivität in Oberböden und deren Abnahme mit der Tiefe im Profil konnte in einer Reihe von Arbeiten gezeigt werden. Unterschiede in jahreszeitlichen Temperaturschwankungen, der Feuchte, des organischen Substrates, der Textur, des pH-Wertes und der mikrobiellen Aktivität können die Verteilung und Stabilität der Urease in verschiedenen Tiefen beeinflussen. Jahreszeitliche Fluktuationen der Ureaseaktivität können unter anderem im Zusammenhang mit den Bedingungen hinsichtlich Feuchte und Temperatur interpretiert werden (Stott und Hagedorn 1980).

Untersuchungen zur Enzymaktivität verschiedener Bodentypen, Pseudogleye, Rendsinen und Braunerden einschließend, unter Wald, Rasen und Ackernutzung zeigten, daß die Enzymaktivität in den Humushorizonten verschiedener Bodentypen durch die Bodenreaktion und den Gehalt an organischer Substanz bestimmt wird (Dutzler-Franz 1977). Bei gleichem organischen Substanzgehalt wiesen die neutralen Oberböden höhere Aktivität auf als die sauren. Ein hoher Gehalt (> 40%) an montmorillonithaltigen Tonen hemmte die Aktivität der Urease. Ross und Speir (1979) fanden auf Trockengewichtsbasis hohe Ureaseaktivität im oberen Horizont eines organischen Bodens der Subantarktis. Die Aktivität nahm mit der Bodentiefe stärker ab als der organische Kohlenstoffgehalt.

In Böden, welche hinsichtlich der physikochemischen Eigenschaften stark variierten rangierte die Ureaseaktivität (in ppm Harnstoff-N/ hydrolysiert/Stunde) von 2.0–26.2 in Oberböden und von 0.8–22.4 in Profilproben. Die Aktivität folgte mit der Tiefe der Böden keinem regelmäßigen Muster. Unabhängig von der Tiefe war diese jedoch positiv mit dem orga-

nischen Kohlenstoffgehalt, der Kationenaustauschkapazität, dem Schluff-
und Tongehalt und negativ mit dem pH und dem Sandgehalt korreliert. Ein
Regressionsmodell zeigte, daß der organische Kohlenstoffgehalt und die
Kationenaustauschkapazität für 93% der Variation der Ureaseaktivität von
Oberbodenproben verantwortlich waren. In Profilproben wurden 52% der
Variation der Ureaseaktivität durch den organischen Kohlenstoffgehalt und
den Tongehalt bedingt. Die organische Substanz und der Ton waren haupt-
sächlich für die Variation der Ureaseaktivität dieser Böden verantwortlich
(Singh et al. 1991).

Temperatur. Eine Reihe von Autoren beschäftigte sich mit der Beziehung
zwischen der Ureaseaktivität und der Temperatur. Vielfach konnte bei
einem Temperaturanstieg von 10 auf 40°C eine Zunahme der Bodenureaseaktivität beobachtet werden (Bremner und Mulvaney 1978). Zantua
und Bremner (1977) fanden einen deutlichen Anstieg der Ureaseaktivität
bei Erhöhung der Temperatur von 40 auf 70°C. Dieser Anstieg war von
einer raschen Abnahme der Aktivität bei Erhöhung der Temperatur von 70
auf 80°C gefolgt. Durch Erhitzung der Böden auf 75°C für 24 Stunden
(Zantua und Bremner 1977) sowie auf 80–90°C für 48 Stunden (Conrad
1940a,b) kam es zu keiner vollständigen Zerstörung der Ureaseaktivität.
Temperaturen von 105°C für 24 Stunden (Zantua und Bremner 1977) oder
von 115°C für 15 Stunden (Rotini 1935) zerstörten die Aktivität vollständig. Bremner und Zantua (1975) fanden Ureaseaktivität, ebenso wie Phos-
phatase- und Arylsulfataseaktivität in Böden bei -10° oder bei -20°C, nicht
aber bei -30°C. Es wurde angenommen, daß eine Wechselwirkung zwischen Enzym und Substrat im ungefrorenen Wasser an der Oberfläche von
Bodenpartikeln stattfinden kann. Eine Unterstützung für diese Annahme
wurde durch Experimente erhalten, welche zeigten, daß die Harnstoffhydrolyse durch Jackbohnen Urease bei -10° oder -20°C nur in Gegenwart
von Tonmineralien oder autoklavierten Böden erfolgt. Sahrawat (1984)
fand einen Anstieg der Ureaseaktivität bei einer Zunahme der Temperatur
von 10°C bis zu einem Maximum bei 60°C in einem Vertisol und 70°C in
einem Alfisol. Ein weiterer Temperaturanstieg reduzierte die Ureaseaktivität, welche bei 100°C fast gänzlich gehemmt wurde. Die Halbwertszeit
der Bodenurease betrug bei 4°C 384–768 Stunden, bei 37°C 79–229
Stunden und bei 70°C < 2–6 Stunden. Bei 37°C korrelierten die Halbwertszeiten hoch signifikant positiv mit dem pH und weniger hoch mit
dem organischen Kohlenstoffgehalt der Bodenproben (O'Toole und
Morgan 1984). Moyo et al. (1989) bestimmten den Einfluß der Temperatur auf die Rate der Harnstoffhydrolyse, wobei andere die Harnstoffhydrolyse bestimmende Faktoren (pH-Wert, Harnstoffkonzentration, Wassergehalt) konstant gehalten wurden. Ein Anstieg der Temperatur von 5 auf
45°C erhöhte die Rate. Als mittlere Akti-vierungsenergien für die Urease
konnten in den beiden untersuchten Böden 49.4 und 53.6 kJ/mol ermittelt

werden. Kumar und Wagenet (1984) konnten in drei verschiedenen Böden einen linearen Anstieg der Ureaseaktivität mit der Temperatur bis zu 35°C und dem Feuchtegehalt des Bodens bis zur Feldkapazität beobachten.

Harnstoffkonzentration. Vorbehandlung eines lehmigen Sandes mit Harnstoff oder Ammonium beeinflußte die Aktivität der Urease nicht (Rachhpal-Singh und Nye 1984). Zantua und Bremner (1976) hatten im Falle einer Behandlung von Böden mit Harnstoff gleiches berichtet. Die Ureaseaktivität stieg zunächst mit steigender Substratkonzentration an, um nach Erreichen eines Optimums, mit steigender Harnstoffkonzentration abzusinken. Im Zusammenhang mit diesem Ergebnis wurde die Möglichkeit einer Substrathemmung diskutiert. Rachhpal-Singh und Nye (1984) beschrieben die Daten unter Einführung der Hemmkonstante (K_i) durch eine modifizierte Michaelis-Menten Gleichung. K_m sank linear mit dem Anstieg des pH, K_i stieg leicht zwischen pH 4.9 und 7.0 und steil zwischen 7.0 und 8.4. V_{max} nahm mit dem Anstieg des pH zu, erreichte ein Maximum bei pH 6.9 und sank bei höheren pH-Werten. Eine weitere, der Michaelis-Menten Kinetik folgende Reaktion wurde beoachtet. Diese erreichte die maximale Geschwindigkeit bei Harnstoffkonzentrationen, die einer an Stickstoff 0.2 M Bodenlösung entsprachen; K_m stieg bis pH 7.2, V_{max} bis pH 6.8, bei höheren pH-Werten sanken beide ab. Kumar und Wagenet (1984) hatten in drei verschiedenen Böden einen linearen Anstieg der Ureaseaktivität mit der Harnstoffkonzentration beobachten können.

In zwei verschiedenen Böden, welche gegenüber Harnstoffstickstoffkonzentrationen rangierend zwischen 0.01 und 10 M exponiert und hinsichtlich des pH-Wertes auf 5.5, 6.5, 7.5 und 9.5 adjustiert waren untersuchten Carbera et al. (1991) die Kinetik der Harnstoffspaltung. Die Ergebnisse konnten am besten durch ein Kinetikmodell beschrieben werden, welches zwei Reaktionen involvierte. Die beiden Reaktionen folgten der Michaelis-Menten Kinetik, jedoch mit unterschiedlicher Affinität zu Harnstoff. Der V_{max}-Wert für die Reaktion hoher Affinität zeigte einen relativ schmalen Peak bei pH 6.5, gefolgt von einem Rückgang und einem scharfen Anstieg mit einem Anstieg des pH von 6.5 auf 9.5. Der V_{max}-Wert für die Reaktion geringer Affinität und die K_m-Werte für beide Reaktionen zeigten Maximumwerte bei pH 6.5. Die Harnstoffkonzentrationen bei welchen beide Reaktionen im gleichen Ausmaß zur gesamten Ureaseaktivität beitrugen variierten zwischen 0.5 und 1.3 M in Abhängigkeit vom Boden und vom pH-Wert.

Ureaseaktivität und organische Zusätze. Der Zusatz von organischer Substanz zum Boden führt zur Erhöhung der Ureaseaktivität, wobei diese Erhöhung vom Typ des eingearbeiteten organischen Materials abhängig ist. In Untersuchungen zum Einfluß von Pflanzenresten auf gasförmige Stickstoffverluste und auf die Aktivität des Enzyms Urease in Gegenwart von

Harnstoff konnten wesentliche, vom Typ der Pflanzenreste abhängige, Zu-
nahmen der Stickstoffverluste nachgewiesen werden (Perucci et al. 1982).
Der Anstieg des Stickstoffverlustes im mit Pflanzenresten versehenen
Boden (216 Stunden nach Harnstoffzusatz) verhielt sich gegenüber dem
Kontrollboden in der folgenden Reihe: Boden + Mais: 10%; Boden +
Sonnenblume: 35%; Boden + Weizenstroh: 37%; Boden + Tabak: 57%.
Durch die Praxis der Einarbeitung von Pflanzenresten werden jene Eigenschaften des Bodens modifiziert, welche die Verluste an Harnstoff-N
durch die Harnstoffhydrolyse bestimmen. Kumar und Wagenet (1984)
konnten in drei verschiedenen Böden eine Beeinflussung der Aktivität der
Urease durch die Gabe unzersetzer Gräser nicht beobachten, wohl aber
konnte eine Steigerung derselben durch humifiziertes organisches Material
festgestellt werden. Die Einarbeitung verschiedener organischer Materialien in den Boden erhöhte die Ureaseaktivität (Zantua und Bremner 1976).
Die Aktivität blieb einige Zeit auf einem erhöhten Niveau und sank danach
wieder auf einen Stand, welcher mit jenem unbehandelter Böden ident
war. Die Ergebnisse ließen schließen, daß die Ureaseaktivität unbehandelter Böden, deren Kapazität zum Schutze der Urease repräsentiert und daß
Urease im Überschuß abgebaut oder inaktiviert wird. Untersuchungsergebnisse von Nannipieri et al. (1983) gaben ebenfalls Hinweis darauf, daß
Böden eine bestimmte Kapazität zur Unterhaltung bzw. Stabilisierung
einer bestimmten Biomasse bzw. Enzymmenge aufweisen. Biomasse und
Enzyme im Überschuß würden demnach zerstört. Untersuchungen der zuletzt zitierten Autoren zur Bildung und Persistenz von Enzymen (einschließlich des Enzyms Urease) im Boden zeigten, daß obgleich die Biomasse und die Enzymaktivität nach Zugabe der Energiequellen (Glucose,
Gras) anstiegen, diese letztlich wieder auf den Stand des Kontrollbodens
abfielen. Auch jene mittels des Grases zugeführten Mikroorganismen und
Enzyme konnten sich nicht über den Inkubationszeitraum hinweg halten.

Substituierte Amide

Substituierte Amide wurden als mögliche Düngemittel vorgeschlagen. Das
Enzym Amidase katalysiert die Hydrolyse von aliphatischen Amiden zu
Ammoniak und deren korrespondierender Carbonsäure. Die Substrate
dieses Enzyms sind potentielle Stickstoffdünger. Untersuchungsergebnisse
von Cantarella und Tabatabai (1983) zeigten in Bezug auf den Trockenge-
wichtsertrag an *Lolium multiflorum* eine ähnliche Wirksamkeit von
Amiden und konventionellen Düngern. Sechs Amide (Formamid, Acetamid, 2-Cyanoacetamid, Glycinamid, Oxamid und Azodicarbonamid)
waren im Glashausversuch, im Vergleich zu zwei herkömmlichen Stickstoffdüngern, Harnstoff und Ammoniumnitrat, bezüglich ihres Vermögens
Pflanzen mit Stickstoff zu versorgen untersucht worden. *Lolium multiflorum* diente als Indikatorpflanze an drei verschiedenen Bodenstandorten.

5.2.4 Spurenelementdünger

Mikronährstoffe oder Spurenelemente sind Elemente, welche von Organismen in nur sehr kleinen Mengen benötigt werden. Die Elemente Mangan, Molybdän, Zink, Kupfer, Cobalt, Nickel, Vanadium, Bor, Chlor, Selen, Silicium, Wolfram und andere zählen zu den Spurenelementen. In der Literatur kann eine Zuordnung des Elementes Eisen entweder zu den Makro- oder den Mikronährstoffen angetroffen werden. Der Spurenelementbedarf variiert zwischen den Organismen.

In Abhängigkeit vom Standort oder im Falle des intensiven Landbaus kann das natürliche Spurenelementangebot des Bodens für die Aufrechterhaltung der Pflanzengesundheit und die erwarteten Erträge ungenügend sein und den Einsatz von Spurenelementdüngern notwendig machen. Die Spurenelemente Kupfer (Cu), Zink (Zn), Mangan (Mn) und Eisen (Fe) liegen im Boden als Kationen, Bor (B) und Molybdän (Mo) als Anionen oder als ungeladene Teilchen vor. Die Mikronährstoffe gehen durch die Verwitterung von Mineralien, die Mineralisierung der organischen Substanz oder durch den Zusatz derselben als lösliche Salze in den Vorrat des Bodens an löslichen Spurenelementen ein. Spurenelemente können im Boden ausgefällt, von Pflanzen und Mikroorganismen aufgenommen oder in den Humus eingebaut werden. Die Bindung an die organische Bodensubstanz sowie an Tonmineralien und Aluminium- und Eisenoxide, stellt einen wichtigen Mechanismus der Entfernung von Mikronährstoffen aus der Bodenlösung dar. Spurenelemente können aus dem Boden ausgewaschen werden bzw. können bestimmte Elemente dem Boden auch durch Verflüchtigung verloren gehen.

Manche Spurenelemente wie zum Beispiel Kupfer weisen ein hohes Maß der Bindung an die organische Bodensubstanz auf. Carboxyl- und phenolische Hydroxylgruppen stellen wichtige funktionelle Gruppen zur Bindung von Kupfer an die organische Substanz des Bodens dar. Das Ausmaß des durch organische Substanz komplex gebundenen Kupfers in der Bodenlösung wird mit nahezu 100% angegeben. Diese Komplexierung ist für die Aufrechterhaltung von ausreichend gelöstem Kupfer für den pflanzlichen Bedarf bedeutsam.

Mikrobielle Produkte, welche die Metallionen chelatieren und deren Löslichkeit erhöhen fördern die pflanzliche Aufnahme bestimmter Elemente. In organischen, an mineralischer Substanz armen, Böden ist die Gefahr des Auftretens eines Kupfer- oder eines anderen Spurenelementmangels höher als in Mineralböden. Bei der Kultivierung organischer Böden kann deshalb Spurenelementdüngung nötig sein.

Schwinden organischer Böden

Die Kultivierung von organischen Böden birgt im Schwinden, welches 1–7 cm pro Jahr betragen kann (Mathur et al. 1984) ein Problem. Der als Schwinden definierte Verlust an organischer Substanz in organischen Böden wird hauptsächlich durch Mineralisierungs- und Humifizierungprozesse verursacht. Die Geschwindigkeit des biochemischen Abbaus der organischen Substanz wird von der Aktivität von Bodenenzymen, welche zeitlich und räumlich getrennt von den sie produzierenden Zellen funktionieren, kontrolliert (Mathur 1982). Die in organischen Böden mineralisierte organische Substanz wird in zwei Klassen geteilt. Die leicht abbaubaren Verbindungen und die gegenüber Bioabbau widerstandsfähigen Verbindungen (Huminstoffe).

Spurenelementdünger nehmen Einfluß auf die Geschwindigkeit des biologischen Abbaus und die Humifizierung der organischen Substanz. Das Wissen um beides, dem Vermögen von Schwermetallen Enzyme zu inaktivieren sowie um die Existenz von abiontischen Enzymen, welche zu diesen Humifizierungs- und Mineralisierungprozessen beitragen, erhöhte die Attraktivität von Spurenelementgaben als Möglichkeit das Schwinden organischer Böden zu mindern.

Dem Element Kupfer wurde von allen Nahrungs- und Düngerelementen die höchste Effizienz in Bezug auf die Inaktivierung von Bodenenzymen zugesprochen. In kupferreichen organischen Böden bzw. in kupferreicher Waldstreu wird die organische Substanz langsamer abgebaut als in kupferarme(n)r. Das Konzept der Inaktivierung von Bodenenzymen durch Cu, basierte hauptsächlich auf der Beobachtung der Wirkung von Cu auf die Bodenatmung und auf das Enzym saure Phosphatase (Tyler 1976; Mathur et al. 1979a; Mathur und Levesque 1980). In einem Feldversuch zum Einfluß von Dünger-Restkupfer in organischen Böden konnte eine signifikant negative Korrelation zwischen der Atmungsaktivität und dem Gesamt- und extrahierbarem Kupfergehalt nachgewiesen werden (Mathur et al. 1979a). Die Aktivität des Enzyms saure Phosphatase nahm mit der Zunahme des Kupfergehaltes ab. Zwischen dem Dünger-Restkupfergehalt in Proben von 14 benachbart liegenden Feldern (Histosole, Cu-Gehalt 18–175 µg/g) und den Aktivitäten von C1-Cellulase, Cx-Cellulase, Cellobiase, Xylanase, Amylase, Inulase, Lichenase und Lipase sowie der Bodenatmung bestand eine negative Korrelation (Mathur und Sanderson 1980).

In den Oberflächenlagen von nicht humifizierten Torfböden unterstützten Cu-Konzentrationen von 100 ppm und solche von 400 ppm in humifizierten Torfböden die Pflanzenernährung und hemmten die abbauenden Enzyme (Mathur et al. 1984). Mathur und Rayment (1977) bestimmten die relativen Abbauraten in Proben eines Wiesenstandortes über einem trockengelegten Moor, welcher gekalkt und während eines Zeitraumes von acht Jahren unterschiedlich gedüngt worden war. Jene Proben, welche

Spurenelementgaben (B, Cu, Fe, Mn, Mo, Zn) und NPK-Dünger erhalten hatten, verloren signifikant weniger (22–29%) Kohlenstoff als die Proben jener Standorte, welche jährlich nur mit NPK gedüngt worden waren. Die Messung der Dichte an den Feldstandorten bestätigte den abschwächenden Einfluß der Spurenelementgaben auf die biologischen Abbauvorgänge und die Humifizierung. Die erhöhten Kupferspiegel in den mit Spurenelementen behandelten Böden, hatten wenngleich nicht biozid wirkend, zur Inaktivierung von zellfreien Enzymen geführt und den Abbau verlangsamt. Die Aktivität der sauren Phosphatase war vor sowie nach der Inkubation mit Proben des NPK + Spurenelement Standortes gegenüber jener mit Proben des NPK Standortes signifikant geringer. Das erstgenannte Probenmaterial inaktivierte (in 20 Stunden) 30% mehr einer zugegebenen sauren Phosphatasepräparation als das zweitgenannte.

Die Problematik einer Verlagerung des applizierten Kupfers in tiefere Bodenlagen bzw. die Verdrängung anderer Elemente durch das applizierte Kupfer wurde diskutiert. Literaturangaben zufolge führt die periodische Anwendung von etwa fünf kg Kupferdünger pro ha, infolge der starken Bindung des Metalls durch die organische Substanz zu keinem Abwärtswandern von Kupfer. Untersuchungen bezüglich des Problems des Ersatzes anderer Nährelemente durch in höheren Mengen appliziertes Kupfer ergaben an zwei Standorten organischer Böden, unabhängig von der Aufwandsmenge, eine geringe Verlagerung von Kupfer unterhalb eine Tiefe von 30 cm. An einem dritten Standort (ein gering humifizierter, saurer Torf) konnte bei einer Aufwandsmenge von 1500 ppm eine Abwärtsbewegung bis zu 40 cm Tiefe beobachtet werden. Kupferanwendung verursachte keine Auswaschung anderer Metalle (Mathur et al. 1984).

5.3   Organische Dünger

Die wichtigsten organischen Dünger umfassen Stalldünger, Feldfruchtrückstände, Stroh und Gründünger. Komposte organischer Abfälle werden ebenfalls zu den organischen Düngern gezählt. In dieser Publikation werden die Abfälle aus Industrie-, Gewerbe- und Siedlungen sowie deren Abkömmlinge als potentielle Düngemittel eigens besprochen. Aus ökologischer Sicht ist die Einschleusung der zuletzt angeführten Abfälle in die Stoffkreisläufe wünschenswert. Deren zuweilen hohe Schadstoffgehalte können jedoch den Einsatz für landwirtschaftliche, gärtnerische und forstliche Zwecke verhindern.

5.3.1 Physikalische und chemische Bodeneigenschaften

Organische Dünger stellen organische Substanz gemeinsam mit einer Reihe von Nährstoffen zur Verfügung. Diese nehmen Einfluß auf die Bodenstruktur, den Gehalt des Bodens an organischer Substanz, Nährstoffen, Wasser und Schadstoffen, die Salinität, die Bodenreaktion, das Redoxpotential, die Farbe und die Temperatur von Böden.

Organische Substanz, Nährstoffe, Bodenreaktion

Der Zusatz organischer Materialien zum Boden oder die Bewirtschaftung des Bodens in einer Form, welche die Anreicherung von Kohlenstoffverbindungen begünstigt, fördert die Zunahme des organischen Substanzgehaltes im Boden. Die applizierte organische Substanz trägt zur Erhaltung des Bodenhumus und damit zur Verbesserung einer Reihe von Bodeneigenschaften bei. Der Humus ist als Strukturelement, Wasser- und Nährstoffspeicher für den Luft-, Wasser-, Wärme- und Nährstoffhaushalt des Bodens sowie als Nahrungsquelle für Bodenorganismen und stabilisierendes Element für Bodenenzyme, in Bezug auf die Bodenfruchtbarkeit unentbehrlich. Regelmäßig zu beobachtenden Konsequenzen von organischen Substanzeinträgen in den Boden sind die Zunahme der Wasserhaltekapazität, eine Verbesserung struktureller Bodeneigenschaften und ein Rückgang der Bodendichte. Der günstige Effekt von Stalldünger auf physikalische Bodeneigenschaften bestand neben der Zunahme des Gehaltes an verfügbarem Wasser vor allem in einer Förderung der Mikroporosität (Rose 1991).

Geringste Veränderungen des Humusgehaltes (um nur wenige Zehntel Prozent) können im Boden bedeutsame physikalisch-chemische Veränderungen bewirken (Sauerbeck 1981). Dabei ist sowohl der längerlebigen, als Huminstoffe vorliegenden, als auch der kurzlebigen, leicht zersetzbaren, organischen Substanz und jenen bei derem Abbau gebildeten Intermediärprodukten gleichermaßen physikalische, chemische und biologische Bedeutung beizumessen.

Organische Dünger sind Langzeitdünger. Deren Umsetzung im Boden und der damit verbundene Einfluß auf den Bodennährstoffgehalt und andere Bodeneigenschaften vollzieht sich in größeren Zeiträumen. Tate (1987) nahm Bezug auf einen klassischen Versuch in dessen Rahmen einem Standort jährlich über eine Periode von 20 Jahren (1852–1871) Stalldünger zugeführt wurde. 100 Jahre nach Einstellung dieser Düngerpraxis besaß der gedüngte Standort noch immer höhere Gehalte an organischem Kohlenstoff und Stickstoff als die ungedüngte Kontrolle. In der Literatur wird die Rate der Nährstofffreisetzung aus Stalldünger mit 2–4% pro Jahr veranschlagt.

Die Nährstoff- und Schadstoffgehalte sowie die Trockensubstanzgehalte organischer Dünger können ebenso wie deren Nährstoffverhältnisse in weiten Bereichen variieren. Deren Einfluß auf den Status und die Dynamik von Bodennährstoffen weist demgemäß ebenfalls Variation auf. Organische Dünger weisen auf Gewichtsbasis einen gegenüber kommerziellen Düngern geringeren Gehalt an den klassischen Düngerelementen N, P und K auf.

Tabelle 14. Nährstoffgehalt des Dungs verschiedener Tiere

	Nährstoffe (kg/t)					
	$H_2O\%$	N	P_2O_5	P	K_2O	K
Milchrinder	85	5	1.4	0.6	3.8	3.1
Mastrinder	85	6.0	2.4	1.0	3.6	3.0
Geflügel	62	15.0	7.2	3.1	3.5	2.9
Schweine	85	6.5	3.6	1.6	5.5	4.5
Schafe	66	11.5	3.5	1.6	10.4	8.6

Nach Brady (1990).

Die unterschiedliche chemische Zusammensetzung organischer Dünger beeinflußt Bodeneigenschaften differentiell. Auch erfolgt deren biochemischer Umsatz standortabhängig mit unterschiedlicher Intensität und unter Bildung verschiedener Umwandlungsprodukte. Die Eignung verschiedener organischer Düngermaterialien Pflanzen in adäquater Weise mit Nährstoffen zu versorgen wäre individuell und standortabhängig zu bewerten. Der Nährstoffgehalt und die Nährstoffverhältnisse der Materialien sowie die relative Verfügbarkeit der Nährstoffe sind von Relevanz. Unausgewogene Nährstoffverhältnisse der organischen Dünger fördern bei langfristiger Applikation die Erschöpfung bestimmter Bodennährstoffe. Solche Nährstoffe müssen durch anorganische Ausgleichsdünger ergänzt werden. Die günstige Wirkung einer gemeinsamen Applikation von organischen und anorganischen Düngern auf Erträge und bodenmikrobiologische Parameter konnte wiederholt gezeigt werden.

Organische Dünger nehmen ebenso wie anorganische Dünger Einfluß auf die Bodenreaktion. Den Transformationen und Transfers des Stickstoffs kommt diesbezüglich wesentliche Bedeutung zu. Vergleichende Untersuchungen zum Einfluß von langjähriger Düngung mit verschiedenen Stickstoffformen auf den pH-Wert, die Humusfraktionen und die Stickstoffdynamik einer Acker-Braunerde (Bosch und Amberger 1983) wurden bereits unter Punkt 5.2.1 ausführlich dargestellt. Die untersuchten Dünger-varianten hatten keine Stickstoffdüngung sowie Düngung mit Stallmist, Kalkstickstoff, Ammoniumsulfat, Ammoniumsulfat kombiniert mit Kalk (CaO), Natriumnitrat bzw. Calciumnitrat eingeschlossen.

Untersuchungen von Slizak und Stefaniak (1990) zeigten die unter-schiedliche Wirkung von Rinder-, Schweine- und Schafgülle auf ausge-wählte Bodeneigenschaften. Die Güllen waren einem podsoligen Boden in drei aufeinanderfolgenden Jahren auf Basis von Stickstoff in einer Menge von 150, 300 und 600 kg/ha appliziert worden. Die Zunahme der Gehalte des Bodens an organischem Kohlenstoff, an Gesamtstickstoff sowie an verfügbarem Phosphor und Kalium war im Vergleich zu deren mit den Güllen eingebrachten Mengen insignifikant. Die Rindergülle beeinflußte die Anreicherung von organischem C, Gesamt-N und verfügbarem P und K am günstigten. Nach drei Jahren der Applikation hatte der organische Kohlenstoffgehalt des Bodens im Falle der geringsten Dosis um 1.3% und im Falle der höheren Dosen um 13.2% und 35.7% zugenommen. Der Stickstoffgesamtgehalt nahm simultan um 4.6%, 8.1% und 19.8% zu. Die Applikation steigender Mengen an Schweinegülle verminderte den organi-schen C-Gehalt des Boden und begünstigte die N-Anreicherung nicht. Möglicherweise begünstigte das gegenüber den anderen Güllen engere C/N-Verhältnis dieser Gülle die Intensivierung des Abbaus der nativen or-ganischen Bodensubstanz. Lediglich die höchste Dosis der Schafgülle er-höhte die Gehalte der untersuchten Komponenten. Diese Gülle bewirkte auch die geringsten pH-Veränderungen. Bei den anderen Güllen waren die Veränderungen ebenfalls nicht wesentlich, jedoch zeigte sich eine Tendenz zur Acidifizierung. Das Vorhandensein von Nährstoffen im Boden fand keine Entsprechung im Maisertrag. Der Anstieg des Ertrages war von der Güllenart und deren Dosis abhängig. Eine Proportionalität zur Dosis war nicht gegeben. Bei niedrigen Dosen an Schweinegülle war der Ertrag an grüner Biomasse im Vergleich zu den anderen Güllen höher. Für die höchste Dosis traf das Umgekehrte zu. Der höchste Ertrag an Trocken-masse konnte nach Applikation der höchsten Dosis Rindergülle nachge-wiesen werden.

Der jährliche Zusatz (20 Jahre) verschiedenster organischer Dünger (Stroh, Luzerne, Blätter, Torf, Stalldünger) zu einem Sand- und einem Tonboden erhöhte die mittleren Erträge an Feldfrüchten tendenziell. Diese langjährige Praxis hatte zu einer Erhöhung des Gesamtstickstoff- und Ge-samtkohlenstoffgehaltes im Boden geführt (Halstead und Sowden 1968). Das Vermögen zur Nitratbildung, die Kationenaustauschkapazität sowie die Gehalte an austauschbarem und wasserlöslichem Ca, Mg und K zeig-ten sich gleichfalls erhöht. In den meisten Fällen erhöhten die Zusätze die Aggregatstabilität des Tonbodens.

In einigen europäischen Ländern wird mehr Getreidestroh produziert, als laufend für landwirtschaftliche und industrielle Zwecke benötigt wird. Die Praxis der Strohverbrennung wird vor allem in Gebieten mit großflächigem Getreideanbau verstärkt geübt. Untersuchungen zum Lang- und Kurzzeiteffekt der Verbrennung von Stroh auf Bodeneigenschaften sowie auf Pflanzenerträge zeigten für Tschernoseme den Rückgang des gesamten Stickstoff- und Kohlenstoffgehaltes, wenngleich die Erträge unter den gegebenen Bedingungen nicht beeinflußt wurden (Biederbeck et al. 1980). Eine Zunahme der Erosionsgefährdung war ebenso wie eine mit dem Boden variierende zunehmende Verdichtung bzw. zunehmende Permeabilität feststellbar.

Die Praxis der Strohverbrennung ist als ökologisch ungünstig zu bewerten.

Im Beimpfen von Stroh mit Mischkulturen (z.B. positiv bezüglich Cellulase, Xylanase, Nitrogenase) zur Beschleunigung des Strohabbaus und zur Förderung der Fixierung von Stickstoff wird ein biotechnologisches Anwendungspotential gesehen. Strohabbauende Mikroorganismen tragen zur Stabilisierung von Bodenaggregaten bei (Lynch und Bragg 1985). Böden weisen infolge von Unterschieden hinsichtlich Eigenschaften wie pH und Tongehalt, trotz gleicher Feuchte- und Temperaturbedingungen und ähnlicher Vergangenheit bezüglich der Rückhaltung von Stroh ein unterschiedliches Vermögen zur Stroh assoziierten Stickstoffixierung auf (Roper und Smith 1991).

Organomineralische Komplexe

Etwa 50–100% der organischen Substanz des Bodens liegen in Assoziation mit Bodenmineralien vor. Untersuchungen, welche sich der Proben von Langzeitexperimenten bedienten zeigten, daß sich die organische Substanz in verschiedenen Korngrößenfraktionen sehr unterschiedlich verhält, wenn verschiedene Kulturmaßnahmen gesetzt werden. Wiederholt war bei Applikation von Stroh oder Stalldünger eine Erhöhung der Menge an mit Schluff assoziierter organischer Substanz nachweisbar.

Schulten und Leinweber (1991) charakterisierten Unterschiede in der Zusammensetzung der organischen Substanz verschiedener Korngrößenfraktionen. Der Einfluß einer mehr als 100jährigen Düngung mit Stalldünger auf die organische Bodensubstanz wurde im Vergleich zum ungedüngten Boden untersucht. Dies erfolgte an Korngrößen-Fraktionen unter Verwendung von Elementanalysen (C und N) und Pyrolyse-Feldionisation-Massenspektrometrie. Ausgeprägte Unterschiede hinsichtlich der Kohlenstoff- und Stickstoffkonzentration sowie der Verteilung und der Qualität der organischen Substanz zwischen den Größenfraktionen und den Düngerbehandlungen zeigten sich. Die Mengen an tonassoziiertem Kohlenstoff und Stickstoff waren in den nicht gedüngten Fällen relativ höher, wohingegen die Applikation von Stalldünger vorzugsweise jene mit der feinen und mittleren Schlufffraktion verbundene organische Substanz erhöhte. Massenspektren von Bodenfraktionen < 20 μm zeigten steigende Werte für Lignin-Monomere und Dimere von Fettsäuren mit größeren Äquivalentdurchmessern, wohingegen der Anteil von Stickstoffverbindungen, Mono- und Polysacchariden und Phenolen in den größeren Fraktionen abnahm. Sandfraktionen waren vor allem reich an Ligninfragmenten, Mono- und Polysacchariden, Alkanen und Alkenen. Bei verschiedenen Behandlungen konnte in den gleichen Größenfraktionen bei der nicht gedüngten Variante eine höhere relative Abundanz von Stickstoffverbindungen, Mono- und Polysacchariden, Phenolen, Ligninmonomeren, Alkanen/Alkenen beobachtet werden. Lignindimere und Fettsäuren traten bei der Stalldüngerbehandlung häufiger auf.

Priming Effekt

Bei Zusatz von leicht abbaubarer organischer Substanz zum Boden kann eine Stimulierung des Abbaus von nativer Bodensubstanz auftreten. Dieses Phänomen wird als „Priming Effekt" definiert. Die Frage, ob im Gefolge der Applikation von organischen Düngern die Umsetzung von bodeneigener oder düngereigener organischer Substanz erfolgt, stellte sich. Untersuchungen zum Einfluß des Zusatzes von leicht abbaubarem Pflanzenmaterial auf den Abbau nativer organischer Bodensubstanz liegen vor, welche zeigten, daß die Mineralisierung von Gründüngerstickstoff von einer intensivierten Mineralisierung des bodeneigenen organischen Stickstoffs (Humusstickstoff) begleitet ist (Dalenberg und Jager 1989). Im Extremfall könnte der Humusgehalt des Bodens unter dem Einfluß der Gründüngung relativ zum ungedüngten Vergleichsboden sogar abnehmen (Sauerbeck 1968). Der Zusatz von unmarkierter, leicht abbaubarer organischer Substanz erhöhte die Abbaurate von markiertem organischen Material (Sörensen 1974). Diese markierte Substanz stammte aus markierter Glucose, Cellulose und aus Stroh, welche(s) im Boden während einer vorangegangenen Inkubationszeit von eineinhalb und acht Jahren metabolisiert worden waren. Während des ersten Monats der Inkubation nach Zusatz der unmarkierten Substanz war die CO_2-Entwicklung in manchen Fällen 4–10mal höher als jene der Kontrollen. Drei Zusätze an organischem Material während der Inkubationsperiode hatten insgesamt zu einem Anstieg des Abbaus markierter bodeneigener Substanz im Ausmaß von 36 bis 146% gegenüber den Kontrollen geführt. Während fortgesetzter Inkubation sank die CO_2-Entwicklung annähernd auf den Wert der Kontrollen.

5.3.2 Mikrobiologie und Bodenenzymatik

Organische Dünger verändern die im Boden vorhandenen Organismenge-meinschaften und Bodenenzyme qualitativ und quantitativ. Kinetische Eigenschaften von Enzymen können durch organische Zusätze modifiziert werden. Zumeist kann eine Förderung der mikrobiellen Biomasse sowie von Bodenenzymaktivitäten im Falle des Zusatzes organischer Materialien zum Boden nachgewiesen werden. Nachteilige Effekte können bei über-höhten Applikationsraten bestimmter Düngermaterialen auftreten. Wesent-lich ist auch, daß die Stimulierung einer mikrobiellen Leistung (z.B. Nitri-fikation) bei Gesamtbetrachtung der ökologischen Zusammenhänge nicht notwendigerweise als günstig zu bewerten ist.

Der positive Einfluß des kombinierten Einsatzes von organischen und anorganischen Düngern auf bodenmikrobiologische und -biochemische Parameter konnte wiederholt nachgewiesen werden.

Umsetzung organischer Dünger

Organische Dünger sind Organismen- und Enzymquellen. So kann zum Beispiel mehr als die Hälfte der Fäkaliensubstanz von Wiederkäuern durch Mikroorganismen und von diesen gebildeten Verbindungen repräsentiert werden (Brady 1990).

Der mikrobielle Umsatz organischer Dünger wird durch die Aktivität von Tieren beschleunigt. Verschiedene Phasen und organismische Sukzes-sionen können dabei beobachtet werden. Im ersten Band dieser Publika-tionsreihe fand diese Thematik ebenfalls Berücksichtigung.

Die Einbringung von halbverrottetem Mist in einen Ackerboden (Schwarzerde) erhöhte die Keimzahl der Mikroorganismen und die Be-satzdichte an Kleinwirbellosen, welche aus dem Boden einwanderten (Alejnikova et al. 1975). Die mittleren Abbaustadien des Mistes (sieben Monate nach der Misteinbringung) waren gekennzeichnet durch eine Zu-nahme der Keimzahl der Pilze und der Nitrifikanten; eine Abnahme der cellulolytischen Organismen; eine massenhafte Vermehrung der Collem-bolen; eine Vergrößerung der Besatzdichte der Pyemotidae und eine Ab-nahme derselben der Gamasiden sowie einem Einwandern von Enchytrae-iden aus dem Boden. Späterhin kam es zu einer Abnahme der Pilze, der cellulolytischen Organismen und auch der meisten Gruppen der Mikroar-thropoden und Enchytraeiden. Zugleich kam es zu einer Vermehrung der Nitrifikanten sowie der Oribatide. Die Anwendung von Naphthalin zur Unterdrückung der Lebenstätigkeit der Mikrofauna zeigte den ursächlichen Zusammenhang zwischen der substantiellen Sukzession der Mistrotte und dem sukzessiven Massenwechsel von Mikroorganismen und Mikroarthro-podengruppen. Eine starke Verringerung der Besatzdichte der Mikroar-thropoden und der Enchytraeiden und die einseitige Entwicklung der

Mikroorganismen (Massenvermehrung der Ammonifizierer) infolge des Einflusses von Naphthalin führte zu einer Verlangsamung der Abbaustadien während der Mistrotte. Naphthalin hatte zum Umbau der Struktur von Bodentiergemeinschaften nicht nur im Mist, sondern auch im Boden geführt.

Nährstoffverhältnisse, Ausmaß der Humifizierung, Metallgehalt. Die Geschwindigkeit und das Ausmaß des biochemischen Umsatzes der zugeführten organischen Substanz wird durch deren chemische Beschaffenheit mitbestimmt. Im Zeitverlauf treten Veränderungen der Geschwindigkeit auf mit welcher organische Zusätze umgesetzt werden. Die Nährstoffverhältnisse (C/N-, C/P-, C/S-Verhältnis) und die relative Verfügbarkeit der Substrate sind diesbezüglich wesentliche Determinanten. Der Humifizierungsgrad der organischen Zusätze bestimmt die Geschwindigkeit mit welcher diese mikrobiell angegriffen werden können. Diese nimmt mit steigendem Humifizierungsgrad der Zusätze ab. Bei Verwendung von widerstandsfähigeren Zusätzen wie Stalldünger erfolgen die Mineralisierungsvorgänge langsam. Unter solchen Bedingungen sind die Nährstoffansprüche der Mikroorganismen gering und es kann demgemäß auch eine Verringerung der mikrobiellen Nährstoffimmobilisierung erwartet werden. Die langsam ablaufenden Prozesse sind einer stärkeren Humifizierung des gebundenen Kohlenstoffs förderlich. Bei Vorliegen einer ausreichend humifizierten Substanz ist es schwierig, einen statistisch signifikanten Anstieg der mikrobiellen Aktivität nachzuweisen (Tate 1987).

Eine quantitative Untersuchung mit ^{14}C-markiertem Raygras zeigte einen ursprünglich relativ raschen Verlauf des Grasabbaus; nach sechs Monaten konnte nur noch etwa ein Drittel des ^{14}C-markierten Substrates nachgewiesen werden (Jenkinson 1977). Der Abbau verlangsamte sich in der Folge und nach zehn Jahren war noch etwa ein Fünftel des Markers nachweisbar. Eine während der gleichen Zeitspanne durchgeführte Untersuchung zum Abbau von natürlichem, nicht markiertem Bodenkohlenstoff zeigte dessen wesentlich größere Widerstandsfähigkeit gegenüber dem Abbau an. Nach vier Jahren war dessen Gehalt um nur ein Zehntel reduziert.

Die Art des Materials und der verfügbare Stickstoff beeinflußten die Geschwindigkeit der Umsetzung verschiedener organischer Bodenzusätze wesentlich stärker, als das Gesamtausmaß des Abbaus (Sauerbeck 1968). Gründüngung (Raps) und Strohdüngung unterschieden sich hierin nur wenig, falls beide auf Kohlenstoff bezogen in gleicher Menge zugeführt worden waren. Nach der mikrobiellen Umsetzung von markierter Pflanzenmasse im Boden blieb ein wesentlicher Anteil des zugeführten markierten Kohlenstoffs in schwer zersetzbarer Form zurück.

In vielen experimentellen Ansätzen konnte eine negative Korrelation zwischen Stickstoffmineralisierung und CO_2-Freisetzung beobachtet werden. Eine wichtige Variable, welche benutzt wird dieses Verhalten zu erklären ist der Defizienzfaktor. Dieser steht mit dem kritischen C/N-Verhältnis in Beziehung und repräsentiert ein Maß für die Kohlenstoff- oder Nährstoffdefizienz im Substrat in Bezug auf die Ansprüche der Abbauorganismen (Bosatta und Berendse 1984).

C/N-Verhältnisse kontrollieren die Transformationen des Stickstoffs im Boden. Eine Kohlenstofflimitierung begünstigt die Netto-Stickstoffmineralisierung. Eine Stickstofflimitierung (z.B. nach Zusatz von Kohlenstoff in Form organischer Materialien mit weniger als 1.3–1.5% N) führt zur Nettoimmobilisierung von Stickstoff bis das C/N-Verhältnis auf 20–30 erniedrigt wird. Werden Substrate mit einem weiten C/N-Verhältnis appliziert und ist ausreichend anorganischer Bodenstickstoff verfügbar, kann unter mikrobieller Immobilisierung von anorganischen Bodenstickstoff eine vollständige Mineralisierung des festgelegten Kohlenstoffs erfolgen. Ist anorganischer Bodenstickstoff nicht im ausreichenden Maße verfügbar, ist eine vollständige Mineralisation des Substratkohlenstoffs nicht möglich. Das Phänomen der Stickstoffsperre, welches nach Applikation von Düngern mit einem hohen C/N-Verhältnis (z.B. Stroh) auftritt ist gut bekannt. Durch den zeitweilig mikrobiell festgelegten Stickstoff tritt bei Pflanzen Stickstoffmangel auf. Ein positiver Aspekt dieser für Pflanzen prinzipiell nicht günstigen Stickstoffimmobilisierung zeigt sich auf sandigen Böden, insbesondere nach Gülledüngung im Spätsommer und Herbst. Jener Teil des löslichen Bodenstickstoffs, welcher vorübergehend mikrobiell festgelegt wird, wird auch vor Auswaschung und Verflüchtigung bewahrt. Stroh weist ein weites C/N-Verhältnis (etwa 100:1) auf. Dieses übersteigt jenes von Zersetzermikroorganismen (etwa 5:1) wesentlich. Eine während des Strohabbaus vorübergehend auftretende Immobilisierung von Boden- und Düngerstickstoff kann die Wirkung des Güllestickstoffs verbessern. In Feldversuchen konnten durch die Kombination von Stroh- und Gülledüngung meist höhere Erträge und eine bessere N-Ausnutzung festgestellt werden als nach alleiniger Anwendung von Gülle. Asmus und Hübner (1985) konnten in Untersuchungen zur N-Immobilisierung nach Strohdüngung auf einer Tieflehm-Fahlerde feststellen, daß die Anwendung von Stroh als Dünger in allen Versuchen (Gefäßversuch, Inkubationsversuch, Lysimeterversuch und Dauerdüngungsversuch) zu einer Immobilisierung von Stickstoff führte. Sowohl im Gefäßversuch als auch im Inkubationsversuch hatte sich übereinstimmend gezeigt, daß je dt Strohtrockenmasse etwa 0.75 kg N immobilisiert werden können. Im Lysimeterversuch (0.56) und Dauerdüngungsversuch (0.44) lagen die gewonnenen Werte niedriger. Anorganische Stickstoffverluste unter Freilandbedingungen sowohl durch Auswaschung als auch durch Denitrifikation stehen mit dem letzteren Befund in Beziehung.

Der Abbau organischer Dünger wird durch deren Metallgehalt beeinflußt. In Bezug auf Hofdünger ist insbesondere Kupfer von Bedeutung, welches oftmals als Nährelement der Nahrung von Milchkühen, Hühnern und vor allem zur Mästung, dem Schweinefutter zugesetzt wird. Kupfer wird in Mengen von 35–175 µg/g Trockengewicht der Schweinenahrung zugesetzt (Huysman et al. 1994). Kupfersulfat wird dem Schweinefutter zur Erhöhung der Futterausnutzung und zur Kontrolle von Dysenterie zugesetzt. Zur Verhinderung von Kupfertoxizität und Zinkmangel der Tiere wird gewöhnlich Zinksulfat simultan gegeben. Der Großteil des Kupfers und des Zinks wird ausgeschieden. Schweinefäces kann demnach bedeutende Mengen an Kupfer enthalten. Infolge einer solchen Praxis können sich in der nicht verdünnten Schweinegülle bis zu 60 und 45 mg/l an Kupfer und Zink finden (Christie und Beatti 1989). Pro Kilogramm Schweinedünger-Trockensubstanz kann der Kupfergehalt in einem Bereich zwischen 600 und 2370 mg rangieren (Payne et al. 1988). Statistische Analysen ergaben eine negative Korrelation zwischen dem biologischen Abbau des Schweineurins und dessen Kupfergehalt. Kupfer zeigt eine starke Bindung an die Bodensubstanz und in mit Schweinedung versehenen Böden tritt eine Erhöhung des Kupfergehaltes auf. Nach 50 Jahren der Applikation von flüssigem Schweinedünger war eine starke Anreicherung von Kupfer (etwa 33 ppm) im Boden nachweisbar (Sauerbeck 1987). Ein während fünf Jahren praktizierter Zusatz von Schweinedung zu Böden erhöhte die mittels EDTA und DTPA extrahierbare Cu-Menge im Vergleich zu Kontrollböden. Die Konzentrationen des mittels DTPA extrahierbaren Kupfers rangierten zwischen 3 und 10 µg Cu/g Boden in den gedüngten Böden und von etwa 1–2 µg Cu/g Boden in den Referenzböden (Huysman et al. 1994).

Globaler CO_2-Pool. Die Abbaurate der den Böden zugesetzten organischen Materialien ist sowohl für deren Wirkung auf den Boden als auch für die Abschätzung des Beitrages solcher Materialien zum globalen Kohlendioxid-Pool von Wert. Ajwa und Tabatabai (1994) nahmen Bezug auf Alexander (1977) wonach unter aeroben Bedingungen etwa 20–40% des Kohlenstoffsubstrates durch Mikroorganismen assimiliert und der Rest als Kohlendioxid freigesetzt wird. Die obigen Autoren bestimmten die Menge des während des Abbaus verschiedener organischer Materialien im Boden freigesetzten CO_2. Drei Oberböden (0–15 cm) wurden gewählt. Die Bodenproben wurden zur Erzielung einer Feldapplikationsmenge von neun Gramm organischem Kohlenstoff pro Kilogramm Boden mit organischem Material vermischt. Die genutzten organischen Materialien waren Feldfruchtreste (*Zea mays, Glycine max, Sorghum vulgare* und *Medicago sativa*), vier Arten tierischen Dungs (Hühner, Schweine, Pferd, Rind) sowie vier verschiedene Klärschlämme. Die Mischungen wurde unter aeroben Bedingungen bei Zimmertemperatur für 30 Tage inkubiert. Generell nahm die Freisetzung von Kohlendioxd anfänglich rasch zu, dies jedoch mit unterschiedlichen Mustern für die verschiedenen Materialien. Mehr als 50% des gesamten in 30 Tagen gebildeten CO_2 wurde in den ersten sechs Tagen freigesetzt. Ausgedrückt als Prozentsatz des zugesetzten organischen Kohlenstoffs rangierten die Mengen an freigesetztem CO_2 von 27% mit Mais bis zu 58% mit Luzerne. Der entsprechende Wert für tierischen Dung rangierte von 21 bis 62% mit Pferde- und Schweinedünger sowie für Klärschlämme von 10–39%. Die Halbwertszeit des im Boden verbleibenden Kohlenstoffs rangierte zwischen 39 und 54 Tagen für Pflanzenmaterial. Die entsprechenden Halbwertszeiten des Kohlenstoffs rangierten für die tierischen Dünger bzw. für die Klärschlämme zwischen 37 und 169 Tagen bzw. 39 und 330 Tagen.

Lösung anorganischer Nährstoffquellen. Ein weiterer mit der Applikation organischer Dünger verbundener Aspekt ist die Förderung der Lösung anorganischer Nährstoffquellen durch im Zuge der Umsetzung der Düngerstoffe gebildete organische Säuren. Beispielhaft wird auf Pareek und Gaur (1973) Bezug genommen. Diese Autoren untersuchten das Ausmaß der Gesteinsphosphat- bzw. Trikalziumphosphatlösung durch organische Säuren in mit organischen Abfällen versehenen Böden. Phenolische Säuren zeigten bezüglich der Lösung eine geringere Effizienz als aliphatische. Diesbezüglich wurde eine Beziehung zur Gegenwart einer größeren Zahl an Carboxylgruppen im Falle von Zitronen- und Fumarsäure hergestellt. Phthal- und Salicylsäure waren effizienter als andere phenolische Säuren. Ein relativ höheres Ausmaß der P-Freisetzung aus Trikalziumphosphat gegenüber Gesteinsphosphat war nachweisbar.

Überdüngung

Werden organische Dünger in hohen Mengen appliziert besteht die Gefahr der Überdüngung des Bodens. Die Gefahr von Überdüngung besteht vor allem in Gebieten mit Massenttierhaltung, wo das Verhältnis von Tierzahl zu landwirtschaftlicher Nutzfläche hoch ist. Die Notwendigkeit zur Entsorgung des anfallenden Hofdüngers kann in solchen Fällen dazu führen, daß dieser in einer nicht dem Bedarf der Kulturpflanzen entsprechenden Menge erfolgt. Die Überdüngung fördert Stickstoffverluste an die Atmosphäre, in tiefere Bodenlagen und in das Grundwasser sowie die Anreicherung von Nitrat in Pflanzen.

Die Beobachtung, daß normale, noch mehr aber überhöhte, Gaben an Klärschlamm und Schweinegülle die Mineralisationsprozesse im Boden fördern zeigt, daß Mikroorganismen fähig sind auch abnormal hohe Gaben an organischen Abfällen zu verarbeiten. Diese reagieren auf ein Überangebot an abbaubarer organischer Substanz mit überdurchschnittlichen Mineralisationsleistungen. Das Problem der Überdüngung des Bodens mit organischen Abfällen wäre demnach aus bodenmikrobiologischer Sicht nicht so sehr in einer Störung der bodenbiologischen Aktivität oder des bodenmikrobiologischen Gleichgewichts zu suchen. Das Hauptproblem liegt in den Folgen der Überaktivität der Bodenmikroorganismen. Auf diese Weise kann beispielsweise in kurzer Zeit durch mikrobielle Aktivität sehr viel Nitrat gebildet werden, welches ausgewaschen, denitrifiziert oder in Pflanzen angereichert werden kann.

Rindergülle förderte bei hoher Dosierung (480 kg N/ha Jahr) in Dauergrünland die Auswaschung von Stickstoff (Kandeler und Eder 1991). Im Sickerwasser konnte Ammoniumstickstoff nachgewiesen werden. Bei überhöhten Angeboten an Düngernährstoffen konnte eine Reduktion der Wurzelmasse sowie eine negative Beeinflussung der Bodenstruktur festgestellt werden. Eine geringe Durchwurzelung und eine erhöhte Stickstoffmineralisierung fördert bei hohen Applikationsmengen an Hofdünger die Nitratauswaschung. Ein ebenfalls zu beobachtender Verlust an Aggregatstabilität wird mit dem Rückgang der Wurzeldichte, der Wurzellänge und der Wurzeloberfläche bei zunehmendem Stickstoffangebot in Beziehung gesetzt. Zunehmende Applikationraten an Rindergülle beeinflußten die Aggregatstabilität einer Lockersedimentbraunerde unter Dauergrünland signifikant (Murer et al. 1993). Im Langzeitversuch auf Dauergrünland ausgebrachte Gülle (Äquivalente von 0, 96 und 480 kg N/ha/Jahr in vier Wiederholungen) ergab selbst bei niedrigen Applikationsraten einen signifikanten Rückgang der Aggregatstabilität in einer Bodentiefe von 5–10 cm (Kandeler und Eder 1991). Die hohe Gabe, 480 kg/ha/Jahr, zeigte einen ausgeprägteren Effekt. Die Wurzelmasse wurde bei hoher Gülledüngung in den Bodenschichten 10–20 cm, 20–40 cm, 40–80 cm und 80–100 cm fast vollständig reduziert.

Hinweise auf mögliche negative Auswirkungen hoher organischer Düngergaben auf die Nährstoffverfügbarkeit für Pflanzen konnten erhalten werden. Im Rahmen eines Langzeit-Düngeversuches mit verschiedenen organischen Düngern kam es zu einer Anreicherung von nicht hydrolysierbaren Stickstoffverbindungen im Boden (Werner et al. 1988). Diese Verbindungen sollten nicht nur als solche mittels des Düngers in den Boden gelangen können, sondern auch durch synthetische Leistungen von Mikroorganismen, infolge eines hohen Angebotes an Ammoniumstickstoff aus organischen Düngergaben, entstanden sein. Das Zutreffen des im folgenden zu beschreibenden Mechanismus wurde diesbezüglich diskutiert (nach Fleige et al. 1971). Ammonium wird von Mikroorganismen in Aminosäuren und Amide eingebaut, auf deren späterhin erfolgende Ausscheidung in die Umgebung kann eine Polymerisation zu stabilen Stickstoffverbindungen erfolgen. Eine leicht verfügbare Stickstoffquelle kann auf diese Weise in schwer- bzw. nicht mehr pflanzenverfügbare Formen überführt werden.

Düngertoxizität

In Untersuchungen zur Feststellung der Toxizität organischer Dünger kam das Toxizitätssystem „Microtox" zu Anwendung. Microtox nutzt das marine luminiszierende Bakterium *Photobacterium phosphoreum*, wobei die Veränderung der Lichtemission infolge der Exposition gegenüber einer toxischen Substanz gemessen wird. Gupta und Kelly (1990) setzten dieses Bioassay-Verfahren ein, die Toxizität von Extrakten verschiedener Stalldünger zu bestimmen. Die mit diesem Test bestimmten EC_{50}-Werte zeigten, daß die Wasserextrakte sämtlicher Abfälle toxisch waren, wobei die Toxizität in der Folge: Rind, Pferd, Schaf, Schwein, Geflügel zunahm. Die beobachtete Toxizität wurde durch die im Extrakt vorhandene Menge an Kjeldahl-N, Nitrat- oder Ammonium-N nicht beeinflußt.

Mikrobielle Populationen und Biomasse

Die Größe und die Aktivität der mikrobiellen Biomasse von Böden steht in enger Beziehung zur Anlieferung von verwertbarer organischer Substanz. Bewirtschaftungsmaßnahmen, welche den Eintrag organischer Reste in den Boden einschließen, erhöhen typischerweise die mikrobielle Biomasse und deren Aktivität.

Nach der Applikation von organischen Düngern sind neben Veränderungen mikrobieller Gemeinschaften (z.B. Alejnikova et al. 1975; Hankin et al. 1979; Sharma et al. 1983; Dennis und Fresquez 1989; Opperman et al. 1989) auch solche zoologischer Gemeinschaften (z.B. Alejnikova et al. 1975; Mitchell et al. 1978; Weil und Kroontje 1979; Weiss und Larink 1991) nachweisbar.

Bodenzusätze wie tierische Dünger und Gründünger sowie die Vielfalt des Bewuches (Fruchtwechsel) spielen bei der Aufrechterhaltung der bodenbiologischen Aktivität und Diversität eine wesentliche Rolle. Die Bedeutung der zuletzt genannten Größen wurde diesbezüglich höher bewertet als jene von Erhaltungsbodenbearbeitung in Monokultursystemen (Dick 1992).

An Feldstandorten unter Langzeitbewirtschaftung wurden die mikrobiellen Populationen in ihrer Größe durch die Art der Düngung in der folgenden Reihe beeinflußt: ungedüngte Standorte < chemisch gedüngte Standorte < organisch gedüngte Standorte (Martyniuk und Wagner 1978).

Nach der Gabe von Stalldünger nahm die Zahl der Bakterien, Aktinomyceten, Vertreter der Gattung *Azotobacter*, celluloytische Bakterien sowie phosphorolytische Bakterien einschließend zu (Sharma et al. 1983).

Die Zusammensetzung der Bodenmikroorganismen wird im wesentlichen durch den Streutyp bedingt (Schinner und Gstraunthaler 1981). Die Einarbeitung verschiedener Pflanzenreste bzw. anderer organischer Rückstände in den Boden fördert verschiedene Mikroorganismen und Enzymaktivitäten differentiell.

Bei wiederholter Anwendung bestimmter organischer Substanzen als Dünger konnte ein infolge Anpassung und Vermehrung von Abbauorganismen zunehmend rascher erfolgender Umsatz solcher organischer Düngersubstanzen beobachtet werden.

Der Strohabbau verläuft im Boden zunehmend rascher, wenn Saisonen der Einarbeitung von Stroh aufeinander folgen. Die unmittelbare Reaktion der mikrobiellen Biomasse auf den Zusatz von Stroh wurde verglichen, wobei dies sowohl in Böden mit bereits praktizierter Stroheinarbeitung als auch in solchen, welche dieser Praxis noch nie unterworfen worden waren, erfolgte (Allison und Killham 1988). In Böden mit bereits vormals praktizierter Stroheinarbeitung nahmen die C/N-Verhältnisse der Biomasse infolge Getreidestroheintrages stärker zu als in solchen ohne einer derartigen Praxis. Nähere Analysen zeigten die infolge der wiederholten Praxis der Stroheinarbeitung relative Erhöhung der pilzlichen Biomasse im Boden.

Zerkleinern des Strohs der Vorfrucht und Belassen desselben auf dem Boden führte nach acht Monaten im Vergleich zu dessen Verbrennung zu einer um den Faktor zwei höheren Biomasse (Lynch und Panting 1980b). Unmittelbar nach der Verbrennung von Stroh konnte in Tschernosemen ein starker auf die oberen 2.5 cm des Bodens beschränkter Rückgang pilzlicher und bakterieller Populationen nachgewiesen werden (Biederbeck et al. 1980). Der zerstörende Einfluß war im Herbst massiver als im Frühjahr. Wiederholtes Verbrennen führte zu einer permanenten Reduzierung der Bakterienpopulationen um mehr als 50%, die Pilze erwiesen sich als regenerierbarer.

Strohdüngung führte in einem sandigen Boden zu einer Zunahme der Gesamtzahl an Pilzen und Bakterien einschließlich der Gruppe der Aktinomyceten und Ammonifikanten (Kucharski und Niklewska 1991). Im Versuch wurde Bodenmaterial mit zerkleinertem Weizenstroh versetzt (0, 0.15 oder 1.5 g/100 g Boden). Die Böden waren für 150 Tage bei einer Temperatur von 27°C bei konstantem Feuchtegehalt gehalten worden. Als Folge der Strohdüngung wurde die biologische Bindung von Boden- und Dünger-N intensiviert. Die Einbringung von Mikroorganismen in den Boden: *Azotobacter* sp. (5.4×10^4 pro g Boden), *Streptomyces* sp. (6×10^5 pro g Boden), *Penicillium* sp. (400 Sporen pro g Boden) sowie *Bacillus subtilis* (10^3 pro g Boden) erwies sich mit Ausnahme von *Azotobacter* sp. als nicht notwendig.

Biomassebestimmungen geben einen frühen Hinweis auf langsam verlaufende Veränderungen des organischen Bodenkohlenstoffgehaltes. Die während 18 Jahren alljährlich erfolgende Einarbeitung des Strohs und der Stoppel von *Hordeum vulgare* (5 t Trockensubstanz/ha, zwei leicht textierte Böden) erhöhte den gesamten organischen Kohlenstoffgehalt um nur 5% und den gesamten Stickstoffgehalt um etwa 10% (Powlson et al. 1987).

Die Erhöhung des Biomasse-C betrug 45 sowie 37%, die entsprechenden Zunahmen des Biomasse-N betrugen 50 und 46%.

In Böden einer semiariden Region führte der Zusatz von Gründünger (*Pisum arvense*) zu auf Weizen basierenden Systemen während einer Periode von 30 Jahren zu einem signifikanten Anstieg der mikrobiellen Biomasse (Bolton et al. 1985). Die Werte für die Lebendkeimzahl sowie für die NPK-Bestimmungen wurden durch die Gründüngung weniger signifikant beeinflußt.

Der Gehalt an Biomasse-C pro Hektar betrug in den oberen 23 cm von Standorten unter fortgesetzter Weizenkultur 530 kg (ungedüngt), 590 kg (versehen mit anorganischem Dünger) und 1160 kg (versehen mit Stalldünger) (Jenkinson und Powlson 1976).

In Bodenproben aus einem vergleichenden 23jährigen Monokultur-Fruchtfolgeversuch auf schwach saurer Parabraunerde stimulierten periodische Stallmistgaben und verstärkt eingeschaltete Getreidefruchtfolge die mikrobieller Biomassebildung (Beck 1974).

Die mikrobielle Biomasse korrelierte an einem Langzeitfeldstandort (initiiert 1875, bis 1987 bestellt im Weizen-Zuckenrüben-Fruchtwechsel, danach mit Mais) mit dem organischen Kohlenstoffgehalt des Bodens und ging in der Folge Stalldünger > mineralischer Dünger (NPK) > ungedüngt zurück (Houot und Chaussod 1995). Stalldünger kam in einer Menge von 10 t/ha/Jahr, NPK-Dünger in einer solchen von N:87 bzw. 174, P:40 bzw. 80 und K:75 bzw. 150 kg/ha/Jahr zur Applikation.

Die Applikation von Stalldünger 15–90 t/ha zu zuvor nicht gedüngtem Boden erhöhte die mikrobielle Biomasse während der ersten drei Monate der Inkubation, ein gradueller Rückgang konnte in den folgenden Monaten der Inkubation (bis zu 12 Monaten) nachgewiesen werden (Goyal et al. 1993). Der Umsatz der Biomasse nahm mit der Applikation von Stalldünger zu, wobei dieser bei verschiedenen Düngerniveaus zwischen 0.81 und 0.87/Jahr rangierte. Die entsprechende Düngung von Langzeitdünger-Standorten, welche während der vergangenen 23 Jahre unterschiedliche Mengen an Stalldünger erhalten hatten bewirkte einen entsprechenden Aufbau sowie eine entsprechende Abnahme des Biomasse-C. An diesen Standorten war der mikrobielle Biomasse-C jedoch bei sämtlichen Behandlungen höher als jener der zunächst ungedüngten Standorte.

Christie und Beattie (1989) untersuchten den Einfluß einer während 16 Jahren praktizierten Gülleapplikation auf die mikrobielle Biomasse eines Grünlandbodens (*Lolium perenne*, Tonlehm). Ein wesentlicher Unterschied zwischen den beiden verwendeten Güllen (Schweine- bzw. Rindergülle) bestand in deren Konzentration an potentiell toxischen Metallen (Cu, Zn). Folgende Düngeransätze wurden vergleichend geführt: (1) 200 kg/ha/Jahr an Stickstoff als Ammoniumnitrat für vier Jahre, danach als Harnstoff, 32 kg/ha/Jahr an Phosphor als Superphosphat und 160 kg/ha/Jahr an Kalium als Kaliumchlorid; (2) Dünger wie unter (1) von 1970 bis

1972, in der Folge keine Behandlung (Kontrolle); (3/4/5) Schweinegülle in einer Menge von 50, 100 und 200 m^3/ha/Jahr; (6/7/8) Rindergülle in den entsprechenden Mengen. Eine Kalkapplikation erfolgte nicht. Der Boden versauerte unter sämtlichen Behandlungen mit Ausnahme der höchsten Applikationsrate an Rindergülle, welche das pH in den oberen 15 cm auf 6.3 hielt. Nach 16 Jahren hatte die höchste Applikationsrate der Schweinegülle zu einer Verringerung des Gehaltes an mikrobiellem Biomasse-C und zu einer Erhöhung des organischen Kohlenstoffgehaltes in den oberen fünf Zentimetern des Profils geführt. Der Biomasse-N und der gesamte Bodenstickstoffgehalt zeigten ähnliche, jedoch weniger ausgeprägte, Trends. Die Reduktion von sowohl der Größe der mikrobiellen Biomasse als auch des Umsatzes des Bodenkohlen- und Bodenstickstoffs war angezeigt. Die Effekte beruhten auf pH-Differenzen. Die höchsten Applikationsraten der Schweinegülle führten nach 17 Jahren zu wesentlichen Anreicherungen des EDTA-extrahierbaren Kupfers (> 80 mg/kg) und Zink (50 mg/kg) in den oberen fünf cm des Bodens. Diese Gülle erhöhte, vor allem bei der höchsten Applikationsrate, ebenso die Anteile des in extrahierbarer Form vorliegenden Kupfers und Zinks. Die Kupfer- und Zinkkonzentrationen des Grünfutters erreichten nach 16 Jahren 10 und 44 mg/kg. Praxisübliche Applikationsraten der Güllen reduzierten die mikrobielle Biomasse nicht, verursachten keine phytotoxischen Kupfer- oder Zinkkonzentrationen im Boden und erhöhten auch nicht die Kupfer- und Zinkkonzentrationen des Grünfutters auf für Weidetiere toxische Niveaus. Steigende Applikationsraten beider Gülletypen erhöhten die Raten der potentiellen Nitrifikation im Boden.

In Versuchsböden, welche während fünf Jahren mit Schweinedung versehen worden waren konnte eine Zunahme der Zahl aerober kupferresistenter Bakterien nachgewiesen werden (Huysman et al. 1994). Selbst relativ geringe Konzentrationen an Cu (um den Faktor 5–10 unterhalb des zum gegebenen Zeitpunkt bestehenden EC-Limits gelegen) förderten die Entwicklung von Cu-Resistenz bei Bodenmikroorganismen. Die Applikation von Schweinedung erhöhte die mittels EDTA und DTPA extrahierbare Kupfermenge im Vergleich zu den Kontrollböden. Die mittels DTPA extrahierbare Kupfermenge rangierte zwischen 3 und 10 µg Cu/g Boden in den gedüngten Böden sowie zwischen etwa 1 und 2 µg Cu/g Boden in den Kontrollböden. Obgleich die Bodenkupferkonzentration in den gedüngten Böden ein Vielfaches geringer war als zum gegebenen Zeitpunkt erlaubt, korrelierte die Zunahme des DTPA- und EDTA-extrahierbaren Kupfers mit einer 10–1000fachen Zunahme der Zahl aerober kupferresistenter Bakterien. Das Kupfer war hauptsächlich in der Pfluglage (obere 15 cm) der gedüngten Böden konzentriert. Kupferresistente Bakterien waren jedoch auch bis zu einer Bodentiefe von 110 cm nachweisbar. Generell waren Bakterien sensitiver gegenüber Cu als Pilze. Sämtliche der 42 kupferresistenten Bakterienstämme waren oxidasepositiv und 50% der Stämme waren pigmentiert, während 20% der 37 Cu-sensitiven Bakterienstämme oxidase-positiv waren und keine Pigmentierung aufwiesen. Cu-resistente Bakterien wiesen anders als Cu-sensitive Bakterien eine erhöhte Resistenz gegenüber mehreren Antibiotika und Schwermetallen auf.

Im langjährigen Feldversuch begüllte Standorte einer kalkarmen Para-rendsina unter Dauergrünland wiesen in den oberen zehn Zentimetern ge-genüber der Kontrolle signifikant höhere Werte der mikrobiellen Biomasse auf (Kandeler und Eder 1993). Pro Jahr und Hektar waren 0, 96, 240, 480 kg N in Form von Rindergülle ausgebracht worden.

Eine durch organische Zusätze geförderte Biomasse kann Bodenpara-meter sowohl negativ als auch positiv beeinflussen. Toxinbildende und pathogene Arten, aber auch nützliche Organismen wie Stickstofffixierer und Polysaccharidproduzenten können durch diese gefördert werden. Die Biodiversität in Böden fördernde Düngepraktiken fördern die Mechanis-men der Biokontrolle und wirken entgegen einer starken Vermehrung be-stimmter phytopathogener Organismen oder Schädlinge. Der Zusatz von organischer Substanz oder von Kompost fördert den Sauerstoff-Ethylen-Kreislauf des Bodens (Cook 1976). Die Vorteile dieser Förderung schlie-ßen den Schutz vor bodenbürtigen Krankheiten, die Unterbrechung repro-duktiver Cyclen von Pflanzenpathogenen und die Stimulierung einer Reihe von pflanzlichen Hormonreaktionen ein, wenn Exposition gegenüber Ethy-len erfolgt.

Unter Bedingungen eines relativ hohen *Heterodera avenae* Befalls-druckes reduzierte die organische Düngung (kombinierte Stroh- und Grün-düngung) den starken Rückgang des Getreideertrages deutlich (Lang und Dressel 1985). Das infolge der organischen Düngergaben stärkere Auf-kommen natürlicher Feinde wie z.B. nematophager Pilze konnte dafür ver-antwortlich sein.

Biochemische Stoffumsetzungen, ökophysiologische Parameter

In Literaturübersichten (Kiss et al 1978; Speir und Ross 1978) konnte über die Erhöhung der Amylaseaktivität in einem Degradierten Tschernosem durch die Gabe von Stalldünger bzw. von Gründünger berichtet werden, wobei die Wirkung der beiden Dünger nahezu ident war. Stalldüngerga-ben erhöhten in Lehm- und Sandböden die Aktivität des Enzyms Xylanase, die Phosphataseaktivität wurde durch organische Dünger ebenfalls stimu-liert.

In Bodenproben aus einem vergleichenden 23jährigen Monokultur-Fruchtfolgeversuch auf schwach saurer Parabraunerde begünstigten perio-dische Stallmistgaben und eine verstärkt eingeschaltete Getreidefrucht-folge die Aktivität der Enzyme Katalase, Dehydrogenase, Amylase, Pro-tease, Phosphatase, die Atmung sowie die Nitrifikation (Beck 1974). Die über einen längeren Zeitraum praktizierte Monokultur von Hackfrüchten

(Kartoffeln, Zuckerrüben) ohne Zufuhr von organischem Material hatte die Umsetzungsaktivität auf ein sehr niedriges Niveau, welches nur geringfügig über jener der Schwarzbrache lag, sinken lassen.

Im Rahmen eines Grünlanddüngungsversuches konnten für die Düngersysteme Stallmist + Jauche und Gülle zumeist die höchsten Enzymaktivitäten nachgewiesen werden, während mineralische Düngervarianten sich hinsichtlich der Enzymaktivitäten kaum von den Kontrollen unterschieden (Öhlinger 1986). Die erfaßten Aktivitäten schlossen jene der Enzyme Protease, Dehydrogenase, Urease und β-Glucosidase sowie die CO_2-Freisetzung ein. Der Düngungszeitpunkt erwies sich für die Höhe der Bodenbelebung durch die verschiedenen Düngervarianten als bedeutsam. Bezüglich der Förderung biologischer Parameter konnte folgende Reihung der angewandten Düngersysteme angegeben werden: Stallmist-Jauchesystem > Gülle > mineralisches System. Die Aktivitäten variierten im Jahreslauf. Die höchsten Werte der Dehydrogenaseaktivität und der CO_2-Freisetzung konnten während der Hauptwachstumsphase, jene der Protease im Herbst nachgewiesen werden.

Die Aktivitäten der Enzyme Dehydrogenase und Phosphatase waren an Langzeitdünger-Standorten, welche während eines Zeitraumes von 23 Jahren unterschiedliche Mengen an Stalldünger erhalten hatten gegenüber solchen erhöht, welche einmalig mit Stalldünger 15–90 t/ha versehen worden waren (Goyal et al. 1993).

Die Aktivität der Enzyme Protease und Urease nahm bei Anwendung von Stoppelfrucht-Gründüngung alleine oder in Kombination mit Stroh-Stalldünger in einem Getreidefruchtwechsel oder in Monokultur von Gerste zu (Loshakov et al. 1986). Der Gehalt an Nitrat-N und an Ammonium-N hatte in der Ackerkrume ebenfalls zugenommen.

Guan (1989) fand mit tierischen Düngern, im Vergleich zu anderen organischen Düngern (Stroh verschiedener Pflanzen, Kompost, Schlamm), höhere Urease- und Proteaseaktivität. Die Aktivität der Enzyme Amylase und Invertase war im Falle von Strohapplikation am höchsten. In Feldversuchen nahm die Aktivität der Enzyme Urease und Phosphatase mit der Aufwandmenge an Weizenstroh zu.

El-Shinnawi et al. (1988) untersuchten den Einfluß von anaerob bzw. aerob aufbereitetem organischem Dünger auf die Aktivität der Enzyme Dehydrogenase und Nitrogenase in tonigen Lehmen und sandigen Böden. Es handelte sich dabei um Maisstengel und Rinderdung, welche unterschiedlich lange im Faulbehälter zur Biogasherstellung gehalten worden waren bzw. um Kompost und Stalldünger. Die Dünger erhöhten die Aktivität der Dehydrogenase und unterdrückten jene der Nitrogenase in beiden Böden. Diesbezüglich waren die anaerob aufbereiteten Dünger, im Sinne obiger Beeinflussung wirksamer als die aerob aufbereiteten. Die Alterung des anaerob aufbereiteten Düngers reduzierte die Aktivität beider Enzyme.

Die Verwendung von *Pisum arvense* als Gründünger bewirkte in Böden von auf Weizen basierenden Systemen während einer Periode von 30 Jahren einen signifikanten Anstieg der Aktivitäten der Enzyme Urease, Phosphatase und Dehydrogenase (Bolton et al. 1985).

Regelmäßig begüllte Bodenmaterialien (leichte Sandböden) aus einem Kiefernwald sowie aus dem A_p-Horizont von Ackerflächen wurden in Gefäße eines Volumens von 10 l und einer Fläche von 500 cm^2 gefüllt (von Rheinhaben 1988). Die Güllegabe betrug 300 ml bzw. 600 ml pro Gefäß. Eine Erhöhung mikrobieller Parameter war nur wenige Wochen nach der Gülleapplikation nachweisbar. Zwischen dem Ertrag an Sommerweizen und der mikrobiellen Aktivität, bestimmt als Biomasse, Katalasezahl, alkalische Phosphataseaktivität und Saccharaseaktivität, bestand kein Zusammenhang. Die Erträge an Sommerweizen wurden durch die Güllegaben in verschiedenen Böden unterschiedlich beeinflußt, wobei sowohl Erhöhung, als auch Nichtbeeinflussung und Erniedrigung der Erträge festgestellt werden konnte.

Standorte eines podsolierten Bodens unter Maismonokultur wurden in drei aufeinanderfolgenden Jahren mit Rinder-, Schweine- und Schafgülle versehen (Slizak und Stefaniak 1990). Drei Düngerniveaus wurden entsprechend der N-Dosis von 150, 300 und 600 kg/ha appliziert. Als Kontrollen dienten ungedüngte sowie mineralisch gedüngte Standorte; letztere erhielten NPK in einer für Mais empfohlenen Menge (N150P70K120; Ammoniumnitrat, Superphosphat, Kaliumsalz). Die Güllen stimulierten die Entwicklung der ureolytischen Bakterien sowie die ureolytische Aktivität des Bodens, wobei dies sowohl gegenüber dem ungedüngten als auch gegenüber dem mit NPK gedüngten Standort zutraf. Die Entwicklung harnstoffspaltender Bakterien wurde durch die Schweinegülle besonders stark beeinflußt. Unabhängig von der Dosis und dem Applikationsjahr war die Zahl dieser Bakterien mit Schweinegülle am höchsten, obgleich im dritten Jahr der stimulierende Effekte schwächer war. Diese Abnahme des stimulierenden Effektes im dritten Jahr konnte auch für die beiden anderen Güllearten beobachtet werden. Bei diesen war jedoch nur bei hohen Dosen (300 und 600 kg N/ha) ein statistisch signifikanter Anstieg der Zahl harnstoffspaltender Bakterien nachweisbar. Für die Veränderungen der Ureaseaktivität konnte ein gegenteiliger Effekt beobachtet werden. In den aufeinanderfolgenden Jahren des Einsatzes von Rinder- und Schafgülle nahm die Ureaseaktivität zu und erreichte im letzten Jahr des Versuches das höchste Niveau bei 600 und 300 kg N/ha Rinder- und Schafgülle. Der stimulierende Effekt höherer Dosen Schweinegülle ging im dritten Jahr der Applikation zurück, nahm jedoch mit der niedrigsten Dosis (150 kg N/ha) signifikant zu. Eine vielfache Erhöhung der Dosis bewirkte weder eine vielfache Steigerung der Zahl harnstoffspaltender Bakterien noch eine solche der Enzymaktivität.

An Hand eines 14jähriger Feldversuches auf einer kalkarmen Pararendsina unter Dauergrünland wurde der Einfluß von Gülledüngung auf biochemische Stickstofftransformationen bestimmt (Kandeler und Eder 1991). Pro Jahr und Hektar waren 0, 96, 240, 480 kg N in Form von Rindergülle ausgebracht worden; eine zusätzliche Variante bestand in einer mineralischen Düngung von 240 kg N/ha/Jahr. Die Probennahme erfolgte vor Vegetationsbeginn und nach dem ersten und zweiten Schnitt aus einer Tiefe von 0–10 cm; zusätzlich wurden Proben aus der Tiefe von 10–20, 20–30, 30–40, 40–50 cm gezogen. Bei hoher Dosierung (480 kg N/ha/Jahr) führte die Rindergülle im Dauergrünland zu einer verstärkten Stickstoffauswaschung. Bei dieser Variante konnte im Sickerwasser Ammoniun nachgewiesen werden. In einer Bodentiefe von 0–10 cm kam es durch die Begüllung zu einer Steigerung der Deaminierung von Arginin, der Protease- und Ureaseaktivität, der Stickstoffmineralisation sowie der Nitrifikation. Die Aktivitätssteigerungen der Urease und der Nitrifikation konnten noch in tieferen Bodenbereichen 10–20 cm, 20–30 cm, 30–40 cm nachgewiesen werden. Die Atmung und die spezifische Atmung gingen mit zunehmender Applikationsmenge der Gülle zurück. An den begüllten Standorten waren die Wurzeln hauptsächlich im Oberboden (0–10 cm) lokalisiert (Kandeler et al. 1994). Geringe Wurzeldichten sowie hohe Stickstoffmineralisationsraten werden als die Hauptursachen für die Nitratauswaschung nach Begüllung von Grünland gesehen. Die begüllten Grünlandböden (0–10 cm) wiesen signifikant höhere Werte hinsichtlich der Aktivität der Enzyme Xylanase und teilweise der alkalischen Phosphatase auf (Kandeler und Eder 1993).

Während eines Zeitraumes von 28 Tagen bestimmten Abdel-Ghaffar et al. (1977) periodisch die Aktivität der Enzyme Dehydrogenase, Katalase, Protease, Cellulase, Invertase und Amylase sowie die CO_2-Entwicklung in einem Tonboden mit und ohne Zusatz von Kleeheu und NaCl, $CaCl_2$ und Na_2CO_3. Die Gabe von Pflanzenmaterial erhöhte die Aktivitäten der getesteten Enzyme selbst in Gegenwart von Salzen. Die einzige Ausnahme stellte der mit $CaCl_2$-Stroh behandelte Boden im Falle der Protease dar, deren Aktivität geringer war als im unbehandelten Boden. Gepulvertes Kleeheu war dem Boden in einer Rate von 1% zugegeben worden; die Salze NaCl, $CaCl_2$, Na_2CO_3 wurden in Konzentrationen eingesetzt, welche 25 mEq/100 g Boden entsprachen.

Perucci et al. (1984) untersuchten den Einfluß von sieben verschiedenen Streutypen auf die Aktivität der Enzyme Dehydrogenase, Amylase, Arylsulfatase, Phosphomonoesterase (saure und alkalische) und Phosphodiesterase in einem tonigen Lehm. Der Zusatz von Pflanzenresten erfolgte in der Form, daß sämtliche Böden denselben organischen Kohlenstoffgehalt aufwiesen (2%). Nur die Tabakrückstände bewirkten einen signifikanten Anstieg sämtlicher untersuchter Enzymaktivitäten. Kaffernhirse- und Sonnenblumenrückstände hatten einen ähnlichen Einfluß, diese hemmten jedoch die Aktivität der sauren Phosphomonoesterase. Mais- und Paprika-rückstände hemmten die Phosphomonesteraseaktivität, erhöhten aber die Aktivität der übrigen untersuchten Enzyme; Weizenstroh hemmte die Aktivität von Phosphomonoesterase und Amylase. Tomatenrückstände erhöhten nur die Aktivität der Phosphodiesterase.

Die Zugabe von Streu modifizierte kinetische Parameter (V_{max}, K_m) des Enzyms Arylsulfatase, wobei das Ausmaß der Modifikation vom Streutyp abhängig war (Perucci und Scarponi 1983). V_{max} betrug im sandigen Tonlehm ohne Streuzusatz 4.46±0.41; eine Erniedrigung des Wertes trat mit Mais- und Weizenstroh ein, eine Erhöhung mit Tabak und Sonnenblume. Im sandigen Tonlehm ohne Zusatz betrug K_m 0.488±0.077; eine Erniedrigung bzw. Erhöhung des Wertes mit der Streu konnte im gleichen Sinne wie für V_{max} nachgewiesen werden. V_{max} betrug für den Tonlehm 16.26±1.95. Eine Erhöhung des Wertes konnte mit sämtlichen Streutypen nachgewiesen werden. K_m betrug im Tonlehmen ohne Zusatz 0.950 ±0.034, für sämtliche Streutypen war eine Erniedrigung des Wertes nachweisbar.

Bei Einarbeitung von Pflanzenrückständen (Tabak, Sonnenblume, Weizenstroh, Mais) in einen Ton-Lehmboden und einen sandigen Tonlehmboden veränderten sich die Werte der kinetischen Größen K_m und V_{max} des Enzyms Arylsulfatase (Perucci und Scarponi 1984). Die Werte für V_{max} nahmen mit zunehmender Temperatur (27, 37, 47°C) in sämtlichen Ansätzen zu. Im Tonlehm (Boden B) waren die V_{max}-Werte signifikant höher als im sandigen Tonlehm (Boden A). V_{max} ist der Enzymkonzentration proportional und die Befunde gaben Hinweis auf die unterschiedliche Stimulierung der enzymbildenden Mikroorganismen durch die verschiedenen Pflanzenrückstände. Dabei waren nicht nur die Rückstände sondern auch die ursprünglichen Bodeneigenschaften (z.B. pH, Ton, Sand, Kationenaustauschkapazität, usw.) von Bedeutung. Die K_m-Werte waren im Boden A bei sämtlichen Temperaturen niedriger als im Boden B. Die kinetischen Parameter ließen auf eine im Boden B gegenüber dem Boden A größere Menge an bzw. ein aktiveres Enzym schließen. Auch stimulierte die zunehmende Temperatur die Affinität zum Substrat im Boden B nicht aber im Boden A. Der Zusatz von Pflanzenrückständen förderte die Aktivität und die Affinität in sämtlichen Proben des Bodens B, in den Proben des Bodens A waren diese nicht so apparent.

In mit Pflanzenrückständen versehenen Böden wurde die Aktivität der Enzyme Phosphomonesterase und Phosphodiesterase gehemmt bzw. gefördert (Perucci und Scarponi 1985). Die Aktivität der Phosphotriesterase blieb unbeeinflußt. Die kinetischen Parameter (K_m und V_{max}) wurden in der gleichen Weise modifiziert; Zunahmen und Abnahmen der Werte für V_{max} korrelierten mit Zunahmen oder Abnahmen der Werte für K_m.

Im Feldversuch bestimmten Martens et al. (1992) die Aktivität und die Persistenz von Bodenenzymen bei wiederholtem Zusatz verschiedener organischer Rückstände. Die Aktivitäten von zehn Bodenenzymen (Phosphomonoesterase, Sulfatase, N-Acetyl-β-Glucosaminidase, β-Glucosidase, β-Galaktosidase, Invertase, Dehydrogenase, Amidase, Urease) wurden in einem grob textierten Lehmboden bestimmt, welcher während einer 31-monatigen Periode 100 t/ha von entweder Geflügeldung, Klärschlamm, Gerstenstroh oder frischer Luzerne erhalten hatte (25 t/ha in vier Applikationen). Während des Untersuchungszeitraumes wurde die Enzymaktivität im behandelten Boden um das durchschnittlich zwei- bis vierfache im Vergleich zum nicht behandelten Boden erhöht. Generell kam es während des Versuchjahres zu einer starken Erhöhung der Enzymaktivität. Die hohe Enzymaktivität konnte durch darauffolgende Zusätze nicht unterhalten werden. Die Strohbehandlung war die effektivste Behandlung hinsichtlich der Förderung der Aktivität sämtlicher Enzyme. Eine Ausnahme stellte die Ureaseaktivität dar. Eine Hemmung der Aktivitäten durch Klärschlammapplikation war nicht nachweisbar.

Langjährige Stroh- und Gründüngung beeinflußte die Aktivität des Enzyms Dehydrogenase positiv (von Boguslawski et al. 1976). Die Wirksamkeit derselben wies folgende Reihung auf: Kontrolle < Gründüngung < 50 dt Stroh < 100 dt Stroh < 50 dt Stroh + Gründüngung. Zwischen der Aktivität des Enzyms Dehydrogenase und der Ertragsbildung bestand eine positive Korrelation.

Strohdüngung führte in einem sandigen Boden zu einer Erhöhung der Aktivität der Enzyme Dehydrogenase, Urease sowie jener der sauren und alkalischen Phosphatasen (Kucharski und Niklewska 1991). Im Versuch war lufttrockener Boden mit zerkleinertem Weizenstroh versetzt worden (0, 0.15 oder 1.5 g/100 g Boden).

Die Einarbeitung von Stroh erhöhte die Bodenatmung (CO_2-Freisetzung) sowie die spezifische Atmung in einem semiariden landwirtschaftlich genutzten Boden signifikant (Badia-Villa und Alcaniz 1994). Die Beprobungen waren während einer Periode von zwei Jahren durchgeführt worden.

Die für die Bodenatmung bestimmten Werte zeigten eine in Tschernosemen aufgrund der Praxis der wiederholten Verbrennung von Stroh eintretende permanente Reduktion der biologischen Aktivität an (Biederbeck et al. 1980).

5.4 Organische und anorganische Dünger

Bodenmikrobiologische und -enzymatische Parameter werden durch eine Kombination organischer Dünger mit anorganischen Düngern bzw. mit Kalkungsmitteln vielfach günstig beeinflußt. Sich unter Anwendung indi-

vidueller Dünger etablierende Bodeneigenschaften wie zum Beispiel eine
Senkung des pH-Wertes können bei kombinierter Anwendung modifiziert
werden. Die Kalkung wird in Kapitel 7 dieses Bandes sowie in Band IV
dieser Publikationsreihe näher diskutiert.

Mikrobielle Biomasse und biochemische Stoffumsetzungen

In Düngeversuchen mit vulkanischen Ascheböden unter Einsatz von Stalldünger bzw. mineralischem Dünger (NMgP) allein sowie in Kombination
konnten Kanazawa et al. (1988) eine Zunahme der Zahl der Pilze und Bakterien sowie des Biomassekohlenstoffgehaltes feststellen, wobei dieser an
jenen mit Stalldünger versehenen Standorten am höchsten war.

In einem Langzeitfeldversuch (27 Jahre alter Feldversuch, sandiger
Lehm), welcher Brache, Bestellung ohne C- und N-Gaben, Bestellung mit
N-Düngung (80 kg/ha/Jahr) als $Ca(NO_3)_2$, Bestellung mit Stroheinarbeitung (1800 kg C/ha/Jahr) plus N-Düngung (80 kg/ha/Jahr) als $Ca(NO_3)_2$
sowie Bestellung mit Zusatz von Stalldünger (80 kg N plus 1800 kg C/ha/
Jahr) einschloß konnten organische Substanzgehalte von 4.3% unter Brache bis zu 5.8% unter Bestellung und Stalldüngergabe nachgewiesen werden (Schnürer et al. 1985). Die mikrobielle Biomasse zeigte eine signifikante positive Korrelation mit dem organischen Substanzgehalt des Bodens. Jener mittels Fumigationstechnik ermittelte mikrobielle Biomassekohlenstoffgehalt rangierte zwischen 230 bis 600 µg C/g Trockengewicht
Boden; die Umrechnungen von Direktzählungen ergaben einen Bereich
von 380 bis 2260 µg C. Mit abnehmendem organischen Substanzgehalt
ging der Durchmesser der Hyphen und das mittlere bakterielle Zellvo-
lumen zurück.

Die Biomasse der mikroskopischen Bodenpilze sowie die Artdiversität
der Gattung *Penicillium* nahm mit zunehmendem Fruchtbarkeitsniveau
eines Rasenpodsols ab (Popova 1993). Der Boden mit geringer Fruchtbarkeit wies ein pH von 4.4 und einen Humusgehalt von 1.93% auf; dieser
Boden hatten im Laufe des Versuches (Beginn 1966) keinen Dünger erhalten. Der Boden mit mittlerer Fruchtbarkeit wies ein pH von 6.3 und
einen Humusgehalt von 1.97% auf; dieser Boden hatte das Fruchtbarkeitsniveau zwischen 1966 und 1973 infolge von Kalkung und der Applikation
von Torf-Stalldüngerkompost erreicht. Der Boden mit hoher Fruchtbarkeit
besaß ein pH von 6.1 und einen Humusgehalt von 2.24% sowie einen höheren Gehalt an mobilem Phosphor und Kalium als die anderen Böden;
dieser Boden wies bereits zu Versuchsbeginn höhere Gehalte an Humus
und mobilem Phosphor auf und erhielt zudem die gleichen Kalk- und
Kompostapplikationen wie der mäßig fruchtbare Boden.

Bei kombinierter Anwendung von NH_4NO_3 sowie K_2HPO_4 und Stalldünger konnte gegenüber der alleinigen Applikation obiger Mineraldünger
keine wesentliche Veränderung der Bodenamylaseaktivität berichtet wer-

den (Kiss et al. 1978). Die Gabe von NPK- (NH_4NO_3, $CaHPO_4$, KCl), von Stalldünger sowie einer Kombination aus NPK und Stalldünger reduzierte in einem Rasenpodsol die Amylaseaktivität in der Rhizosphäre von Kartoffeln. Die Reduktion war bei gemeinsamer Einbringung von NPK und Stalldünger am geringsten. In einem Langzeitversuch mit einem ursprünglich sauren Rasenpodsol war die Amylaseaktivität an jenen Standorten am höchsten, welche gekalkt und mit NPK sowie mit Stalldünger versehen worden waren. Die Bodencellulaseaktivität war in Böden, welche mit NPK- und Stalldünger versehen worden waren sowohl unter Monokultur als auch unter Fruchtwechsel gegenüber einer reinen Mineraldüngung erhöht.

Kiss et al. (1975) nahmen Bezug auf einen sechsjährigen Versuch mit einem Ausgewaschenen Tschernosem, in welchem die Reduktion der Aktivität der Enzyme Dehydrogenase und Katalase infolge der Applikation von mineralischem Dünger (N100 bzw. N100P50) festgestellt werden konnte. Demgegenüber kam es bei gemeinsamer Applikation von mineralischem Dünger (N100P50) und Stalldünger (20 t) und vor allem bei mineralischer Düngung (N100P50) plus den Rückständen der vorangehenden Feldfrucht zu einer Steigerung der Aktivität dieser Enzyme.

In einem mit anorganischem Phosphat (P50) sowie mit den Rückständen von Weizen, Sojabohnen und Mais versehenen Proben eines Ausgewaschenen Tschernosems konnte gegenüber der alleinigen Behandlung mit Phosphat eine erhöhte Invertaseaktivität nachgewiesen werden (Kiss et al. 1975). Das Ausmaß der Aktivitätssteigerung war von der Natur des Feldfruchtrückstandes abhängig und nahm in der Reihe Weizen < Sojabohne < Mais zu. Ebenso konnte eine Zunahme der Dehydrogenaseaktivität beobachtet werden, wobei die höchste Zunahme der Aktivität in den mit Sojabohnenrückständen behandelten Proben auftrat. Vergleichbare Zunahmen der Aktivität des Enzyms Invertase konnten berichtet werden, wenn Böden unter Weizen oder Mais mit Stalldünger allein bzw. mit Mineraldünger plus Kalk versehen wurden. Die alleinige Applikation von Mineraldünger reduzierte diese Enzymaktivität. Eine während fünf bis sieben Jahren praktizierte Applikation von sehr hohen Mengen an Ammoniumnitrat (N240) führte in Kombination mit Stalldünger (40 t/ha) und Stroh (5 t/ha) im Vergleich zur alleinigen Applikation der organischen Dünger, zu einer signifikant reduzierten Aktivität der Enzyme Invertase und Dehydrogenase.

Die Langzeitapplikation (40 Jahre) von Stalldünger 44.8 t/ha jedes fünfte Jahr, jährliche Gaben von 11.2 kg N, 5.9 kg P, 16.7 kg K und 9.0 kg S/ha bzw. jährliche Gaben von 11.2 kg N, 9.0 kg S/ha steigerten die Aktivität der Enzyme Invertase und Phosphatase im Oberboden eines Grauen Waldbodens (Khan 1970). Dabei war die Aktivität der Enzyme im Fruchtwechsel von Getreide und Leguminosen gegenüber dem Weizen-Brache System wesentlich erhöht.

Jäggi (1974) führte vergleichende Untersuchungen zur alleinigen Wirkung verschiedener organischer Dünger bzw. hinsichtlich deren Ergänzung durch eine PK-Gabe auf mikrobiologische und enzymatische Parameter eines schwach humosen sandigen Lehms (Braunerde, Anlage des Versuches 1949) durch. Die Mineraldünger wurden in Form von Ammonsalpeter, Thomasmehl und Kalisalz verabreicht. Bei der Probennahme (1972) waren die Atmungsaktivität und die Aktivitäten der Enzyme Dehydrogenase, Katalase und Protease infolge der Applikation von Stallmist bzw. von getrocknetem Klärschlamm erhöht. Die Dehydrogenaseaktivität variierte stark und war bei Verwendung von Stallmist, ergänzt durch PK, am höchsten. Die Katalaseaktivität wurde durch die organische Düngung gefördert, mineralische NPK-Düngung wirkte sich gegenüber PK allein negativ aus. Die Aktivität der Protease wurde durch organische Düngung stark erhöht. Der Zusatz von Ammonsalpeter zu mineralischer PK-Düngung zeigte eine negative Wirkung. Im Gegensatz zu anderen Enzymaktivitäten wurde die Amylaseaktivität durch jede Art der Düngung mehr oder weniger stark vermindert. Die Keimzahl wurde sowohl durch organische Düngung, als auch durch mineralische NPK-Düngung gefördert. Die Wirkung der Dünger auf die pflanzliche Ertragsbildung variierte. Die Maiserträge waren bei Anwendung relativ geringer Mengen organischer Dünger allein sehr gering, bei Ergänzung durch PK erheblich höher und bei mineralischer NPK-Düngung am höchsten. Zwischen der Ertragshöhe und dem Nährstoffangebot bestand ein direkter Zusammenhang. Bei ausschließlich organischer Düngung war dieses besonders in Bezug auf den Kaliumbedarf ungenügend. Die Förderung der mikrobiellen Aktivitäten und der Keimzahlen durch die organischen Düngemittel war von der zusätzlichen PK-Gabe unabhängig. Eine Ausnahme stellte die Amylaseaktivität dar. Die Pflanzenerträge wurden hingegen durch diese sehr stark erhöht. Während die Zugabe von Stallmist und Industriekompost für sich allein den Pflanzenertrag gegenüber dem ungedüngten Boden erhöhte, ergab sich bei Verwendung von getrocknetem Klärschlamm ohne PK-Ergänzung nur ein geringes Pflanzenwachstum, jedoch eine sehr hohe mikrobielle Aktivität. Von sämtlichen Düngungsverfahren förderte die mineralische NPK-Düngung die Pflanzenerträge am stärksten. Diese beeinflußte jedoch, mit Ausnahme der Atmung und der Keimzahlen, die mikrobielle Aktivität negativ.

In einer Untersuchung zur Bestimmung des Einflusses von Mineraldüngung alleine sowie von Mineraldüngung und Winterleguminosenmischung auf die Aktivität der Bodenchitinase konnten Rodriguez-Kabana et al. (1983) die höchste Aktivität derselben an Mais- oder Sojabohnenstandorten nachweisen, welche NPK + Leguminosen (NPK+) erhalten hatten. Der Wegfall der letzteren führte zu einem signifikanten Rückgang der Aktivität. Der Wegfall eines Hauptnährstoffes im Düngersystem führte an den Standorten mit Mais oder Sojabohnen zu einem signifikanten Rückgang der Chitinaseaktivität im Vergleich zu NPK+; selbiges konnte für den

Baumwollstandort, für welchen kein klares Muster zu erhalten war, nicht gefunden werden.

Scherbakov (1984) unternahm mit Tschernosemen Langzeitversuche zur Bestimmung des Einflusses verschiedener Applikationen und Verhältnisse von anorganischen und organischen Düngern auf die Bodenfruchtbarkeit. Zusätzlich wurde die Wirkung von organischer und mineralischer Düngung auf einen Tschernosem ähnlichen Boden des „Kontinuierlichen Roggen Versuches" in Halle (Deutschland) seit 1878 untersucht. Die Enzymaktivität des tschernosemähnlichen Bodens unter kontinuierlicher Roggenhaltung wurde seit 1972 erfaßt. Zahlreiche Untersuchungen zeigten, daß die organische Düngervariante die günstigste war. Die intensivsten biochemischen Prozesse (Dehydrogenase, Saccharase, Phosphatase, Protease, Urease) waren in während langer Zeit gedüngten Böden nachweisbar. In den oberen 0–20 cm des Bodens war die biochemische Aktivität an den gedüngten Standorten gegenüber den nicht gedüngten stets höher. Die Aktivität der Enzyme war mit Ausnahme jener der Phosphatase im organisch gedüngten Boden (12 t/ha) höher als im mineralisch gedüngten (N40 P24K75). Die Untersuchungen zum Einfluß von systematischer Düngung (seit 1912) auf die biochemische Aktivität eines Ausgewaschenen Tschernosems ergab, daß organische Düngung im Vergleich zu Nichtdüngung und ausschließlich mineralischer (NPK) sowie organischer Dünger + NPK zur höchsten Aktivität der Enzyme Katalase, Dehydrogenase, Saccharase und Urease führte. NPK-Düngung allein führte gegenüber Wegfall von Düngung zu einer Abnahme dieser Enyzmaktivitäten. Der Ansatz ohne Dünger sowie jener mit organischem Dünger + NPK zeigte hinsichtlich der Aktivität der Katalase und der Dehydrogenase keinen Unterschied, die Aktivität der Saccharase sowie der Urease war im Ansatz ohne Dünger höher als im Ansatz organischer Dünger + NPK. In einer weiteren Untersuchung zur Enzymaktivität eines Tschernosems, welcher mit organischem Dünger und NPK mit äquivalenten NPK-Gehalten gedüngt worden war, zeigte sich ein Anstieg der Enzymaktivität mit steigender organischer Düngerdosis. Die systematische Düngung war seit 1965 erfolgt (Daten Mai 1974, bezogen auf obere 20 cm). In der Dosis 1 des NPK, N48P26K71, trat hinsichtlich der Aktivität der Protease keine Veränderung gegenüber dem ungedüngten Standort auf, die Aktivität der Urease war am gedüngten Standort etwas geringer. Die Dosis 2 des NPK, N96P52K142, reduzierte beide Enzymaktivitäten gegenüber dem nicht gedüngten Standort leicht. Organischer Dünger 106 t/ha + Dosis 1 NPK erhöhte die Aktivität beider Enzyme gegenüber dem ungedüngten Standort. Organischer Dünger 20 t/ha + Dosis 2 NPK führte zur höchsten Zunahme der beiden Enzymaktivitäten gegenüber dem ungedüngten Standort.

In einem Langzeitexperiment untersuchten Saric und Dukic (1985) den Einfluß verschiedener Düngersysteme auf die proteolytische Aktivität eines Tschernosems unter Weizen. Folgende Düngervarianten wurden eingesetzt: Kontrolle, N, P, K, NP, NK, PK, NPK (letztere Kombination in drei verschiedenen Aufwandmengen) sowie NPK + Stalldünger. Alle geprüften Mineraldünger stimulierten während der gesamten Vegetationszeit die Aktivität der Proteinasen. Die Variante NPK + Stalldünger zeigte die höchste Aktivität, gefolgt von der NPK-Variante in der höchsten Aufwandsmenge, die niedrigste Aktivität wurde für die ungedüngte Variante bestimmt. Für die Varianten NPK war die Aktivität proportional der aufgewandten Menge. Bei individuellem Nährstoffeinsatz konnte die höchste Aktivität mit P erhalten werden. Die Aktivität der Proteinasen war zu Beginn der Vegetationszeit des Weizens am geringsten und nahm mit dem Wachstum und der Entwicklung desselben zu, um am Ende der Vegetationszeit das Maximum zu erreichen.

In einem während 55 Jahren mit Feldfruchtrückständen sowie mit Stickstoff gedüngten und in Weizen-Monokultur/Brache gehaltenem semiariden Boden untersuchten Dick et al. (1988b) die Aktivität der Enzyme saure und alkalische Phosphatase, Arylsulfatase, β-Glucosidase, Urease und Amidase. Folgende Behandlungen kamen zur Anwendung: (No= kein mineralischer Stickstoff) (1) Stroh (No); (2) Verbrennung von Stroh in Herbst (NoFB); (3) Verbrennung von Stroh im Frühjahr (NoSB); (4) Stroh + 45 kg N/ha (N45); (5) Stroh + 90 kg N/ha (N90); (6) Verbrennung von Stroh im Frühjahr + 45 kg N/ha (N45SB); (7) Verbrennung von Stroh im Frühjahr + 90 kg N/ha (N90SB); (8) Stroh + 2.24 t/ha Erbsenlaubrückstand; (9) Stroh + 22.4 t/ha Stroh-Stalldünger. Die Behandlungen beeinflußten die Aktivitäten signifikant, wobei die höchsten Aktivitäten mit Stalldünger erhalten werden konnten. Der zweithöchste Enzymspiegel konnte, mit Ausnahme der sauren Phosphatase, in Böden nachgewiesen werden, welche mit Erbsenlaubrückständen versehen worden waren. In der Krume dieser Standorte hatte sich infolge der langfristigen Stalldünger- und Erbsenlaubrückstandgaben eine höhere Aktivität eingestellt. Das Verbrennen von Weizenstroh beeinflußte mit Ausnahme der sauren Phosphatase, deren Aktivität signifikant erniedrigt wurde, die Bodenenzymaktivitäten nur geringfügig. Die Aktivitäten der Enzyme Arylsulfatase und β-Glucosidase wiesen keine signifikante Korrelation mit dem Zusatz an anorganischem Stickstoff auf. Anorganische N-Einträge stimulierten die Aktivität der sauren Phosphatase und reduzierten jene der alkalischen Phosphatase. Zunehmende Einträge an anorganischem Stickstoff verringerten die Aktivität der Urease sowie jene der Amidase. Der Eintrag von organischem Stickstoff in Form von Stalldünger und Erbsenlaubrückständen hemmte die Aktivität der Enzyme Urease und Amidase nicht. Die Behandlungen beeinflußten das pH des Bodens hoch signifikant; dieses nahm mit zunehmendem Stickstoffeintrag ab. Der geringste pH-Wert konnte mit 5.9 im N90-Boden gefunden werden, der No-Boden wies einen pH-Wert von 6.5 auf. Der mit Stalldünger versehene Boden besaß ein pH von 7.1. Das pH des Bodens wies eine signifikante positive Korrelationen mit den

Aktivitäten der Enzyme alkalische Phosphatase, Arylsulfatase, Urease, Amidase, nicht aber mit jener der β-Glucosidase auf. Umgekehrt zeigte die saure Phosphataseaktivität eine signifikante negative Korrelation mit dem pH des Bodens, soferne Erbsenlaubrückstände und Stalldüngergaben von den Analysen ausgeschlossen wurden. Eine signifikante Korrelation zwischen der Enzymaktivität und dem Gesamtstickstoffgehalt des Bodens, welcher seinerseits signifikant mit den unterschiedlichen Behandlungen variierte, konnte ermittelt werden. Im Durchschnitt wurden die höchsten Erträge mit Stalldüngergaben erhalten. Die höchste Stickstoff-Applikation (90 kg N/ha) führte zu geringfügig niedrigeren Erträgen. Der geringste Ertrag wurde an jenen Standorten erzielt, wo die Verbrennung von Stroh im Herbst ohne Stickstoffapplikation erfolgt war. Der Fruchtertrag war in den vorliegenden Versuchen großteils unbeeinflußt von den pH-Werten der Böden. Gesteigerte anorganische Stickstoffgaben erhöhten den Ertrag, verminderten aber die Urease- und die Amidaseaktivität.

Bezogen auf drei unterschiedliche Niveaus der Bodenfruchtbarkeit untersuchten Kurganskiy et al. (1989) den Feldfruchtertrag, die biologische Aktivität und chemische Bodeneigenschaften. Die Etablierung dieser unterschiedlichen Niveaus erfolgte im Verlaufe von zehn Jahren vor Beginn des Experiments als Ergebnis der folgenden Düngeranwendung: (1) Kontrolle ohne Dünger; (2) 30 t organische Dünger/ha; (3) 30 t organische Dünger/ha + N60P60K75. Der unterschiedliche Fruchtbarkeitsstatus des Bodens wurde durch den Pflanzenertrag charakterisiert und aus agrochemischen Größen wurde ein Kultivationsindex des Bodens errechnet. Der Zustand hinsichtlich biologischer Parameter wurde als relativer Gesamtindex, welcher die Bestimmung der CO_2-Entwicklungsrate, der potentiellen Stickstoff-Fixierungskapazität und der Aktivität der Enzyme Dehydrogenase und Invertase einschloß, ausgedrückt. Es konnte eine enge Beziehung zwischen dem Ertrag an Zuckerrüben und dem Gesamtindex der biologischen Aktivität bei sämtlichen Fruchtbarkeitsniveaus des Rasenpodsols nachgewiesen werden. Die Anwendung großer Mengen an organischem Dünger sicherte in Kombination mit Mineraldünger einen Anstieg des Zuckerrübenertrages und war von einer stufenweisen Verbesserung der Bodeneigenschaften (Anstieg der biologischen Aktivität und des Kultivationsindex) begleitet.

In Proben zweier unterschiedlicher Böden untersuchten Verstraete und Voets (1977) im Langzeitversuch (1969–1974) die Beeinflussung der Aktivität der Enzyme Protease, Dehydrogenase, Urease, Phosphatase, Saccharase und β-Glucosidase sowie der Atmung und der Stickstoffmineralisierung durch Düngung. Die eingesetzten Düngervarianten schlossen Stalldünger, Stalldünger + Gründünger und Feldfruchtreste sowie Gründünger + Feldfruchtreste ein. Ferner waren Proben der beiden Felder mit „Zuckerkalk" versehen worden. Die Aktivität der Enzyme Phosphatase, Saccharase, β-Glucosidase und Urease, die Stickstoffmineralisierung und die

Bodenatmung waren geeeignet die Böden zu charakterisieren. Diese Eigenschaften nahmen mit steigendem organischen Substanzgehalt, Ton- und $CaCO_3$-Gehalt zu. Die organischen Dünger waren hinsichtlich der Erhöhung der Aktivitäten sehr effektiv. Während des Untersuchungszeitraumes korrelierte die Aktivität des Enzyms Urease mit dem Ertrag an Zucker (Zuckerrüben) zu sämtlichen Jahreszeiten negativ; jene der Phosphatase mit dem Weizenertrag positiv.

Tabelle 15. Eigenschaften einer kalkfreien Lockersedimentbraunerde nach einer 25jährigen Schwarzbrache mit unterschiedlicher mineralischer und organischer Düngung

Parameter	PK	NPK	Gülle	Gülle +Stroh	Mist
pH($CaCl_2$)	6.5	6.3	6.3	5.7	6.4
Humus (%)	1.9	2.9	2.8	4.1	6.4
N_t (%)	0.1	0.2	0.2	0.3	0.3
Biomasse	1.4	2.2	3.7	4.7	3.0
Xylanase	1.0	1.3	1.8	3.8	1.9
Cellulase	145.6	170.4	248.8	326.4	269.7
β-Glucosidase	49.6	68.8	84.7	118.1	97.9
Protease	292.2	352.0	497.6	536.6	591.4
Deaminierung von					
Glutamin	57.9	64.1	155.4	145.9	156.9
Urease	32.6	44.2	123.6	122.6	87.4
Saure Phosphatase	141.8	212.0	285.1	404.5	355.1
Aggregatstabilität(%)	7.3	10.4	20.9	20.9	10.0

Biomasse: mg CO2/100 g Trockensubstanz (TS)/Stunde
Xylanase: mg Glucoseäquivalente/g TS/24 Stunden
Cellulase: μg Glucoseäquivalente/g TS/24 Stunden
β-Glucosidase: μg Saligenin/g TS/3 Stunden
Protease: μg Tyrosinäquivalente/g TS/2 Stunden
Deaminierung von Glutamin: μg N/g TS/2 Stunden
Urease: μg N/g TS/2 Stunden
Saure Phosphatase: μg Phenol/g TS/3 Stunden

Nach Kandeler und Eder (1990).

Ein 1962 angelegter Feldversuch auf einer kalkfreien Lockersedimentbraunerde unter Dauerbrache schloß die Varianten PK-Gründüngung, NPK-Volldüngung, Rindergülle-, Rindergülle + Stroh- und Stallmistdüngung ein (Kandeler und Eder 1990). Nach 25 Jahren wiesen die Parzellen unterschiedliche Gesamtgehalte an Kohlenstoff und Stickstoff auf. Die Phosphor- und Kaliumgehalte überschritten jene für das Pflanzenwachstum notwendige Niveaus. Bei mineralischer Düngung kam es trotz des hohen Nährstoffangebotes im Vergleich zu den drei organischen Düngervarianten zu einer starken Reduktion der biologischen Umsetzungen. Die geringeren Enzymaktivitäten wurden im wesentlichen mit der Abnahme des organischen Substanzgehaltes in Beziehung gesetzt. Nach Rapsanbau nahm die Xylanaseaktivität innerhalb eines Versuchsjahres zu. Sämtliche Parzellen erreichten rasch ein neues Aktivitätsniveau, die organisch gedüngten stärker als die mineralischen. Diese Befunde zeigten die Abhängigkeit der Regenerationsfähigkeit des Bodens von der Art der Düngung. Zwischen der Aggregatstabilität, der mikrobiellen Biomasse und verschiedenen Enzymaktivitäten bestand eine hochsignifikante positive Korrelation. Ein einjähriger Rapsanbau ließ bei Gülle- und Strohdüngung die Aggregatstabilität von 20.9 auf 35.8% ansteigen.

In einem 1923 angelegten Dauerversuch auf einem lehmigen Sandboden mit den Versuchsfaktoren Kalk-, Phosphat-, Stallmistdüngung und zwei Fruchtfolgesystemen (Getreidefolge bzw. Fruchtwechsel) konnte unter dem Einfluß der Stallmistdüngung eine Erhöhung des Kohlenstoffgehaltes um 0.2% auf 0.8% sowie eine Zunahme der Dehydrogenaseaktivität nachgewiesen werden (Grimm und Cäsar 1988). Die höchsten Aktivitäten konnten bei der Kombination Stallmistdüngung und Getreidefolge bzw. Kalkdüngung bestimmt werden. Bei fehlender Kalkdüngung sank das pH von 5.1 auf 3.6 und verminderte die mikrobielle Aktivität.

6 Potentielle Düngemittel - Industrie-, Gewerbe- und Siedlungsabfälle

6.1 Charakteristika und Einfluß auf physikalische und chemische Bodeneigenschaften

Die Rückführung von in landwirtschaftlichen, häuslichen, gewerblichen und industriellen Abfällen gebundenen Nährstoffen in den Kreislauf der Stoffe ist ein Anliegen der auf Nachhaltigkeit ausgerichteten Form des Wirtschaftens. Das Sammeln und Kompostieren von Abfällen aus Haushalt, Industrie und Gewerbe stellt einen wertvollen Beitrag zum Abfallmanagement und zur Aufrechterhaltung geschlossener Nährstoffkreisläufe dar. In einer auf Nachhaltigkeit ausgerichteten Wirtschaft kommt den Böden sowohl die Funktion als Nahrungs- und Rohstofflieferanten als auch als Senken für organische Abfälle zur Schließung von Stoffkreisläufen zu. Durch die landwirtschaftliche Nutzung von Abfällen können Stoffströme in die Atmosphäre, welche bei Nutzung anderer Entsorgungsmöglichkeiten verstärkt auftreten, reduziert werden.

In den vergangenen Jahren wurde die Forschung in Bezug auf die Eignung von Industrie- und Siedlungsabfällen als Bodenzusätze intensiviert. Eine Reihe von Untersuchungen beschäftigte sich mit der Feststellung des Einflusses von Abfällen aus Siedlung, Gewerbe und Industrie auf bodenmikrobiologische und -enzymatische Parameter. Die mikrobiologische und enzymatische Analyse ist auch für die Bewertung der Substratqualität und der Kompostreife von Wert.

Bei den im folgenden Abschnitt berücksichtigten potentiellen Bodenzusätzen handelt es sich vornehmlich um Industrie-, Gewerbe- und Siedlungsabfälle. Hierher gehören Abwässer, Abwasserschlämme, Komposte, Abfälle der holz- und nahrungsmittelverarbeitenden Industrie, der Fermentationsindustrie sowie Rückstände der Kohleverbrennung sowie Deponiesickerwasser.

Schlämme und Komposte werden seit alters her wegen ihres Gehaltes an wertgebenden Bestandteilen wie Makro- und Mikronährstoffen, organischer Substanz, teilweise auch Kalk, in der Landwirtschaft und im

Gartenbau genutzt. Die Verwendung solcher Substrate als Bodenverbesserungsmittel sowie als teilweiser Ersatz für mineralische Düngemittel bietet sich an. Ein ergänzender Einsatz solcher Substrate in Gebieten, wo es durch neue Formen der Tierhaltung, den Einsatz von Stroh in der Celluloseindustrie und zu Futterzwecken zur Verknappung von Stalldünger kommt, ist wünschenswert. Verschiedene Abfälle können dem Boden gemeinsam zugeführt werden. Die günstigen Eigenschaften unterschiedlicher Abfälle können auf diese Weise kombiniert werden.

Entsprechend Sauerbeck (1987) wären durch die Weiterverwertung von Müll und Klärschlamm als Dünger auf landwirtschaftlichen Flächen bei konsequentem Recycling sämtlicher Abfallstoffe theoretisch mehr als 10% des zum gegebenen Zeitpunkt bestehenden Mineraldüngeraufwandes zu ersetzen gewesen.

Die Veränderung der Siedlungsstrukturen und der Lebensgewohnheiten führte auch zur Veränderung der Zusammensetzung der Abfälle. Man erkannte, daß Siedlungs-, Gewerbe- und Industrieabfälle hohe Schadstoffgehalte aufweisen können, welche deren prinzipiell wünschenswerte Einschleusung in den Kreislauf der Stoffe beschränken.

Abwässer, Klärschlämme und kompostierte Industrie-, Gewerbe- und Siedlungsabfälle stellen heterogene Materialien dar und können, je nach Herkunft verschieden, bedeutende Mengen an organischen und anorganischen Schadstoffen sowie Pathogene enthalten. Hohe Gehalte an Nährstoffen, vornehmlich an P und N, können deren landwirtschaftliche Nutzung ebenfalls limitieren. Deren Einsatz bedarf deshalb Beschränkung, genauer Kontrolle und eines möglichst reichen Wissens über standortabhängige physikalische, chemische und biologische Wechselwirkungen. Die Entscheidung hinsichtlich einer Landapplikation von Abfällen sollte im Zusammenhang mit den jeweiligen Standortbedingungen sowie einer umfassenden Analyse der Materialien vor Applikation getroffen werden.

Prinzipiell weisen Abfälle aus Siedlung, Gewerbe und Industrie sowie deren Abkömmlinge hinsichtlich der chemischen Zusammensetzung weite Variation auf. Die Quellen- und Prozeßabhängigkeit von Meßparametern muß kritisch betrachtet werden. Eine unter nicht vergleichbaren Bedingungen erfolgende Datengewinnung erlaubt keine Konzentrationsvergleiche von Einzelstoffen in Abfällen und deren Derivaten. Veränderte Eintragsmengen oder eine veränderte Prozeßführung kann für die Variation der ermittelten Daten zu einem anderen Zeitpunkt verantwortlich sein.

6.1.1 Klärschlamm

Klärschlamm fällt bei der Abwasserreinigung als festes Nebenprodukt an. Die europaweit jährlich produzierte Menge an Klärschlamm wurde zum gegebenen Zeitpunkt auf 5.5 Millionen Tonnen Trockensubstanz geschätzt (Sauerbeck 1987).

Tabelle 16. In verschiedenen Staaten geübte Praxis der Verwertung bzw. Entsorgung von Klärschlamm (in Prozent der Gesamtmenge)

Staat	Entsorgung (%)		
	Landwirtschaft	Kontrollierte Deponie	Einkippen ins Meer
Schweden	41	48	-
Norwegen	18	82	-
Finnland	21	51	-
Dänemark	48	52	-
BRD	39	57	2
Frankreich	33	50	-
Belgien	15	85	-
Holland	34	25	13
UK	40	31	29
Irland	4	52	44
Schweiz	61	-	-
Italien	20	60	-

Nach Sauerbeck (1987).

In Österreich werden etwa 30% des aufkommenden Klärschlammes auf landwirtschaftlichen Flächen verwertet (Blum und Wenzel 1989).

Klärschlämme als Quellen für organische Substanz und Nährstoffe

Die Variablen in deren Abhängigkeit die chemische Zusammensetzung der Klärschlämme variiert schließen den Abwassertyp, das Kläranlagenmilieu und das Ausmaß der Reife des organischen Materials ein. Verschiedene Schlämme wie Primärschlamm, Sekundärschlamm, Überschußschlamm ohne Stabilisierung (Rohschlamm) und stabilisierter Schlamm (Faulschlamm) werden unterschieden. Im Hinblick auf die landwirtschaftliche Nutzung kommt dem letzteren besondere Bedeutung zu.

Klärschlämme weisen im Vergleich zu anorganischen Düngern einen geringeren Gehalt an klassischen Düngerelementen auf. Klärschlämme enthalten als Hauptbestandteile in der Trockensubstanz etwa 5 bis 75% organische Substanz, 0.4 bis 12% Stickstoff, 0.2 bis 5% Phosphor, 0.1 bis

35% Calcium, 0.03 bis 7% Kalium und 0.05 bis 3.5% Magnesium. Der organisch gebundene Stickstoff stellt die vorherrschende Form des Stickstoffs in Klärschlämmen dar. In Klärschlämmen von Kläranlagen mit einer chemischen Reinigungsstufe kann der Phosphorgehalt der Schlämme aufgrund der Ausfällung der Phosphate sehr hoch sein und bis zu 7% betragen. Werden Al- oder Fe-Salze bzw. $Ca(OH)_2$ als Fällungsmittel verwendet, tritt in den Schlämmen gleichzeitig ein hoher Gehalt an Fe- und Al-Oxiden bzw. an Kalk (bis über 60%) auf.

Tabelle 17. Mittlere Nährstoffäquivalente von Klärschlamm (10% Trockenmasse) und Stallmist (in kg/t).

	1t Klärschlamm	1t Stallmist
Wirksame organische Masse	30–40	180
N	0.5–0.6	1.5–2.0
P_2O_5	1.5–2.0	1.5–2.0
K_2O	0.05–1.0	6.0–7.0
S	0.5–2.0	2.0–3.0
MgO	2.0–4.0	1.0–2.0
Cu	0.04–2.0	0.003
Zn	0.03–0.26	0.015
Mn	0.06	0.04
Mo	0.001	0.0001

Nach Kick (1984).

Hohe jährliche Klärschlammgaben können den organischen Substanzgehalt und den Stickstoffgehalt der Böden anheben. Die Zersetzung organischer Schlammkomponenten erfolgt langsam. Die hohen organischen Substanzgehalte von Abfalldüngern fördern günstige strukturelle, chemische und physikalische Eigenschaften des Bodens. Zunahmen des Wassergehaltes, des Wasserhaltevermögens, der Kationenaustauschkapazität, des Gehaltes an verfügbarem Phosphor, der Salinität und des Chloridgehaltes konnten nach Klärschlamm- und Schlammkompostapplikation beobachtet werden (Epstein et al. 1976). Klärschlammapplikation erhöhte den Anteil der stabilen Bodenaggregate (Epstein 1975). Aerob und anaerob gereifte Klärschlämme sowie deren Komposte mit Müll förderten die Gesamtporosität und die Aggregatstabilität (Pagliai et al. 1981). Die Zunahme der Strukturstabilität ist von den Eigenschaften des Schlammes (z.B. C/N-Verhältnis) sowie von Bodeneigenschaften abhängig. Bei Verwendung von Klärschlamm aus Trockenbeeten in einer für den Humusersatz oder den Erosionsschutz im Weinbau erforderlichen Menge, konnte eine deutliche Zunahme des organischen Substanzgehaltes des Bodens und eine anhaltend positive Wirkung auf das Bodengefüge nachgewiesen werden (Hoffmann 1984). Erhöhte organische Substanzgehalte fördern die Sorptionskapazität des Bodens. Mit Kalk behandelte Klärschlämme und enthalten höhere Mengen an basisch wirkenden Bestandteilen. Es ist deshalb möglich, daß durch deren Applikation die pH-Werte saurer Böden über den Neutralpunkt angehoben werden. In einem strukturlosen Lößboden bewirkte die Applikation von Klärschlamm eine Erhöhung des Gehaltes an wasserlöslichen Kohlenhydraten (Metzger et al. 1987). Der Gehalt an wasserstabilen Aggregaten verblieb im mit Schlamm versehenen Boden bis zum Ende der Inkubationszeit erhöht. Die Aktivität der Pilze korrelierte am besten mit der Strukturstabilität. Die zwischen der Zahl der Pilze, der Menge an wasserlöslichen anthronreaktiven Kohlenhydraten und dem Gehalt an Aggregaten bestehende positive Korrelation gab Hinweis darauf, daß bei Schlammanwendung die Verfestigung durch pilzliche Kohlenhydrate und das physikalische Umschlingen durch Mycelien, als Bindemechanismen in die Ausbildung wasserstabiler Aggregate involviert sind.

Klärschlämme als Quellen für Schadstoffe

Klärschlämme und deren Derivate sind wesentliche Quellen für anorganische und organische Schadstoffe. Der laufende Ausbau von Abwasserreinigungsanlagen bringt eine ständige Zunahme der anfallenden Klärschlammengen mit sich. Industrielle und gewerbliche Abwässer weisen in der Regel höhere Schadstoffgehalte auf als solche häuslicher Herkunft. Der Trend zur Errichtung großer Kläranlagen, welche Abwässer verschiedener Provenienz aufnehmen ist deshalb problematisch. Auf diese Weise kann die landwirtschaftliche Verwertung ursprünglich gering belasteter Abwässer bzw. deren Derivate verhindert werden.

Anorganische Schadstoffe. Die für individuelle Klärschlämme nachweisbaren anorganischen Schadstoffgehalte können sehr hoch sein. Schwermetalle können bis zu 4% der Trockenmasse von Klärschlämmen repräsentieren. Als klärschlammrelevante Schwermetalle sind vor allem Blei, Cadmium, Chrom, Nickel und Quecksilber anzuführen. Auch können hohe Gehalte an Mikronährstoffen wie Bor, Kupfer und Zink die Ausbringung der Schlämme verhindern.

Metalle treten in Schlämmen im wesentlichen in gelöster, in präzipitierter, in copräzipitierter, in adsorbierter sowie in mit biologischem Material assoziierter Form auf. Die Verteilung von Metallen auf verschiedene Formen variiert entsprechend den chemischen Eigenschaften der individuellen Metalle und den Eigenschaften des Schlammes. Letztere sind eine Funktion der während der Aufbereitung des Klärschlammes herrschenden physikalischen und chemischen Bedingungen. Diese schließen Parameter wie das pH, das Redoxpotential, die Temperatur, die Gegenwart komplexierender Agentien und die Konzentrationen an präzipitierenden Liganden ein. Bei der aeroben Schlammbehandlung liegen Schwermetalle vorwiegend als Carbonate und organisch gebunden vor, während der überwiegende Teil der Metalle nach einer anaeroben Verarbeitung in der sulfidischen Fraktion und zum Teil organisch gebunden vorliegt (Stover et al. 1976; Yeoman et al. 1993). Sequentielle Extraktionstechniken zur Bestimmung verschiedener Metallfraktionen sind nicht für alle im Klärschlamm und in mit Klärschlamm behandelten Böden auftretende Metalle gleichermaßen gut geeignet und die Selektivität der Reagentien ist nicht vollständig gegeben.

Einem Vorschlag von Gould und Genetelli (1975) entsprechend sollten Metalle in aerob und anaerob aufbereiteten Klärschlämmen in der folgenden Weise klassifizierbar sein: (1) löslich in ionischer Form bzw. in Form organischer bzw. anorganischer Komplexe; (2) copräzipitiert mit Metalloxiden; (3) präzipitiert; (4) adsorbiert; (5) organometallisch komplexiert als einfacher Komplex oder als Chelat; (6) an biologisches Material gebunden.

Zur Charakterisierung von Schwermetallen in Schlämmen und in mit Schlamm versehenen Böden eingesetzte Methoden zeigten, daß Metalle vorherrschend mit der festen Phase assoziiert sind. In löslicher und austauschbarer Form vorhandene Spezies repräsentieren gemeinhin < 10% der Gesamtmetalle (Lake et al. 1984).

Hinweise auf die unterschiedliche Verteilung von Schwermetallen in den Teilchengrößenfraktionen von Klärschlammproben konnten erhalten werden. Untersuchungen zur Verteilung der Größenfraktionen von in einigen Roh-, Aktiviert- und Faulschlammproben suspendierten Teilchen sowie zur Menge an mit verschiedenen Partikelgrößenfraktionen (Filterporengröße 0.2–100 µm) assoziierten Schwermetallen (Cd, Cu, Ni, Pb, Zn) zeigten, daß in Roh- und Aktiviertschlämmen ein höherer Anteil größerer Teilchen vorlag als in Faulschlämmen (Yeoman et al. 1989). Generell tendierten die Metalle im Aktiviertschlamm dazu mit den großen Partikeln > 100 µm assoziiert zu sein, wohingegen in Roh- und vor allem in Faulschlämmen die Metalle in der kleineren Partikelgrößenfraktion von 20 µm bis 2.5 µm gefunden wurden. Die Berechnung spezifischer Assoziationen auf Basis mg/kg gab Hinweis auf die Bedeutung des 8–20 µm Bereiches für die Komplexierung von Metallen.

Bindung, Mobilität und Verfügbarkeit anorganischer Schadstoffe im Boden. Die Spezies der in mit Schlamm versehenen Böden auftretenden Metalle reflektieren ursprünglich den Schlamm, wenngleich Veränderungen mit der Zeit beobachtet werden können. Der natürliche Schwermetallgehalt der Böden wird in erster Linie durch das Ausgangsgestein bestimmt. In Böden eingetragene Schwermetalle können aus diesen normalerweise nicht mehr entfernt werden. Das Wissen bezüglich der zahlreichen komplexen Wechselwirkungen zwischen Metallen und Boden ist beschränkt. Das Verständnis dieser Wechselwirkungen ist jedoch für die Vorhersage des Schicksals, der Verfügbarkeit und der Toxizität von Metallen in Böden essentiell.

Den Böden zugeführte Metalle können an Bodenbestandteile gebunden, aus dem Boden von Pflanzen, Mikroorganismen und Tieren aufgenommen, mit dem Sickerwasser ausgewaschen oder auch gebunden an Bodenteilchen im Zuge der Erosion verfrachtet bzw. durch Risse und Tierröhren im Boden verlagert werden. Manche Elemente können mikrobiell in volatile Verbindungen überführt werden und als solche den Boden verlassen.

Tabelle 18. Einfluß von Klärschlammbehandlung auf den Schwermetallgehalt des Bodens (ingesamt neun Behandlungen)

Metall	Metallkonzentration des Bodens (mg/kg)	
	Kontrolle	Schlammbehandelt
Cd	0.1	2.7
Zn	56.0	132.0
Cu	12.0	39.0
Ni	14.0	19.0
Pb	22.0	31.0

Nach Beyer et al. (1982).

Im Zusammenhang mit der Landapplikation metallhaltiger Abfälle trat die Frage nach der Belastbarkeit von Böden mit eingetragenen Metallen, deren Verhalten im Boden sowie deren Transfer in die Nahrungskette und in andere Umweltbereiche auf. Dieser Problemkreis ließ den Bedarf an geeigneten Richt- und Grenzwerten für potentiell toxische Elemente in landapplizierten Abfällen bzw. in mit solchen Abfällen versehenen Böden aufkommen.

Die Gefährdung der Umwelt durch Schwermetalle steht mit deren Verfügbarkeit und Mobilisierbarkeit in Beziehung und ist auf diese Weise eine Funktion deren Bindungsform. Die ökologische Wirksamkeit potentiell toxischer Elemente wird vor allem durch deren Löslichkeit bestimmt, da die in der Bodenlösung vorliegenden Anteile dieser Stoffe sowohl von Pflanzen und Mikroorganismen aufgenommen, als auch durch Verlagerungs- und Auswaschungsvorgänge in das Oberflächen- oder Grundwasser

transportiert werden können. Die gelösten und in die Lösungsphase überführbaren Anteile eines anorganischen Schadstoffes stellen die ökologisch
relevante Schadstofffraktion dar. Wesentlich ist weiters, daß an Bodenteilchen gebundene Metalle auch über Kanäle oder Schrumpfrisse im Boden
das Grundwasser erreichen können. Diese Form der Verlagerung kann
durch den Boden nicht abgeschwächt werden. Ein entsprechender Transport durch Erosion wurde bereits angeführt.

Die chemische Form, die Mobilität, die Toxizität und die Verfügbarkeit
der in den Boden eingebrachten Metalle ist standortspezifisch und stellt
keine generalisierbare statische Eigenschaft dar. Bodeneigenschaften, das
Klima und Bewirtschaftungsmaßnahmen nehmen Einfluß auf die oben angeführten Größen. Die Bindungsstärke eines Bodens für Schwermetalle
muß für jedes Metall getrennt ermittelt werden. Infolge des unterschiedlichen Ausmaßes der Rückhaltung von Schwermetallen durch das Bodenmaterial besteht keine einfache Beziehung zwischen den zugesetzten Metallmengen und deren Konzentrationen in der Bodenlösung. Die Verfügbarkeit von Metallen für Pflanzen (Mikroorganismen, Enzyme) ist nicht
proportional zum Metallgehalt im Boden, sondern zur Konzentration und
Aktivität der Metalle in der Bodenlösung.

Metalle können als Kationen oder Anionen an Austauscher des Bodens
gebunden werden. Diese können in die Biomasse aufgenommen werden
oder als Carbonate bzw. als Sulfide und andere schwerlösliche Verbindungen vorliegen. In der Bodenlösung treten diese als freie An- und Kationen sowie als lösliche organomineralische Komplexe auf.

Das Sorptions- und Fällungsvermögen eines Bodens bestimmt die ökologische Wirksamkeit applizierter Metalle wesentlich mit. Die Chemie der
Schwermetalle wird wesentlich durch die Löslichkeit der anorganischen
Präzipitate und die Bindung an bzw. die Aufnahme in die Biomasse bestimmt.

Böden besitzen üblicherweise eine hohe Metallbindungskapazität. Diese
ist primär eine Folge deren kleiner, oberflächenaktiven Komponenten,
welche vornehmlich durch Tonmineralien, organische Materialien und
Metallhydroxide bzw. -oxide repräsentiert werden. Als Bindestellen für in
den Boden eingetragene Metalle kommen partikuläre und lösliche organische Substanzen wie Humin-, Fulvosäuren und Proteine, partikuläre anorganische Komponenten wie Tonmineralien, Oxide und Hydroxide des
Fe, Al und Mn (Sesquioxide) und Carbonate, anorganische Ionen unter
Bildung von mehr oder minder löslichen Salzen oder Komplexen sowie
Biomasse und tote Organismen bzw. Organismenteile in Frage.

Verschiedene Metalle werden von verschiedenen Bodenbestandteilen in
variierendem Ausmaß gebunden. Zwischen Metallen und Bodenbestandteilen bestehen komplexe Gleichgewichte in Bezug auf Sorption und De-
sorption. Das pH, die Ionenstärke, das Redoxpotential, die Metallkonzentration, die Menge an gelöster organischer Substanz und die Temperatur

stellen Faktoren dar, welche diese Gleichgewichte beeinflussen können. Die Sorptionskraft von Böden nimmt mit deren Humus- und Tongehalt zu. Den Trägern pH-abhängiger Ladungen kommt diesbezüglich besondere Bedeutung zu. Die im Boden überwiegend in der anionischen Form auftretenden Elemente Fluor, Arsen, Selen und Molybdän werden erst unterhalb des Ladungsnullpunktes, vorwiegend im sauren Bereich, unspezifisch gebunden. Eine Festlegung durch spezifische Adsorption und Fällung kann auch bei höheren pH-Werten erfolgen. Die Mobilität unspezifisch adsorbierter kationischer Elemente nimmt normalerweise mit abnehmendem pH-Wert stark zu. Die Mobilität ist elementspezifisch, wobei in der Literatur die folgende Reihe vorgefunden wird Cd >> Zn >> Tl >> Ni > Co > Cu > As, Cr >> Pb >> Hg.

Mit zunehmender Mobilität der Elemente nimmt deren Konzentration in der Bodenlösung zu. Die Gefahr der Auswaschung in das Grundwasser sowie die Aufnahme durch Organismen wird dadurch erhöht.

Neben der Stärke der Bindung beeinflußt auch die Schadstoffvorbelastung des Bodens die Verfügbarkeit der Schwermetalle. Diesbezüglich treten deutliche Unterschiede zwischen den einzelnen Schwermetallen auf. Die Belastung des Bodens mit potentiell toxischen Elementen äußert sich unter anderem in einer Erhöhung deren Konzentration in der Bodenlösung.

Bewirtschaftungsmaßnahmen wie Kalkung und Düngung oder andere anthropogene Maßnahmen wie die Applikation von Streusalzen beeinflussen die Mobilität und Verfügbarkeit von Metallen im Boden. Veränderungen des pH-Wertes, das Auftreten löslicher komplexierend wirkender organischer Verbindungen, die Festlegung bzw. Freisetzung von Metallen in bzw. aus mikrobiellen Zellen sowie die Zufuhr konkurrierender Kationen bzw. Anionen zählen zu den möglichen Ursachen von Mobilitätsveränderungen. Eine Erhöhung des pH-Wertes wird die Bindung bestimmter Metalle fördern, während eine Senkung des pH-Wertes ebenso wie die Zufuhr konkurrierender Kationen zu einer Freisetzung von Metallen aus ihrer Bindung führen wird. Eine Mobilisierung von Schwermetallen durch Komplexbildung kann über die Zufuhr bestimmter Anionen oder von löslicher organischer Substanz bewirkt werden.

Durch den Zusatz von Salzen (z.B. Düngersalze) kann über den Mechanismus des Ionenaustausches die Konzentration der Metalle in der Bodenlösung beeinflußt werden. Eine Schwermetallmobilisierung durch anorganische Komplexbildner kann vor allem bei Cd (und Hg) durch eine Zufuhr von Chloriden, z.B. bei Ausbringung hoher Gaben chloridhaltiger Mineraldünger auf Ackerböden, durch Streusalze in Straßenrandböden, durch Salzwassereinflüsse in Marschböden und andere Effekte, erfolgen (Herms und Brümmer 1984). Die Anwesenheit von Sulfaten z.B. nach Ausbringung oder natürlicher Anreicherung von Gips- und von anderen Anionen kann ebenfalls eine Mobilisierung von Cd sowie von Ni, Zn und anderen Schwermetallen bewirken.

Mit organischer Substanz chelatierte Metalle können eine höhere Löslichkeit aufweisen als anorganische Präzipitate. Mehrere Autoren stellten eine Beziehung zwischen der Löslichkeit von Schwermetallen und der löslichen, komplexierend wirkenden organischen Bodensubstanz her. Im Vergleich zur Gabe einer identen Metallmenge in Form eines wasserlöslichen Salzes kann die Metallaufnahme aus einem metallhaltigen Abfall höher sein. Im Zuge des Um- und Abbaus von organischer Substanz gebildete, organische Chelatoren können die Ursache dafür sein.

Die Bildung löslicher Schwermetallkomplexe kann vor allem durch frische, in Zersetzung befindliche Vegetationsreste erfolgen. In Böden kann deshalb besonders in Phasen des intensiven mikrobiellen Abbaus organischer Substanzen mit einer Mobilisierung von Schwermetallen gerechnet werden. Zusätze von organischer Substanz zu einer Roterde pH 6.7 führten während der ersten Tage des Abbaus infolge der Bildung verschiedener organischer Säuren zur Lösung von nativem und zugesetztem Ni (Misra und Pande 1974).

Der Zusatz von organischer Substanz kann die Metallverfügbarkeit für Pflanzen (Mikroorganismen, Enzyme) vermindern. Es kann deshalb der unerwartete Effekt auftreten, daß trotz eines erhöhten Metallgehaltes im Boden der Gehalt in der Feldfrucht zurückgeht. Dieses Phänomen kann durch die Tatsache erklärt werden, daß, zum Beispiel bezogen auf das Element Blei, das zugesetzte organische Material Blei stärker bindet als der Boden. Im Falle zweier Materialien, welche beide Kationenaustauschereigenschaften aufweisen, wird der Großteil des mobilen und verfügbaren Pb aus dem ursprünglichen Bodenmaterial durch funktionelle Gruppen hoher Bindungsstärke im zugesetzten organischen Material gebunden. Die Gleichgewichtsbedingungen können in Richtung geringere Konzentration in der gemeinsamen Bodenlösung verschoben werden und geringere Verfügbarkeit für Pflanzen kann trotz des erhöhten Gehaltes gegeben sein. Organische Inhaltsstoffe von applizierten Abfällen können bezüglich der Schwermetallbindung die gleiche Wirkung ausüben wie die organische Bodensubstanz. Untersuchungen zur Cd-Sorption (in Bodenlösungskonzentrationen zwischen 0.001 und 12 µmol Cd/kg) durch Böden unterschiedlichen Stoffbestandes ergaben, daß die Applikation von städtischem Klärschlamm generell zu einer Abnahme der Menge an sorbierten Cd führte (Neal und Sposito 1986). S-förmige Isothermen wurden für die Cd-Sorption durch sämtliche Böden beobachtet. Auf die bevorzugte Assoziation des Cd mit Komponenten der wäßrigen Lösung bei niedrigen Cd-Konzentrationen war zu schließen. Die Entfernung von löslichem organischen Material durch sorgfältige Waschverfahren führte zu L-kurvenförmigen Isothermen, wodurch bestätigt wurde, daß Cd im Boden mit organischen Liganden komplexiert wird, deren Effekt auf die Adsorption bei niedrigen Cd-Konzentrationen signifikant ist. Die S-kurvenförmige Isotherme reflektierte die bevorzugte Komplexierung des Cd bei niedrigen

Konzentrationen mit löslichem organischen Material, welches durch die Festphase des Bodens nicht adsorbiert wird. Die Entfernung des organischen Liganden vor der Einführung des Cd führte zu einer L-kurvenförmigen Isotherme.

In Bodenmaterialien, welche Applikationen an anaerob gereiftem Klärschlamm erhalten hatten und für fünf Monate in Säulen inkubiert worden waren bestimmten Karapanagiotis et al. (1991) das metallspezifische Ausmaß der Bindung an mit Pyrophosphat extrahierbares organisches Material. Mehr als die Hälfte des Cadmiums befand sich in der organischen Phase, während die entsprechenden Werte für Blei bei weniger als 20% lagen. Der Anteil des extrahierbaren Bleis war durch die Rate der Schlammgaben unbeeinflußt, wohingegen für Kupfer die prozentuelle Extrahierbarkeit mit steigender Schlammapplikation zurückging und für Nickel und Zink die Extrahierbarkeit zunahm. Die organischen Komplexe des Kupfers und des Cadmiums waren stärker als die anderer Metalle. Die Metallbindungskapazität der organischen Substanz war für Kupfer und Nickel am höchsten.

Seit über 40 Jahren bestehen Bemühungen dahingehend die Gehalte von Böden an pflanzenverfügbaren Schwermetallen abzuschätzen. Dies erfolgt entweder indem man diese mit einer geeigneten Methode extrahiert oder auf Basis von Gesamtgehalten und Bodeneigenschaften (pH, Kationenaustauschkapazität, usw.), welche Einfluß auf die Schwermetallverfügbarkeit nehmen, berechnet. Die Berechnung gilt dabei als weniger zuverlässig oder aufwendiger als das direkte Messen.

Schwermetallgesamtgehalte von Böden werden im Säureaufschluß mit einer Mischung aus HNO_3 und $HClO_4$ oder auch aus HNO_3 und HCl (Königswasser) bestimmt.

In der Literatur werden basierend auf unterschiedlichen Extraktionsmitteln und -verfahren verschiedene Metallfraktionen des Bodens mit unterschiedlicher Mobilität und Verfügbarkeit angegeben. Charakteristische Problembereiche bei der Erfassung definierter Schwermetallfraktionen in Böden sind einerseits die Auswahl ungünstiger Extraktionsmittel mit geringer Selektivität sowie chemische und physikalische Interferenzen bei der Extraktion und Messung der Schwermetalle. Anderseits kann durch eine ungünstige Abfolge der verwendeten Extraktionsmittel die geringe Extraktionsselektivität noch erhöht oder auch Readsorptions- und Umverteilungsprozesse während des Extraktionsvorganges ausgelöst werden.

Die mit bestimmten Extraktionsmitteln nachweisbaren Metallgehalte fluktuieren in Abhängigkeit von der biologischen Aktivität des Bodens. Die Extrahierbarkeit von Metallen durch DTPA (Diethylentriaminpentaessigsäure) war nach der Vegetationsperiode erhöht (Morel und Guckert 1984). Die Aktivität von Mikroorganismen und Wurzelsystemen (Versauerung, Freisetzung komplexierender Substanzen) kann damit in Beziehung gesetzt werden. Der untersuchte Boden war ein mit gekalktem städtischen Klärschlamm versehener, landwirtschaftlich genutzter Standort. Dieser Boden zeigte trotz dreijährigem Aussetzen der Applikation noch immer starke Resteffekte der ersten Applikation, wobei diesbezüglich eine hohe positive Korrelation mit der Applikationsrate bestand. Die Effekte neuer Schlammapplikation waren jedoch nicht additiv. Der Rückgang der mit DTPA extrahierbaren Schwermetalle wurde auf die Reduktion von löslicher organischer Substanz, die Humifizierung oder die mineralische Immobilisierung im Zusammenhang mit der kalkigen Natur des Schlammes zurückgeführt.

Eine Zusammenstellung verschiedener Extraktionsmittel sowie verschiedener durch das angewandte Verfahren definierter Metallfraktionen im Boden findet sich in Band IV dieser Publikationsreihe.

Grenzwerte bzw. Richtwerte für anorganische Schadstoffe. Die Festlegung von Grenzwerten für potentiell toxische Elemente in Böden ist ein wesentliches Anliegen des Bodenschutzes. Maßstäbe zur Beurteilung von Bodenbelastungen werden sowohl für die Beurteilung tolerierbarer Metallgehalte als auch für die relative Gefährdungseinschätzung belasteter Standorte sowie für die Festlegung von Sanierungszielen benötigt.

Auf Gesamtgehalten basierende Richt- und Grenzwerte für Metalle in Böden tragen den tatsächlich Verhältnissen hinsichtlich Verfügbarkeit, Mobilität und Bindungsform der Metalle, welche wesentlich durch die Bodeneigenschaften und andere Standortfaktoren wie Klima und Bewirtschaftung bestimmt werden nicht Rechnung. Zur Abschätzung des Einflusses von dem Boden zugeführten Metallen auf biologische und nichtbiologische Eigenschaften des Boden sowie auf mit dem Boden in intensivem Austausch stehende Umweltbereiche ist es nötig zusätzlich zur Ermittlung von Elementgesamtgehalten auch Untersuchungen zur Mobilität und Bindungsform der Elemente im Boden durchzuführen. Verläßliche Aussagen werden aus der direkten Bestimmung der standortspezifischen Gehalte an löslichen und leicht in die Lösungsphase überführbaren Metalle erwartet. Grenzwerte für diese Metallfraktion wären zu erarbeiten. Aspekte der Beeinflussung von Bodenorganismen, Bodenenzymen und Wurzeln durch standortspezifisch verfügbare Schadstoffmengen und -formen sowie auch der mikrobiell vermittelten Immobilisierung und Mobilisierung von Metallen wären zu berücksichtigen.

Die Berücksichtigung der in Bezug auf die biologische Wirksamkeit relevanten Bindungsform eines Elementes bei der Erstellung von Grenz- und Richtwerten ist wünschenswert. Deren Realisierung wurde jedoch infolge des damit verbundenen hohen analytischen Aufwandes zunächst als nicht machbar bewertet.

Im Zusammenhang mit Grenz- und Richtwerten ist auch jener Umstand zu beachten, daß ein potentieller Schadstoff in der Natur nicht isoliert, sondern gemeinsam mit einer Reihe anderer potentieller Schadstoffe auftreten kann. Die isolierte Betrachtung einzelner Elemente ist deshalb nicht realistisch. Es besteht die Notwendigkeit die Gehalte sämtlicher vorhandener potentiell toxischer Elemente in Relation zum Schadstoffbindevermögen eines Bodens zu berücksichtigen.

Tabelle 19. Grenzwerte bzw. Richtwerte für den Gehalt an Schwermetallen, Arsen und Fluor in Böden. Die Werte basieren auf der Klärschlammverordnung für Deutschland (D), auf Klärschlammverordnungen einzelner Bundesländer Österreichs (Ö), auf der Klärschlammrichtlinie der Europäischen Gemeinschaft nunmehr Union (EU) sowie auf der Bodenschutzverordnung der Schweiz (CH)

Grenzwerte bzw. Richtwerte für den Gehalt an Schwermetallen, Arsen und Fluor in Böden (Gesamtgehalte in mg/kg Trockenmasse)			
Metall	D	CH	Ö	EU
Arsen	-	-	20.0	-
Cadmium	1.5	0.8	1–3	1–3
Cobalt	-	25.0	50.0	-
Chrom	100.0	75.0	100.0	-
Kupfer	60.0	50.0	100.0	50–140
Quecksilber	1.0	0.8	1–2	1–1.5
Molybdän	-	-	30.0	-
Nickel	50.0	50.0	50–60	30–75
Blei	100.0	50.0	100.0	50–300
Zink	200.0	200.0	300.0	150–300
Fluor	-	400.0	-	-

D: Deutschland, Klärschlammverordnung (1992) gemäß Bundesgesetzblatt, Jahrgang 1992, Teil I
CH: Schweiz, Bodenschutzverordnung (1986) gemäß Statistisches Jahrbuch der Schweiz (1994)
Ö: Österreich, Klärschlammverordnungen der Bundesländer Vorarlberg (1987), Steiermark (1987), Niederösterreich (1989), Oberösterreich (1990) gemäß Umweltbundesamt, Wien (1992)
EU: Europäische Union, EG-Klärschlammrichtlinie 1986 gemäß Commission of the European Communities (CEC) (1986)

Auf Basis von Gesamtgehalten festgelegte Grenz- und Richtwerte für Metalle und andere nichtmetallische potentiell toxische Elemente in Böden sind für eine ökologische Bewertung von geringem Wert.

In einzelnen Ländern wird bei der Festlegung von Grenzwerten für Metalle im Boden die Bodenreaktion oder auch der Tongehalt als ein wesentlicher die Mobilität dieser Stoffe mitbestimmender Faktor berücksichtigt. Beispielsweise sieht die Deutsche Klärschlammverordnung (1992) in Abweichung von den Werten in der oben präsentierten Tabelle für den Fall, daß ein Boden einen Tongehalt von unter 5% oder einen pH-Wert von 5–6 aufweist die entsprechenden Werte für Cadmium mit 1 mg/kg sowie jenen für Zink mit 150 mg/kg Trockenmasse vor.

Die standortgerechte Beurteilung von Metallbelastungen erfordert modifizierbare Grenzwerte, in welchen standortspezifische Gegebenheiten, Expositionspfade, Schutzziele und Nutzungen berücksichtigt werden können.

Organische Schadstoffe. Organische Schadstoffe sind die zweite große Gruppe der in Industrie-, Gewerbe- und Siedlungsabfällen enthaltenen Problemstoffe. Im Vergleich zu Schwermetallen wurde diesen Stoffen weitaus weniger Aufmerksamkeit zugewandt. Die Situation hinsichtlich der Festlegung von Grenz- und Richtwerten sowie die damit verbundene Problematik der Abhängigkeit von den Eigenschaften des Bodens sowie anderer Standortfaktoren ergibt sich für organische Schadstoffe ebenso wie für anorganische Schadstoffe. Die Entwicklungen sind im Falle der erstgenannten noch weniger vorangeschritten. Die Schwierigkeiten, welche mit der Identifizierung relevanter organischer Substanzen verbunden sind, können als eine der Ursachen für eine im Vergleich zu Schwermetallen wesentlich schlechtere Dokumentation angeführt werden. Methodische Gründe können dafür verantwortlich sein, daß einige klärschlammrelevante Stoffe noch nicht nachgewiesen werden konnten. Für Metabolite trifft dies im besonderen zu.

Wichtige organische Schadstoff-Familien in Klärschlämmen schließen ein:

- Aliphatische und aromatische Kohlenwasserstoffe
- Halogenierte Aliphaten
- Halogenierte Aromaten
- Sauerstoffhaltige halogenierte Aromaten
- Polycyclische aromatische Kohlenwasserstoffe
- Aromatische Amine und Nitrosamine
- Organophosphorverbindungen
- Organozinnverbindungen
- Phthalate

Drescher-Kaden et al. (1990) gaben eine umfangreiche Übersicht über das Vorkommen, die Herkunft und den Verbleib organischer Schadstoffe in Klärschlämmen.

Folgende Gruppen oder einzelne Vertreter der angeführten Stoffgruppen können mit großer Wahrscheinlichkeit im Klärschlamm erwartet werden:

polychlorierte Biphenyle; polycyclische Aromaten; Tenside und deren Metabolite (wie LAS: Lineares Alkylbenzolsulfonat, NP: Nonylphenol, EDTA: Ethylendiamintetraessigsäure); Phthalate; Chlorkohlenwasserstoffe (Trichlorethan, Chloroform, Perchlorethylen, Lindan); Chlorphenole; Benzol; Toluol; Mineralöle; polychlorierte Dioxine und Furane.

Eine vergleichende Übersicht über verschiedene organische und anorganische Schadstoffe in Klärschlämmen der Schweiz zeigte neben einer wesentlichen Belastung der Proben mit Schwermetallen eine ebensolche mit organischen Schadstoffen. Hohe Konzentrationen an Nonylphenol (> 200 mg/kg) und Phthalaten (zwischen 1 und 150 mg/kg) waren nachweisbar. Der Konzentrationsbereich für polychlorierte Biphenyle (PCB) und polycyclische aromatische Kohlenwasserstoffe (PAK) bewegte sich zwischen 0.5–10 mg/kg Trockensubstanz (Drescher-Kaden et al. 1990).

Siegel (1978) konnte auf die weite Variation des Gehaltes an polycyclischen aromatischen Kohlenwasserstoffen (PAK) in aus verschiedenen Abfällen hergestellten Komposten verweisen. Umfangreiches Untersuchungsmaterial zeigte, daß, unabhängig von einer Siedlungskompostzufuhr, der natürliche Gehalt des Bodens an polycyclischen aromatischen Kohlenwasserstoffen außerordentlich variabel ist und sehr hohe Werte erreichen kann. Solche Werte können über jene kompostversorgter Böden weit hinausgehen. PAK treten in Böden in stark wechselnder Menge auf. Die hohen PAK-Gehalte von Komposten aus Siedlungsabfall weisen auf bei der Kompostierung dieses Abfalls günstige Bedingungen für den Aufbau dieser Stoffe hin. Diesbezüglich zeigte sich keine Abhängigkeit vom Kompostalter bzw. von einer aeroben oder anaeroben Reife.

Es wird angenommen, daß die konventionelle Zweistufen-Abwasserbehandlung 70–90% der organischen Schadstoffe vom Abwasser in den Schlamm transferiert, wobei dies hauptsächlich durch Adsorption an die partikuläre Substanz erfolgt (Davis et al. 1984). Eine Übersicht, welche vierzig Schlämme Großbritanniens einschloß ergab mittlere Konzentrationen an polychlorierten Biphenylen (Arochlor 1260 von 0.15 mg/kg Trockensubstanz, TS), 0.02 mg/kg TS an DDE (ein Abbauprodukt des DDT), 0.18 mg/kg TS an γ-HCH (Lindan) und 0.26 mg/kg TS an Dieldrin. Eine Untersuchung von 74 Schlämmen der USA ergab eine mittlere PCB-Konzentration von 0.99 mg/kg TS und mittlere Werte verschiedener Insektizidrückstände von < 0.15 mg/kg TS mit Ausnahme von Chlordane (2.75 mg/kg TS). Die Schlammasche vier verschiedener Schlammverbrennungsanlagen in den USA enthielt PAK in einem Konzentrationsbereich von 0.1–1.0 mg/kg. Bei einer Beprobung von zwölf Klärschlämmen Großbritanniens konnte ein Gesamtgehalt an PAK rangierend im Bereich von 0.20–503 mg/kg TS nachgewiesen werden. Andere Autoren untersuchten PCB und volatile N-Nitrosamingehalte von 30 Klärschlämmen der USA. Die Konzentration an PCB rangierte in einem Bereich von 0.15–3.6 mg/kg TS. Selbst häusliche Schlämme, welche großteils von Siedlungsabwasser abstammen, können 0.1–1.0 mg/kg an Schadstoffen wie PCB und Organo-chlor Insektizidrückstände enthalten. Höheren Konzentrationen kann durch geeignete Kontrollen bei industriellen Verursachern entgegengesteuert werden. Sich im Straßenabfluß findende organische Schadstoffe wie bei-spielsweise polycyclische aromatische Kohlenwasserstoffe sind einer Kon-trolle nicht zugänglich. Deren Eintritt in den Klärschlamm kann nicht auf einfache Weise beschränkt werden.

In Bezugnahme auf eine repräsentative Untersuchung der Schweiz konnten die Gehalte europäischer Klärschlämme an polycyclischen aroma-tischen Kohlenwasserstoffen, in Abhängigkeit von der betrachteten Sub-stanz, mit zwischen 0.5 und etwa 10 mg PAK/kg liegend angegeben werden (Sauerbeck 1987). Der Straßen- und Oberflächenabfluß stellt dies-bezüglich die Hauptquelle dar. Vergleichbare Gehalte konnten für poly-chlorierte Biphenyle nachgewiesen werden. In Ausnahmefällen von indus-trieller Verschmutzung waren 1000 ppm und mehr nachweisbar. In der Vergangenheit konnten größere Mengen an Organochlor-Pestiziden im Klärschlamm nachgewiesen werden. In der Folge wurde deren Gehalt mit unterhalb von 1 ppm liegend angegeben. In Deutschland durchgeführte Langzeitfeldexperimente ergaben, daß keine wesentliche Anreicherung von Organochlorpestiziden in entsprechend behandelten Böden stattfindet. Die hoch chlorierten PCB konnten nur in Mengen < 1 ppm nachgewiesen werden. Konzentrationen von über 1 g/kg Trockensubstanz konnten für Nonylphenol, einem toxischen Transformationsprodukt vieler Detergen-tien in Abwässern, nachgewiesen werden. Phthalate konnten in Klär-schlämmen mit bis zu mehreren hundert ppm nachgewiesen werden. In städtischem Klärschlamm können mittlere Konzentrationen an Di-(2-ethyl-hexyl)phthalat (DEHP) von 109 mg/kg Trockengewicht, mit einem Be-reich von 4–273 mg/kg auftreten (Aranda et al. 1989). Phthalatester, vor allem DEHP, werden hauptsächlich als Weichmacher in PVC-Plastikpro-dukten verwendet. DEHP wird auch in Klebstoffen, Harzen, Polymer-ummantelungen, Papier, Tierlehm und Oberflächenlubrikantien verwendet. Dieser Stoff wurde als Schadstoff in einer Reihe von Systemen nachge-wiesen z.B. Ozean-, Fluß- und Seesediment, Klärschlamm, Boden, Wasser, lebenden Organismen und in Luft. Lipophile Verbindungen wie DEHP werden stark an die organische Substanz des Bodens gebunden. Er-höhte Adsorption in der Gegenwart von Schlamm kann deshalb entweder die Pflanzenaufnahme von DEHP reduzieren oder erhöhen, dies in Abhän-gigkeit vom Gleichgewicht zwischen adsorbierter und Lösungsphase. DEHP wird häufig in städtischen Klärschlämmen gefunden.

4-Nonylphenole (4-NP) können in sehr hohen Konzentrationen im Klär-schlamm (bis zu 2.5 g/kg TS) auftreten. Außerordentlich hohe Konzentra-tionen an 4-Nonylphenol wurden in anaerob aufbereitetem Klärschlamm nachgewiesen. 4-Nonylphenol ist ein sich von nicht ionischen oberflä-chenaktiven Substanzen des Nonylphenolpolyethoxylat Typs ableitender

Metabolit (Giger et al. 1984). Nonylphenol, eine Mischung von Mono-alkylphenolen, vorherrschend para-substituiert, ist ein oberflächenaktives Agens, welches bei der Herstellung von Waschmitteln, Farben, Tinten und Pestizidformulierungen eingesetzt wird. Die Nonylphenolkonzentrationen waren im aktivierten Klärschlamm, im gemischten primären und sekun-dären sowie im aerob stabilisierten Klärschlamm wesentlich geringer als in anaerob aufbereitetem. Die Förderung der Bildung von 4-Nonylphenol unter mesophilen anaeroben Bedingungen ist angezeigt. 4-Nonylphenol weist eine für Wasserlebewesen hohe Toxizität auf.

Polychlorierte Dibenzo-p-Dioxine (PCDD) und polychlorierte Dibenzo-furane (PCDF) konnten in Klärschlämmen ebenfalls nachgewiesen werden. Hodecek und Schäfer (1989) nahmen Bezug auf in Deutschland durchgeführte Untersuchungen zur Ermittlung der Belastungen von Klär-schlämmen mit organischen Schadstoffen. Demzufolge konnten von Hagemaier (1988) und im Rahmen weiterer Untersuchungen in praktisch sämtlichen Klärschlämmen, wechselnde Mengen an PCDD und PCDF nachgewiesen werden. Von diesen Substanzen treten verschiedene Einzel-verbindungen auf. Als Leitsubstanz gilt das „Seveso-Gift" 2,3,7,8-Tetra-chlordibenzo-p-Dioxin (2,3,7,8-TCDD). Es wurde vorgeschlagen die er-mittelten Konzentrationen an PCDD und PCDF in 2,3,7,8-TCDD Toxizi-tätsäquivalente (TE) umzurechnen, welche als Maß für die Dioxinbelas-tung dienen sollen. In 43 Klärschlammproben aus verschiedenen Kläran-lagen konnten im Mittel 202 ng TE/kg Klärschlamm-Trockenmasse bei einem Höchstwert von 1560 ng TE/kg und einem geringsten Wert von 28 ng TE/kg nachgewiesen werden. In weiteren 27 Klärschlämmen Deutsch-lands waren im Mittel 56 ng TE/kg Klärschlamm-Trockenmasse enthalten.

Broman et al. (1990) analysierten polychlorierte Dibenzo-p-Dioxine und polychlorierte Dibenzofurane in Boden und Faulschlamm. Die Gesamt-konzentrationen an PCDD und PCDF in den acht Oberbodenproben und den vier Schlammproben wurden in Toxizitätsäquivalenten (TE) entspre-chend dem Nordic Modell ausgedrückt. Die mittlere Konzentration betrug in den Schlammproben 79 pg TE/g (jeweils g organische Masse). Die Proben zeigten eine Variation zwischen 41 und 130 pg TE/g. Diese Va-riation konnte nicht durch die Variation der organischen Substanz erklärt werden (diese überschritt bei den verschiedenen Proben 3% nicht). Die Oberbodenproben entstammten Böden, welche sich in unterschiedlicher Entfernung zum Zentrum der Stadt Stockholm (9–44 km) sowie in unter-schiedlicher Distanz zum Straßenrand (0.03–4 km) befanden. Die Proben, welche nahe den Hauptstraßen entnommen wurden, variierten zwischen 13 und 49 pg TE/g. In nicht nahe an diesen entnommenen Proben variierten die Gehalte zwischen 9 und 32 pg TE/g. Die PCDD- und PCDF-Konzen-trationen in den Ackerböden erwiesen sich vor allem von zwei Faktoren abhängig, der Nähe zur möglichen „Punktquelle" (Stadt Stockholm) sowie der Nähe zur Straße. Sowohl der Straßenverkehr als auch die Emissionen der städtischen Region beeinflussen die Konzentrationen an PCDD und PCDF in den Böden. Die Düngung mit Schlamm (1 t TG/ha/Jahr) erhöhte die ursprünglichen Konzentrationen des Bodens an PCDD und PCDF um zirka 2–3%.

6.1.2 Kompost

Kompostierung und Kompostreife

Die Kompostierung hat das Ziel, Abfälle (z.B. Müll, Klärschlamm bzw. Mischungen) nach Entfernung grober Teile einer Rotte zu unterziehen. Im Verlauf der Rotte wird ein Teil der organischen Substanz durch Mikroorganismen abgebaut und durch weitere Transformationen entstehen neue organische Verbindungen. Zur Unterhaltung des Abbaus ist die Aufrechterhaltung eines ausreichenden Feuchtegehaltes notwendig (etwa 50–70% Wasser). Die Kompostierung weist auch einen Hygienisierungseffekt auf. Klärschlämme, welche als Flüssigschlämme mit zirka 2.5 bis 7.5% Feststoffen verwendet werden, können pathogene Bakterien, Viren und Wurmeier enthalten. Die Kompostierung stellt einen Ansatz zur Lösung solcher Probleme dar. Im Zuge des rasch erfolgenden Abbaus im Komposthaufen tritt eine Erwärmung auf, wobei Temperaturen von 50–72°C nachgewiesen werden können. Die Inaktivierung von Unkrautsamen und Krankheitserregern wird durch die erhöhten Temperaturen gefördert.

Zur Herstellung von Kompost werden verschiedene Systeme genutzt. Eine Einteilung derselben in zwei Gruppen ist möglich. Eine Gruppe schließt die langsame oder natürliche Fermentation ein, welche durch die Anhäufung von Abfall erreicht wird. Die andere Gruppe bedient sich einer beschleunigten Fermentation; diese erfolgt in Faulbehältern oder geschlossenen Kammern. Die Zusammensetzung des erhaltenen Produktes ist üblicherweise variabel und von mehreren Faktoren abhängig. Zu diesen zählen das Klima, die Jahreszeit, der Typ der Substrates, die Qualität des Kompostierens und die Reifezeit.

Reifer Kompost zeichnet sich durch die Vollendung einer thermophilen und einer folgenden mesophilen Phase des organischen Substanzabbaus aus, welche zahlreiche saprophytische Bakterien, einschließlich der Bakteriengruppe der Aktinomyceten und Pilze einschließt. Die Temperaturabhängigkeit der von den Mikroorganismen ausgeschiedenen abbauenden Enzyme im Verlauf des Kompostierungsvorganges wurde beobachtet (Hankin et al. 1976). Die erfaßten Aktivitäten schlossen proteolytische, lipolytische, cellulolytische, pektinolytische und ureolytische ein. Vielfach waren Organismen, welche zur Bildung von spezifischen extrazellulären Enzymen bei mittleren Temperaturen fähig sind, in der Lage bei hohen Temperaturen zu wachsen, diese schieden jedoch entweder das spezifische Enzym nicht aus oder selbiges wurde bei hohen Temperaturen inaktiviert.

Zahlreiche Untersuchungen hatten das Ziel einen Beitrag zur Charakterisierung der Kompostreife zu leisten. Damit soll die Möglichkeit geschaffen werden, die Qualität und Stabilität des Kompostes zu bewerten. Die mit der Applikation unreifer Komposte verbundenen Risiken sollen dadurch ausgeschaltet werden.

Die Konzepte zur Verfolgung des Verlaufes der Kompostreifung schließen die Bestimmung physikalischer, chemischer und biologischer Parameter ein. Diese umfassen die Temperaturentwicklung, den Geruch und die Farbe, den Gewichtsverlust, die Zunahme des Aschegehaltes, das Ammonium-N/Nitrat-N Verhältnis, das C/N-Verhältnis der Gesamtprobe oder des Wasserextraktes, die Entwicklung des C/N-Verhältnisses und des pH während der Kompostierung, die Kationenaustauschkapazität, die Ammonium- und Schwefelwasserstoffevolution, die Menge und die Eigenschaften der organischen Substanz wie der Prozentsatz an leicht abbaubaren Verbindungen und das Ausmaß der Huminstoffbildung, Keimtests zur Phytotoxizität von Wasserextrakten des Kompostes sowie die Bestimmung mikrobiologischer Parameter. Untersuchungen zur Stoffwechselaktivität, zur Biomasse und zur Aktivität ausgewählter hydrolytischer Enzyme sind diesbezüglich anzuführen.

Verfahren zur Bestimmung des Stabilisierungsgrades von Kompost schließen die Atmungsmessung und die Bestimmung des Verhältnisses Huminsäuren/Fulvosäuren ein. Im Zuge der Kompostreifung verändert sich das Verhältnis des Huminsäure-C zum Fulvosäure-C. Reife Komposte weisen gegenüber frischen Materialien einen höheren Polymerisationsgrad der organischen Substanz auf. Im Verlauf der Kompostierung konnte die Abnahme des Gehaltes an phenolischen Gruppen und die Zunahme des Gehaltes an HOOC- und C=C-Gruppen beobachtet werden (Garcia et al. 1991). Giusquiani et al. (1989), welche Unteruschungen zu den Eigenschaften der organischen Substanz vor und nach der Kompostierung städtischer Abfälle unternahmen, konnten als Hauptunterschied den Gehalt an sauren Gruppen und geradkettigen Aliphaten angeben, welcher im kompostierten Material zurückging. Beim Vergleich der Humuseigenschaften von kompostiertem städtischem Abfall und des Bodens bestand ein Unterschied in den Elutionskurven auf Sephadex G-100, wobei das Verhältnis der 100 000/1 300 Peaks für den Kompost höher war als für den Boden. Dieses Verhältnis wurde als ein möglicher Parameter zur Verfolgung des Humifizierungsprozesses im Kompost gesehen, wenn dessen Zusatz zum Boden in einem nicht geringeren Ausmaß erfolgt als dies dem bodeneigenen organischen Substanzgehalt entspricht.

Keeling et al. (1994) beschrieben eine, auf der Identifizierung extrahierbarer organischer Komponenten beruhende, gaschromatographische-massenspektrometrische Methode zur Verfolgung des Kompostierungsprozesses. Das Fehlen von mit Dichlormethan extrahierbaren organischen Verbindungen gilt dabei als Maß für die Stabilisierung des Kompostes. Instabile Komposte enthielten zahlreiche Substanzen von unsicherem Ursprung wie Alkyl- und Benzyl-Phthalate und langkettige Fettsäureester. Stabiler Kompost zeichnete sich durch einen sehr geringen Gehalt an extrahierbaren organischen Komponenten aus.

Bei der Kompostierung laufen neben der Mineralisierung weitere Vorgänge ab, bei denen es unter Einbau von Stickstoff zur Entstehung neuer organischer Verbindungen kommt. Insgesamt führen die Vorgänge zu einer Verengung des C/N-Verhältnisses im Substrat. Die Stickstoffverfügbarkeit von Kompost steht in enger Beziehung zur Reife der Materialien. C/N-Verhältnisse über 30 sind aufgrund der mikrobiellen Festlegung von Bodenstickstoff ungünstig; Verhältnisse geringer als 20 sind günstig. Der Variationsbereich des C/N-Verhältnisses für ausreichend gut kompostiertes Material wurde mit 5–20 angegeben (Chanyasak und Kubota 1981). Diesbezüglich besteht Abhängigkeit vom Typ des Rohmaterials, weshalb das C/N-Verhältnis nicht als ein absoluter Indikator der Kompostreife angesehen werden kann. C/N-Verhältnisse von etwa 20:1 lassen eine Einarbeitung des Kompostes in den Boden zu, ohne daß es bei der weiteren Verrottung im Boden zu negativen Auswirkungen infolge der mikrobiellen Festlegung von Stickstoff kommt.

Prinzipiell sind die Nährstoffverhältnisse potentieller Düngermaterialien in Bezug auf deren Düngereignung von Bedeutung. Beispielsweise ergab die Bewertung von aus einem mit Heu von *Festuca arundinacea* beschickten Methangenerator erhaltenen Schlamm hinsichtlich dessen Eignung als Bodenzusatz für den Schlamm geringere Mengen an C, K und Na als für das Heu (Atalay und Blanchar 1984). Ca, Mg, N, P, S und Zn waren im Schlamm höher konzentriert als im Heu. Die Nährstoffaufnahme durch Weizen und Kaffernhirse zeigte, daß der Zusatz von 80 g Schlamm/kg dem Zusatz von 400 mg P/kg Boden äquivalent war, jedoch infolge des hohen C/N-Verhältnisses nicht entsprechend für das Angebot an Stickstoff sorgte.

Der Einfluß von Komposten auf Pflanzen und auf Bodeneigenschaften wird wesentlich durch das Ausmaß der Zersetzung der organischen Substanz vor Bodenapplikation bestimmt.

Zahlreiche Untersuchungen zeigten, daß der wesentlichste Effekt von unreifem Kompost in der mikrobiellen Festlegung von verfügbarem Bodenstickstoff besteht. Dadurch kommt es zu einem ernsten N-Mangel für Feldfrüchte. Eine rasche Zersetzung von dem Boden zugesetztem unreifem Kompost kann über den Rückgang der Sauerstoffkonzentration und des Redoxpotentials in der Umgebung von Wurzeln zur Etablierung eines anaeroben und stark reduzierend wirkenden Milieus führen. Unter solchen Bedingungen kann die Löslichkeit von Schwermetallen im Boden erhöht werden und eine Hemmung der Samenkeimung infolge der Bildung von phytotoxischen Substanzen auftreten. Phytotoxische Substanzen können vor allem durch Ammoniak, Ethylenoxid und organische Säuren, repräsentiert sein (Jimenez und Garcia 1989). Pflanzen reagieren auf die hemmenden Einflüsse mit einer verringerten metabolischen Rate, einer reduzierten Wurzelatmung, einer rückläufigen Nährstoffaufnahme und einer Verlangsamung der Synthese und des Transportes von Gibberellin und Cytokinin.

Unreifer Kompost enthält hohe Prozentgehalte an frischen Substraten oder Metaboliten. Die Konzentration wasserlöslicher Substanzen mit phytotoxischen Eigenschaften oder hohem Schadstoffpotential kann in solchen Fällen hoch sein. Beispiele wären hohe Gehalte an Ammonium, Schwermetallen oder auch Ethylen. Bei einer geringen Fracht an unreifem Müllkompost konnten, vor allem in frühen Entwicklungsstadien, Hemmeffekte auf das Wachstum von Pflanzen festgestellt werden (Gallardo-Lara und Nogales 1987). Diese beruhten im wesentlichen auf der Gegenwart kurzkettiger Fettsäuren, vor allem Propionsäure und n-Buttersäure. Wasserlösliche Komponenten können aus unreifen Komposten durch perkolierendes Regenwasser ausgewaschen werden.

Mikrobielle und enzymatische Parameter als Indikatoren des Kompostierungsfortschrittes. Biochemische Stoffumsetzungen und die mikrobielle Biomasse konnten in verschiedenen Ökosystemen als wertvolle Indikatoren der biologischen Aktivität erkannt werden. Der Wert der Erfassung solcher Parameter für die Charakterisierung des Fortganges des Kompostierungsvorganges zeigte sich ebenfalls. Im Gegensatz zu auf Nährstoffverfügbarkeit und -verhältnissen beruhenden Reifekonzepten ist zu erwarten, daß bestimmte mikrobiologische und enzymatische Eigenschaften Information zur Stabilität des kompostierten Materials geben können. Die Isolierung und Zählung von Indikatororganismen ist für Routineanalysen zu aufwendig, so daß Aktivitätsbestimmungen die Methode der Wahl darstellen. Die erhaltenen Werte werden mit dem Ausmaß der Stabilisierung der organischen Substanz der Materialien in Beziehung gesetzt. Die Erfassung bestimmter Enzymaktivitäten als Indikatoren der Kompostreife wurde empfohlen.

Der in städtischem Abfall enthaltene Phosphor ist großteils von organischer Natur. Ein Teil dieses Phosphors liegt mikrobiell gebunden vor. In zehn verschiedenen städtischen Abfällen (sieben frische, drei Komposte) bestimmten Garcia et al. (1993) die Aktivität des Enzyms Phosphatase sowie die kinetischen Parameter K_m und V_{max}. Sämtliche Materialien enthielten alkalische Phosphatase mit einer optimalen Aktivität bei pH 9. Die Klärschlämme enthielten auch neutrale Phosphatase mit einem pH-Optimum von 6–7. Die Komposte wiesen die geringsten Aktivitätswerte auf. Schwierigkeiten ergaben sich beim Versuch der Etablierung einer Beziehung zwischen K_m und der Natur des Abfalls sowie dem Stabilitätsausmaß der organischen Subsanz. Unterschiede zwischen den verschiedenen Abfalltypen und zwischen kompostierten und nicht kompostierten Formen waren durch die für V_{max} erhaltenen Werte angezeigt. Die V_{max}-Werte korrelierten mit dem ATP-Gehalt und mit den verschiedenen Kohlenstofffraktionen der Abfälle. Die Phosphatasekonzentration war von der Menge an organischer Substanz abhängig. Prozesse wie Kompostieren, in deren Verlauf organische Substanz mineralisiert wird, bedingen einen Rückgang der Phosphataseaktivität. Obgleich ein Verlust an Phosphataseaktivität auftrat, konnte im Zeitverlauf die Erhöhung der Stabilität des Enzyms nachgewiesen werden. Die Stabilität des Enzyms kann auf dessen Assoziation mit neu gebildeten Huminstoffen beruhen.

Klärschlamm wurde unter kontrollierten Bedingungen (28°C, 70% Feuchte) sowie unter Zusatz (Verhältnis 1:2) zweier holziger Materialien (Astschnitzel, Sommertriebe des Weinstocks) zur Strukturgebung kompostiert (Diaz-Burgos et al. 1993). Während der aeroben Inkubation wurden die Aktivitäten der Enzyme Urease, Phosphatase, BBA-hydrolysierende Protease, Casein-hydrolysierende Protease, der ATP-Gehalt sowie der Gehalt an hydrolysierbaren Polysacchariden bestimmt. Eine rasche Mineralisierung (2–3 Wochen) war gefolgt von einer langsamen Reifung (4–14 Wochen). Die hydrolytischen Enzymaktivitäten zeigten die langsame Phase und die Dynamik des Substratabbaus gut an. Die strukturgebenden holzigen Materialien verzögerten den Zersetzungsprozeß, wobei die Astschnitzel am intensivsten wirkten. Die Beeinflussung der Intensität und Länge der Reifungsphase durch aus den strukturgebenden Lignocellulosematerialien freigesetzte hydrolysierbare Polysaccharide und Folin-reaktive Verbindungen (Proteine, Polyphenole) war angezeigt. Zwei Phasen, gekennzeichnet durch Unterschiede hinsichtlich der metabolischen Aktivität, charakterisierten den Kompostierungsprozeß. Die CO_2-Entwicklung, der ATP-Gehalt und die Aktivität der Hydrolasen waren für beide Phasen des gesamten Prozesses, die Zersetzung- und die Reifungsphase, kennzeichnend. Dabei reflektieren hohe Niveaus dieser biochemischen Parameter die Zersetzungsphase und niedrige Niveaus die Reifephase. Der langsame Rückgang der Hydrolaseaktivität in der Reifephase konnte auf der Erschöpfung leicht verfügbarer Substrate und/oder dem Ersatz von leicht wüchsigen Bakterien durch langsam wachsende Aktinomyceten und Pilze, welche vorzugsweise widerstandsfähige holzige Strukturen angreifen, beruhen. Die graduellere Freisetzung von hydrolysierbaren Polysacchariden aus dem Ansatz, Schlamm plus Astschnitzeln gegenüber dem Ansatz, Schlamm plus Weintriebe, während der Reifephase (über fünf Wochen) erlaubte es dem System für eine längere Periode energetisch aufrecht zu bleiben. Die unterschiedliche Geschwindigkeit der Reifung, welche durch die geeignete Wahl der strukturgebenden holzigen Materialien induziert werden kann, führt zu Komposten mit unterschiedlichen Eigenschaften.

Komposte aus Weizen- und Gerstenstroh, aus Koniferenrinde, aus Hopfentrester und Rinde, aus häuslichem Abfall sowie aus Papier und Klärschlamm wurden chemisch (einschließlich Formen des Stickstoffs und Fraktionen der organischen Substanz) und mikrobiologisch (Dehydrogenaseaktivität, Atmungsrate, Argininammonifikation) analysiert (Forster et al. 1993). Zwischen den Reifekennzahlen konnten nur einige signifikante Korrelationen nachgewiesen werden. Die Dehydrogenaseaktivität korrelierte mit dem verbreitet akzeptierten Verhältnis des Huminsäure-C zum Fulvosäure-C und wurde folglich als Reifeindex angesehen. Die Argininammonifikation gab wertvolle Informationen zum Stickstoffstatus der Komposte. Negative Werte zeigten, daß in den Materialien noch immer wesentliche Mengen an leicht abbaubarer organischer Substanz mit weiten C/N-Verhältnissen vorhanden waren. Diese organische Substanz würde im Falle des Zusatzes des Kompostes zum Boden eine mikrobielle Immobilisierung von Bodenstickstoff bewirken. Die Kombination von Dehydrogenaseaktivität und Argininammonifikation ermöglichte eine eindeutige Klassifikation der Komposte, weshalb diese für weitere Betrachtungen empfohlen wurde. Für die Abschätzung der Konsequenzen einer Applikation von Kompost zu Boden kann die gemeinsame Bestimmung von Dehydrogenaseaktivität und Argininammonifikation ausreichend sein. Die chemischen Daten der Untersuchung waren hingegen widersprüchlich und konnten nur durch die Kenntnis der Ausgangssubstrate und des angewandten Kompostierungverfahrens interpretiert werden. Die Atmungsrate, welche eng mit dem Prozentsatz an organischem Kohlenstoff korrelierte, trug zur Bestimmung der Kompostreife nicht bei. Einer der Komposte aus Haushaltsabfall repräsentierte einen reifen Kompost. Dieser war durch einen hohen Huminsäureanteil, ein weites Huminsäure-C/Fulvosäure-C Verhältnis sowie durch eine geringe Dehydrogenaseaktivität und Argininammonifikation ausgezeichnet. Der Rindenkompost zeigte niedrige Humifizierungskennwerte, hohe C/N- und NH_4-N/NO_3-N-Verhältnisse und vergleichsweise niedrige Nährstoffgehalte. Dessen geringer Wert für eine Bodenverbesserung war angezeigt. Die negativen Werte der Argininammonifikation zeigten den wahrscheinlich nachteiligsten Effekt dieses Kompostes, nämlich die Immobilisierung von Bodenstickstoff, an. Dies traf ebenso für den Papier/Klärschlammkompost zu, dessen Unreife auch durch ein niedriges Huminsäure-C/Fulvosäure-C Verhältnis angezeigt war. Der Strohkompost wies günstigere Humifizierungskennwerte, C/N-Verhältnisse und Nährstoffgehalte auf. Dieser konnte als chemisch wertvolles und stabiles Produkt betrachtet werden. Im Strohkompost war die mikrobielle Aktivität mäßig, während im Hopfentrester/Rindenkompost und im zweiten Hausabfallkompost hohe Niveaus der Dehydrogenaseaktivität und der Argininammonifikation auf die Instabilität der organischen Substanz hinwiesen. Markante Prozentsätze an Fulvosäuren bestätigten dies. Das C/N- und das Ammonium-N/Nitrat-N Verhältnis zeigten, daß der Hopfentrester/Rindenkompost weniger ausgereift war als der zweite Hausabfallkompost.

Physikalische und chemische Bodeneigenschaften

Die organischen Komponenten von Komposten wirken positiv auf chemische und physikalische Bodeneigenschaften.

Daten zur Zusammensetzung von in verschiedenen Teilen der Welt produzierten Siedlungsmüllkomposten wurden präsentiert (Gallardo-Lara und Nogales 1987). Siedlungsmüllkomposte weisen hohe organische Substanzgehalte auf. An mit Kompost versehenen Standorten hatte der organische Substanzgehalt insgesamt sowie auch der Gehalt an humifizierter organischer Substanz gegenüber Kontrollstandorten signifikant zugenommen. Jene für den organischen Substanzgehalt in Prozent Trockensubstanz angegebenen Werte reichen von 22.0 bis 64.9. Als Bodenzusatz bewirken Siedlungsmüllkomposte einen Rückgang der Bodendichte, die Zunahme des Gesamtporenvolumens und die Erhöhung der Wasserhaltekapazität. Die Applikation von Kompost verbessert, vor allem im Falle schwerer Böden, physikalische Bodeneigenschaften. Siedlungsmüllkompost verbesserte die Bodenstruktur und das pH des Bodens (Hernando et al. 1989). Applikationsmengen von 30 und 60 t/ ha bewirkten nach 90 Tagen Inkubation eine Erhöhung der Aggregatstabilität. Infolge der Langzeitapplikation von Siedlungsmüllkompost trat eine Erhöhung der Gesamtporosität (Poren > 50 µm) ein (Giusquiani et al. 1995). Diese beruhte auf der Zunahme der Zahl länglicher Poren. Die Verwendung von Siedlungsmüllkomposten, in einer für den Humusersatz oder den Erosionsschutz im Weinbau erforderlichen Menge, führte zu einer deutlichen Zunahme des organischen Substanzgehaltes des Bodens und beeinflußte die Bodenstruktur anhaltend positiv (Hoffmann 1984). Im langjährigen Feldversuch beeinflußte die regelmäßige Gabe von Müllkompost den organischen Substanzgehalt, die Aggregatstabilität und das Volumen an Grobporen einer ackerbaulich genutzen Parabraunerde mit zunehmender Applikationsmenge positiv (Metzger et al. 1987).

Siedlungsmüllkompost weist ein neutrales oder leicht alkalisches pH auf und verfügt über Pufferkapazität. In sauren Böden kann die Wirkung als pH korrigierenden Mittel gegeben sein. Da die Komposte hohe Salinität aufweisen, wird bei deren Inkorporation, vor allem bei hohen Applikationsmengen, der Salzgehalt sowie die elektrische Leitfähigkeit in den Böden erhöht. Eine Erhöhung der Kationenaustauschkapazität der Böden konnte vor allem bei hohen Applikationsmengen nachgewiesen werden.

Reifer Kompost mit einem hohen Bakterien/Pilz Verhältnis gilt nicht nur als Verbesserer der chemischen und physikalischen Bodeneigenschaften, sondern auch als Förderer der mikrobiellen Aktivität des Bodens sowie als Mittel zur Unterdrückung von Infektionen mit phytopathogenen Pilzen.

Komposte können ebenso wie Klärschlämme je nach Ausgangsmaterial verschiedene Mengen und Qualitäten an Schadstoffen aufweisen.

6.1.3 Abfälle der Papier-, Zellstoff- und Nahrungsmittelindustrie

Abwässer

Die Zellstoff- und Papierindustrie weist einen hohen Bedarf an Wasser auf. Schätzungen entsprechend, werden pro Tonne Papier etwa 275–455 Kubikmeter Wasser benötigt. Die gesamte Menge erscheint praktisch wieder als Abwasser, welches der Behandlung und Entsorgung bedarf. Die Schadstoffe dieser Industrie schließen suspendierte Feststoffe, gelöste anorganische Salze, toxische Verbindungen wie chlorierte Lignine und phenolische Derivate ein. Bei Nichtbehandlung des Abwassers treten ernste Wasserverschmutzungsprobleme auf.

Bodeneigenschaften können durch die Applikation von Abfällen der Zellstoff- und Papierindustrie beeinträchtigt werden. In mit organischen Verbindungen aus Papierfabriksabwässern stark belasteten Böden nahm die Infiltrationsrate ab. Abwässer der Zellstoff- und Papierindustrie erhöhten das pH, die elektrische Leitfähigkeit und den organischen Kohlenstoffgehalt. Zunahmen des Stickstoff- sowie des P- und K-Gehaltes des Bodens waren ebenfalls zu verzeichnen (Kannan und Oblisami 1990b). Während einer Periode von 15 Jahren appliziertes Abwasser erhöhte den Gehalt an austauschbarem Natrium um das Viereinhalbfache im Vergleich zur Kontrolle.

Abwässer der Fleischverarbeitung enthalten hohe Konzentrationen an N, P und K, jedoch nur geringe Konzentrationen an Schwermetallen und anderen toxischen Verbindungen (Russell et al. 1991). Infolge exzessiver, den Pflanzenbedarf übersteigender, Landapplikation dieser Abfälle treten erhöhte Konzentrationen an organischem Stickstoff, an Nitrat sowie an Phosphor, Kalium und Natrium im Pflanzenmaterial auf, wobei Nitrat für Wiederkäuer toxische Spiegel erreichen kann. Ferner kann überschüssiger Phosphor als Metallphosphat ausgefällt und überschüssiger Stickstoff teilweise denitrifiziert werden. Die Gefährdung des Grundwassers durch Nitrat nimmt ebenfalls zu. An einem Weidenstandort, welcher Stickstofflasten von 1200 kg N/ha/Jahr erhalten hatte, betrugen die Denitrifikationsverluste durchschnittlich etwa 4% des applizierten N. An einem Versuchstandort forstlichen Charakters, welcher 715 kg N/ha/Jahr erhalten hatte waren dies durchschnittlich etwa 27%. Die Natriumkonzentrationen von Abwässern der Fleischverarbeitung können die Bodenstruktur schädigen. Bei Applikation großer Mengen an Abwässern der Fleischindustrie konnten Verluste an Bodenpermeabilität beobachtet werden (Balks und Allbrook 1991). Hohe elektrische Leitfähigkeit und reduzierte Permeabilität des Bodens konnten durch Perkolation und Pflügen vermindert werden. Eine infolge hoher Natriumkonzentrationen veränderte Zusammensetzung mikrobieller Populationen, eine reduzierte Biomasse oder auch eine reduzierte mikrobielle Kohlehydratbildung kommen ebenfalls als Ursache für Strukturverschlechterungen in Frage.

Alpechin (Abwasser von Olivenölmühlen) ist eine wäßrige Suspension, welche während der Herstellung von Olivenöl abgetrennt wird. Dieses Naturprodukt stellt eine dunkel gefärbte Flüssigkeit von nicht konstanter Zusammensetzung dar. Es enthält in der Regel 83.2% Wasser, 15% organische Substanz, 1.8% Mineralstoffe. Den phenolischen Inhaltsstoffen des Alpechin kommt besondere Bedeutung zu. Diese nehmen Einfluß auf wesentliche Eigenschaften dieses Abfalls, dessen antibakteriellen und phytotoxischen Effekt sowie dessen schwarze Farbe. Die schwarze Farbe konnte als auf einem Katechol-Melanin-Molekül beruhend erkannt werden. Alpechin stellt in Ländern mit Ölivenölproduktion ein ernstes Umweltproblem dar. Dieser Abfall wurde traditionellerweise in Flüsse eingeleitet. Alpechin enthält wesentliche Mengen an Kalium, Phosphor und organischer Substanz, weshalb dessen Einsatz in der Landwirtschaft getestet wurde.

Federmehl

Federmehl ist ein Nebenprodukt geflügelverarbeitender Betriebe. Dieses Produkt, welches einen hohen Proteingehalt aufweist dient als Komponente in tierischer Nahrung sowie seit kürzerer Zeit als kostengünstigerer Ersatz für Guano (Hadas und Kautsky 1994). Das kommerzielle Federmehl enthält 75–85% Protein (15% Stickstoff ist in Form von Keratin vorhanden) und 2–13% Rohfett. Die Verwendung von Federmehl als potentieller organischer Stickstoffdünger in alternativ wirtschaftenden Betrieben wurde diskutiert.

6.1.4 Nebenprodukte der Fermentations- und Holzindustrie

Biosol® und Bactosol®

Die beiden registrierten Produkte Biosol und Bactosol stellen organische Bodenzusätze auf Basis mikrobieller Biomasse dar. Bei Biosol handelt es sich um getrocknete Pilzbiomasse aus der Penicillinfermentation. Durch Granulierung des Trockengutes wird ohne weitere Zusätze „Biosol-kaliarm" bzw. unter Zusatz von zirka 10% Patentkali normales Biosol erhalten. Die garantierten Inhaltsstoffe umfassen 70–90% organische Substanz, 6–9% organischen Stickstoff 6–9%; 1–3% Phosphor als P_2O_5 sowie Vitamine und Spurenelemente. Bei Bactosol handelt es sich um getrocknete Bakterienbiomasse aus Nachfermentationen mit extrahierten Nährlösungen verschiedener Fermentationsprozesse, welche mit 3% Patentkali versehen wird und weiters das Tonmineral Bentonit enthält. Zur Abtrennung der Bakterienbiomasse wird bis zu 8% Bentonit zugesetzt. Die garantierten Inhaltstoffe dieses Produktes umfassen 50–75% organische Substanz, 6–9% organischen Stickstoff, 5% Phosphor als P_2O_5, 2–5% Kalium als K_2O sowie Vitamine und Spurenelemente. Die Wirkung und die ökologische Unbedenklichkeit dieser beiden Materialien wird ähnlich gut eingeschätzt wie verrotteter Stallmist (Köck und Naschberger 1991).

Sägespäne- und Rindenkomposte

Abfälle der Holzverarbeitung wie Sägespäne und Rinden- bzw. Borkenreste kommen vor allem über den Weg der Kompostierung als Bodenzusätze in Frage. Abfälle der Holzverarbeitung weisen hohe Ligningehalte und sehr hohe C/N-Verhältnisse auf. Diese repräsentieren keine gute Nährstoffquelle und deren Abbau erfolgt langsam. Bei Fehlen adäquater N-Quellen kann N-Mangel auftreten. Positive Effekte werden vor allem mit bodenphysikalischen Eigenschaften in Beziehung gesetzt.

6.1.5 Deponiesickerwasser

Unter der Voraussetzung eines jährlichen Niederschlages von 800 mm beläuft sich die in der Literatur für mitteleuropäische Klimaverhältnisse angegebene Menge an während der Betriebsphase unter verdichteten Deponien anfallendem Sickerwasser auf 3.3–21.6% des Niederschlages (Roth-Kleyer et al. 1991).

Deponiesickerwässer weisen eine komplexe Zusammensetzung sowie in weiten Bereichen variierende Schadstoffgehalte auf. In der Massenbilanz treten insbesondere anorganische Inhaltsstoffe hervor. Jenen Stoffen, welche masseanteilig gering vertreten sind, kommt jedoch in Bezug auf die Gefährdung der Umwelt besondere Bedeutung zu. Eine Vielzahl an organischen Einzelsubstanzen, deren analytische Erfassung sehr schwierig ist, wird unter dem Begriff bzw. dem Summenparameter AOX (adsorbierbare organisch gebundene Halogene) erfaßt (Rudolph et al. 1989).

Die Zusammensetzung der Sickerwässer variiert mit dem Standort und der Zeit. Das Zusammenwirken verschiedener Faktoren wie die Zusammensetzung und die Feuchte der Abfälle, die jahreszeitlichen Niederschlagsschwankungen, die Schwankungen der Wasserinfiltration, die Deponiemikrobiologie, die Tiefe der Deponie sowie deren Verdichtung, die Natur einer allfälligen Bedeckung sowie die Deponiebedingungen (Temperatur, pH, Alter) sind diesbezüglich von Bedeutung. Die mikrobielle Zersetzungsaktivität geht mit der Stabilisierung der Deponie graduell zurück. Verschiedene Salze und Metalle können jedoch noch für Jahrzehnte perkolieren. Im Zuge mikrobieller Umsetzungen gebildete organische Säuren können mit Metallen lösliche Komplexe bilden. Die Sickerwässer von Deponien fester städtischer Abfälle halten große Mengen an natürlichen

Phenolen in Lösung. Im Sickerwasser rezent angelegter Deponien treten gelöste organische Substanzen in hoher Konzentration auf. Aufgrund der anaeroben Bedingungen enthalten die Sickerwässer zusätzlich hohe Konzentrationen an reduzierten anorganischen Verbindungen, wie Ammonium, Eisen(II), Mangan(II) und manchmal Zink. Oxidierte Formen des Stickstoffs und toxische Metalle wie Cd, Cr, Cu, Ni und Pb sind gewöhnlich in geringeren Konzentrationen vorhanden.

Das gefaßte Sickerwasser bedarf einer entsprechenden Entsorgung. Die Mitbehandlung des Sickerwassers in kommunalen oder industriellen Kläranlagen ist eine geübte Praxis. Die sich dabei ergebenden Problematik besteht in einer nur unzureichenden Entfernung der halogenierten und persistenten organischen Inhaltsstoffe aus dem Abwasser, sodaß diese über den Klärschlamm und die Luft in andere Bereiche der Umwelt eintreten können.

Zu den erprobten Verfahren der Deponiesickerwasserbehandlung zählen die biologische Behandlung, die Adsorption an Adsorberharze, die Verbrennung, die Eindampfung, die Membranverfahren sowie biologisch-chemisch-physikalische Behandlungsverfahren. Die biologische Behandlung verfolgt das Ziel abbaubare organische Verbindungen und die Stickstoffbelastung durch mikrobielle Vorgänge zu reduzieren. Die Effektivität der biologischen Behandlung steht mit der Entfernung des Großteils der leicht abbaubaren organischen Verbindungen in den Sickerwässern, welche von rezent abgelagertem Gut stammen, in Beziehung. Die Anwendbarkeit biologischer Verfahren wird durch die toxische Wirkung von Sickerwasserinhaltsstoffen begrenzt. Die biologische Behandlung von Sickerwässern aus alten Deponien wird als nicht effektiv angegeben. In solchen Fällen wird die physikochemische Behandlung günstiger beurteilt.

Neben der Mitbehandlung von Sickerwasser in kommunalen Kläranlagen wird auf Betriebsdeponien das Sickerwasserkreislaufverfahren (SK-Verfahren) durchgeführt. Dabei wird das an der Deponiebasis gefaßte Sickerwasser wieder auf den Deponiekörper aufgebracht. Durch Verdunstung an der Deponieoberfläche wird das Sickerwasser quantitativ reduziert. Daneben findet eine weitergehende Reinigung des Sickerwassers durch biochemische Prozesse im Müllkörper statt. Die Eignung der Fortführung des SK-Verfahrens nach Abschluß der Betriebsphase im Rahmen der Deponie-Rekultivierung wurde geprüft. Sickerwässer aus Hausmülldeponien enthalten in der Regel hohe Konzentrationen an Pflanzennährstoffen, insbesondere N, K, Mg und Spurenelemente. Die Rückführung der Sickerwässer auf zu rekultivierende Deponieflächen erscheint deshalb unter Berücksichtigung des Schadstoffgehaltes als sinnvoll. Auf diese Weise kann Müllsickerwasser am Ort der Entstehung in situ behandelt werden. Neben physikalischen und chemischen werden mikrobiologische und enzymatische Bodeneigenschaften zur Abschätzung von möglichen ökologischen Risiken einer Müllsickerwasserbehandlung genutzt.

6.1.6 Rückstände der Kohleverbrennung

In kohlegefeuerten Kraftwerken fallen große Mengen unterschiedlicher Nebenprodukte der Verbrennung an. Diese müssen entsorgt oder nutzbar gemacht werden. Die relativen Mengen der verschiedenen Rückstände sind von der Konfiguration des Kraftwerkes und den verfügbaren Kontrolleinrichtungen abhängig. Die Mobilisierung von Spurenelementen aus fossilen Energiestoffen wurde mit einer solchen verglichen, welche wesentlichen sedimentären Zyklen wie Flußbewegung und natürlichen Sedimenten entstammt.

Flugasche

Die Flugasche ist ein Feststoff und einer von verschiedenen Typen an Verbrennungsrückständen, welche gebildet werden, wenn Kohle in Energiegewinnungsanlagen verbrannt wird. Die Flugaschen repräsentieren im wesentlichen anorganische feinpartikuläre Substanzen. Diese werden durch elektrostatische Fällung aus dem Rauchgasstrom entfernt oder gelangen mit den Schornsteinemissionen der kohlegefeuerten Energiegewinnungsanlagen in die Umwelt. Der Begriff Flugasche bezieht sich auf beides, das aus dem Rauchgas entfernte Material und das partikuläre Material, welches in die Atmosphäre entweicht.

Die chemischen und physikalischen Eigenschaften von Flugaschen wurden ausführlich beschrieben (z.B. Plank und Martens 1973; Page et al. 1979; Adriano 1980; Arthur 1984). Die chemische Zusammensetzung der Flugasche variiert neben der Natur der Ausgangskohle auch mit den Betriebsbedingungen im Verbrennungsofen. Gemeinhin enthält Flugasche relativ große Mengen an Si, Al, Fe, Ca; mittlere Mengen an Mg, K, Na, Ti und Spurenmengen an verschiedenen anderen Elementen. Die Elemente treten in der Flugasche primär als Silikate, Oxide, Sulfate, Borate oder Borsilikate gemeinsam mit geringeren Mengen an Phosphaten und Carbonaten auf. Normalerweise bestehen etwa 95–99% der Flugasche aus Oxiden des Si, Al, Fe und Ca, und etwa 0.5 bis 3.5% bestehen aus Na, P, K und S. Infolge unvollständiger Verbrennung kann in der Asche ebenso Kohlenstoff (1–20%) auftreten. Der Gehalt der Asche an löslichen Salzen ist großteils von der Kohlenquelle, dem Lagunenprozeß und dem Alter abhängig. Die am häufigsten in vielen Flugaschequellen gefundenen löslichen Salze sind Sulfate des K, Mg, Na, und Ca. Spurenelemente, einschließlich fast sämtlicher Elemente, welche natürlich in Böden auftreten, machen den Rest der Flugasche aus. In einigen Flugaschen können auch geringe Mengen an in der Kohle enthaltenen Radionukliden angereichert sein.

Die von der Quellen-Kohle stammenden Spurenelemente werden zwischen den verschiedenen Rückstandströmen rückverteilt. Infolge der verringerten Partikelgröße der Rückstände ist die Konzentration der Spurenelemente in den Rückständen gegenüber der Zusammensetzung der Ursprungskohle stark erhöht. Vor allem Elemente, welche großteils flüchtig sind wie Se, Mo, Hg, B usw. weisen in den Rückständen wesentlich höhere Konzentrationen auf als in der Kohle. Auch werden im Zuge der Kohleverbrennung große Mengen an Schwefel in die Atmosphäre emittiert. Im Vergleich zum Boden, ist die Flugasche generell mit S, Ca, Sr, B, Mo und Se angereichert. Wasserextrakte von Flugaschen reagieren gemeinhin alkalisch und enthalten hohe Mengen an gelösten Feststoffen. Kohlen mit hohem Schwefelgehalt bedingen jedoch Rückstände mit saurer Reaktion.

Die Intensität der Einflusses von Kohlerückständen auf die Umwelt variiert zwischen abgefangenen und nicht abgefangenen Rückständen. Abgefangene Rückstände, welche etwa 90% der gebildeten Rückstände darstellen, enthalten den Großteil der Spurenelemente und üben ihren Einfluß erst aus, wenn diese in die Umwelt entsorgt werden. Diese stellen somit ein potentielles Langzeitrisiko im Hinblick auf deren Gehalt an potentiell schädigenden Spurenelementen dar. Nicht eingefangene Teilchen, welche in die Atmosphäre eintreten haben direkten und unmittelbaren kurzzeitigen Einfluß auf die Umwelt. Obgleich deren Menge gering ist, bewirkt deren Größe (Micron und Submicronbereich) eine Anreicherung an vielen potentiell schädlichen Elementen. Deren Kontakt mit den biologischen Systemen wird durch die Depositionsrate bestimmt. In feuchten Gebieten fördert die hohe atmosphärische Feuchte nicht nur deren Deposition sondern es wird angenommen, daß dadurch auch deren Chemie verändert wird, wodurch sekundäre Partikel entstehen.

Die von Kraftwerksbetreibern gesammelten Flugaschemengen können wesentliche Ausmaße erreichen. Eine Schätzung der Gesamtascheproduktion in den USA für das Jahr 2000 belief sich auf 180×10^6 t. Die Asche muß in Deponien, Absetzteichen oder durch Verwendung bei industriellen Prozessen entsorgt werden. Drei wesentliche Entsorgungsmethoden der Flugasche umfassen den Transport als wäßrige Flüssigkeit durch Rohre in Absetzteiche oder Lagunen; den Transport in kleinere Lagunen aus welchen die Asche eventuell evakuiert und als Füllmaterial verwendet wird; den Transport unter leicht feuchten Bedingungen zu Deponien (Plank und Martens 1973). Kosten- und Grundwasserprobleme sind damit verbunden.

Die Flugasche ist ein Abfallprodukt mit hohem anorganischen Schadstoffanteil und diese ist daher von geringem landwirtschaftlichen Nutzen. Die Flugasche besitzt eine feine Textur, wobei die meisten der Partikel im Bereich Schluff/Ton rangieren. Flugasche zeichnet sich durch eine geringe Permeabilität, eine geringe Konsistenz und eine hohe spezifische Oberfläche aus. Mikroskopisch handelt es sich bei den Partikeln der Flugasche meist um sphärische Gebilde und „Partikel innerhalb von Partikeln" sind übliche Eigenschaften. Die Matrix der Flugasche ist vorherrschend amorph mit Intrusionen an Kalk, Gips und einigen Tonmineralien. Die Applikation von Flugasche als Zusatz in der Landwirtschaft oder bei der Rekultivierung von Tagebaustandorten kann eine alternative Entsorgungsmöglichkeit darstellen. Zahlreiche Untersuchungen zeigten, daß Kohlenasche Böden und Halden als Konditionierer, Verdünnungsmittel, Neutralisierungsmittel oder Mikronährstoffversorger in positiver Weise dienen kann (Arthur et al. 1984). Feld- und Glashausexperimente zeigten nützliche Effekte dieser Rückstände (Page et al. 1979).

Untersuchungen zur Beeinflussung von Bodeneigenschaften durch Flugasche zeigten teils positive, teils auch deren Einsatz limitierende Faktoren auf. Mögliche positive Effekte können in einer Verbesserung der Textur und der Wasserhaltekapazität von Böden gesehen werden, ebenso können sich pH-Werterhöhungen günstig auswirken. Überhöhte pH-Werte können jedoch zu Ungleichgewichten in den Nährstoffverhältnissen führen. Eine Verbesserung der Wasserhaltekapazität in grob textierten Böden und eine neutralisierende Wirkung auf saure Böden (alkalische Flugasche) konnte nachgewiesen werden. Flugaschen wirken als Quellen für essentielle Pflanzenelemente wie S, Ca, Mo, Bo, Zn und möglicherweise Mn. Beschränkungen eines landwirtschaftlichen Einsatzes stehen unter anderem mit der Salinität und den toxischen Konzentrationen an Elementen wie Bor, Selen und Molybdän sowie anderen Schwermetallen in Beziehung. Mit Ausnahme von Stickstoff enthält Flugasche die meisten der von Pflanzen benötigten Elemente.

Hohe Applikationsmengen an bestimmten Flugaschen können infolge der Bortoxizität, eines P-Mangels (Fe und Al in der Asche können mit Bodenphosphor reagieren) oder der hohen Konzentration an löslichen Salzen, für Pflanzen schädigend sein. Langzeiteffekte von Flugasche auf den Boden schlossen die Erhöhung des pH, der elektrischen Leitfähigkeit sowie der Gehalte an Ca-, Mg-, Na-, B- und SO_4-Ionen ein (Elseewi et al. 1980). Pflanzen profitierten auf Molybdän-defizienten Böden von geringen Mengen an Flugasche (Elseewi und Page 1984). Infolge unvollständiger Verbrennung in der Asche auftretender Kohlenstoff, kann zur Veränderung der C/N-Verhältnisse in Böden beitragen.

Adriano et al. (1980) gaben einen Überblick über verschiedene Aspekte der Landapplikation von Flugasche. Einen Überblick zum Einfluß von Rückständen der Kohleverbrennung auf die Umwelt gaben Carlson und Adriano (1993). Mögliche Wirkungen von Aschedepositionen auf terrestrische Ökosysteme schließen die Auswaschung potentiell toxischer Substanzen in das Grundwasser, die Reduktion der Etablierung und des Wachstums von Pflanzen, primär infolge der nachteiligen chemischen Eigenschaften der Asche, Veränderungen der Elementzusammensetzung der auf mit Asche versehenen Standorten wachsenden Pflanzen sowie die erhöhte Mobilität und Anreicherung potentiell toxischer Elemente in der Nahrungskette ein.

Rückstände der Rauchgasentschwefelung

Die zunehmende Sorge um die SO_2-Emissionen im Rauchgas und damit verbundene Probleme mit sauren Niederschlägen förderten die Entwicklung von Entschwefelungstechnologien, welche diese Emissionen reduzieren und ebenso neue Nebenprodukte entstehen lassen. Die eingesetzten Technologien nutzen zur Festlegung von SO_2 verschiedene Techniken des Zusatzes von Kalkstein und/oder Dolomit in verschiedenen Stadien des Kohleverbrennungsprozesses. Die entstehenden Nebenprodukte können verschiedene Mengen an $CaSO_4$ und CaO sowie andere Verbrennungsrückstände und nicht reagiertes $CaCO_3$ beinhalten. Die alkalische Natur der meisten dieser Verbrennungsnebenprodukte stimulierte das Interesse an deren Einsatz in der landwirtschaftlichen Produktion als Bodenkalkungsmittel. Es besteht jedoch auch Sorge, daß der Einsatz solcher Nebenprodukte in landwirtschaftlichen Böden schädigend auf deren Qualität wirkt, da Verbrennungsnebenprodukte wesentliche Mengen an löslichen Salzen und potentiell toxischen Elementen enthalten können. Mögliche nachteilige Effekte schließen die Förderung von Nährstoffungleichgewichten sowie die Beeinträchtigung physikalischer Bodeneigenschaften ein.

6.2 Mikrobiologie und Bodenenzymatik

Die Beeinflussung bodenmikrobiologischer und -enzymatischer Parameter durch Industrie-, Gewerbe- und Siedlungsabfälle kann unmittelbar durch in diesen Materialien enthaltene Stoffe oder Organismen bzw. mittelbar über deren Veränderung von Bodeneigenschaften erfolgen. Wie im vorangehenden Abschnitt beschrieben sind mikrobiologische und enzymatische Parameter auch für die Bewertung des Fortschrittes von Kompostierungsprozessen wertvoll.

In den Abfällen vorhandene Wert- und Schadstoffe verändern die Größe der mikrobiellen Biomasse, deren Effizienz zur Nutzung von Substraten, die Zusammensetzung mikrobieller Populationen sowie biochemische Aktivitäten von Böden. Veränderungen von Bodentierpopulationen wurden ebenfalls beobachtet (z.B. Glockemann und Larink 1989; Hamilton und Dindal 1989; Weiss und Larink 1991). Eine Reihe von Autoren nahm Bezug auf die Bedeutsamkeit des Nährstoffgehaltes potentieller Abfalldünger für das Pflanzenwachstum (z.B. Miller 1974; Agbim et al. 1977; Ham und Dowdy 1978; Atalay und Blanchar 1984; Gallardo-Lara und Nogales 1987). Die Problematik der Aufnahme von Schwermetallen (z.B. Sauerbeck 1982, 1987; Aboulroos et al. 1989) bzw. von organischen Schadstoffen durch Feldfrüchte (z.B. Siegel 1978; Davis et al. 1984;

Sauerbeck 1987; Aranda et al. 1989; Drescher-Kaden et al. 1990) wurde behandelt. Nicht selten können sich in Pflanzen Schwermetallgehalte finden, welche die empfohlenen Richtwerte wesentlich überschreiten.

Neben der unterschiedlichen Reaktion verschiedener Böden und verschiedener Feldfrüchte auf den Zusatz von Abfällen kann die variable Zusammensetzung von Abwässern, Schlämmen und Komposten zu unterschiedlichen Versuchsergebnissen führen. Die Wirkung von organischen Zusätzen auf den Ertrag wird durch die vorgegebene Bodenfruchtbarkeit konditioniert. Steigerungen konnten mit armen, nicht aber mit reichen (fruchtbaren) Böden erzielt werden.

Vor der Verwendung von Abfällen aus Industrie, Gewerbe und Siedlung als Bodenzusätze sind neben Untersuchungen zu deren Schadstoff- und Nährstoffgehalt auch Untersuchungen zum mikrobiellen Abbau derselben im Boden erforderlich. Die biochemische Umsetzung von dem Boden zugesetzten Abfällen nimmt über die dabei auftretenden Metabolite Einfluß auf Bodeneigenschaften, auf das Pflanzenwachstum sowie auf mit dem Boden im Austausch stehende Umweltbereiche. Die Bewertung von Stoffflüssen in die Atmosphäre sowie in Wasserkörper ist von ökologischer Relevanz. Die Mineralisierbarkeit eines Abfalls im Boden ist als alleiniges Kriterium für dessen Eignung als Bodenzusatz nicht ausreichend.

Im vorangehenden Kapitelabschnitt wurden Eigenschaften verschiedener potentieller Düngemittel angeführt. Diese Eigenschaften wie Qualität der organischen Substanz, Nährstoffverhältnisse, pH-Wert sowie Gehalt an Schadstoffen und deren Natur nehmen gemeinsam mit klimatischen und edaphischen Standortfaktoren Einfluß auf die Geschwindigkeit und das Ausmaß der Mineralisierung der Abfälle.

Greilich und Klimanek (1984) berücksichtigten in einer vergleichenden Untersuchung zahlreiche unterschiedliche organische Abfälle hinsichtlich deren Mineralisierbarkeit. Solche schlossen Kalkfällungsschlamm aus der Zellstoffindustrie, Flotationsschlamm aus der Lederindustrie, Belebtschlamm aus der Zellstoffindustrie, Belebtschlamm aus der Petrolchemie, Abwasserschlamm aus der Textilindustrie, Abwasserschlamm aus der Gerberei, kommunaler Klärschlamm, Müll-Klärschlamm Kompost und Müll-Gülle Kompost sowie Stallmist ein. Die Bodenart beeinflußte die CO_2-Freisetzung aus den geprüften Stoffen differenziert. Die zur Senkung der Phosphorkonzentration von Abwässern am häufigsten verwendeten Chemikalien sind $Ca(OH)_2$, $FeCl_3$ und $Al_2(SO_4)_3$. Die derart behandelten Schlämme werden in der Folge als Ca-, Fe-, Al-Schlämme bezeichnet. Untersuchungen zum Abbau solcher Schlämme im Boden zeigten, daß dieser rasch erfolgt (Gaynor 1979). Hattori und Mukai (1986) konnten für sechs verschiedene Klärschlämme, welche hinsichtlich der organischen Substanz (z.B. Lipid, wasserlösliche Zucker, Hemicellulose, Cellulose, Rohprotein, Lignin) und des organischen Stickstoffs (z.B. Aminosäure-N, Hexosamin-N) eine ähnliche Zusammensetzung aufwiesen eine negative

Korrelation zwischen der Mineralisierunggeschwindigkeit des organischen Kohlenstoffs der Schlämme und der Summe aus dem Gehalt an anorganischer Substanz und an Lignin feststellen. Zwischen der Mineralisierungsgeschwindigkeit des Schlammstickstoffs und dem Rohproteingehalt der organischen Substanz des Schlammes bestand eine signifikante positive Korrelation.

6.2.1 Klärschlamm und Müllkompost

Mikrobielle Populationen, Biomasse und Keimzahl

Der Zusatz organischer Materialien fördert in der Mehrzahl der Fälle die Entwicklung von Bodenmikroorganismen. Im Zusammenhang mit der Bodenapplikation von Abfallstoffen auftretende Reduktionen der mikrobiellen Biomasse sowie Verschiebungen in der Zusammensetzung mikrobieller Gemeinschaften können meist mit deren Schwermetallgehalt in Beziehung gesetzt werden. Negative Langzeiteffekte von abfallbürtigen Schwermetallen auf die mikrobielle Biomasse können nachgewiesen werden. Abnahmen des Anteils des mikrobiellen Biomasse-C am gesamten organischen Kohlenstoffgehalt des Bodens konnten ebenso nachgewiesen werden wie die reduzierte Effizienz der mikrobiellen Biomasse zur Nutzung von Substraten. Eine Verringerung der mikrobiellen Biomasse in schwermetallkontaminierten Böden kann auch auf einer in solchen Böden reduzierten pflanzlichen Produktion und damit einer Verringerung des Substratangebotes beruhen. Wesentlich ist auch, daß die mit den Abfällen zugeführte organische Substanz die biologische Wirkung von ebenfalls zugeführten Schwermetallen abzuschwächen vermag.

In mehrjährigen Modell- und Feldversuchen an vier verschiedenen Standorten und unter Verwendung von unbehandeltem, pasteurisiertem sowie γ-bestrahltem Klärschlamm in verschiedenen Aufwandmengen konnte die Zunahme der mikrobiellen Biomasse infolge der Ausbringung von Klärschlamm beobachtet werden (Beck und Süß 1979). Unter günstigen Laborbedingungen konnte bei höheren Schlammgaben die Mineralisierung der in den Boden eingebrachten organischen Verbindungen kurzfristig zu einem stärkeren pH-Abfall führen. Dieser stand mit einem Rückgang der mikrobiellen Biomasse in Beziehung.

Acht Erhebungen während der Jahre 1977–1981 zeigten, daß Klärschlamm- und Schweinegülleapplikationen in einem Dauergrünlandboden (schwach saurer, schwach humoser, sandiger Lehm) eine Zunahme der heterotrophen Bodenmikroorganismen bewirkte (Stadelmann 1982). Im Versuch waren normale (2 t organische Substanz/ha/Jahr) und erhöhte (5 t organische Substanz/ha/Jahr) Gaben an Klärschlamm und Schweinegülle mit einer Kontrolle und einer mineralischen Volldüngung verglichen worden. Die Zunahme der heterotrophen Mikroorganismen war in Bezug auf die aeroben Bakterien und die Bakteriengruppe der Aktinomyceten ausgeprägter als bei filamentösen Pilzen und Hefen. Klärschlammapplikation reduzierte die Zahl der Bodenalgen und der stickstoffixierenden Cyanobakterien. Klärschlamm förderte die heterotrophen Bodenmikroorganismen stärker als die Schweinegülle. Die Keimzahl der aeroben Bakterien und jene der Bakteriengruppe der Aktinomyceten zeigten eine starke Abhängigkeit von den applizierten Klärschlamm- bzw. Güllemengen. Enge Beziehungen bestanden zwischen der gedüngten Menge an organischer Substanz und den Bakterien einschließlich der Aktinomyceten. Das Verhältnis der Keimzahl Bakterien/filamentöse Pilze erwies sich unter Berücksichtigung sämtlicher sechs Düngeverfahren als guter Indikator der Bodenfruchtbarkeit bzw. zeigte eine enge Beziehung zum Pflanzenertrag. Bei Berücksichtigung einer individuellen Düngerform war der Pflanzenertrag auch stark mit der Bakterienkeimzahl korreliert.

Sechs Klärschlämme, welche sich hinsichtlich des pH und des Gehaltes an organischem C und N unterschieden wurden in zwei verschiedenen Mengen in Proben eines Hellen Andosols eingebracht (Hattori 1988). Die Zahl der Bakterien nahm in den ersten Tagen rasch zu, um danach rasch abzufallen. Die Zahl der Pilze und Aktinomyceten erreichte das Maximum nach zwei oder drei Wochen und blieb fortan auf diesem Niveau.

Die Zahl der pilzlichen Populationen nahm bei der Applikation von Siedlungsmüllkompost zu sandigen Böden progressiv mit der Zeit und der Dosis zu (Gallardo-Lara und Nogales 1987). Die Zahl der Bakterien nahm zunächst wesentlich zu und begann nach dem sechsten Tag zu sinken. Ein Vergleich der Effekte von Kompost unterschiedlichen Reifegrades auf die Mikroflora ergab, daß mit zunehmendem Reifegrad, sowohl die gesamte als auch die pilzliche Mikroflora zurückging, während die Zahl der Aktinomyceten zunahm. Die Applikation von Siedlungsmüllkompost erhöhte die Kolonienzahl von Bakterien geringfügig; die Zahl bestimmter Gattungen, z.B. *Azotobacter*, wurde signifikant erhöht (Hoffmann 1984).

In einem tonigen Lehmboden bestimmte Perucci (1990) jene durch den Zusatz von Siedlungsmüllkompost bewirkte Veränderungen des C-, N-, P-, und S-Gehaltes der Biomasse. Der Kompost wurde in einer Rate von 2.5% (w/w) in den Boden eingebracht. Die Inkubation erfolgte während eines Jahres bei 25 und 35°C. Der Kontrollboden zeigte Trends zum Rückgang des Biomasse-C, -N und -S bei beiden Temperaturen. Im mit Kompost versehenen Boden nahmen diese Werte zu und nach einem Monat wurde das Maximum erreicht. Im Falle des Biomasse-P konnten verschiedene Trends beobachtet werden; diese wurden als möglich Folge des langsameren Prozesses der Phosphorimmobilisierung angesehen. Die signifikanten und positiven Veränderungen der mikrobiellen Biomasse und im Gefolge des Zusatzes von städtischem Müllkompost ließen auf die Verbesserung der biochemischen Eigenschaften des Bodens und folglich der Bodenfruchtbarkeit durch diesen Komposttyp schließen. Die bewirkten Veränderungen waren zeitabhängig. Mit Ausnahme des Biomasse-P tendierten die Eigenschaften dazu, die Kontrollwerte ein bis drei Monate nach der Behandlung erneut zu erreichen.

Siedlungsmüllkompost, welcher während einer Periode von drei Jahren einem lehmigen Boden zugesetzt wurde, bewirkte signifikante des Zunahmen des Biomasse-C (Perucci 1992). Die Zunahmen waren bei einer Rate von 90 t/ha/Jahr wesentlich höher als bei einer solchen von 30 t/ha/Jahr.

Metalle in schlamm- bzw. kompostversehenen Böden. In Untersuchungen zum Einfluß von drei Konzentrationen, in µg/g Boden, an schlammbürtigem Cd (111, 1, 0.1), Cr (556, 44, 1) und Cu (556, 78, 11) auf die Zahl der Bakterien, den ATP-Gehalt und die Verteilung von Hauptpilzgattungen in einem landwirtschaftlich genutzten Boden, zeigten die ursprüngliche Stimulierung der Bakterien durch 78 und 11 µg/g Cu sowie durch 1 µg/g Cr an (Zibilske und Wagner 1982). Eine Beschränkung des bakteriellen Wachstums trat bei 556 µg/g Cu und 556 µg/g Cr auf. Für die Cd-Behandlungen konnten ursprünglich ähnliche Zahlen wie für die Kontrollen bestimmt werden, diese wurden jedoch nach zwei Wochen Inkubation reduziert. Nach 25 Tagen waren die Bakterienzahlen in den Kontrollen mit zwei Ausnahmen höher als im Falle von Metallbehandlung. Die Beziehungen zwischen den Pilzgattungen wurden in sämtlichen Behandlungen, mit Ausnahme von Cr, verändert. Die ATP-Bestimmungen zeigten, daß die Biomasse anfänglich zunahm, nach einer Woche war diese jedoch bei den Cu-Behandlungen reduziert. Der ATP-Gehalt ging bei der Behandlung mit Cr der ursprünglichen Stimulierung parallel. Nach zwei Wochen fanden sich jedoch niedrigere Ergebnisse als bei den Kontrollen. Die Cd-Behandlungen zeigten bezüglich der Bakterienzahlen und der bestimmten ATP-Gehalte ähnliche Trends.

Untersuchungen zum Einfluß einer Langzeitapplikation von metallreichem Klärschlamm auf die Gesamtheit der heterotrophen aeroben und Cd resistenten Bodenbakteriengemeinschaft eines Grünlandstandortes zeigten im vollkommenen Fehlen von Gram-positiven Bakterien in den resistenten Gemeinschaften, die hohe Cadmium-Empfindlichkeit dieser Gruppe an (Barkay et al. 1985). Die Diversitäts-Kennzahl(en) von Shannon zeigten keine negativen Effekte auf die Gemeinschaften, welche sich in der Gegenwart von Schlamm entwickelt hatten. Die aus den der Schlammlangzeitapplikation unterworfenen Böden isolierten cadmiumresistenten Gemeinschaften, wiesen jedoch höhere Diversität auf als die resistenten Gemeinschaften der Kontrolle. In der Gegenwart von Schlammkomponenten war eine Anpassung an Cd als Stressor erfolgt. Diese höhere Diversität wurde mit der Cd-Resistenz bei Pseudomonaden und Gramnegativen Gärern in Beziehung gesetzt.

Langzeitversuche zeigten die günstige Beeinflussung der mikrobiellen Biomasse durch die Gabe verschiedener organischer Materialien (Werner 1987). Steigende Mengen an Stalldünger, Klärschlamm und Müllkompost kamen auf einer Parabraunerde zum Einsatz. Die berechnete jährliche Applikationsrate (Trockensubstanz) an Klärschlamm variierte zwischen 1.46 und 5.84 t/ha (die zum gegebenen Zeitpunkt erlaubte Applikationsmenge betrug 1.7 t/ Jahr); jene an Stalldünger betrug 2.3 bzw. 4.6 t/ha; jene an Müllkompost variierte zwischen 6.3 und 25.2 t/ha. Der durchschnittliche Trockengewichtsgehalt der organischen Dünger betrug 28% für Stalldünger, 13% für Klärschlamm und 62% für Müllkompost. Nach einer experimentellen Periode von 24 Jahren kam es in den organisch gedüngten Böden, im Vergleich zu den mineralisch gedüngten Kontrollen, zu einem Anstieg des organischen Substanz- und des Gesamtstickstoffgehaltes. Dies war an den mit Müllkompost versehenen Standorten am stärksten ausgeprägt. Die Anreicherung des organischen Stickstoffs war mit einem höheren Stickstoffmineralisierungspotential gepaart. Bezogen auf den aufgewandten Gesamtkohlenstoff war der mit Stalldünger versehene Boden hinsichtlich der Stickstoffnachlieferung am effektivsten. Die günstige Beeinflussung der Biomasse war bei den höchsten Gesamtkohlenstoffgehalten am signifikantesten. Klärschlamm und Müllkompost erhöhten, mit Ausnahme von Ni, den Schwermetallgehalt der Böden. In allen Kompostbehandlungen und bei den höchsten Klärschlammaufwendungen wurden die zum gegebenen Zeitpunkt festgelegten Grenzwerte für Pb überschritten. Bei gesetzlich erlaubten Applikationsmengen an Klärschlamm hatten die Cd-, Cr-, Cu- und Zn-Gehalte im Boden nur geringfügig, der Pb-Gehalt stärker, zugenommen.

In einem Feldversuch mit einem Tschernosem zeigte die Biomasse infolge der Applikation von Stroh, Klärschlamm und der Kombination von Stroh und Klärschlamm im Vergleich zu mineralischer Düngung (NPK) und einer Kontrolle (nur PK kein N) einen deutlichen Anstieg (Kandeler 1986a). Die Beeinflussung der Biomasse ließ sich trotz Schwankungen der Temperatur- und Wasserverhältnisse im Jahreslauf unter Freilandbedingungen deutlich in Düngereinfluß und natürlichen Einfluß trennen. Zusätzliche Untersuchungen zur Schwermetallkonzentration im Boden in Abhängigkeit von der Versuchsdauer ergaben, daß keine Anreicherung von Mn, Fe, Cr, Ni, Pb und Cd eingetreten war, die Konzentrationen des Zn erhöhten sich um 48%, jene des von Cu um 17%. Der Klärschlamm stammte von häuslichen Abwässern.

Während eines Zeitraumes von vier Jahren untersuchten Brendecke et al. (1993) den Einfluß von städtischem Klärschlamm auf die Fruchtbarkeit eines ariden Bodens. Die Ansätze umfaßten einen ungedüngten Kontrollstandort sowie mit anaerob gereiftem Klärschlamm versehene Standorte. Die Applikationsraten basierten auf den Stickstofferfordernissen in optimaler Menge sowie in Mengen, welche dem Dreifachen der optimalen

Menge für das Baumwollwachstum entsprachen. Die Raten betrugen 8.0 und 24 t/ha/Jahr (Trockengewicht) während vier Jahren. Der Boden war ein Tonlehm, bestellt mit *Gossypium hirsutum*. Nach vier Jahren der jährlichen Schlammapplikation und jährlicher Kultur von Baumwolle war eine signifikante Beeinflussung von physikalischen und chemischen Eigenschaften nicht gegeben; die Zunahme des verfügbaren Gehaltes an Orthophosphat stellte eine Ausnahme dar. Die Schwermetallgesamtgehalte wurden nicht beeinflußt. Einige DTPA-TEA-extrahierbare Metalle (Zn, Cu, Pb und Ni) hatten jedoch mit der Schlammapplikation signifikant zugenommen. Eine negative Beeinflussung der Lebendkeimzahl an heterotrophen Bakterien und an Pilzen war nicht nachweisbar. Der Pflanzenbestand ging mit zunehmender Schlammapplikation zurück; der Ertrag an Baumwoll-Lint wurde innerhalb der vier Versuchsjahre nicht signifikant beeinflußt.

Die Verläßlichkeit der Fumigations-Inkubations-Methode zur Bestimmung der mikrobiellen Biomasse in mäßig mit Metallen (Cu, Ni, Zn, Cd) belasteten Böden konnte bestätigt werden (Brookes et al. 1986). Die Belastung der Feldböden war die Folge vorangegangener Klärschlammzusätze. Die Metallgehalt entsprach annähernd jenen in Großbritannien geltenden Empfehlungen hinsichtlich der Höchstwerte. Der Einfluß der Metalle auf den Abbau der nativen Bodenbiomasse oder des mikrobiellen Materials, welches nach Fumigation zugesetzt wurde war gering. Durch die Mikroskopie konnten ähnliche Biomasseabschätzungen erzielt werden. In landwirtschaftlichen Böden, welche zuvor mit verschiedenen organischen Düngern versehen worden waren (Feldversuch, lehmiger Sandboden, pH 7, 9% Ton) untersuchten Brookes und McGrath (1984) die mikrobielle Biomasse mittels Chloroform-Fumigationstechnik. Stalldünger war mit 5.2 oder 10.4 t/ha/Jahr organische Substanz auf Trockengewichtsbasis zwischen 1942 und 1967 ausgebracht worden. Anaerob gereifter lagunengetrockneter Klärschlamm wurde mit 8.2 oder 16.4 t/ha/Jahr organische Substanz zwischen 1942 und 1961 ausgebracht und Klärschlamm-Strohkompost wurde mit 5.9 oder 11.8 t/ha/Jahr organische Substanz zwischen 1942 und 1961 appliziert. Im März 1983 wurden Bodenbohrkerne jedes Standortes entnommen; an sämtlichen Standorten wurden bis 1972 Gemüsepflanzen gezogen, ab 1972 Gras; im Herbst 1982 wurde das Gras eingepflügt; nach 1967 erhielten die Standorte einheitlich jährlich anorganische Düngergaben. In Böden, welche Klärschlamm oder schlammhaltige Komposte erhalten hatten war die mikrobielle Biomasse um vieles geringer als in solchen, welche während der selben Periode Stalldünger erhalten hatten. Diesbezüglich konnte eine Beziehung zur Toxizität der schlammbürtigen Metalle hergestellt werden. Die Wirkung dieser Düngepraxis zeigte sich noch mehr als 20 Jahre nach der letzten Schlammapplikation. Es besteht die Möglichkeit, daß die Metalle die Effizienz der Substratnutzung durch die mikrobielle Biomasse reduzieren und folglich eine kleinere mikrobielle Population auftritt.

Chander und Brookes (1991a) setzten im Labor ^{14}C-Glucose und ^{14}C-Maispflanzen schwermetallbelasteten und nicht mit solchen belasteten Feldproben zu. Während 50 Tagen nach Glucose- und 100 Tagen nach Maiszusatz wurde der mikrobielle Biomasse-C, der Ninhydrin-N, das Boden-ATP und die CO_2-Entwicklung bestimmt. Jene der Glucose- oder Maisgabe folgende Biomassebildung war im belasteten Boden während der gesamten Inkubationszeit geringer. Im belasteten Boden wurde 15–32% weniger glucosebürtige und 25–60% weniger maisbürtige Biomasse gebildet. Im Gegensatz dazu war die CO_2-Entwicklung aus dem metallbelasteten Boden höher. Die Biomasse des metallbelasteten Bodens war hinsichtlich der Nutzung von Substraten zum Biomasseaufbau weniger effizient. Dies kann ein Hauptgrund für die kleinere Biomasse in den betrachteten metallbelasteten Böden sein.

Weitere Untersuchungen zur Ursache der Biomassereduktion in metall-belasteten Böden wurden unternommen (Chander und Brookes 1991b). Böden, welche infolge der Applikation von metallreichem Klärschlamm, (diese war vor etwa 30 Jahren beendet worden), nur etwa die Hälfte der Biomasse nicht belasteter Böden aufwiesen wurden untersucht. Die Bodenmetallkonzentrationen belasteter Böden lagen zum gegebenen Zeit-punkt am oder etwas über den zum gegebenen Zeitpunkt geltenden Grenz-werten der Europäischen Gemeinschaft. Es sollte geklärt werden, ob die Schwermetalle die mikrobielle Biomasse verringerten indem diese den Eintrag von Pflanzenmaterial verminderten, oder ob die Effizienz zur Syn-these von mikrobieller Biomasse in der Gegenwart von Schwermetallen geringer ist. Die Untersuchungsergebnisse zeigten, daß im gegebenen Falle beide Mechanismen, das heißt ein verminderter Eintrag an pflanzlichem Kohlenstoff und eine verminderte Effizienz bei der Umwandlung dieses Kohlenstoffs in neuen Biomasse-C, hinsichtlich des Auftretens kleinerer Biomassen wirksam waren. Dem letztgenannten Mechanismus war die größerer Bedeutung beizumessen.

Chander und Brookes (1991c) bestimmten in einer weiteren Arbeit die Biomasse von Böden zweier unterschiedlicher Feldversuche (sandiger Lehm und schluffiger Lehm). In diesen waren hauptsächlich mit einzelnen Metallen angereicherte Klärschlämme 22 Jahre zuvor appliziert worden. Keines der Metalle (Zn, Cu, Ni und Cd) verminderte am oder unterhalb der gängigen erlaubten Gesamtgehalte (laut Europäischer Gemeinschaft) die die mikrobielle Biomasse. In Mengen, welche etwa dem zweieinhalb-fachen des erlaubten Wertes entsprachen, verringerte Cu an beiden Stand-orten die Biomasse um etwa 40%. Eine erhöhte Anreicherung von orga-nischen Kohlenstoff und Gesamtstickstoff im Ausmaß von etwa 30% im sandigen Lehm und von etwa 13% im schluffigen Lehmboden war damit verbunden. Zn, in vergleichbarer Konzentration, verminderte die Biomasse um etwa 40% im sandigen Lehm und um 30% im schluffigen Lehm; die vermehrte Anreicherung von organischer Substanz fand in einem Ausmaß von 9–14% statt. Cd beeinflußte in Mengen, welche etwa dem doppelten der Grenzwerte entsprachen, weder die Biomasse noch die organische Substanz im schluffigen Lehm. Ähnlich trat keine Beeinflussung durch Ni in Mengen entsprechend dem zwei- bis dreifachen der Grenzwerte auf. Der Anteil des mikrobiellen Biomasse-C am gesamten organischen Kohlenstoffgehalt des Bodens (C_{mic}/C_{org}-Verhältnis) war in mit Zn und Cu belasteten Böden (etwa zweieinhalbmal den gängigen Grenzwerten entsprechend) wesentlich geringer (< 1.0%).

Beziehungen zwischen der mikrobiellen Biomasse und dem Gehalt eines sandigen Lehmboden an klärschlammbürtigen Schwermetallen wurden untersucht (Chander und Brookes 1993). Der Klärschlamm war mit den Metallen Zn, Cu oder Ni entweder individuell oder in Kombination (Zn und Cu oder Zn und Ni) angereichert und in unterschiedlichen Raten 1982 und in einigen Fällen erneut im Jahre 1986 appliziert worden. Die Zunahmen der Metallgehalte im Boden entsprachen weitgehend den Zusätzen. Jene mittels $CaCl_2$ extrahierten Metallmengen waren jedoch für verschiedene Metalle unterschiedlich. Mit $CaCl_2$ konnten etwa 42% des Gesamt-Zn, 9% des Gesamt-Cu und 26% des Gesamt-Ni aus dem mit Schlamm versehenen Boden extrahiert werden. Waren Cu, Zn oder Ni im Boden einzeln in Mengen vorhanden, welche unterhalb der erlaubten EC-Gesamtgehalte lagen, reduzierten diese die mikrobielle Biomasse nicht. Separat vorhandenes Cu bzw. Zn verringerte in einer Menge, welche etwa dem 4.6fachen bzw. etwa dem 2.3fachen der erlaubten Werte entsprach, die mikrobielle Biomasse um 51 bzw. 36% gegenüber dem Kontrollboden. Böden, welche entweder Cu oder Zn in einer Menge von etwa dem 1.4fachen der erlaubten Menge enthielten, wiesen einen um etwa 12% geringeren Biomasse-C auf als die Kontrolle. In Kombination verringerten Cu und Zn in einer Konzentration, welche dem 1.4 und 1.2fachen der Grenzwerte entsprach die Biomasse um etwa 29%. Böden, welche Cu und Zn in Kombination in einer Konzentration enthielten, welche dem 1.8 und 1.4fachen der Grenzwerte entsprach, wiesen eine um 53% geringere Biomasse auf als der Kontrollboden. Eine Kombination von Zn und Cu führte in einer geringeren Konzentration zur Reduktion der Biomasse als dies für das individuelle Metall zutraf. Additive Effekte waren angezeigt. Der Prozentgehalt des Biomasse-C am gesamten organischen Kohlenstoffgehalt des Bodens (C_{mic}/C_{org}-Verhältnis) war in den separat mit hohen Raten an Zn oder Cu oder mit beiden Metallen versehenen Böden gegenüber den nicht bzw. mit gering metallbelastetem Schlamm behandelten Böden um mehr als die Hälfte reduziert.

Biochemische Stoffumsetzungen

Klärschlamm. Die Bodenamylaseaktivität war von der applizierten Klärschlammenge sowie von der Natur der Vorbehandlung des Klärschlammes abhängig (Süß et al. 1975). Unbehandelter, hitzebehandelter bzw. bestrahlter Klärschlamm war in drei verschiedenen Aufwandsmengen appliziert worden. Im Falle von hitzebehandeltem Klärschlamm war die Aktivität der Amylase geringer als bei den beiden anderen Klärschlämmen.

Untersuchungen zur Beeinflussung des Stickstoffkreislaufes an mehrjährigen Standorten unter Verwendung von unbehandeltem, pasteurisiertem sowie γ–bestrahltem Klärschlamm in verschiedenen Aufwandmengen zeigten, daß die Denitrifikationskapazität der Böden durch praxisübliche Klärschlammgaben deutlich erhöht wird (Beck und Süß 1979). Auch war die Nitrifikationsgeschwindigkeit bei den Versuchsböden nach der Ausbringung von Klärschlamm ungefähr verdoppelt.

Sechs Klärschlämme, welche sich hinsichtlich ihres pH-Wertes, dem Gehalt an organischem C und N unterschieden wurden in zwei verschiedenen Mengen in Proben eines Hellen Andosols eingebracht (Hattori 1988). Die C- und N-Mineralisierung nahm anfänglich rasch zu und erreichte das Maximum innerhalb der ersten drei Tage, um danach rasch abzufallen. Die Aktivitäten der Enzyme Proteinase, β-Acetylglucosaminidase, Urease, Amylase, Cellulase, β-Glucosidase, alkalischer Phosphatase und saurer Phosphatase nahmen nach der Schlammapplikation ebenfalls an. Das Ausmaß des Aktivitätsanstieges wurde von der Zusammensetzung der organischen Substanz und den pH-Werten der Schlämme beeinflußt. Die Aktivität der Phosphatase (pH 6.5) zeigte eine hohe positive Korrelation mit der C- und N-Mineralisierung.

Acht Erhebungen während der Jahre 1977–1981 zeigten, daß Klärschlamm- und Schweinegülleapplikationen eine Zunahme der Aktivitäten der Enzyme Katalase und alkalische Phosphatase bewirkten. Die Mineralisationsleistungen (C-, N-Mineralisierung) nahmen in dem Dauergrünlandboden (schwach saurer, schwach humoser, sandiger Lehm) ebenfalls zu (Stadelmann 1982). Im Versuch waren normale (2 t organische Substanz/ha/Jahr) und erhöhte (5 t organische Substanz/ha/Jahr) Gaben an Klärschlamm und Schweinegülle mit einer Kontrolle und einer mineralischen Volldüngung verglichen worden. Der Klärschlamm förderte die Kohlenstoff- und Stickstoffmineralisierung stärker als die Schweinegülle. Der mit Schweinegülle gedüngte Boden wies im Vergleich zum mit Klärschlamm gedüngten Boden eine höhere Katalaseaktivität auf. Die Stickstoffmineralisierung zeigte eine starke Abhängigkeit von den applizierten Klärschlamm- bzw. Güllemengen. Enge Beziehungen bestanden zwischen der gedüngten Menge an organischer Substanz und der Katalaseaktivität, der Bodenatmung sowie der Stickstoffmineralisierung.

Vergleichende Untersuchungen zum Einfluß von Kalk, Dünger und Klärschlamm (50 und 100 kg/ha) auf die mikrobielle Aktivität und das Wachstum von spärlich verteiltem *Festuca arundinacea* in einem alten, sauren, unfruchtbaren, sandig-lehmigen Bergwerksboden zeigten eine durch Kalkung signifikante Erhöhung der O_2-Aufnahme (Stroo und Jencks 1985). Diese Behandlung beeinflußte die Amylase- und Ureaseaktivität nicht und reduzierte die Phosphataseaktivität signifikant. Der NPK-Dünger war in Raten von 40, 34, 66 kg/ha als NH_4NO_3, Superphosphat, KCl eingesetzt worden. Der NPK-Dünger erhöhte die Atmung und die Amylaseaktivität, verminderte die Ureaseaktivität jedoch signifikant. Die Phosphataseaktivität blieb unbeeinflußt. Kalk und Dünger erhöhten die Atmung und die Amylaseaktivität signifikant, hatten keinen Effekt auf die Phosphataseaktivität und führten zu einer drastischen Reduktion Ureaseaktivität. Der Klärschlamm führte in beiden Raten in Verbindung mit Kalk und Dünger zu einer Erhöhung der Atmungsrate und der Ureaseaktivität. Die höhere Klärschlammrate in Kombination mit Kalk und Dünger war signifikant effektiver als die kombinierte niedrigere Klärschlammrate. Der Klärschlamm führte in beiden Raten in Verbindung mit Kalk und Dünger zu einer signifikanten Erhöhung der Amylaseaktivität. Ein Unterschied zwischen den beiden Behandlungen konnte nicht nachgewiesen werden. Klärschlamm in niedriger Rate, kombiniert mit Kalk und Dünger beeinflußte die Phosphataseaktivität nicht. Die höhere Klärschlammrate kombiniert mit Kalk und Dünger bewirkte hingegen einen signifikanten Anstieg dieser Aktivität. Sämtliche Behandlungen erhöhten den Pflanzenertrag (*Festuca* sp.) signifikant. Der NPK-Dünger war diesbezüglich signifikant effektiver als der Kalk. Die Dünger- und die Kalk-Dünger-Behandlungen waren etwa gleich effektiv. Beide Ansätze mit Klärschlamm-Dünger-Kalk bewirkten signifikant höhere Erträge als die Kalk-Dünger-Behandlung.

In einem Feldversuch mit einem Tschernosem wurde die Wirkung von Stroh, Klärschlamm und der Kombination aus Stroh und Klärschlamm im Vergleich zu mineralischer Düngung (NPK) und einer Kontrolle (nur PK kein N) auf einige Bodenenzyme untersucht (Kandeler 1986a). Stroh kam in einer Applikationsmenge von 5000 kg/ha, Klärschlamm in einer solchen von 150 m^3 zum Einsatz. Nach sieben zeitlich gestaffelten Probenahmen zeigte sich ein deutlicher Anstieg der Aktivität der Enzyme Protease, Urease, alkalische Phosphatase, Phosphatase (bodeneigener pH-Wert), Xylanase und β-Glucosidase bei allen Stroh- und Klärschlammvarianten. Bei der Kontrollvariante (ohne N) war ein Absinken der untersuchten Größen bis zu 20% zu verzeichnen. Das Enzym Urease reagierte am empfindlichsten; durch Klärschlammgabe, mit und ohne Stroh, erhöhte sich deren Aktivität bis zu 93% gegenüber der Standardparzelle. Die Ammonifikation wurde durch organische Düngung ebenfalls gefördert. Bei Klärschlammdüngung zeigten sich vor allem Phosphatasen im alkalischen Bereich für den Abbau von organischen Phosphorverbindungen verantwortlich, bei Strohdüngung war dagegen die Aktivität jener Phosphatasen besonders erhöht, welche ihr Optimum im bodeneigenen Bereich (pH 7.2) besaßen. Die Aktivität der Enzyme Urease und Protease ließen sich trotz Schwankungen der Temperatur- und Wasserverhältnisse im Jahreslauf unter Freilandbedingungen deutlich in Düngereinfluß und natürlichen Einfluß trennen. Für die Aktivität der alkalischen Phosphatase war dies schlecht, für jene der β-Glucosidase nicht möglich. Das Aktivitätsniveau des letztgenannten Enzyms erwies sich stärker vom Zeitpunkt der Probennahme als von der Düngerform abhängig.

An Hand des obigen Düngeversuches bestimmte Kandeler (1986b) den Einfluß unterschiedlicher Dünger auf die kinetischen Parameter, V_{max} und K_m, der Bodenproteasen. Stroh- und Klärschlammgaben erhöhten die Aktivität der Proteasen gegenüber mineralischer Düngung. K_m änderte sich nur wenig. V_{max} war deutlich erhöht. Bei fehlender Stickstoffdüngung nahm die Proteaseaktivität und der Wert für V_{max} ab, der Wert für K_m nahm hingegen zu.

Reddy und Faza (1989) untersuchten an Hand eines sandigen Lehmbodens den Einfluß unterschiedlicher Applikationsmengen an Klärschlamm auf die Aktivität der Dehydrogenase. Unterschiedliche Inkubationszeiten wurden gewählt und diese betrugen 24, 48, 72 und 96 Stunden, die Applikationsraten des Klärschlammes betrugen 0, 40, 80 und 120 t/ha. Die Dehydrogenaseaktivität war im Kontrollboden, ohne Klärschlamm, am höchsten. In den mit Klärschlamm versehen Bodenproben sank die Aktivität mit zunehmender Applikationsmenge. Der Klärschlamm zeigte in sämtlichen Aufwandsmengen eine signifikante Hemmung der Dehydrogenaseaktivität nach 24, 48 und 92 Stunden.

In Wüstenböden Saudi Arabiens untersuchten Gomah et al. (1990) den Einfluß von Klärschlamm auf Enzymaktivitäten. Als Versuchsboden diente ein kalkiger schluffiger Lehm. Die Aktivität der Enzyme Amidase und Urease wurde durch den Zusatz von Klärschlamm erhöht, wobei die Zunahme der applizierten Klärschlammenge (0–160 t/ha) proportional war. Der Zusatz von $(NH_4)_2SO_4$ zur Klärschlammdüngung reduzierte die beiden Enzymaktivitäten geringfügig. Die beiden Enzymaktivitäten nahmen mit zunehmender Salzkonzentration (0–60 mg/g Boden) ab. Diese Verschiebung konntc nicht auf einer Verschiebung des pH-Wertes beruhen, vielmehr war eine Beziehung zum Anstieg des osmotischen Potentials des Bodenwassers angezeigt. Bei Zugabe von 4% Klärschlamm trat eine Milderung des Salzeffektes ein. Jene mit dem Eintrag von organischer Substanz verbundene Förderung der Mikroorganismen sowie die Reduktion des osmotischen Potentials des Bodenwassers konnte ursächlich dafür sein. In Böden mit bzw. ohne Klärschlamm kam es infolge Trocknung zu einem Rückgang der Enzymaktivität; die Ureaseaktivität nahm stärker ab (26 bis 56%) als die Amidaseaktivität (22 bis 32%). Die mögliche Freisetzung der Enzyme von schützenden Bodenbestandteilen und deren Abbau war anzunehmen. Das Wiederbefeuchten von Böden mit bzw. ohne Klärschlamm erhöhte beide Enzymaktivitäten wesentlich; die Aktivität der Amidase wurde um 15–98%, jene der Urease um 16–147% erhöht. Das Aktivitätsniveau von Böden, welche kontinuierlich unter feuchten Bedingungen inkubiert worden waren, konnte zumeist nicht erreicht werden.

Nicht kompostierte Klärschlämme sowie mit Weizenstroh und gemahlenen Maisstengeln kompostierter Klärschlamm kamen in unterschiedlichen Raten als Dünger in Johannisbeer-Plantagen über einem Graubraunen Podsol zum Einsatz (Muntean et al. 1991). Die Applikationsmengen bewegten sich in einer Höhe von zehn bis 60 Tonnen pro Hektar. Die nicht kompostierten Schlämme erhöhten sowohl das enzymatische Potential des Bodens als auch den Ertrag an Schwarzen Johannisbeeren. Die Zunahmen der beiden Größen verliefen parallel. Der kompostierte Schlamm erhöhte nur in der höchsten Dosis (60 t/ha) das enzymatische Potential des Bodens, während die Erträge an Schwarzen Johannisbeeren auch bei den niedrigeren Applikationsraten zunahmen. An den schlammversehenen Standorten konnte in den Blättern, nicht jedoch in den Früchten, eine Erhöhung des Schwermetallgehaltes festgestellt werden. Das enzymatische Potential errechnete sich aus den Aktivitäten der Enzyme Phosphatase, Katalase, aktuelle und potentielle Dehydrogenaseaktivität sowie aus der nicht enzymatischen Spaltung von Wasserstoffperoxid.

An Hand eines Langzeitversuches bestimmte Werner (1987) die Wirkung der Applikation steigender Mengen an Stalldünger, Klärschlamm und Müllkompost auf bodenenzymatische Parameter einer Parabraunerde. Die berechnete jährliche Applikationsrate (Trockensubstanz) an Klärschlamm variierte zwischen 1.46 und 5.84 t/ha (die zum gegebenen Zeitpunkt erlaubte Applikationsmenge betrug 1.7 t/Jahr); jene an Stalldünger betrug 2.3 bzw. 4.6 t/ha; jene an Müllkompost variierte zwischen 6.3 und 25.2 t/ha. Der durchschnittliche Trockengewichtsgehalt der organischen Dünger betrug 28% für Stalldünger, 13% für Klärschlamm und 62% für Müllkompost. Nach einer experimentellen Periode von 24 Jahren kam es in den gedüngten Böden, im Vergleich zu den mineralisch gedüngten Kontrollen, zu einem Anstieg des organischen Substanz- und des Gesamtstickstoffgehaltes. Dies war an den mit Müllkompost versehenen Standorten am stärksten ausgeprägt. Die Anreicherung des organischen Stickstoffs war mit einem höheren Stickstoffmineralisierungspotential gepaart. Bezogen auf den aufgewandten Gesamtkohlenstoff, war der mit Stalldünger versehene Boden hinsichtlich der Stickstoffnachlieferung am effektivsten. Die Bodenatmung und die Dehydrogenaseaktivität wurden durch sämtliche organischen Behandlungen günstig beeinflußt. Dieser Effekt war bei den höchsten Gesamtkohlenstoffgehalten am signifikantesten.

Metalle in schlammversehenen Böden. Varanka et al. (1976) applizierten während einer Periode von sechs Jahren anaerob gereiften Schlamm zu einem schluffigen Lehm. Dadurch kam es zur Anreicherung von 0, 92, 184, 369 Tonnen/ha und zu einem Anstieg der Bodenkonzentrationen an Cu, Cd, Cr, Ni, Pb, Zn und P. Der Prozentsatz an Denitrifikanten sowie die Aktivität der Enzyme Protease und Amylase waren als Folge der Schlammapplikation erhöht, während jene der Invertase und Urease unbeeinflußt blieben. Eine Zunahme der Dehydrogenaseaktivität war nur in Bodenproben nachweisbar, welche während der letzten Probennahmeperiode gesammelt worden waren.

Frankenberger et al. (1983) versahen drei verschiedene Böden mit fünf verschiedenen, große Mengen an Schwermetallen enthaltenden, Klärschlämmen. Die Applikationsraten bewegten sich zwischen 0.01 und 0.45 g pro 4.5 g feldfeuchtem Boden (entsprechend 5–225 t pro ha). Eine Hemmung des Enzyms Urease konnte regelmäßig dann beobachtet werden, wenn die Böden mit den niedrigeren Gaben versehen worden waren, wobei die Hemmausmaße zwischen den Böden variierten. Im Falle der Anwendung von Klärschlamm in Mengen geringer als 5 t/ha/Jahr wurde die Aktivität gehemmt. Wurden die Böden mit den höheren Klärschlammraten versehen, konnte eine Erhöhung der Aktivität beobachtet werden. Die Applikation von 225 t/ha/Jahr erhöhte die Aktivität dieses Enzyms wesentlich. Das Ausmaß der Erhöhung variierte mit dem Boden und vor allem mit dem verwendeten Klärschlamm, wobei die Stufung der Aktivitätserhöhung Übereinstimmung mit dem organischen Substanzgehalt des verwendeten Klärschlammes aufwies. Der Anstieg der Aktivität war nicht auf jene im Klärschlamm enthaltene Urease zurückzuführen; selbige war für jeden Klärschlamm zuvor bestimmt worden. Für den Fall einer ausreichend hohen Klärschlammapplikation vermochte die zusätzliche Quelle an organischer Substanz den hemmenden Einfluß der vorhandenen Schwermetalle zu maskieren.

Unter Laborbedingungen untersuchten Bonmati et al. (1985) den Einfluß aerob und anaerob gereifter Klärschlämme auf die Aktivität der Bodenurease und -phosphatase. Der Einsatz hoher Aufwandmengen sollte für jene im Laufe von Jahren einem Standort zugesetzte Schlammetalle repräsentativ sein. Im mit nicht sterilisiertem, aeroben Schlamm versehenen Boden blieb die Aktivität der Phosphatase während des gesamten Experiments konstant. Die Enzymaktivität war im mit sterilisiertem aeroben Schlamm versehenen Boden für ein bis drei Wochen höher, fiel danach ab und erreichte Werte des Bodens, welcher mit aerobem Schlamm behandelt worden war. In mit anaerobem Schlamm behandelten Böden war die Phosphataseaktivität nachhaltig gegenüber der Kontrolle erhöht. Zwischen der Ureaseaktivität der mit aeroben Schlämmen versehenen Böden und der unbehandelten Böden konnten keine signifikanten Unterschiede festgestellt werden. Bei Behandlung der Böden mit anaeroben Schlämmen konnte ein wesentlicher Anstieg der Ureaseaktivität verzeichnet werden, welcher ebenso wie jener der Phosphatase nachhaltig war. Diese Aktivitätserhöhung konnte ein verstärktes mikrobielles Wachstum infolge der Gegenwart leicht abbaubarer organischer Verbindungen und damit verbundene Enzymsynthese reflektieren. Auch in dieser Arbeit konnte auf die Maskierung eines hemmenden Einflusses von im Schlamm vorhandenen Schwermetallen auf die Enzymaktivität durch zusätzliche Quellen an organischer Substanz geschlossen werden. In der vorliegenden Untersuchung wurden Mengen etwa 50 t/ha/Jahr entsprechend eingesetzt. Die Applikation von aerobem und anaerobem Schlamm erhöhte den Gehalt an extrahierbarem Ammonium-N und Nitrat-N signifikant, wobei signifikante Unterschiede bezüglich einer Sterilisation nicht gegeben waren. Der Gehalt an EDTA-extrahierbarem Phosphat war sowohl im mit aerobem als auch im mit anaerobem Schlamm versehenen Boden erhöht.

Reddy et al. (1987) untersuchten in einem Glashausversuch den Einfluß von schwermetallhaltigen Klärschlämmen in drei verschiedenen Aufwandmengen (0, 40, 80, 120 t/ha) auf die Aktivität der Enzyme Urease, Phosphatase und Dehydrogenase mit Vegetation, *Glycine max*, (Rhizosphäre) und ohne Vegetation (ohne Rhizosphäre). Der Boden war ein sandiger Lehmboden; folgende Ansätze wurden untersucht: Proben 24 Stunden nach Klärschlammapplikation und vor Pflanzung (VP), Proben 40 Tage nach Pflanzung und hier nur jener an den Wurzeln haftender Boden (R), Proben ohne Pflanzen (NR). Jede der Klärschlammbehandlungen reduzierte die Dehydrogenaseaktivität signifikant, wobei die Hemmung der Dehydrogenaseaktivität im Boden (VP) am stärksten, im (R) am geringsten war. Alle Metallkonzentrationen waren in VP Böden höher als in R Böden. In der Abwesenheit von Pflanzen führten sämtliche Klärschlammapplikationen zu einer Hemmung der Ureaseaktivität. In den R Böden war die Aktivität um 16–43% erhöht, wobei bei der höchsten applizierten Menge, die Aktivität wohl noch erhöht war, jedoch geringfügig sinkende Tendenz zeigte. Der stärkste Aktivitätsabfall konnte in VP Böden bei der höchsten Aufwandmenge beobachtet werden. Die Klärschlammbehandlung führte, mit Ausnahme der niedrigsten applizierten Menge im Falle der R Böden und der mittleren applizierten Menge in jenem der VP Böden, zu einem Rückgang der Phosphataseaktivität. In allen aufgewandten Schlammengen zeigten die Metallkonzentrationen folgende Reihung: Mn > Fe > Zn > Cu > Pb > Ni und Cd. Der nicht einheitliche Anstieg von Mn, Fe, Pb und Cd mit den Schlammraten wurde auf die höheren Fe- und Mn-Oxidmengen in den Profilen des untersuchten Bodens zurückgeführt. Fe- und Mn-Oxide können Schwermetallkonzentrationen verringern. Norrish (1975) hatte in Mn-Oxidböden eine Anreicherung von Pb bis zu 2% beobachtet.

Perez-Mateos und Gonzales-Carcedo (1988) bestimmten den Einfluß verschiedener Metalle und von Klärschlamm auf die Aktivität der Enzyme Katalase und Dehydrogenase in einem Rendsinaboden (pH 8.4); $HgCl_2$;

$AgSO_4$; $Pb(CH_3COO)_2.3H_2O$; $3CdSO_4.8H_2O$; $ZnSO_4.7H_2O$; $CuSO_4$; $MgSO_4.7H_2O$; Na_2SO_4 und K_2SO_4. Die Zugabe der Schwermetalle Hg, Ag, Pb, Cd sowie von industriellem Klärschlamm erfolgte in Konzentrationen von 0, 200, 400, 600, 800 mg/kg TG; die Enzymaktivität wurde nach 48 Stunden bestimmt. Ag und Hg hemmten die Aktivität der Enzyme stark. Das Hemmausmaß lag für das Enzym Katalase zwischen 10 und 30%, für das Enzym Dehydrogenase bei > 76%. Der Effekt der übrigen Metalle war gering. Das Enzym Dehydrogenase war sensitiver als das Enzym Katalase; bei 800 mg/kg hemmten Ag und Hg mehr als 90% dieser Aktivität. Die Applikation von Klärschlamm hatte keinen signifikanten Einfluß auf die Enzymaktivität; der Schlamm enthielt 0.03 mg/kg Hg. Die Persistenz des Effektes von Schwermetallen wurde nach 4 Wochen Inkubation des mit Schwermetallen bzw. Klärschlamm versehenen Bodens bestimmt. Hemmungen > 12% für Katalase und > 45% für die Dehydrogenase waren am Ende einer 28 Tage Periode nach Applikation der Metalle gegeben; der Einfluß von Cd und Pb war wesentlich geringer. Der Effekt persistierte jedoch während des Inkubationszeitraumes.

Tabelle 20. Chemische Zusammensetzung der Klärschlammproben (Trockengewicht)

	Schlammprobe	
	St.Louis	Jefferson City
Prozentgehalt		
C	28.0	21.4
N	1.6	0.6
P	2.1	0.8
S	0.9	0.4
K	0.1	0.2
Fe	1.3	2.2
Al	0.8	0.5
µg/g		
Cu	356.0	146.0
Zn	1810.0	295.0
Cr	685.0	34.0
Ni	60.0	21.0
Cd	16.0	1.3
Pb	200.0	42.0

Nach Eivazi und Zakaria (1993).

In einem Laborversuch untersuchten Eivazi und Zakaria (1993) den Einfluß zweier unterschiedlicher Klärschlämme, in vier verschiedenen Raten, auf die Aktivität der β-Glucosidase. Die Beprobung erfolgte 0, 7, 14 und 30 Tage nach Inkubation. Bei den geringeren Applikationsraten, 10 und 30 mg Schlamm/g Boden, wurde diese Enzymaktivität gehemmt. Bei höheren Raten, 100 und 200 mg Schlamm/g Boden, wurde die Aktivität gefördert. Die Hemmung der Aktivität war mit dem St.Louis Schlamm nach 30 Tagen Inkubation stärker ausgeprägt und wurde mit dem höheren Metallgehalt dieses Schlammes in Beziehung gesetzt. Die standortabhängige Stimulierung der Aktivität des Enzyms rangierte zwischen dem 1.2–4-fachen, dem 1.21–3.67fachen bzw. dem 1.13–3.28fachen.

In einem Feldversuch hatten Böden mit niedrigem (4.8–5.8) und höherem pH (5.4–7.0) seit 1980 Klärschlamm mit und ohne Schwermetalle in zwei Applikationsraten (100 bzw. 300 m³/ha/Jahr) erhalten (Obbard et al. 1994). Metallangereicherter Schlamm bedingte in der höheren Applikationsrate in Böden mit höherem pH ein Überschreiten der CEC-Grenzwerte für Zn (341 µg/g) und Cu (99 µg/g) und näherte sich jenem für Cd (2.7 µg/g). Gleiches traf für Böden mit niedrigerem pH-Wert zu (Zn 335 µg/g; Cu 93 µg/g; Cd 2.9 µg/g). Die niedrige Applikationsmenge metallkontaminierten Schlammes bewirkte keine Überschreitung von Grenzwerten. Proben von Böden mit höherem pH wiesen eine signifikant höhere Dehydrogenaseaktivität auf. In einer Applikationsmenge von 100 m³/ ha/ Jahr förderte nicht metallkontaminierter Schlamm die Dehydrogenaseaktivität. In Böden mit höherem pH war dies in einem etwas stärkeren Ausmaß gegeben als in solchen mit geringerem pH. Die höhere Applikationsmenge des nicht kontaminierten Schlammes übte einen umgekehrten Effekt aus. Der Zusatz von relativ gering metallkontaminierten Schlämmen förderte die Dehydrogenaseaktivität. Nachteilige Effekte waren nur in den am stärksten kontaminierten Böden signifikant. Die Effekte waren jedoch, im Vergleich zu jenen, welche bei Applikation von Schlamm alleine beobachtet werden konnten gering. Dies obgleich die CEC-Werte für Zn und Cu überschritten wurden.

In Feldversuchen zum Einfluß von Schwermetallen aus metallbelastetem Klärschlamm auf die bodenbürtige Population an *Rhizobium leguminosarum* var. *trifolii* kamen anorganische Dünger mit 180 kg N/ha/Jahr (Kontrolle), nicht metallbelasteter Schlamm mit einer Rate von 100 m³/ ha/Jahr oder 300 m³/ha/Jahr sowie metallbelasteter Schlamm selbiger Mengen zur Anwendung (Chaudri et al. 1993). An Waldstandorten wurde die Zahl der Rhizobien durch die Applikation von 100 m³/Jahr an belastetem Schlamm im Vergleich zu den Kontrollen sowie jenen Standorten, welche nicht belasteten Schlamm der gleichen Menge erhalten hatten reduziert. Die gesamten Konzentrationen an Zink sowie an Cadmium lagen nahe an den für die zum gegebenen Zeitpunkt für Deutschland gültigen Grenzwerten, jedoch unterhalb der für Großbritannien und die Europäische

Gemeinschaft festgelegten Grenzwerte. Bei Applikation von 300 m^3 an nicht metallbelastetem Schlamm ging die Zahl der Rhizobien ebenfalls zurück. An diesen Standorten lagen die Metallkonzentrationen unterhalb der Grenzwerte für Großbritannien und die Europäische Gemeinschaft, mit Ausnahme von Zn, welches nahe am Deutschen Grenzwert lag. Die Werte betrugen in mg/kg für: Zn 200–250; Cu 46–62; Ni 16–23 und Cd 0.9–1.6. An Standorten, welche 300 m^3/Jahr an metallbelastetem Schlamm erhielten ging die Zahl der Rhizobien im Vergleich zu jenen Standorten, welche die gleiche Rate an nicht belastetem Schlamm erhalten hatten weiter zurück. Die Metallkonzentrationen überstiegen an diesen Standorten die für Großbritannien und die Europäische Gemeinschaft festgelegten Grenzwerte für Zn, lagen jedoch noch immer unterhalb der entsprechenden Grenzwerte für Cd. Die Kupferkonzentrationen lagen an einem Ackerstandort und an drei ehemaligen Waldstandorten geringfügig über dem in Großbritannien geltendem Limit für Böden eines pH-Wertes von 5–6. Die Grenzwerte Deutschlands für Zn, Cu und Cd, nicht aber für Ni wurden an diesen Standorten wesentlich überschritten. In beiden Feldversuchen repräsentierte die Metallkonzentration der Böden jenen Faktor, welcher die Zahl der Rhizobien beeinflußte. Der geringe Stickstoffgehalt, die Chlorose und der Kümmerwuchs der an Standorten wachsenden Kleepflanzen, welche keine oder nur wenige Rhizobien besaßen, war nicht auf Phytotoxizität zurückführbar. Vielmehr konnte durch die Zufuhr von Düngerstickstoff ein Mangel an N$_2$-Fixierung nachgewiesen werden. Obgleich in beiden Versuchen eine simultane Anreicherung mehrerer Metalle stattgefunden hatte, war in diesen Böden ein starker Zn-Effekt auf die Zahl der Rhizobien nachweisbar. Signifikante Reduktionen der Rhizobienzahlen konnten sogar bei Metallkonzentration unterhalb gängiger Metallgrenzwerte (Großbritannien, Europäischen Gemeinschaft) festgestellt werden. Diese lagen jedoch näher an den tieferangesetzten Grenzwerten Deutschlands für Zn und Cd.

McGrath et al. (1988) verfolgten im Topfversuch das Wachstum und die N$_2$-Fixierung durch *Trifolium repens*. Das Bodenmaterial stammte aus zwei Feldstandorten, welche vor mehr als 20 Jahren die letzte Applikation an Klärschlamm (metallbelastet) oder Stalldünger (nicht belastet) erhalten hatten. Die auf dem metallbelasteten Boden wachsenden Pflanzen wiesen geringere Stickstoffkonzentrationen und Erträge auf; die Wurzelknöllchen waren klein, weiß, zahlreich und ineffektiv bei der N$_2$-Fixierung. Die Knöllchen der auf ehemals mit Stalldünger versehenen Böden wachsenden Pflanzen waren rosa, groß und von geringer Zahl und somit charakteristisch für effektive Knöllchen. Der depressive Effekt auf den Ertrag konnte durch Stickstoffdünger überwunden werden. Durch Mischung der beiden Bodenmaterialien in verschiedenen Verhältnissen wurde der Effekt steigender Konzentrationen an extrahierbaren Metallen auf die N$_2$-Fixierung untersucht. Eine Reduktion der N$_2$-Fixierung im Ausmaß von 50% war mit jenem Boden zu beobachten, welcher annähernd die folgenden Konzentrationen (mg/kg) an mit EDTA extrahierbaren Metallen enthielt: 165 Zn, 60 Cu, 7.3 Ni, 5.3 Cd. Die entsprechenden Gesamtkonzentrationen betrugen in mg/kg 334 für Zn, 99 für Cu, 27 für Ni und 10 für Cd.

Im auf während ausdehnter Perioden mit Schwermetallen belasteten Boden wachsendem Weißklee konnte infolge des ausschließlichen Überlebens ineffektiver Rhizobien Stämme keine N_2-Fixierung nachgewiesen werden (Giller et al. 1989). Das Fehlen von genetischer Diversität bei jenen Stämmen, welche in schwermetallkontaminierten Böden überleben konnten war durch die Ähnlichkeit der Plasmidprofile der Isolate angezeigt. Isolate von vergleichbaren Feldstandorten nicht kontaminierter Böden wiesen eine breite Diversität der Plasmidprofile auf. Inokulationsversuche mit effektiven Stämmen von Rhizobium leguminosarum var. trifolii zeigten, daß diese unfähig waren in Gegenwart hoher Schwermetallkonzentrationen zu überleben bzw. effektiv zu bleiben.

Die genetische Diversität von Rhizobium leguminosarum var. trifolii Populationen nahm infolge der Langzeitexposition gegenüber Schwermetallen (Hirsch et al. 1993) ab. Der Verlust jener landwirtschaftlich wichtigen Stämme, welche effektive symbiontische Verbindungen mit Weiß- und Rotklee eingehen können, war angezeigt. Die Standorte (sandiger Lehm) hatten zwischen 1942 und 1961, entweder Stalldünger im Ausmaß von 10.4 t organische Substanz/ha/Jahr oder Klärschlamm in Mengen von 16.4 t organische Substanz/ha/Jahr erhalten. Die beiden Standorte wiesen ähnliche Gehalte an organischem Kohlenstoff auf, jedoch war der Klärschlammstandort mit Cd, Zn, Cu, Cr und Pb belastet.

An Hand eines 30 Jahre alten Feldversuches untersuchten Martensson und Witter (1990) den Einfluß von verschiedenen organischen Materialien und von Stickstoffdüngern auf Rhizobium leguminosarum var. trifolii, auf Cyanobakterien und freilebende stickstoffixierende Bodenmikroorganismen. Der pH-Wert des Bodens erwies sich als ein wichtiger das Auftreten und die Aktivität der N_2-fixierenden Mikroorganismen kontrollierender Faktor. Im Vergleich zu Böden mit ähnlichem pH, trat in mit Klärschlamm behandelten Böden eine Verzögerung der N_2-Fixierung auf. Bei sämtlichen Behandlungen konnten relativ große Zahlen an Rhizobium leguminosarum var. trifolii nachgewiesen werden. Die Zahl der Rhizobien stand mit dem pH-Wert in Beziehung. Eine Verzögerung der Knöllchenbildung konnte bei Pflanzen beobachtet werden, welche mit Bakterien aus den schlammversehenen Boden inokuliert wurden. Das Auftreten und die Fixierungleistung der Cyanobakterien korrelierte mit dem pH. Mit Ausnahme von Ammoniumsulfat (pH 4.4) konnte bei sämtlichen Behandlungen das Auftreten dieser Gruppe nachgewiesen werden. Die Stickstofffixierung durch freilebende aerobe Bakterien korrelierte mit dem pH des Bodens und war im klärschlammbehandelten Boden im Vergleich zu Böden, welche ähnliche pH-Werte aufwiesen reduziert.

Tabelle 21. Ausgewählte Bodeneigenschaften 31 Jahre nach Beginn des Langzeitfeldversuches

Behandlung	pH	%C	%N	C/N-Verhältnis
Ohne Dünger	6.2	1.2	0.16	7.42
Calciumnitrat	6.7	1.3	0.16	8.16
Ammoniumsulfat	4.4	1.4	0.17	8.12
Calciumcyanamid	7.4	1.4	0.17	8.25
Stroh	6.4	1.5	0.17	8.63
Stroh + Calciumnitrat	6.8	1.7	0.19	9.09
Torf	5.6	2.4	0.18	13.17
Stalldünger	6.6	1.9	0.21	9.26
Sägemehl	6.4	1.7	0.17	9.92
Torf + Calciumnitrat	6.3	2.9	0.21	14.20
Sägemehl + Calciumnitrat	6.9	1.9	0.19	10.19
Klärschlamm[a]	5.3	2.7	0.28	9.45

[a] Gesamtschwermetallgehalt des Bodens ($\mu g/g$): Cd < 1, Cu 125, Ni 34, Pb 40, Zn 228.

Nach Martensson und Witter (1990).

Müllkompost(Siedlungs-). Infolge der Applikation von Siedlungsmüllkompost zu sandigen Böden nahm die CO_2-Freisetzung aus sandigen Böden zu (Gallardo-Lara und Nogales 1987). Diese war intensiver als jene mittels Rindermist erzielebare. Gegenüber jener mit Hühnermist oder aktiviertem Schlamm erzielten Atmung, war diese jedoch geringer. Der Kompost unterdrückte im Vergleich zu anderen organischen Düngern die Nitrifikation.

Ein Ton-Lehmboden wurde mit 2.5% Siedlungsmüllkompost versehen und bei 25°C und 35°C für 12 Monate unter Laborbedingungen inkubiert (Perucci und Giusquiani 1990). In den kompostbehandelten Proben war der Gehalt an organischem C, organischem N, an Nitrat-N sowie an verfügbarem P stets gegenüber der Kontrolle erhöht. Die Aktivität der Phosphodicsterase sowie jene der alkalischen Phosphatase war gegenüber der Kontrolle bei beiden Temperaturen während des gesamten Zeitraumes erhöht. Die Maskierung des Hemmeffektes von anwesenden Schwermetallen durch die zusätzliche Quelle an organischer Substanz wurde diskutiert.

In einem tonigen Lehmboden bestimmte Perucci (1990) jene durch den Zusatz von Siedlungsmüllkompost bewirkte Veränderung enzymatischer Aktivitäten. Der Kompost wurde in einer Rate von 2.5% (w/w) in den Boden eingebracht. Die Inkubation erfolgte während eines Jahres bei 25 und 35°C. Die Aktivitäten der Enzyme alkalische Phosphatase, Phosphodiesterase und Deaminase blieben nach dem Erreichen von Maximumwerten (3–5 Monate) konstant. Die Aktivitäten der Enzyme Arylsulfatase, Urease und Protease bewegten sich nach dem Erreichen eines Maximums (2–3 Monate) in Richtung Ausgangsniveau. Die bewirkten Veränderungen waren zeitabhängig. Mit Ausnahme der Phosphataseaktivität tendierten die übrigen biochemischen Eigenschaften dazu, die Kontrollwerte ein bis drei Monate nach der Behandlung wieder zu erreichen.

Während einer Periode von drei Jahren einem lehmigen Boden zugesetzter Siedlungsmüllkompost bewirkte signifikante Steigerungen der Aktivität sämtlicher untersuchter Enzyme (Arylsulfatase, Amylase, Katalase, Deaminase, alkalische Phosphomonoesterase, Phosphodiesterase, Protease) (Perucci 1992). Die Zunahmen waren bei einer Rate von 90 t/ha/ Jahr wesentlich höher als bei einer solchen von 30 t/ha/Jahr. Die Rate der Fluoresceindiacetathydrolyse hatte ebenfalls signifikant zugenommen.

In einem dreijährigen Feldversuch mit einem kalkigen Tonlehmboden (bestellt mit *Zea mays*) untersuchten Giusquiani et al. (1994) den Einfluß hoher und niedriger Raten von Siedlungsmüllkompost auf die Aktivität der Enzyme alkalische Phosphatase, Phosphodiesterase, Arylsulfatase, Dehydrogenase und L-Asparaginase. Der Kompost wurde in die oberen 25–30 cm des Bodens eingepflügt. Der mineralische Dünger wurde gemeinsam mit Kompost in Raten von 300, 65.5 und 125 kg/ha (NPK) appliziert. Der Zusatz von Kompost in Mengen bis zu 90 t/ha bedingte eine Zunahme der Aktivitäten. Die Phosphatasen zeigten eine lineare Zunahme mit Kompostraten bis zu 270 t/ha. Der Zusatz von Mineraldünger erhöhte die Enzymaktivitäten in nicht gedüngten Böden und dieser maskierte stimulierende Komposteffekte. Eine Hemmung der Aktivitäten durch Schwermetalle konnte bis zu einer Applikationsmenge an Kompost, welche zumindest dem Dreifachen der durch Gesetz festgelegten Menge entsprach nicht nachgewiesen werden.

In einer weiteren Arbeit konnten Giusquiani et al. (1995) über eine signifikante Erhöhung der Aktivität der Enzyme L-Asparaginase, Arylsulfatase, Dehydrogenase, Phosphodiesterase, alkalische Phosphatase in mit Siedlungsmüllkompost versehem Boden (Langzeitversuch) berichten. Zwischen der Aktivität der Enzyme Arylsulfatase, Dehydrogenase, Phosphodiesterase und Phosphomonoester und der infolge der Kompostgabe ebenfalls erhöhten Gesamtporosität des Bodens konnten signifikante Korrelationen nachgewiesen werden. Die Erhöhung der Porosität stand mit Poren > 50 μm in Beziehung. Die ersten drei Aktivitäten korrelierten diesbezüglich positiv mit Poren eines Größenbereiches von 50–1000 μm, hauptsächlich mit Poren von 50–200 μm Größe, während die Phosphomonoesteraseaktivität eine entsprechende Korrelation nur mit Poren einer Größe < 500 μm aufwies. Die L-Asparaginaseaktivität zeigte keine Korrelation mit der Porosität. Die Aktivität der Arylsulfatase, der Dehydrogenase und der Phosphodiesterase korrelierte negativ mit der Bodendichte.

In einem für die semiaride Klimaregion Zentralspaniens repräsentativen Boden (bestellt mit Gerste) stimulierte Siedlungsmüllkompost in Applikationsmengen von 20 bzw. 80 t/ha die Aktivität der Enzyme Urease und Protease stärker als mineralische Düngergaben (NPK) bzw. nicht kompostierter Kuhmist (20 t/ha) (Diaz-Marcote et al. 1995).

In Laborversuchen mit einem sandigen Lehm wurde die Wirkung von Kompostzusätzen auf die Aktivität der Enzyme Dehydrogenase, Peroxidase, Cellulase, β-Glucosidase, β-Galaktosidase, N-Acetyl-β-Glucosaminidase, Protease, Amidase und Urease getestet (Serra-Wittling et al. 1995). Die Komposte basierten auf in Haushalten sortierten Siedlungsabfällen; die Reifezeit betrug drei bzw. sieben Monate. Die Boden-Kompostmischungen enthielten 10% bzw. 30% Kompost auf Gewichtsbasis. Die Enzymaktivitäten waren mit Ausnahme der Urease in den Komposten höher als im Boden, wobei der jüngere Kompost eine höhere Aktivität aufwies als der ältere. Der Zusatz von Kompost zum Boden erhöhte die Enzymaktivität im Boden nicht additiv. Eine Ausnahme stellte die Dehydrogenase dar, deren Aktivität im kompostversehenen Boden proportional mit der zugesetzten Menge anstieg. Die biochemischen Parameter waren während eines Zeitraumes von 189 Tagen wiederholt bestimmt worden.

6.2.2 Abfälle der Papier-, Nahrungsmittel- und Lederindustrie

Abwasser der Papierindustrie

In Untersuchungen zum Einfluß der Verregnung von Papierfabriksabwässern auf Zuckerrohrfeldern konnten Kannan und Oblisami (1990a) eine Erhöhung der Populationen an Bakterien, einschließlich der Gruppe der Aktinomyceten und Rhizobien sowie an Pilzen einschließlich der Hefen feststellen. Die Beregnung war während der vorangegangenen ein, zwei, drei oder 15 Jahre erfolgt. Durch die genannte Form der Abwasserentsorgung wurden dem Boden große Mengen an organischem Kohlenstoff und essentiellen Elementen zugeführt. Die größten Populationen konnten nach 15 Jahren der Behandlung nachgewiesen werden. Die Populationen waren dem organischen Kohlenstoffgehalt und dem Status verfügbarer Nährstoffe direkt proportional. In einer Reihe derart behandelter Böden zeigte sich ein hoher organischer Kohlenstoffgehalt, welcher sich den Perioden der Abwasserverregnung direkt proportional zeigte. Die Aktivität der Enzyme Amylase, Phosphatase und der Dehydrogenase nahm in den Böden mit steigender Applikationsperiode zu (Kannan und Oblisami 1990b).

Abwasser von Olivenölmühlen (Alpechin)

Die Literaturberichte zum Einfluß von Alpechin als Dünger auf den Pflanzenertrag waren nicht beständig. Der Einsatz von Alpechin als Dünger in
Konzentrationen zwischen 10 und 100 m^3/ha erbrachte in Versuchen mit
Mais und Weizen gute Ergebnisse; andere Versuche führten zu Mißer-
folgen. Letztere wurden mit Veränderungen der mikrobiellen Aktivität des
Bodens in Beziehung gesetzt, wobei eine nachteilige Beeinflussung der
Stickstofffixierung in Betracht gezogen wurde. *Azotobacter* sp. wurden
infolge deren Sensitivität gegenüber Umwelttoxikantien wiederholt eingesetzt, die Wirkungen verschiedener chemischer Produkte auf die N$_2$-Fixie-
rung zu prüfen. Garica-Barrionuevo et al. (1993) untersuchten den Einfluß
von 1, 5, 10, 15 und 20% (v/v) Alpechin auf *Azotobacter chroococum*
Zellen, welche in einem chemisch definierten Medium (stickstofffrei oder
mit Ammonium-N) und in dialysierten Bodenmedien wuchsen. Alpechin
reduzierte in Konzentrationen von 1–20% (v/v) die N$_2$-Fixierung und das
Wachstum von *Azotobacter chroococum* im chemisch definierten Medium,
wohingegen die Gegenwart von 1–15% einen stimulierenden Effekt auf
die N$_2$-Fixierung und das Wachstum von *Azotobacter* im dialysierten
Bodenmedium ausübte. Das Bakterium wuchs auf mit Alpechin versehenen glucosefreien Ammonium-Medien.

Abfälle der Lederverarbeitung

Benedetti et al. (1991) inkubierten einen sandigen Boden in einem Lang-
zeit-Laborversuch (bis 16 Wochen) mit chromgegerbten Lederresten unter
aeroben Bedingungen. Die Ansätze umfaßten Boden plus Cr$_2$O$_3$ (100 µg
Cr/g Trockenboden) sowie die gleiche Menge zugesetzt als chromge-
gerbter Lederrest. Entsprechend dem Stanford-Smith Index der Mineralisierung, war die Mineralisierung des Lederstickstoffs nach acht Wochen
Inkubation zu 100% erfolgt, wobei die Rate jener von rasch abbaubarem
„Ureaform 56" entsprach. Spurenmengen an Cr^{3+} und Cr^{4+} wurden aus
dem Leder in die Bodenlösung freigesetzt. Diese beeinflußten die biochemischen Eigenschaften des Bodens nicht. Nach 16 Wochen Inkubation
war die Aktivität der BAA hydrolysierenden Protease und jene der Urease
angestiegen, die Aktivität der Phosphatase war unverändert und jene der
caseinhydrolysierenden Protease war vermindert.

6.2.3 Nebenprodukte der Fermentations- und Holzindustrie

Biosol®, Bactosol® und Fermentationsrückstände

Die beiden registrierten Produkte Biosol und Bactosol, welche unter Punkt 6.1.4 näher vorgestellt wurden kamen unter anderem im Rahmen von Rekultivierungsprojekten zum Einsatz. Entsprechende Arbeiten werden in Kapitel 9 dieses Bandes berücksichtigt.

Untersuchungen zur Beeinflussung bodenmikrobiologischer und -enzymatischer Parameter durch Fermentationsrückstände liegen vor. Ross et al. (1989) bewerteten im Rahmen eines sechsjährigen Versuches die Eignung des Fermentationsrückstandes aus einem anaeroben Biogas-Faulbehälter als Dünger zur Unterhaltung des Pflanzenwachstums und der biochemischen Aktivität eines landwirtschaftlich genutzten Bodens unter Fruchtwechsel. Vergleichsuntersuchungen wurden unter Verwendung von drei Feldfrüchten, welche in einem Zweijahresfruchtwechsel wuchsen, mit anorganischem Dünger und einer alleinigen Wasserbehandlung geführt. Keine der Behandlungen beeinflußte die Trockensubstanzerträge beständig. Die hohen Bodennährstoffgehalte konnten als ursächlich dafür angesehen werden und die Effizienz des Fermentationsrückstandes als Dünger war nicht bestimmbar. Die Aktivität der Enzyme Urease, Sulfatase, Phosphatase, Cellulase, Invertase und Amylase wurde sowohl im Rückstand als auch im Boden bestimmt. Der organische Kohlenstoffgehalt des Bodens blieb bei jeder Behandlung während der Sechsjahresperiode unverändert. Im Gegensatz dazu ging die Ureaseaktivität und die Netto-Stickstoffmineralisierung bei sämtlichen Behandlungen signifikant zurück. Die Aktivität der Invertase nahm zu und andere Eigenschaften zeigten keinen regelmäßigen Trend. Die Stickstoffverfügbarkeit war bei der letzten von insgesamt drei Beprobungen im mit dem Rückstand behandelten Boden am höchsten. Insgesamt erwies sich der Faulbehälterrückstand für die Unterhaltung der biochemischen Bodeneigenschaften unter fortgesetzter Bestellung als ebenso gut geeignet wie der anorganische Dünger. Negative Effekte waren nicht nachweisbar.

Fermentationsrückstände aus der Gewinnung des Makrolides Tylosin stimulierten in Konzentrationen entsprechend 0.4, 1.2 und 2 Tonnen pro ha die mikrobielle Aktivität (bestimmt als O_2-Aufnahme, CO_2-Freisetzung und N-Mineralisierung) des Bodens (Bewick 1978). Nach zehn Wochen Inkubation war die Hälfte des Abfallkohlenstoffs als CO_2 freigesetzt worden; die Mineralisation des Stickstoffs bewegte sich zwischen 31 und 38%. Tylosin konnte im Sickerwasser nachgewiesen werden, wobei nach 10 Wochen zwischen 20 und 32% des im Abfall vorhandenen Tylosin aus dem Boden ausgewaschen worden waren. Der Zusatz von hoch konzentriertem reinen Tylosin, äquivalent zu Konzentrationen, welche in 4, 20 und 40 Tonnen Fermentationsabfall/ha im Feld gefunden würden, führten zu einem Rückgang der mikrobiellen Atmung für fünf bis sieben Wochen nach Applikation. Die Stickstoffmineralisierung wurde während des gesamten Experiments im Vergleich zur Kontrolle reduziert. Das gesamte Düngerpotential könnte im Falle hoher Dosen an Antibiotikafermentationsabfall, infolge des hemmenden Einflusses von Restantibiotikum, reduziert werden.

In mit Klärschlämmen und Abfällen der Antibiotikaherstellung behandelten Böden bewerteten Sommers et al. (1979) den Abbau, die NH_3-Verflüchtigung, die Stickstofftransformation sowie die Bewegung von Metallen. Insgesamt waren sechs verschiedene Böden verwendet worden, welche sich hinsichtlich des pH-Wertes, des organischen Kohlenstoffgehaltes, des Gesamtstickstoffgehaltes, der Kationenaustauschkapazität und der Textur unterschieden. Die Bohrkerne wurden monatlich mit Wasser perkoliert, die Inkubation erfolgte über ein Jahr. Eine insignifikante Menge ($<$ 1%) an applizierten NH_4-N ging durch NH_3-Verflüchtigung verloren. Wesentliche Unterschiede hinsichtlich des Abbaus verschiedener Abfälle im gleichen Boden konnten festgestellt werden. Aus mit Antibiotikaabfällen behandelten Böden wurden signifikante Mengen an Nitrat ausgewaschen. Aus mit Klärschlamm behandelten Böden erfolgte demgegenüber keine wesentliche Nitratauswaschung. Stickstoffverluste aus mit Klärschlamm versehenen Böden sollten demnach primär auf Denitrifikation und/oder Immobilisierung beruhen.

Sägespäne(komposte), Rinden(komposte) und -extrakte

Mit Cu, Cr und As (CCA) behandelte Sägespäne beeinflußten das Pflanzenwachstum sowie augewählte biologische Parameter des Bodens nicht wesentlich (Speir et al. 1992a,b). Die Sägespäne waren mit entweder Cu, Cr und As (CCA) oder Borsäure behandelt worden. Ein schluffiger Lehm, war auf pH 5 und 7 eingestellt worden; die Applikation der Späne erfolgte im Verhältnis 10:1, (Boden:Sägespäne, v/v). In einem Versuch wurde der Einfluß auf das Pflanzenwachstum und die Elementaufnahme untersucht (Speir et al. 1992a). In einem weiteren Versuch (Speir et al. 1992b) fehlten Pflanzen; die Proben wurden nach 0, 4, 8 und 14 Wochen bei 25°C entnommen. Sägespäne-Applikationen von 10% (v/v) erhöhten die Gesamtkonzentrationen an Cu, Cr, As und B um 45, 136, 63 und 32 µg/g. Bei dieser Bodenbelastung waren die negativen Effekte der CCA- oder Bor-Sägespäne auf die Atmung, den mikrobiellen Biomasse-C, die Aktivität der Enzyme Dehydrogenase, Phosphatase, Sulfatase und Urease, die Stickstoffmineralisierung und die Nitrifikation, die Zahl der Nematoden, die Gesamtzahl an Mikroorganismen und jener ausgewählter Aktinomyceten gering. Mit Ausnahme einer substantiellen und signifikanten Hemmung der Sulfataseaktivität bei mit Borsäure behandelten Spänen, waren die auftretenden negativen Effekte generell gering und nicht signifikant. Das

Pflanzenwachstum wurde durch die Applikation der mit CCA behandelten Sägespäne nicht beeinflußt (Speir et al. 1992a). Dieses wurde jedoch ernst beeinflußt oder fehlte, wenn mit Borsäure behandelte Späne appliziert wurden. Die Anwendung von mit CCA behandelten Sägespänen als Mulche oder als Gartenzusatz konnte mit Vorsicht akzeptiert werden.

Die Mikroflora und die mikrobiellen Prozesse, welche mit der Mineralisierung von Holzabfällen verbunden sind erhielten ebenso wenig Aufmerksamkeit wie die Möglichkeit, die Mineralisierung durch die Applikation von Inokula zu beschleunigen. Unter Zusatz von Stickstoff und von Phosphor bestimmten Kostov et al. (1991) den Abbau von Fichten-Sägemehl und von Rinde. Dessen Kapazität zur Eignung als Substrat für pflanzliches Wachstum wurde geprüft. Bei Sägemehl als Substrat war eine größere mikrobielle Biomasse, eine höhere CO_2-Entwicklung, eine stärkere Ammonifikation sowie eine höhere Zahl an Aktinomyceten aber eine geringere Nitrifikation und eine geringere Zahl an Pilzen im Vergleich zur Rinde nachweisbar. Sämtliche Aktivitäten waren in Sägemehl und Rinde im Vergleich zu Boden höher. Die Inokulation mit cellulolytischen Stämmen von *Bacillus* sp., *Cephalosporium* sp. und *Streptomyces* sp. erhöhte diese Aktivitäten in einigen Fällen, jedoch nur marginal. Die erhaltenen Sägespäne- und Rindenkomposte erhöhten den Tomatenertrag im Vergleich zu Boden, welcher mit entsprechenden Nährstoffen versorgt worden war.

Günstige Eigenschaften von Komposten beziehungsweise von Rindenzusätzen konnten hinsichtlich der Kontrolle von Phytopathogenen sowie von Schädlingen beobachtet werden.

Reife Komposte mit einem hohen Bakterien/Pilz-Verhältnis verbessern chemische und physikalische Bodeneigenschaften und gelten darüberhinaus als Mittel zur Unterdrückung von Infektionen mit pathogenen Pilzen. Auf eine signifikante Rolle der Verschiebung der Mikroflora vom „Bakterientyp" (hohes Bakterien/Pilzverhältnis) bei der Unterdrückung bodenbürtiger Krankheiten wurde geschlossen. Zusätze von Rinden bzw. von Rindenkomposten können das Potential zur Kontrolle von Phytopathogenen sowie von Schädlingen aufweisen. Bodenbürtige Krankheiten, einschließlich der Fusarienwelke, wurden infolge der Applikation von Rindenkompost (Hemlock-Tanne) mit einer Mikroflora des „Bakterientyps" zu landwirtschaftlich genutztem Land unterdrückt. Acetonextrakte des Rindenkompostes wiesen eine starke antifungale Aktivität gegenüber *Fusarium oxysporum* f.sp. *cucumerinum* auf (Kai et al. 1990). Diese Extrakte waren ebenso aktiv gegenüber *Gibberella zeae*, *Helminthosporium sigmoideum* und *Glomerella cingulata*; keine Aktivität konnte gegenüber Hefen und Prokaryonten nachgewiesen werden. Die teilweise Reinigung der Acetonextrakte mittels Reverse-Phase HPLC zeigte das Vorhandensein von mindestens 10 aktiven „antipilzlichen Peaks" im Chromatogramm. Deren Natur als relativ gering polare Lipide war angezeigt.

Kokalis-Burelle und Rodriguez-Kabana (1994a) bewerteten Effekte zunehmender Gehalte an Kiefernrinde auf mikrobielle Populationen, Bodenenzymaktivitäten und Nematodenpopulationen. Gepulverte Kiefernrinde wurde einem mit Nematoden verseuchten Boden in Raten von 0, 5, 10, 15, 20, 25, 30, 35, 40, 45 und 50 g/kg zugefügt. Unmittelbar nach Rindenapplikation konnten hinsichtlich der gesamten Pilzpopulationen keine Unterschiede nachgewiesen werden. Nach sieben Tagen korrelierten die pilzlichen Populationen positiv mit zunehmenden Gehalten an Kiefernrinde. Diese Zunahme blieb während 14 und 21 Tagen erhalten. *Penicillium chrysogenum* und *Paecilomyces variotii* waren die vorherrschenden Pilzarten, welche aus mit Borke versehenem Boden isoliert werden konnten. 0, 7 und 14 Tage nach Behandlung konnte eine Veränderung der gesamten bakteriellen Population nicht festgestellt werden. Nach 21 und 63 Tagen ging die gesamte bakterielle Population im Boden, welcher die höchsten Raten an Kiefernrinde erhalten hatte zurück. Der Zusatz von Kiefernrindenpulver zu Boden verursachte eine Verschiebung der vorherrschenden bakteriellen Gattungen von *Bacillus* spp. im nicht versehenem Boden zu *Pseudomonas* spp. im versehenen Boden. Die Bodenenzymaktivitäten korrelierten bei sämtlichen Beprobungen positiv mit der Rate des Rindenzusatzes. Die erfaßten Enzymaktivitäten schlossen jene der Trehalase, der Invertase sowie die Hydrolyse von Fluoresceindiacetat ein. Die Trehalaseaktivität korrelierte positiv mit der gesamten pilzlichen Population und mit den vorherrschenden Pilzen, stand aber in keiner Beziehung zu den bakteriellen Populationen. In Boden sowie Wurzeln bestand keine Korrelation zwischen der Zahl der nichtparasitischen Nematoden sowie von *Meloidogyne arenaria* und der Rate des Zusatzes der Kiefernrinde. Jugendformen von *Heterodera glycines* in Wurzeln und die Zahl der Cysten pro Gramm Wurzel gingen jedoch mit zunehmendem Gehalt an Kiefernrinde zurück. Gepulverte Kiefernrinde als organischer Bodenzusatz veränderte insgesamt die Bodenmikroflora und kontrollierte die durch das Cystenälchen *H. glycines* verursachte Krankheit der Sojabohne. Verschiebungen der Bodenmikroflora waren primär bei den pilzlichen Populationen nachweisbar. Diese beruhten auf einer Zunahme von Arten der Gattungen *Penicillium* und *Paecilomyces*. Die Gesamtheit der bakteriellen Populationen blieb unverändert oder ging zurück. Die Begünstigung einer antagonistischen Mikroflora und die Freisetzung nematizider Wirkstoffe können Mechanismen der Kontrolle sein. Eine Erhöhung der pflanzlichen Widerstandkraft durch den Rindenzusatz kann ebenso wirksam sein.

In einer weiteren Arbeit untersuchten Kokalis-Burelle und Rodriguez-Kabana (1994b) den Einfluß von Pinus-Rindenextrakten und von Pinus-Rindenpulver auf pilzliche Pathogene (Wachstum, Infektiosität), die Aktivität von Bodenenzymen und mikrobielle Populationen. Unter Verwendung von gepulverter frischer oder kompostierter Kiefernrinde und von Kiefernrindenextrakt wurden Agarmedien formuliert, wobei das Rindenpulver mit sauren, neutralen und alkalischen Lösungen behandelt wurde. Das Wachstum von *Rhizoctonia solani, Sclerotium rolfsii, Fusarium oxysporum* f. sp. *vasinfectum, Phytophthora parasitica, Alternaria solani* und *Sclerotinia sclerotiorum* wurde auf Agar reduziert, welcher entweder frisches oder kompostiertes Kiefernrindenpulver enthielt, wohingegen das Wachstum des nichtparasitischen Pilzes *Penicillium citrinum* erhöht wurde. Das Wachstum von parasitischen Pilzen auf Medien, welche Kiefernrindenextrakte enthielten variierte. Jedoch reduzierten Extrakte, welche mit alkalischen Lösungen bereitet worden waren das Wachstum der getesteten Pilze intensiver als solche, welche mit neutralen oder sauren Lösungen hergestellt wurden. In Glashausversuchen wurde das Auflaufen von *Lens culinaris* durch den Zusatz von frischem oder kompostiertem Kiefernrindenpulver zu Boden inokuliert mit entweder *R. solani* oder *S. rolfsii* signifikant erhöht. Erhöhte Bodentrehalaseaktivität war korreliert mit Zunahmen der gesamten Population bodeneigener Pilze und speziell mit Arten der Gattungen *Penicillium* und *Paecilomyces*. Kiefernrindenpulver reduzierte das Pilzwachstum in vitro und reduzierte die Kranheitsinzidenz in Glashausversuchen indem die Bodenpilzpopulationen verändert wurden. Die Analyse der Bodentrehalaseaktivität wurde als ein einfaches Verfahren zur Verfolgung pilzlicher Populationen diskutiert.

6.2.4 Rückstände der Kohleverbrennung

Flugasche

In einer Untersuchung zum Einfluß von Flugaschezusätzen auf die Aktivität heterotropher Mikroorganismen eines landwirtschaftlich genutzten Bodens (schluffiger Lehm) nutzten Arthur et al. (1984) die CO_2-Entwicklung als Indikator der mikrobiellen Aktivität. Die Flugasche war direkt aus einem elektrostatischen Präzipitator erhalten worden und wies ein pH 1:1, Asche:destilliertes Wasser von 4.9 auf. Die Asche wurde in Feld- und Laborexperimenten eingesetzt. Der Aschezusatz erfolgte in den mit Luzernemehl versehem Boden in Aufwandmengen von 0, 100, 400 und 700 t/ ha. Die CO_2-Entwicklung wurde über einen Zeitraum von 37 Tagen aufgezeichnet. Flugascheapplikationen von 400 und 700 t/ha reduzierten die CO_2-Bildung signifikant gegenüber solchen von 0 und 100 t/ha. Einige Metalle waren in der Asche in potentiell toxischen Mengen vorhanden und konnten für die Hemmung der Atmung verantwortlich sein. Die Verfügbarkeit einiger dieser Metalle war durch begleitende Pflanzenaufnahmeversuche angezeigt.

Vergleichende Untersuchungen zum Einfluß von alkalischer Kohlenflugasche (pH 12.8) auf die mikrobielle Aktivität in einem sandigen Boden (pH 7.3) und einem sandigen Lehmboden (pH 6.7) wurden unternommen

(Wong und Wong 1986). Flugasche/Bodenmischungen wurden durch Einsatz von 0, 3, 6 und 12% Flugasche auf Trockengewichtsbasis hergestellt. Während einer sechswöchigen Periode wurde gebildetes CO_2 zu acht unterschiedlichen Terminen bestimmt. Die mikrobielle Atmung wurde durch steigende Flugaschebehandlungen im sandigen Boden reduziert, während im sandigen Lehmboden eine signifikante Depression nur bei der höchsten Flugaschegabe nachgewiesen werden konnte. Eine hohe negative Korrelation bestand zwischen der Atmung und der Aschebehandlung im sandigen Boden, nicht aber im sandigen Lehm. Die Werte der ökologischen Dosis (ED_{50}) waren im sandigen Boden geringer als im sandigen Lehmboden.

Flugasche kombiniert mit Klärschlamm

Ein negativer Einfluß hoher Flugascheraten auf biochemische Umsetzungen im Boden kann durch die gemeinsame Applikation mit einem organischen Substrat wie Klärschlamm reduziert werden.

Nach Zusatz von saurer (pH 3.5) und alkalischer (pH 12.2) Flugasche zu einem sandigen Lehm und zu einem schluffigen Lehm wurde die mikrobielle Atmung (CO_2-Entwicklung) bestimmt (Pichtel 1990). Die alkalische Flugasche hemmte bei einer Applikation von 20% die Atmung im sandigen Lehm vollkommen und reduzierte diese im schluffigen Lehm um 97%. 20% saure Asche reduzierten die Atmung in sandigen Lehm um 28% und im schluffigen Lehm um 33%. Durch die Applikation von 5% kompostierten Klärschlamm zu den Asche/Boden-Mischungen wurde die Atmung in beiden Böden stimuliert; eine Ausnahme stellte die Applikation von 20% alkalischer Asche dar. Die elektrische Leitfähigkeit und die Konzentrationen an B, Mo, an austauschbarem Al und an löslichen Anionen standen mit der Atmungshemmung nicht in Beziehung. Ein negativer Effekt des hohen pH-Wertes auf die Atmung war angezeigt. Die Werte der ökologischen Dosis (ED_{50}) der schlammversehenen Ansätze waren höher als jene der Ansätze ohne Schlamm.

In Inkubationsversuchen bestimmten Pichtel und Hayes (1990) den Einfluß verschiedener Kombinationsniveaus von alkalischer (pH 12.2) Kraftwerks-Flugasche und von Klärschlamm auf mikrobielle Aktivitäten und Zahlen. Bei Mischen eines schluffigen Lehmbodens mit 0, 5, 10 oder 20% (w/w) Asche und 0 oder 5% kompostierten Klärschlamm trat eine starke Hemmung der CO_2-Entwicklung in den 10% und 20% Aschebehandlungen über 28 Tage auf. Schlammzusatz verbesserte die Atmung in sämtlichen Aschebehandlungen mit Ausnahme der 20% Behandlung. Die Gesamtzahlen an Bakterien einschließlich der Gruppe der Aktinomyceten und an Pilzen gingen im Boden zurück indem der Aschegehalt anstieg. Die Zahlen wurden bei 20% Ascheapplikation um 57, 80, und 86% reduziert. Die Schlammapplikation erhöhte die Zahlen der Mikroorganismen, jedoch waren sämtliche Populationen im Vergleich zur unbehandelten Kontrolle bei den höchsten Ascheraten geringer. Die Aktivität der Bodenenzyme, Phosphatase, Sulfatase, Dehydrogenase und Invertase wurde gehemmt indem die Aschebehandlungsniveaus anstiegen. Die Aktivität des Enzyms Katalase wurde durch die Aschebehandlung nicht signifikant beeinflußt. Die Enzymaktivität wurde durch den Zusatz von Schlamm zu den Asche-Bodenmischungen gefördert.

Im Laborversuch wurde Flugasche in zwei verschiedenen Aufwandmengen, 50 und 500 t/ha gemeinsam mit 20 t/ha Klärschlamm einem schluffigen Lehmboden appliziert (Garau et al. 1991). Der Einfluß der Flugasche auf die Stickstoffmineralisierung im Klärschlamm sollte in einer fünfwöchigen aeroben Inkubation bestimmt werden. Die Netto-Stickstoffmineralisierung wurde bei Zusatz hoher Flugaschemengen (500 t/ha) drastisch reduziert.

Rückstände der Rauchgasentschwefelung

McCarty et al. (1994) bewerteten den Einfluß von vier verschiedenen Nebenprodukten der Kohleverbrennung als Bodenkalkungsmaterial sowie von $CaCO_3$ auf das pH und Enzymaktivitäten (Urease, Phosphatase, Arylsulfatase, Dehydrogenase) in einem sauren Boden. Auf Gewichtsbasis der Applikation wiesen die unterschiedlichen Materialien wesentliche Unterschiede hinsichtlich der Beeinflussung des pH-Wertes auf. Wurden die Daten auf ein $CaCO_3$-Äquivalent der Applikation bezogen gingen diese Unterschiede zurück. Der Effekt der Kalkungsmaterialien auf Enzymaktivitäten bestand großteils in deren Einfluß auf das pH. Die getesteten Kalkungsmittel wirkten in einer dem $CaCO_3$ vergleichbaren Weise und deren nachteiliger Effekt auf die Bodenqualität wurde als gering eingestuft.

6.2.5 Deponiesickerwasser

Verschiedene Faktoren können für Veränderungen mikrobieller und enzymatischer Parameter infolge der Verregnung von Sickerwasser auf Böden verantwortlich sein. Solche schließen die Versauerung, den Eintrag von Salzen, Schwermetallen und organischen Schadstoffen, den Eintrag reduzierter Kohlenstoffverbindungen als Nahrungsquelle für Mikroorganismen, die Zufuhr von Makro- und Mikronährstoffen und die Ertragssteigerung des Bewuchses ein.

Roth-Kleyer et al. (1991) unternahmen Lysimeterversuche (Parabraunerde) zur Ermittlung der Wirkung von Müllsickerwasser auf Bodeneigenschaften. Der beprobte Oberboden war ein schwach schluffiger Sand, bewachsen mit *Lolium perenne*. Die über drei Vegetationsperioden geführte Berieselung mit unterschiedlichen Mengen an Müllsickerwasser resultierte am Ende der dritten Berieselungsphase in deutlichen Veränderungen chemischer und mikrobieller Parameter. Im Oberboden zeigten sich Abnahmen des pH-Wertes und geringere Konzentrationen an pflanzenverfügbarem Phosphor, austauschbarem Calcium sowie an Gesamt-Cadmium. Konzentrationssteigerungen wurden für pflanzenverfügbares Kalium, austauschbares Magnesium und Natrium sowie für Chlorid nach Trockenperioden erfaßt. Die Gehalte an Gesamtstickstoff, an organischem Kohlenstoff, an den Schwermetallen Blei, Kupfer, Zink und Cadmium blieben im Meßzeitraum nahezu konstant. Hohe Sickerwassergaben schädigten die Mikroflora, niedrige Gaben (50 mm/Jahr) förderten die mikrobielle Aktivität. Dies zeigten Untersuchungen zur mikrobiellen Biomasse und zur Aktivität der Enzyme Dehydrogenase und saure Phosphatase. Die mikrobielle Biomasse wurde durch geringe Mengen an Sickerwasser gefördert, durch höhere Mengen auf 64 bzw. 28% der Kontrollwerte reduziert. Die Dehydrogenaseaktivität reagierte gleichsinnig, allerdings deutlicher. 25% Sickerwasser förderten selbige um 30%, höhere Prozentwerte reduzierten diese auf 53% und 11% der Kontrolle. Die Anreicherung potentieller anorganischer Schadstoffe wurde an Hand von Pb, Cd, Cu und Zn kalkuliert. Die Belastung der Abdeckschicht durch die im Müllsickerwasser enthaltenen organischen Schadstoffe war zum gegebenen Zeitpunkt nicht möglich (geringe, unsichere Datenlage, Wissensmängel in Bezug auf Transferfaktoren, Abbau und Metabolite der betreffenden Schadstoffe).

1986 und 1987 wurden mit *Lolium perenne* bewachsene Bodenmaterialien (Parabraunerde) in Lysimetern im Freilandversuch mit unterschiedlich belastetem Müllsickerwasser versehen (Roth-Kleyer und Wilke 1989). Das Müllsickerwasser stammte von dem sich in der „stabilen Methanphase" befindlichen Teil einer Deponie, auf welcher von 1967–1982 Haus-, Gewerbe- und Industriemüll abgelagert wurde. Vor der Beregnung der Lysimeter wurde das Müllsickerwasser durch Belüftung vorgereinigt. Von März bis Oktober wurden wöchentlich 6.6 l Müllsickerwasser über jedem Lysimeter verregnet. Die Nährstoffzufuhr für die Vegetation erfolgte nur über das Müllsickerwasser. Die Dehydrogenaseaktivität der mit Müllsickerwasser beaufschlagten Lysimeterböden nahm im März 1987 entsprechend der zunehmenden Belastung kontinuierlich ab. In den im November 1987 entnommenen Bodenproben waren deutlichere Hemmungen der Dehydrogenaseaktivität nachweisbar. Bezüglich der Argininammonifikation wurden ähnliche Ergebnisse erzielt. Die feststellbare, durch Nitrifikationsvorgänge geförderte, Versauerung konnte nicht allein für die Aktivitätsverminderung verantwortlich sein, ebenso konnten diese nicht mit Schwermetallbelastungen erklärt werden. Während der gesamten Vegetationsperiode war den Ansätzen mit dem Sickerwasser NaCl zugeführt worden. Die festgestellten Aktivitätshemmungen konnten auf einer Salzbelastung beruhen. Eine geringe Sorption von Salzen im Boden und deren in der Folge eintretende Auswaschung kann für zunächst nur vorübergehend auftretende Aktivitätshemmungen verantwortlich sein. Bei hohen Müllsickerwasserzusätzen ist langfristig auch mit deutlichen Aktivitätsverlusten durch Sekundärwirkungen wie pH-Absenkung zu rechnen.

Böden mit unterschiedlicher Textur weisen unterschiedliches Vermögen zur Entgiftung von Sickerwasser auf. Böden mit unterschiedlicher Textur (Sand, Lehm, Ton) wurden in Säulen unterschiedlicher Länge gefüllt (Wong et al. 1990). Die Perkolate von Säulen mit Lehm- und Tonboden einer Länge von 0.6 und 1.0 m enthielten signifikant niedrigere Ammoniumgehalte und wiesen einen geringeren chemischen Sauerstoffbedarf auf als die Sandböden. Der Sandboden besaß das geringste Vermögen zur Entgiftung des Sickerwassers. Ton- und Lehmbodensäulen von 0.6 m Tiefe waren ausreichend die phytotoxischen Substanzen des Sickerwassers zu entfernen.

7 Kalkung

7.1 Bedeutung und Materialien

In humiden Klimaregionen ist die Aufrechterhaltung der Bodenfruchtbarkeit wesentlich von der geeigneten Zufuhr basisch wirkender Stoffe abhängig. Kalkungsmaterialien erhöhen den Gehalt an austauschbaren Basen (Ca, Mg) und begünstigen die Etablierung von chemischen und physikalischen Bodeneigenschaften, welche das Pflanzenwachstum und die Entwicklung von Mikroorganismen fördern. Auf stark verwitterten und basenverarmten Böden wird die Feldfruchtproduktion wesentlich durch die Bodenacidität beschränkt. Die Kalkung stellt für solche Böden eine grundlegende Bewirtschaftungsmaßnahme dar.

In landwirtschaftlich genutzten Böden kommt es infolge einer längerfristigen Unterlassung von Kalkung zur Reduktion des pH-Wertes. Dies konnte für unterschiedliche Stufen der Bewirtschaftungsintensität festgestellt werden. In landwirtschaftlichen Systemen, welche hinsichtlich der Bewirtschaftungsintensität variierten konnte für sämtliche Intensitätsstufen bei unterlassener Kalkung innerhalb von 10 Jahren eine Reduktion des Boden-pH um 0.5–0.7 Einheiten festgestellt werden (Diez et al. 1991).

Der Mensch kennt die positive Wirkung des Kalkes für die Landwirtschaft schon seit der Antike. Die Anfänge der Anwendung basischer Dünger in der Forstwirtschaft datieren in den Sechziger Jahren des 19. Jahrhunderts. Die Beobachtung, daß Wälder auf Kalkstein besser wuchsen, stimulierte die Durchführung großflächiger Waldkalkungen. Eine Intensivierung der Forstkalkung setzte nach dem Zweiten Weltkrieg ein. Die gemeinsame Anwendung von basischen Düngemitteln und Nährsalzen wurde im vergangenen Jahrzehnt als möglicher Weg zur Sanierung immissionsgeschädigter Wälder beschritten und seither eingehender untersucht. Die Bewertung dieser Praxis erfolgt unter anderem an Hand ausgewählter bodenbiologischer Parameter. Die Düngung und Kalkung geschädigter Wälder wird in einem eigenen Kapitel des vierten Bandes dieser Publikationsreihe berücksichtigt.

Die Bodenacidität beruht auf dem Gehalt der Böden an dissoziationsfähigem Wasserstoff und an austauschbaren Al-Ionen. Dabei treten die H-

Ionen im ersten Fall durch Dissoziation, im zweiten Fall durch Hydrolyse in die Bodenlösung ein. Die H-Ionen liegen in der Bodenlösung nicht als Protonen (H+) sondern in hydratisierter Form als H_3O^+-Ionen (Hydroniumionen) vor. Es besteht jedoch die Praxis die H_3O^+-Ionen aus Gründen der Einfachheit als H-Ionen zu bezeichnen. In Gleichungen sind diese normalerweise als H+ ausgewiesen.

Die Bodenreaktion wird wesentlich durch das Klima, das Ausgangsgestein und die Vegetation bestimmt. Interne und externe Quellen der Bodenacidität werden unterschieden. Interne Säurequellen schließen die Atmung (CO_2-Freisetzung) der Wurzeln und der Bodenorganismen, die Freisetzung organischer Säuren durch diese Organismen, die während der Mineralisation der organischen Substanz freigesetzten Protonen sowie die mit der Aufnahme von Nährstoffen in kationischer Form durch Wurzeln verbundene Abgabe von H+ ein. Der Eintrag von Säuren über die Atmosphäre, bestimmte Bewirtschaftungsmaßnahmen wie Auslichten des Bestandes und Kahlschlag, Streuentnahme sowie die Applikation von sauer reagierenden bzw. zur Bildung von Nitrat führenden Stickstoffdüngern sind externe Quellen für die Bodenacidität.

Böden unterscheiden sich in ihrem Vermögen Veränderungen der Bodenreaktion entgegenzuwirken. Das Vermögen von Böden pH-Wertveränderungen zu widerstehen ist als Pufferkapazität definiert. Basische Mineralien, Tonmineralien, Sesquioxide und die organische Substanz können als Senken für Protonen fungieren. Die Natur stellt basische Stoffe in Form von Calcit, Mergel und Dolomit zur Verfügung. In den in der Natur gefundenen basisch wirkenden Stoffen treten Carbonate des Ca und Mg in wechselnder Menge auf. Durch Erosion, Entzug der Feldfrucht sowie durch Auswaschung kann sich der Verlust an Ca und Mg in Form von Carbonaten in humid-temperaten Regionen einem Wert von 1 t/ha und Jahr nähern (Brady 1990).

Die Bodenacidität wird gewöhnlich durch den Zusatz von Carbonaten, Oxiden oder Hydroxiden des Ca und Mg reduziert. Es sind dies als landwirtschaftliche Kalke bezeichnete Verbindungen. Gemahlener Kalkstein ist das weit verbreitest eingesetzte Kalkungsmaterial. Die beiden wichtigen in Kalksteinen in variierenden Verhältnissen auftretenden Mineralien sind Calcit und Dolomit. Calcit ist großteils $CaCO_3$ während Dolomit primär [$CaMg(CO_3)_2$] ist. Kalkoxide entstehen durch das Erhitzen von Calcit beziehungsweise Dolomit (CaO bzw. CaO + MgO). Branntkalk reagiert rascher mit dem Boden als Kalkstein. Durch den Zusatz von Wasser zu Branntkalk entstehen Kalkhydroxide [$Ca(OH)_2$, $Mg(OH)_2$].

7.2 Chemische und physikalische Bodeneigenschaften

Der Einsatz von Kalkungsmitteln verfolgt das Ziel, die physikalischen, chemischen und biologischen Bodeneigenschaften zu verbessern. Mit Hilfe neutralisationsfähiger basisch wirkender Stoffe soll die Bodenreaktion in einen für die Feldfrüchte günstigen Bereich verschoben werden. Für Feldfrüchte des temperaten Klimaraumes wird dieser Bereich mit 6.5–7 angegeben. Die für kultivierte Böden angestrebten pH-Werte zur wirtschaftlichen Optimierung der Erträge werden von den Beziehungen zwischen Ertrag und pH-Wert der Böden abgeleitet. Die angeführten Wirkungen der Bodenacidität auf die Verfügbarkeit von Nährstoffen und potentiellen Schadstoffen, auf die Transformationen der organischen Bodensubstanz und die Bodenstruktur werden dabei in Betracht gezogen. Die Kalkungsmittelerfordernisse sind vom angestrebten pH, von der Pufferkapazität, der chemischen Zusammensetzung und der Feinheit des Kalkungsmaterials abhängig.

Insgesamt gesehen vermögen in geeigneter Weise eingesetzte Kalkungsmittel die chemischen und physikalischen Eigenschaften des Bodens als Lebensraum zu verbessern.

Bodenreaktion, Aluminiumtoxizität, Humusabbau

Biologische, physikalische und chemische Eigenschaften von Böden stehen unter dem Einfluß der Bodenacidität. Deren vielfältige Wirkungen erstrecken sich auf die Verfügbarkeit von Makro- und Mikronährstoffen, die biochemischen Stoffumsetzungen, das Auftreten toxisch oder antagonistisch wirkender Schwermetall- und Aluminiumionen und die Bodenstruktur.

Die Verarmung an basischen Nährkationen und die Zunahme der toxisch wirkenden Aluminium-Ionen sind wesentliche Merkmale saurer Böden. Mit zunehmender Versauerung des Bodens nimmt die Konzentration der in Lösung sowie in austauschbarer Form vorliegenden Aluminiumionen zu und jene der in Lösung und austauschbarer Form vorliegenden Ca^{2+}- und Mg^{2+}-Ionen ab (Zunahme der Aluminiumsättigung bzw. des Verhältnisses $Al^{3+}/Ca^{2+} + Mg^{2+}$). Die Phytotoxizität des Aluminiums ist lange bekannt.

In Form von Oxiden, Hydroxiden oder Carbonaten in den Boden gelangende Ca- und Mg-Verbindungen reagieren mit CO_2 und Wasser unter Entstehung der jeweiligen Bicarbonatform sowie mit den H- und Al-Ionen der Austauscher. Die letzteren werden in sauren Böden durch Ca und Mg ersetzt. Die Adsorption von Ca und Mg Ionen erhöht die Basensättigung. H^+-Ionen werden durch OH^- oder CO_3^{2-} neutralisiert und das pH der Bodenlösung nimmt zu.

Die Wirkung basischer Düngemittel auf Bodeneigenschaften beruht hauptsächlich auf der Neutralisation der natürlich und anthropogen verursachten Bodenacidität sowie in einer Bereitstellung von Ca bzw. auch in einer solchen von Mg. Durch den Einsatz von Kalkungsmitteln wird die Toxizität des Aluminiums sowie anderer toxischer Metalle reduziert. Die Aufnahmefähigkeit der Pflanzen für die meisten anderen Nährstoffe und Wasser wird verbessert. Die Nachlieferung von Nährstoffen kann durch Mineralisationsprozesse, welche durch Kalkungsmittel stimuliert werden gefördert werden. Im Falle von Überkalkung tritt ein für die optimale Feldfruchtproduktion zu hoher pH-Wert auf. Die Verfügbarkeit wichtiger Spurenelemente (wie Cu, Zn, Fe, Mn usw.) geht mit zunehmendem pH-Wert zurück. Eine Ausnahme stellt Mo dar, welches eine mit abnehmendem pH rückläufige Verfügbarkeit aufweist. Die Verfügbarkeit des Makronährstoffs Phosphor geht sowohl bei niedrigen als auch bei höheren pH-Werten zurück.

Saure Böden weisen oftmals eine hohe Kapazität zur Fixierung von Phosphat auf. Auf solchen Böden erfordert eine erfolgreiche Feldfruchtproduktion häufig die gemeinsame Applikation von Kalk und Phosphat. Das hohe Vermögen zur Fixierung von Anionen wird neben der Stabilisierung von organischer Substanz in Organometall-Komplexen als eine Ursache für die relative Unfruchtbarkeit von in der humiden Zone auftretenden sauren und normalerweise an organischer Substanz reichen Böden gesehen.

Verschiedene eingesetzte Materialien können bezüglich der Reduktion der Aluminiumtoxizität unterschiedliche Effizienz aufweisen. In vergleichenden Untersuchungen zur Kontrolle der Al- und Mn-Toxizität durch Gesteinsphosphat, landwirtschaftlichem Kalkstein, Superphosphat und Kalk + Superphosphat erwies sich Gesteinsphosphat bezüglich einer Zunahme des pH und der Abnahme des Aluminium- und Mangangehaltes gegenüber Kalk oder Kalk plus Phosphat als weniger effektiv. Dies obgleich die Mangan- und Aluminiumkonzentrationen unterhalb des Toxizitätsbereiches lagen. Bei oberflächlicher Applikation von gemahlenem Kalkstein zu einem Obstgartenboden in Raten von 0, 2, 4 und 8 t/ha war in den oberen 0–5 cm des Bodens eine mit zunehmender Applikationsrate zunehmende Konzentration an Calcium und Sulfat sowie eine Erhöhung des pH in der Bodenlösung (0–2 cm Lage) nachweisbar (Hojito et al. 1987). Die Konzentrationen an Aluminium, Phosphor und Stickstoff gingen hingegen zurück. Unterhalb einer Tiefe von fünf Zentimetern war die Bodenlösung unverändert. Die Parameter waren während einer Periode von sechs Monaten nach Applikation erfaßt worden.

Eine Erhöhung der Bodenreaktion durch Zufuhr von Kalkungsmitteln wurde zunächst mit einem wesentlichen Humusabbau in Beziehung gesetzt. Hohe Kalkdüngungen sollten demach zu einem starken Humusabbau führen. Die bei zu hohen Kalkgaben zu günstigen Lebensbedingungen für die Mikroorganismen beschleunigen den Huminstoffabbau (Krempus 1953). Das Ausmaß der Zersetzung der organischen Substanz war vom pH-Wert des Bodens abhängig, welcher jeweils durch Kalkung erzielt worden war (Kappen et al. 1949). Bei standortgemäßer Kalkung (Kalkmenge, welche zum Erreichen des pH-Zieles nötig ist) konnten nur unbedeutende Veränderungen des Humusgehaltes nachgewiesen werden. Der Einfluß anderer Faktoren kann von größerer Bedeutung sein. Beispielsweise kommt es durch tieferes Pflügen (Krumenvertiefung) zu einer relativen Humusverringerung; andererseits nimmt der Einsatz organischer Dünger positiven Einfluß auf den organischen Substanzgehalt des Bodens. Die Intensivierung des organischen Substanzabbaus infolge der Gabe von Kalkungsmitteln steht auch mit dem Bodentyp in Beziehung. Untersuchungen mit einigen typischen Böden Deutschlands (Ackerkrume 0–20 cm) und verschiedenen Kalkformen (CaO, $CaCO_3$ und Hüttenkalk) zeigten, daß eine Erhöhung der Bodenreaktion durch Kalkzufuhr nur einen praktisch unbedeutenden Einfluß auf den organischen Substanzgehalt ausübt. Die intensivste Mineralisierung erfolgte innerhalb der ersten drei Monate, in der Folge stellte sich diese auf einen gleichbleibenden Wert ein. Die intensivste Mineralisierung wurde durch CaO bewirkt, während $CaCO_3$ und Hüttenkalk eine geringere und vergleichbare Mineralisierung bewirkten. Der Bodentyp beeinflußte die Mineralisierungsvorgänge, die Kalkform war von untergeordneter Bedeutung. Die Mineralisierung war zwischen vier und zehn Monaten bei jenen Böden am geringsten, deren organische Substanz sich unter podsoligen Verhältnissen (stark saure Reaktion) angereichert hatte. Die höchsten Werte waren bei einem als Weide genutzten Terrassensand- und einem Flußsandboden nachweisbar. Eine ebenfalls hohe Mineralisierung konnte bei der Schwarzerde beobachtet werden. Nach ungefähr einjähriger Versuchsdauer war die auf Zusatz äquivalenter Mengen an CaO berechnete neutralisierende Wirkung am stärksten mit CaO, gefolgt von $CaCO_3$ und diese war am geringsten mit Hüttenkalk. Nach einjähriger Versuchsdauer lagen die pH-Werte bis zu 1.5 pH-Werteinheiten niedriger als zu Versuchsbeginn. Langjährige hohe Kalkgaben ($CaCO_3$, Hüttenkalk und Konverterkalk, 50–120 t/ha CaO + MgO in sieben Jahren) beeinflußten den Humusgehalt dreier Sandböden nur unwesentlich (Müller et al. 1985). Die eingesetzte Kalkdüngung erhöhte das pH durchschnittlich um eine Einheit. Hinsichtlich der Wirkung auf das pH bestanden signifikante Unterschiede zwischen den Kalkvarianten. Eine langsame Absenkung des pH war bereits zwei Jahre nach der letzten Kalkung zu verzeichnen. Eine vorübergehende Erhöhung der Mineralisierungsvorgänge nach Kalkung gibt Hinweis auf die mikrobielle Nutzung leicht abbaubarer Substrate.

Die Kalkung von Waldböden wird aus Gründen einer geförderten Mineralisierung von Stickstoff, dessen Auswaschung in Form von Nitrat und einer damit verbundenen tiefgründigen Versauerung des Bodens kritisch bewertet.

Stabilisierende Wirkung auf die Bodenstruktur und auf Enzyme

Die Bedeutung von Calciumcarbonat im Prozeß der Stabilisierung von Bodenaggregaten wurde früh diskutiert. In Anwesenheit von freiem $CaCO_3$ und von organischer Substanz sollte sich eine günstigere Krümelung des Bodens dadurch ergeben, daß die beiden Substanzen zur Schaffung von Schwächezonen in der Homogenität von koagulierten Tonteilchen führen (Schachtschabel und Hartge 1958). Nach Chesters et al. (1957) sind an der Stabilisierung der Bodenkrümel in erster Linie organische Schleimstoffe, in zweiter Linie Oxide und Hydroxide des Eisens, ferner Hydroxide des Mangans und Aluminiums sowie das Calciumcarbonat beteiligt. Durch Kalkung werden Prozesse der Kolloid-Flockung stimuliert.

Die förderliche Wirkung einer hohen Ca-Sättigung auf die Erhöhung der Aggregatstabilität wird in der Ausbildung von Ca-Brücken zwischen den Bodenkolloiden sowie indirekt auch in einer Erhöhung der biologischen Aktivität gesehen. Bodenbakterien werden durch eine hohe Ca-Sättigung günstig beeinflußt. Die Förderung von Mikroorganismen mit aggregierenden Eigenschaften trägt zur Verbesserung der Bodenstruktur bei. Syntheseversuche zur Herstellung von Komplexen aus Enzymen und Bodenbestandteilen geben Hinweis auf eine mögliche Rolle von Calciumionen bei der Stabilisierung von Bodenenzymen. Die Bildung stabiler Komplexe zwischen Cellulase aus dem Kulturmedium von *Trichoderma viride* und aus dem Boden extrahierter Huminsäure konnte nicht beobachtet werden (Sarkar 1986). Wohl aber führte die Flockung der Huminsäure in Gegenwart von 24 mM Ca^{2+} und bei Anwesenheit von Cellulase zur Bildung stabiler Cellulase-Humuskomplexe, welche hohe Resistenz gegenüber Proteolyse und Lagerung bei hohen Temperaturen sowie Stabilität bei Einbringung in den Boden zeigten. Ruggiero und Radogna (1988) berichteten über den Erhalt von stabilen und unlöslichen Huminsäure-Tyrosinasekomplexen bei gemeinsamer Flockung von Huminsäure und Enzym mit Ca^{2+}. Das Bindungsausmaß an eingesetztem Enzym betrug 32–76%.

7.3 Mikrobiologie und Bodenenzymatik

Hinsichtlich der Wirkung von Kalkungsmitteln auf bodenmikrobiologische und enzymatische Eigenschaften kommt, ebenso wie bei anderen Düngemitteln, den Eigenschaften des jeweils betrachteten Materials sowie jenen des gegebenen Bodens wesentliche Bedeutung zu. Die Einstellung verschiedener pH-Werte durch die Wirkstoffe, die unterschiedliche Pflanzendecke und die dadurch bedingte andersartige Beschaffenheit der organischen Substanz und der Mikroorganismengemeinschaft zählen mit zu jenen Ursachen, welche zu unterschiedlichen Versuchsergebnissen mit identen Kalkungsmitteln an unterschiedlichen Standorten führen. Die ameliorative Wirkung einer Kalkung im Falle einer ungünstigen Beeinflussung mikrobiologischer und enzymatischer Parameter infolge der fortgesetzten Applikation von versauernd wirkenden Düngern konnte wiederholt gezeigt werden. Diesbezüglich kann auch auf die beiden vorangehenden Kapitel verwiesen werden. Die Düngung und Kalkung von Waldböden wird in Band IV dieser Publikationsreihe ausführlich berücksichtigt.

Mikrobielle Populationen und Biomasse

Die Zusammensetzung mikrobieller Populationen wird durch Kalkung verändert. Verschiedene Aufwandmengen an Kalk beeinflußten die Zahl der Bakterien nicht signifikant. Die mikrobielle Gruppenzusammensetzung wurde jedoch deutlich beeinflußt (Yefremova und Krysanova 1986). Einem sauren, an organischer Substanz reichen, Waldboden (pH 5.0) wurde Kalk zugesetzt (Nodar et al. 1992). Während fünf Wochen der ursprünglichen Inkubation bei Raumtemperatur (bis die verschiedenen gekalkten Ansätze stabilisierte pH-Werte von 5.5, 6.0 oder 6.5 aufwiesen) konnte eine Zunahme der bakteriellen Population, der Denitrifikanten und der pilzlichen Mycelien nachgewiesen werden. Dies traf vor allem für die am stärksten gekalkten Ansätze zu. Unter dem Einfluß von Kalk und Holzasche veränderte sich in Koniferenwaldböden die mikrobielle Gemeinschaftsstruktur (Frostegard et al. 1993). Die Analyse der estergebundenen Phospholipidfettsäuren zeigte eine infolge des erhöhten pH eingetretene Verschiebung der bakteriellen Gemeinschaft an. Mehr Gram-negative und weniger Gram-positive Bakterien konnten nachgewiesen werden, während die Pilze unbeeinflußt blieben. Gekalkte Böden wiesen größere Aktinomycetenpopulationen auf.

Nach dem einmaligem Zusatz von $CaCO_3$ (0.8%), Dolomit (0.8%) bzw. Diabas-Gesteinsmehl (1.4%) zu einem stark sauren (pH 3.9) O_f-O_h-Horizont eines Fichtenforstbodens war eine anfängliche Zunahme der mikrobiellen Biomasse feststellbar (Schifferegger und Schinner 1986). Die Biomasse konnte durch die Anhebung des pH-Wertes im sauren Waldboden infolge der besseren Nährstoffverfügbarkeit gefördert werden. Die oberflächliche Applikation von gemahlenem Kalkstein zu einem neun Jahre alten Obstgartenrasen in Raten von 0, 2, 4 und 8 t/ha erhöhte die Bakterienzahl in den oberen fünf Zentimetern des Bodens (Hojito et al. 1987). Die Beprobung erfolgte während einer sechsmonatigen Periode nach Applikation. Es bestanden standortbedingte Variationen des Einflusses von

$CaCO_3$ (0.4%), Dolomit (0.8%) beziehungsweise von Diabas-Gesteinsmehl (1.4%) auf die mikrobielle Biomasse (Xander und Schinner 1986;
Xander 1987). Am Wiesenstandort wurde die mikrobielle Biomasse durch
die drei Behandlungen gefördert. Am Ackerstandort erfuhr die mikrobielle
Biomasse durch obige Wirkstoffe, mit Ausnahme des Gesteinsmehles, eine
Förderung. In einem Laborversuch untersuchten Haynes und Swift (1988)
den Einfluß des Zusatzes von Kalk und/oder Phosphat auf biologische
Parameter eines sauren phosphatdefizienten Bodens. Dem trockenen Bo-
den wurde $Ca(OH)_2$ in Raten von 0, 1.8 und 4.3 mg/g zugesetzt; die Appli-
kation von $Ca(H_2PO_4)_2.H_2O$ erfolgte in Raten von 0 oder 500 mg P/g
Trockenboden. Ein anfänglicher Anstieg des mikrobiellen Wachstums
konnte nachgewiesen werden. Starke Zunahmen des Biomasse-N, -S und -
P konnten ebenso wie die Anreicherung von extrahierbarem mineralischen
Stickstoff und von Sulfat nachgewiesen werden.

Die Bodenreaktion nimmt Einfluß auf die Ausbildung von Symbiosen.
Die Bodenacidität beeinflußt die Sporenverteilung, die Wurzelbesiedelung
und die Effizienz der VA-Mykorrhizapilze. Al-Ionen konnten als wichtige
Komponenten der fungistatischen Eigenschaft von Böden gegenüber VA-
Mykorrhizapilzen erkannt werden. Siqueira et al. (1984) hatten in einem
Ultisol Floridas Untersuchungen zum Effekt der Bodenacidität auf die
Sporenkeimung, das Keimschlauchwachstum und die Wurzelbesiedelung
von VAM-Pilzen unternommen. Die Bodenproben wurden mit 0, 4, 8 und
12 mEq Ca/MgO_3 pro 100 Gramm Boden behandelt, jedes Kalkungsni-
veau erhielt zusätzlich 0, 240 und 720 ppm Phosphor in Form von Superphosphat. *Zea mays* wurde gepflanzt, mit entweder *Glomus mosseae* oder
Gigaspora margarita Sporen inokuliert und für 31 Tage gezogen. Der
saure Boden hemmte die Ausbildung der Mykorrhiza durch *G. mosseae* infolge dessen starken fungistatischen Effektes gegenüber den Sporen. Der
Dolomit erhöhte die Mykorrhizierung durch beide Pilzarten. *G. margarita*
war gegenüber sauren Bedingungen weniger sensitiv als *G. mosseae*.

Biochemische Stoffumsetzungen

Die Aktivität von Bodenenzymen steht unter dem Einfluß der Bodenreaktion und damit in Beziehung stehenden Größen wie der Basensättigung
und der Natur der basischen bzw. sauren Kationen. Die Inaktivierung von
Enzymen kann auftreten, wenn zwischen dem durch eine Bewirtschaftungsmaßnahme veränderten pH-Wert des Bodens und dem pH-Optimum
eines gegebenen Enzyms Unterschiede bestehen. Werden durch die Erhöhung des pH-Wertes die Aktivitäten streuabbauender Enzyme gehemmt,
wird der für die Nährstoffnachlieferung essentielle Streuabbau beeinträchtigt. Auf Hinweise zur Förderung der Stabilisierung von Bodenenzymen
durch Calcium wurde bereits weiter oben Bezug genommen.

Frühe Literatur zum Einfluß von Kalkungsmitteln auf Bodenenzyme wurde von Kiss et al. (1975, 1978), Bremner und Mulvaney (1978) sowie Speir und Ross (1978) berücksichtigt. Demgemäß förderte Kalkung plus Düngung eines Rasenpodsols die Aktivität der Enzyme Urease und Dehydrogenase. Ohne Kalkung verringerte sowohl die anorganische als auch die organomineralische Düngung die Aktivität der beiden Enzyme. In Topfversuchen mit einem bearbeiteten Torf (pH 4.2) bewirkte die Applikation von Kalk eine Abnahme der Amylaseaktivität. Durch Kalkung konnte in einem Rasenpodsol die Amylaseaktivität teilweise wiederhergestellt werden; die Aktivität dieses Enzyms war durch eine Langzeitbehandlung des Bodens mit NH_4NO_3 zurückgegangen. Die Tendenz von an $CaCO_3$ reichen Böden eine geringe Ureaseaktivität zu unterhalten, wurde mit einem schädigenden Einfluß des Calciumions auf ureaseproduzierende Mikroorganismen in Beziehung gesetzt. In einem Sandboden wurde die Ureaseaktivität durch Zusatz von $Ca(OH)_2$ stark reduziert. Andere Autoren fanden eine Erhöhung der Bodenureaseaktivität durch die Applikation von Kalkungsmitteln. Der Zusatz von CaO, welches den pH-Wert des Bodens wesentlich erhöhte, erhöhte die Ureaseaktivität ebenfalls. $CaCO_3$ hingegen, welches den pH-Wert des Bodens nur sehr geringfügig veränderte, beeinflußte diese Enzymaktivität nicht. In einem sauren Boden ging die Aktivität der sauren Phosphatase nach Kalkung zurück. Die Kalkung bewirkte eine Zunahme der Bakterien- und eine Abnahme der Pilzzahl. Pilzliche und bakterielle Phosphatasen können sich in ihren Eigenschaften unterscheiden. Eine vor der Kalkung meßbare Aktivität von saurer Phosphatase kann infolge von Kalkung durch die Veränderung des pH verloren gehen. Die beobachtete Zunahme der Bakterienzahl kann mit einem veränderten Phosphatase-Spektrum verbunden sein und die Versuchsbedingungen waren möglicherweise nicht geeignet das neu auftretende Spektrum zu erfassen. In einem Torf war die Phosphataseaktivität umso geringer, je stärker der natürliche pH-Wert des Bodens vom pH-Optimum der Phosphatase abwich.

Schifferegger und Schinner (1986) konnten nach dem einmaligen Zusatz von $CaCO_3$ (0.8%), Dolomit (0.8%) bzw. Diabas-Gesteinsmehl (1.4%) zu einem stark sauren (pH 3.9) O_f-O_h-Horizont eines Fichtenforstbodens eine anfängliche Zunahme der Bodenatmung feststellen. Die Enzyme des Streuabbaues wurden durch die verschiedenen Behandlungen unterschied-lich beeinflußt. Dolomit förderte die Aktivität der Enzyme Cellulase, Xylanase und Pektinase, wohingegen die Applikation von $CaCO_3$ oder Diabas-Gesteinsmehl deren Aktivität nicht förderte und sogar eine Hemmung beobachtet werden konnte. Es besteht die Möglichkeit, daß es im Falle der Anwendung von $CaCO_3$ bzw. Diabas-Gesteinsmehl aufgrund der Überschreitung von für bestimmte Enzymproduzenten beziehungsweise für bestimmte Enzyme nötigen pH-Werten zu einer Hemmung derselben kam.

Die Wirkung von $CaCO_3$ (0.4%), Dolomit (0.8%) beziehungsweise von Diabas-Gesteinsmehl (1.4%) auf biochemische Größen eines Acker- sowie eines Wiesenbodens zeigte standortbedingte Unterschiede (Xander und Schinner 1986; Xander 1987). Am Wiesenstandort wurde die Bodenatmung und die Aktivität des Enzyms Xylanase sowie der Celluloseabbau durch die drei Behandlungen gefördert. Dolomit förderte die Aktivität des Enzyms Pektinase, $CaCO_3$ und Diabas-Gesteinsmehl hemmten selbige. Die Aktivität des Enzyms Cellulase wurde durch $CaCO_3$ und Dolomit gefördert, durch Diabas-Gesteinsmehl gehemmt. Die Aktivität der β-Glucosidase wurde nicht beeinflußt. Am Ackerstandort erfuhr die Bodenatmung durch obige Wirkstoffe, mit Ausnahme des Gesteinsmehles, eine Förderung. Die Aktivität der Enzyme des Streuabbaues war meist nur zu Versuchsbeginn kurzfristig erhöht und blieb in der Folge unter den Werten der nicht behandelten Kontrolle.

Die oberflächliche Applikation von gemahlenem Kalkstein zu einem neun Jahre alten Obstgartenrasen in Raten von 0, 2, 4 und 8 t/ha erhöhte die Dehydrogenaseaktivität sowie den Abbau von Fruktose und Harnstoff in den oberen fünf Zentimetern des Bodens (Hojito et al. 1987). Die Effekte waren während einer sechsmonatigen Periode nach Applikation erfaßt worden.

Haynes und Swift (1988) versahen in einem Laborversuch einen sauren, phosphatdefizienten Boden mit Kalk und/oder Phosphat. $Ca(OH)_2$ wurde in Raten von 0, 1.8 und 4.3 mg/g dem Boden zugesetzt; die Applikation von $Ca(H_2PO_4)_2.H_2O$ erfolgte in Raten von 0 oder 500 mg P/g Trockenboden. Ein anfänglicher Anstieg der mikrobiellen Aktivität konnte festgestellt werden. Starke Zunahmen der CO_2-Entwicklung konnten ebenso nachgewiesen werden wie die Anreicherung von extrahierbarem mineralischen Stickstoff und von Sulfat. Die Stimulierung von Mineralisationsprozessen war angezeigt. In den ersten vier Wochen der Inkubation reicherte sich der mineralisierte Stickstoff als Ammonium-N an; ein Anstieg des pH war damit verbunden. Durch darauffolgende substantielle Nitrifikation kam es zu einem erneuten Rückgang des pH. Die Kalkgaben erhöhten die Aktivität der Enzyme Protease und Sulfatase, verminderten jedoch jene der Phosphatase. Der Phosphatzusatz reduzierte die Aktivität dieser drei Enzyme. Der positive Effekt der Kalkung auf die Aktivität der Enzyme Protease und Sulfatase blieb während der Dauer des Versuches (16 Wochen) bestehen, während die Anreicherung von Mineralstickstoff sowie von Sulfat nach etwa vier Wochen beendet war.

Eine kalkinduzierte Reduktion der Phosphataseaktivität konnte auch von Trasar-Cepeda und Carballas (1991) beobachtet werden. Diese Autoren setzten $Ca(OH)_2$ unter Laborbedingungen einem sauren, an organischer Substanz reichen Boden (ungekalkt pH 5.0) zu. Während 39 Tagen der anfänglichen Inkubation bei Raumtemperatur (bis zur Erreichung der gewünschten pH-Werte der verschieden gekalkten Bodenproben von 5.5, 6.0

oder 6.5) traten Verminderungen der Phosphataseaktivität und des mit Bicarbonat extrahierbaren Phosphors auf; diese korrelierten positiv mit der Kalkungsdosis. Während neun Wochen nachfolgender Inkubation bei 28°C kam es in sämtlichen Proben zu einer Netto-Phosphormineralisierung, welche keine Korrelation mit der Phosphataseaktivität aufwies. In den auf pH 6.5 gekalkten Proben war die Mineralisierung von organischem Phosphor, vor allem von HCO_3-Phosphor und NaOH-Phosphor, signifikant höher als in weniger stark gekalkten und ungekalkten Proben.

8 Bewirtschaftungssysteme

8.1 Historisches und begriffliche Abgrenzung

Die traditionelle Landwirtschaft basiert auf Tierhaltung und Ackerbau. Entsprechend der Natur dieser gemischten Wirtschaft, werden die durch die Pflanzenproduktion entzogenen Nährstoffe durch Hofabfälle und geringere Mengen an externen Mineraldüngern, geeignete Gründüngung und Fruchtwechsel den Böden wieder zugeführt.

Seit der Mitte des 20. Jahrhunderts kann eine zunehmende Entwicklung landwirtschaftlicher Betriebe in Richtung auf eine spezialisierte, kapital- und energieintensive Wirtschaftsweise beobachtet werden. Die moderne intensive Landwirtschaft zeigt Spezialisierung auf Ackerbau oder Viehhaltung. Sie ist geprägt durch den Einsatz großer Mengen an leicht löslichen anorganischen Düngern, den Einsatz von Pestiziden sowie jenem von Wuchsstoffen und von Antibiotika in der Tierhaltung. Die Verfügbarkeit von Energie, die Entwicklung von landtechnischen Geräten, welche die Ernte- und Bestellungszeit reduzieren, die Verfügbarkeit von konzentrierten, wasserlöslichen Düngern, die Züchtung von neuen, ertragreichen Pflanzenvarietäten sowie die Entwicklung von chemischen Pestiziden sind jene Größen, welche die moderne intensive Landwirtschaft ermöglichten. Die Gefährdung der Umwelt, die Grund- und Oberflächengewässerbelastung durch Nitrat und organische Schadstoffe, Bodenschäden durch Erosion und Schwertransporte, Verlust der Artenvielfalt sowie hohe Betriebskosten müssen als bedenkliche Größen im Zusammenhang mit einer intensiven, technisierten Landwirtschaft gesehen werden. Die Intensivtierhaltung und die in großen Mengen anfallenden Dünger, welche oft zu ungünstigen Terminen ausgebracht werden müssen, belasten die Umwelt über die Atmosphäre und tragen zur sauren Deposition, zum Treibhauseffekt, zur Zerstörung der schützenden Ozonschicht bzw. zum Aufbau des bodennahen Ozons sowie zur Stickstoffsättigung von Wäldern bei. Die Belastung der Grund- und Oberflächengewässer durch Nitrat und Pflanzenschutzmittel beziehungsweise deren Transformationsprodukte wurde ebenso wie die nachteilige Beeinflussung der Bodenstruktur und die Erosion bereits erwähnt.

Die Verarmung der Arten in den Fruchtfolgen und die sich daraus erge-
bende Dominanz weniger Arten repräsentiert ein Hauptproblem der intensiven Form der Landbewirtschaftung. Von der Artenreduktion sind Kulturpflanzen sowie die Ackerbegleitflora und die Fauna betroffen. Die Einhal-
tung des obersten Ordnungsprinzips des Pflanzenbaues, die Erstellung und
Verfolgung einer standort- und fruchtartenspezifischen Fruchtfolge, wurde
dem Landwirt nahezu unmöglich (Dambroth 1990). Ökonomisch anbau-
bare Arten müssen auch an solchen Standorten angebaut werden, an welchen diese vergleichsweise geringe Erträge liefern oder prinzipiell nicht
angebaut werden sollten. Die Steigerung der Produktionsmitteleinsätze
stellt ein Bemühen dar, das Ertragsniveau der hoch ertragreichen Standorte
auf die weniger leistungsfähigen zu übertragen. Die vom natürlichen Leis-
tungsvermögen der Standorte bestimmten Ertragsgrenzen können jedoch
mit Hilfe produktionstechnischer Maßnahmen nur unwesentlich verschoben werden. Steigende Monokulturproduktion von Körnerfrüchten
und das verstärkte Vertrauen auf chemische Dünger und Pestizide zum Erhalt von Erträgen birgt die Gefahr von Produktionsrückgängen und zunehmender Umweltbelastung. Für Verhältnisse in den USA trifft dies zum
Teil bereits zu (Fraser et al. 1988).

Konventionelle und alternative Bewirtschaftungsmaßnahmen

Das Bestreben die Qualität der Böden nachhaltig zu erhöhen bzw. zu bewahren, die Reinhaltung des Grundwassers und der Atmosphäre sowie die
Notwendigkeit geringerer Produktionskosten sind Motive für einen Wechsel vom intensiven Management zu alternativen Praktiken.

Bereits in den Anfängen der modernen Landwirtschaft traten Menschen
auf, welche Alternativen zu dieser sich etablierenden Praxis suchten.
Parsons (1985) nahm Bezug auf die Anfänge einer ersten noch nicht koor-
dinierten „organischen" Bewegung im ersten Jahrzehnt des 20. Jahrhunderts. Albert Howard entwickelte 1907 die Theorie, daß gesunde, gegenüber Infektionen widerstandfähige Pflanzen nur auf Böden wachsen
können in welchen die Fruchtbarkeit durch entsprechende Angebote an frischem Humus, in der völligen Abwesenheit von anorganischen Düngern,
aufrechterhalten wird. Howard stellte einen Prozeß zur Herstellung von
Kompost aus tierischen und pflanzlichen Produkten vor und verbreitete die
Theorie, besser den Boden mit Humus zu füttern, als die Pflanzen mit anorganischen Salzen. Rudolf Steiner (1861–1925) war der Begründer des
biodynamischen Landbaus, einer weiteren alternativen Bewegung. In den
folgenden Jahren wurden in England und in den USA Gesellschaften ge-
gründet, welche all jene zusammenführen sollten, die an den Wechselwirkungen zwischen Pflanzen, Boden, Tieren und Menschen interessiert
waren und einen Beitrag zur Erlangung von Wissen und dessen Verbreitung leisten wollten. Die Idee, daß eine gesunde Gesellschaft auf ge-

sunden, fruchtbaren Böden basiere, war der Grundkonsens aller sich bildender, dem organischen Landbau angehörender Splittergruppen. In der Folge wurde der Ausdruck organischer Landbau durch jenen des biologischen Landbaus ersetzt. Es wird darunter ein Verfahren verstanden, welches die Etablierung eines Systems anstrebt, in welchem die Aufrechterhaltung der Bodenfruchtbarkeit und die Kontrolle von Schädlingen und Krankheiten durch die Förderung der natürlichen Prozesse und Kreisläufe erreicht werden soll; dies mit nur mäßigem Einsatz an Energie und Rohstoffen und unter gleichzeitigem Aufrechterhalten einer optimalen Produktivität.

Der Begriff „konventioneller Landbau" ist mit folgenden Vorgaben verbunden: spezialisierte, produktorientierte Wirtschaftsweise, Einsatz von leicht löslichen Handelsdüngern, von synthetischen Pestiziden, von Wuchsstoffen und von Antibiotika, meist intensivere Bodenbearbeitung. In konventionellen Betrieben wurde seit dem Zweiten Weltkrieg die Krume zunehmend vertieft. Ein Ausgleich der Nährstoffverdünnungseffekte erfolgt durch gesteigerte Mineraldüngergaben. Die Erträge konnten dadurch wesentlich gesteigert werden, der Bedarf an Zugkraft für die Grundbodenbearbeitung nahm jedoch überproportional zu.

Der Begriff „alternativer Landbau" wird für Systeme vergeben, welche von der konventionellen Methode abweichen. Er ist mit Vorgaben verbunden wie: systemorientierte Wirtschaftsweise, Nutzung des innerbetrieblichen Stoffkreislaufes, geringer Spezialisierungsgrad, breitere Feldfruchtpalette, vielfältige Fruchtfolge, überwiegend organische Düngung, Verzicht auf leicht lösliche Handelsdünger, Verzicht auf synthetische Pflanzenschutzmittel, Vermeidung einer intensiven Bodenbearbeitung. In alternativen Landbausystemen wird der mikrobiellen Aktivität besondere Bedeutung beigemessen. Wesentliche Elemente dieser Wirtschaftsweise wie die Verwendung organischer und teilweise bzw. nicht aufgeschlossener anorganischer Düngemittel, Gründüngung und Anbau von Leguminosen sind eng mit dem Wirken von Bodenmikroorganismen verbunden.

Der alternative Landbau wird ebenso wie der konventionelle in verschiedenen Modifikationen praktiziert. Es gibt Begriffe wie ökologischer, organischer oder naturgemäßer Landbau. In dieser Übersicht sollen die oben angeführten Begriffe synonym zum Ausdruck alternativer Landbau verwendet werden. Nestroy (1981) gab eine Aufstellung der einzelnen Formen des alternativen Landbaus. Diese soll im Folgenden auszugsweise wiedergegeben werden. Die biologisch-dynamische Richtung wurde von Rudolf Steiner begründet. Erwähnenswert ist, daß diese Richtung nicht nur auf naturwissenschaftlichen sondern auch auf geisteswissenschaftlichen Erkenntnissen beruht. Die Anleitung zu dieser Wirtschaftsweise enthält auch die Berücksichtigung kosmischer Einflüsse wie Mondphase beim Anbau sowie die Verwendung bestimmter Präparate, z.B. Blutmehl und Knochenmehl. Die organisch-biologische Richtung wurde von dem Schweizer

H. Müller begründet. Diese Form propagiert insbesondere die Förderung der Bodenmikrobiologie, einen pfluglosen Ackerbau sowie die häufige Anwendung eines Frischmistschleiers. Die Methode des biologischen Landbaus nach A. Howard und E. Balfour gründet sich auf Kompostierungsversuchen. Der durch Kompostierung im Boden erhöhte Gehalt an Humus steht hier im Vordergrund. Der biologische Landbau nach R. Lemaire und J. Boucher ist seit 1963 vor allem in Frankreich verbreitet. Die Prinzipien desselben liegen in der Herstellung von Dünge- und Pflanzenschutzmitteln aus Meeresalgen, ferner einer flachen Bodenbearbeitung und in der Einsaat von Leguminosen bei Getreide. Bei der „Arbeitsgemeinschaft für naturgemäßen Qualitätsanbau von Obst und Gemüse" (ANOG) sind anorganische Ergänzungsdünger erlaubt. Der Pflanzenschutz erfolgt im Sinne des „Integrierten Pflanzenschutzes", wonach zum Teil auch die Anwendung geringgiftiger synthetischer Pflanzenschutzmittel erlaubt ist.

Der alternative Landbau tritt für Produktionsverfahren ein, welche das Leben fördern, die dem Leben innewohnenden Gesetzmäßigkeiten berücksichtigen und die auf lebensfeindliche Eingriffe und energieaufwendige Handelsdünger verzichten. Bodennutzungssysteme, welche verstärkt auf Selbstregulation ausgerichtet sind sollen entwickelt werden. Beim alternativen Landbau werden die Nährstoffe in einer Form verabreicht, welche von den Bodenlebewesen in eine für die Pflanze aufnehmbare Form überführt werden müssen. Düngen bedeutet in diesem Sinne, das Bodenleben füttern (Nestroy 1981).

Unterschiedliche Art der Pflanzenernährung. Die Art der Pflanzenernährung unterscheidet sich zwischen konventioneller und alternativer Bewirtschaftung. Bei der konventionellen Bewirtschaftung ist die unmittelbare Ernährung der Pflanzen das Ziel der Düngung. Die Düngepraktiken der konventionellen Systeme zielen daraufhin ab, die Pflanzen direkt mit Nährstoffen in einfacher chemischer Form zu versorgen. Die applizierten Dünger sind von hauptsächlich anorganischer Natur. Bei der alternativen Bewirtschaftung besteht das Ziel der Düngung in der Förderung des Bodenlebens und organische Dünger stellen die wichtigste Nährstoffquelle dar. Bei der alternativen Bewirtschaftung werden die Kulturpflanzen nicht direkt, sondern auf dem Umweg über eine verbesserte Ernährung der Bodenorganismen mit organischen Verbindungen, mit den notwendigen Nährstoffen versorgt. Durch diese Düngesysteme werden die Nährstoffkreisläufe gefördert und es wird die Unterbrechung komplexer biologischer Prozesse, von welchen diese Kreisläufe abhängig sind, verhindert. Die Etablierung einer an die Bedürfnisse der Pflanzen angepaßten Nährstoffdynamik ist das Ziel. Die Mikroorganismen und die Bodenenzyme spielen dabei eine Schlüsselrolle.

Integrierte Landbewirtschaftung

Der Begriff „Integrierte Landbewirtschaftung" steht für jene Form der Bewirtschaftung, bei welcher sowohl der Kulturpflanzenanbau und die Tierhaltung als auch die Belange des Natur- und Umweltschutzes, der Landschaftsgestaltung, des Arten-, Gewässer- und Bodenschutzes berücksichtigt werden. Die Strategien des integrierten Pflanzenbaus schließen die standortgerechte Wahl der Fruchtarten, die Fruchtfolge, eine schonende Bodenbearbeitung, eine ausgewogene mineralische und organische Düngung und den gezielten Pflanzenschutz ein.

Nachhaltigkeit von Bewirtschaftungspraktiken

Die Nachhaltigkeit bestimmter Bewirtschaftungspraktiken kann am Nährstoffgehalt, an der Nährstoffnachlieferung und an den Struktureigenschaften der Böden gemessen werden. Die nachteiligen Entwicklungen einer intensiven, ausschließlich ökonomisch orientierten, Landwirtschaft können durch Korrekturen an den Rahmenbedingungen abgebaut werden.

Die Vor- und Nachteile des alternativen und des konventionellen Landbaus wurden in den vergangenen fünfzehn Jahren intensiv diskutiert. Der Einfluß verschiedener Bewirtschaftungssysteme auf die Bodenmikroorganismen und die Bodentiere stellt einen wesentlichen Punkt dieser Diskussion dar. Vergleichende Untersuchungen zur Erfassung der Auswirkungen einer konventionellen oder alternativen Wirtschaftsweise auf bodenbiologische Parameter sowie auf chemische und physikalische Bodeneigenschaften wurden angestellt. Die Eigenschaften von Böden unterschiedlich wirtschaftender Betriebe wurden verglichen. Wenige Untersuchungen beschäftigten sich mit dem Vergleich von Effekten der organischen und konventionellen Bewirtschaftung auf Eigenschaften des gleichen Bodentyps.

Sowohl die alternative als auch die konventionelle Bewirtschaftung wird jeweils in mehreren Variationen praktiziert. Dies gilt auch für die gesichteten Arbeiten zu diesem Themenkreis. Dem Zeitraum über welchen ein Bewirtschaftungssystem praktiziert wird, kommt in Bezug auf die erhaltenen Befunde Bedeutung zu.

8.2 Physikalische und chemische Bodeneigenschaften

Das Bewirtschaftungssystem verändert standortabhängig eine Reihe von Bodenparametern. Solche schließen die Qualität und Quantität der organischen Bodensubstanz, die Nährstoffdynamik und den Nährstoffgehalt, die Bodenreaktion, die Kationenaustauschkapazität, strukturelle Bodeneigenschaften und damit in Beziehung stehende Eigenschaften und Zustände ein.

Organische Substanz, Nährstoffe

In landwirtschaftlich genutzten Böden befindet sich die organische Bodensubstanz in einem dynamischen Zustand, welcher durch den Eintrag, den Ab- und Umbau sowie durch die Immobilisierung von organischen Resten und Stoffwechselprodukten vermittelt wird. Die genannten Vorgänge stehen unter dem Einfluß klimatischer, pedogener und anthropogener Faktoren.

Quantität der organischen Substanz. Intensive Bewirtschaftungspraktiken führen langfristig zu einem Rückgang des Bodenkohlenstoff- und Bodenstickstoffgehaltes.

In alternativen Systemen wird die Erhöhung des organischen Substanzgehaltes gefördert, wohingegen das konventionelle Wirtschaften, vor allem bei intensiven Systemen, die Verminderung des organischen Substanzgehaltes begünstigt. Wiederholt konnten in alternativ bewirtschafteten Böden gegenüber konventionell bewirtschafteten höhere organische Substanzgehalte nachgewiesen werden. Bewirtschaftungsbedingte Veränderungen des Humusgehaltes sind standortabhängig und darüberhinaus nicht nur von der Menge an zugeführter organischer Substanz, sondern auch von deren Qualität entscheidend abhängig. Signifikante Humusanreicherungen konnten mit Stallmist und Klee in der Fruchtfolge erzielt werden, während mit Ernterückständen und Gründüngung, auch in höheren Mengen, eine Erhaltung der Humusgehalte gerade gesichert war (Diez et al. 1991).

Organisch bewirtschaftete (ohne Pestizide und synthetische Dünger, während 13, 27, 31 Jahren) Obstgartenböden wiesen einen gegenüber während 17 bzw. acht Jahren konventionell bewirtschafteten (mit Pestizidprogramm und mineralischem Dünger) höheren Humusgehalt auf (Helweg 1988).

Vekemans et al. (1989) konnten in vergleichenden Untersuchungen mit insgesamt 20 Böden für die 16 organisch bewirtschafteten einen gegenüber den restlichen, konventionell bewirtschafteten, höheren Kohlenstoff- und Gesamtstickstoffgehalt sowie eine höhere Kationenaustauschkapazität nachweisen. Die organisch bewirtschafteten Böden hatten alljährlich hohe Applikationraten an kompostiertem Stalldünger erhalten.

Die langjährige konventionelle Ackernutzung einer Parabraunerde bedingte eine gegenüber einer biologisch-dynamischen Standortnutzung stärkere Abnahme des Humusgehaltes (Beyer und Blume 1990).

Vergleichende Untersuchungen an Böden zweier benachbart liegender Weizenfarmen, welche über Jahrzehnte hinweg unterschiedlichen Bewirtschaftungssystemen unterlagen, ergaben für den organisch bewirtschafteten Boden einen signifikant höheren Gehalt an organischem Kohlenstoff sowie an Kjeldahl-N (Bolton et al. 1985). Der pH-Wert war in Böden dieses Systems ebenfalls signifikant erhöht. Das organische System schloß Fruchtwechsel und Leguminosengründüngung sowie beschränkten Pestizideinsatz, das konventionelle System Fruchtwechsel, mineralische N-, P-, S-Dünger sowie empfohlenen Pestizideinsatz ein. Die mineralischen Stickstoffgehalte waren im konventionell bewirtschafteten Boden signifikant erhöht.

Vergleichende Untersuchungen an Hand zweier nahe gelegener Intensivgemüsebaubetriebe des pannonischen Klimaraumes, welche seit neun Jahren (1972–1981) biologisch-dynamisch bzw. konventionell bewirtschaftet worden waren, ergaben für biologisch-dynamische Standorte gegenüber konventionellen signifikant höhere Humusgehalte (Huber 1985). Untersuchungen von Foissner (1987) an zwei biologisch-dynamisch und zwei konventionell bewirtschafteten Trockenland-Getreidefeldern (Österreich) ergaben für die beiden erstgenannten gegenüber den zweitgenannten ebenfalls signifikant höhere Humusgehalte. Standort (1): kalkiger, Grauer Alluvialboden, seit 1980 ökologisch bewirtschaftet, keine Pflanzenschutzmittel und Wachstumsregulatoren. Standort (2): Boden wie oben, konventionell bewirtschaftet, 350 kg/ha/Jahr NPK, Pestizide, Wachstumsregulatoren. Standort (3): kompakter Tschernosem, seit 1977 ökologisch bewirtschaftet, Fruchtwechsel mit Gemüse und Getreide, Gründünger, spezielle in der biodynamischen Landwirtschaft genutzte Dünger; kein Kompost, natürlicher Pflanzenschutz. Standort (4): Boden wie oben, konventionell bewirtschaftet, 500 kg/ha/Jahr NPK, Pestizide, Wachstumsregulatoren.

In einem Feldversuch zur organischen und konventionellen Bewirtschaftung, welcher 1975 begonnen und 1981 sowie 1982 bewertet wurde, erfolgte der Vergleich dreier Bewirtschaftungssysteme (Fraser et al. 1988). Diese umfaßten ein organisches System, ein konventionelles System nur mit Mineraldünger, ein konventionelles System mit Mineraldünger plus Herbiziden bei einem vier Jahres-Getreide-Leguminosen Fruchtwechsel, plus eine Mais-Monokultur, welche Mineraldünger, Herbizide und Insektizide erhalten hatte. In den Oberböden organisch gedüngter Böden war der Gesamtstickstoffgehalt, der Kjeldahl-Stickstoffgehalt und der potentiell mineralisierbare Stickstoff um 22–40% höher als in solchen, welche Mineraldünger und/oder Herbizide erhalten hatten.

Vergleichende Untersuchungen an zwei benachbart liegenden Farmen, welche organisch bzw. konventionell bewirtschaftet wurden ergaben für den organisch bewirtschafteten Boden signifikant höhere Gehalte an organischer Substanz (Reganold 1988). Dieser wies ebenso eine höhere Kationenaustauschkapazität, einen höhren Gehalt an Gesamtstickstoff, an extrahierbarem Kalium, einen höheren Wassergehalt, ein höheres pH sowie einen höheren Polysaccharidgehalt auf als der konventionell bewirtschaftete Vergleichsboden. Im organisch wirtschaftenden Betrieb wurde seit der ersten Bepflügung des Bodens im Jahre 1909 kein kommerzieller Dünger eingesetzt und ein nur beschränkter Einsatz von Pestiziden praktiziert. In der konventionell geführten Farm (Boden erstmalig bearbeitet 1908) kamen seit 1948 bzw. in den Fünfziger Jahren erstmals empfohlene Raten an kommerziellem Dünger bzw. an Pestiziden zum Einsatz.

Qualität der organischen Substanz. Untersuchungen zur Klärung des Einflusses unterschiedlicher Bewirtschaftungspraktiken auf die qualitativen Eigenschaften und die Struktur des Humus wurden unternommen. Derartige Untersuchungen wurden zunächst durch den Mangel an analytischen Techniken zur Charakterisierung von heteropolymerem organischen Material verhindert. Dies betrifft im besonderen auch jenes Material, welches eng mit der anorganischen Matrix verbunden ist. Bei Untersuchungen zur Charakterisierung der organischen Bodensubstanz kommen chemische degradive Verfahren wie Hydrolyse-, Oxidation- und Reduktionsprozesse verbunden mit Derivatisierung, Trennung und Identifizierung zum Einsatz. Für chemische Aufschlußverfahren mit heteropolymerem und polydispersem organischen Material in Böden wurde der Prozentsatz an wiederaufgefundenen Produkten mit etwa 20–30% des organischen Kohlenstoffs angegeben (Schulten und Hempfling 1992). Nichtdegradive spektroskopische Methoden wurden für Bodenproben, Huminstofffraktionen, Größe- und Dichtefraktionen sowie für Lösungsmittelextrakte angewandt. Die Kopplung von Pyrolyse mit Gaschromatographie und Massenspektrometrie erwies sich für die chemische Charakterisierung von Fraktionen der organischen Substanz und von Bodenproben als geeignet.

In einigen Modellen zur Charakterisierung der organischen Bodensubstanz werden verschiedene funktionelle Teile der organischen Substanz durch die Residenzzeit beschrieben. Die Residenzzeiten für verschiedene organische Substanzfraktionen rangieren von weniger als einem Jahr bis zu mehr als 1000 Jahren. Die mikrobielle Biomasse und die Metabolite werden zu jenen Komponenten der organischen Bodensubstanz mit kurzen Residenzzeiten gezählt. Diese Fraktion wird auch als „aktive" organische Bodensubstanz definiert. Der rasche Umsatz dieser Fraktion zeigt deren Bedeutung als potentielle Nährstoffquelle für Pflanzen an.

In organisch wirtschaftenden Systemen wird ein ausgeglichenes Verhältnis von drei unterschiedlichen Formen der organischen Substanz angestrebt (Hodges 1991). Diese umfassen den effektiven und den stabilen Humus sowie die Biomasse des Bodens. Der effektive Humus wird durch Pflanzenreste und Abfälle, einschließlich nicht zersetztes Pflanzenmaterial und organische Dünger, Kompost, Gründünger und tote Bodenorganismen repräsentiert. Dieser Humus wird relativ rasch zersetzt und nur ein kleiner Teil wird in stabile Formen überführt. Dessen Halbwertszeit wurde in Monaten bis Jahre angegeben. Der stabile Humus resultiert aus den Wechselwirkungen zwischen „effektivem" Humus und Bodenmikroorganismen. Dieser Humus, dessen Halbwertszeit in Dekaden oder Jahrhunderten angegeben wird ist von dunkler Farbe. In der Gegenwart dieses Humus werden physikochemische Bodeneigenschaften verbessert. Die Empfehlungen hinsichtlich des Gehaltes von Böden an „stabilem" Humus wurden für sandige Böden mit mehr als 2%, für lehmige Böden mit 2.2–3.5% und für tonige Böden mit 3–4.5% veranschlagt. Eine Voraussetzung für diese Gehalte ist der kontinuierliche Eintrag an „effektivem" Humus. Der kontinuierliche Umsatz des „effektiven" Humus durch die Biomasse erhält die Bodenfruchtbarkeit in einem organischen System.

Vergleichende Untersuchungen zu den Eigenschaften der organischen Substanz von Krumenbodenproben zeigten, daß in der organischen Substanz der biologisch-dynamisch bewirtschafteten Varianten gegenüber den konventionellen ein größerer Anteil rezenter, leichter zersetzbarer Bestandteile vorhanden ist (Richter und von Wistinghausen 1981).

Schulten et al. (1990) untersuchten mit Hilfe der Pyrolyse-Feldionisationsmassenspektrometrie (Py-FIMS) und der ^{13}C NMR-Spektroskopie Humuseigenschaften in A_p-Horizonten von Schlägen aus Langzeitversuchen, welche sich hinsichtlich der Intensität der Bewirtschaftung unterschieden. Der erste Standort befand sich seit 1953 unter kontinuierlicher Bewirtschaftung (Luvisol aus Lößlehm); Stufen: Schwarzbrache; nur Kartoffeln, Dünger: 150 N, 150 P, 215 K kg/ha; nur Kartoffeln, Dünger neunmal 1000 kg/ha organischer Dünger, 130 N, 130 P, 85 K kg/ha; Fruchtwechsel, Dünger: Winterweizen 15×10^3 kg/ha und Kartoffel 3×10^3 kg/ha organischer Dünger, NPK; Grünland); der zweite Standort befand sich seit 1977 unter Bewirtschaftung (Gleysol aus Lößlehm); Stufen: Fruchtwechsel, Dünger: 18×10^3 kg/ha organischer Dünger, 35 P, 35 K kg/ha; Fruchtwechsel, Dünger 12×10^3 kg/ha organischer Dünger, 37 kg/ha N, 60 P, 90 K kg/ha; Fruchtwechsel, Dünger: Stroh, Zwischenfrucht, 124 kg/ha N, 90 P, 180 K kg/ha; Fruchtwechsel, Dünger: Stroh, Zwischenfrucht, 182 kg/ha N, 130 P, 200 K kg/ha. Die einzelnen Schläge konnten auf Basis der Humusqualität und -zusammensetzung klar getrennt werden. Als geeignete chemische Untereinheiten für die Trennung erwiesen sich Kohlenhydrate, Lignin und Protein(-bausteine) sowie deren Humifizierungsprodukte. Der relative Anteil dieser Verbindungen nahm mit der Bewirtschaftungsintensität ab. Die Feststoff und Lösungs ^{13}C NMR-Spektren der Böden und Huminstoffe zeigten eine Abnahme phenolischer (140–160 ppm) und aromatischer (110–140 ppm) Untereinheiten mit der Intensität der Bewirtschaftung. Die Kombination der beiden unabhängigen Methoden, Massenspektrometrie und NMR, zeigte gemeinsam mit mikrobiellen und biochemischen Daten, daß intensive Bodenbewirtschaftung zur Ausbildung einer weniger aktiven Humusmatrix führt. Weitere Versuche zur Charakterisierung der Humuszusammensetzung und -dynamik mit Hilfe der Pyrolyse-Feldionisationsmassenspektrometrie bestätigten, daß die Gesamtproben aus den Feldstandorten unter verschiedener Bewirtschaftung signifikante Unterschiede in der Zusammensetzung des Humus aufwiesen (Schulten und Hempfling 1992). Diese Unterschiede können auf unterschiedlichen Stadien des Abbaus von Pflanzenresten und der Huminstoffgenese beruhen. Die Intensität der Bewirtschaftung nahm signifikanten Einfluß auf die Untereinheiten von hohem Molekulargewicht wie dimere Lignin-, Arylalkyl- und aliphatische Bestandteile. Die Unterschiede der molekularen Humusuntereinheiten aus verschiedenen Standorten zeigten in Kombination mit komplementären Daten zur Naßchemie, Biochemie und Mikrobiologie, daß unter Bedingungen einer intensiven Bewirtschaftung weniger Elternmaterial (Primärmaterial) in die Humusmatrix eingebaut wird.

Nährstoffe. Das Wissen bezüglich der Form und der Dynamik von Nährstoffen in Abhängigkeit vom Bewirtschaftungssystem ist gering. Solches Wissen wäre unter anderem für die Vorhersage der Entwicklung des Status eines gegebenen Nährstoffes von Bedeutung, wenn ein System von konventioneller zu alternativer Bewirtschaftung übergeht oder umgekehrt. Zwischen dem Nährstoffstatus eines Bodens und den Feldfruchterträgen besteht eine enge Beziehung. Bei der Umstellung von konventioneller zu biologischer Bewirtschaftung konnten signifikante Rückgänge der Feldfruchterträge beobachtet werden. Dem Faktor Zeit kommt dabei eine besondere Bedeutung zu.

In der Abwesenheit extern zugeführter Nährstoffe wird die Pflanzenproduktion von der Qualität und Quantität der organischen Substanz und der Geschwindigkeit der Mineralisierung der organischen Substanz und der damit verbundenen Freisetzung von Nährstoffen limitiert. In Bewirtschaftungsystemen wo der Einsatz anorganischer Dünger reduziert oder ausgeschlossen wird und organische Dünger eingesetzt werden, ist die Nährstoffverfügbarkeit stärker an die Dynamik des Kohlenstoffkreislaufes gebunden. Die Qualität und Quantität der eingebrachten organischen Substanz, die Größe und die Aktivität der mikrobiellen Biomasse und die für den Pflanzenbedarf zeitgerechte Nachlieferung von verfügbaren Nährstoffen aus der organischen Substanz werden zu kritischen Determinanten des Feldfruchtertrages.

Stoffflüsse in das Grundwasser sowie in die Atmosphäre sind von ökologischer und ökonomischer Relevanz. Sowohl bei konventioneller als auch bei alternativer Bewirtschaftung konnten Nährstoffausträge in das Grundwasser und in die Atmosphäre beobachtet werden. Die quantitative und zeitliche Anpassung der Düngernährstoffgaben an die Erfordernisse der Feldfrüchte ist sowohl für anorganische als auch für organische Düngerapplikationen notwendig. Fehler des Düngermanagements wie überhöhte Applikationsmengen, ungünstiger Ausbringungszeitpunkt oder Förderung von Nährstoffmißverhältnissen durch langfristige einseitige Applikation bestimmter Dünger können sowohl bei konventioneller als auch bei alternativer Bewirtschaftung auftreten.

Vergleichende Untersuchungen an konventionell sowie alternativ bewirtschafteten Intensivgemüsebaustandorten ergaben einen für die Mehrzahl der biologisch-dynamisch bewirtschafteten Böden den konventionell bewirtschafteten Böden gleichen oder teilweise wesentlich höheren Nährstoffgehalt (Huber 1985). An den biologisch-dynamischen Standorten konnte ein ernster Kaliumüberschuß nachgewiesen werden, welcher mit der praktizierten Kompostwirtschaft und dem Kaliumreichtum des zugeführten Strohs in Beziehung gesetzt werden konnte. Der Kaliumüberschuß leistete einen Beitrag zum stärkeren Abweichen des Ionengleichgewichtes am Sorptionskomplex, als dies beim konventionellen Boden der Fall war. In Böden alternativ wirtschaftender Betriebe war im Mittel eine mit N, P und K schlechtere und mit Mg bessere Versorgung nachweisbar (Diez et al. 1985). Alternative Betriebe mit geringem Viehbesatz zeigten teilweise sehr niedrige P- und K-Werte. Die genannten Autoren hatten die Nährstoffgehalte in der Oberkrume (0–15 cm), der Unterkrume (gemeinhin 15–25 cm) und dem unmittelbar folgenden Unterboden (gemeinhin 25–40 cm) von je 20 alternativ (biologisch-organisch, biologisch-dynamisch) und diesen benachbart liegenden konventionell bewirtschafteten Böden untersucht. Die entsprechende Bewirtschaftung war für mindestens acht Jahre geübt worden. Untersuchungen zum Einfluß der Ackernutzung auf die Nährstoffdynamik im Boden, wobei je ein Podsol unter konventioneller und 40jähriger alternativer Nutzung beprobt wurde zeigten, daß die Nitratmengen in der Bodenlösung des biologisch-dynamisch bewirtschafteten Betriebes in einer ähnlichen Größenordnung lagen wie jene des mit anorganischem Stickstoff gedüngten Bodens des konventionell bewirtschafteten Betriebes (Peters et al. 1990). Bei beiden Nutzungen waren hohe Stickstoff- und Calciumausträge, bei konventioneller Nutzung auch hohe Kaliumausträge zu verzeichnen; Phosphor wurde in beiden Fällen zurückgehalten.

In einem Feldversuch (1975 begonnen und 1981 sowie 1982 bewertet) verglichen Fraser et al. (1988) ein organisches System, ein konventionelles System nur mit Mineraldünger, ein konventionelles System mit Mineraldünger plus Herbiziden bei einem vier Jahres-Getreide-Leguminosen Fruchtwechsel, plus eine Mais-Monokultur, welche Mineraldünger, Herbizide und Insektizide erhalten hatte. In den Oberböden organisch gedüngter Böden war der Gesamtstickstoffgehalt, der Kjeldahl-Stickstoffgehalt und der potentiell mineralisierbare Stickstoff um 22–40% höher als in solchen, welche Mineraldünger und/oder Herbizide erhalten hatten. In organisch gedüngten Böden fanden sich gegenüber konventionellen achtfache Spiegel an löslichem Phosphor.

Nach 13 Jahren unterschiedlicher Bodenbewirtschaftung (Kontrolle, biodynamische, bioorganische und konventionelle Standorte, ein Standort mit Mineraldüngerbehandlung) wurden die Effekte dieser Praktiken auf die Bodenphosphordynamik erfaßt (Oberson et al. 1993). Die Systeme unterschieden sich hauptsächlich in der Form und der Menge der applizierten Nährstoffe sowie hinsichtlich der Pflanzenschutzstrategien. Unabhängig von der zugeführten Phosphorform wurden ausschließlich die anorganischen Fraktionen beeinflußt. Der verbleibende organische Phosphor, nicht extrahierbar mit $NaHCO_3$ oder NaOH, nahm an den biodynamischen und bioorganischen Standorten zu. Die Aktivität der sauren Phosphatase war an beiden biologisch bewirtschafteten Standorten ebenfalls höher. Die Ergebnisse wurden auf die in diesen Systemen applizierten höheren Mengen an organischem Kohlenstoff und organischem Phosphor, jedoch auch auf das gänzliche oder teilweise Fehlen stärkerer Reduktionen infolge der Applikation von chemischen Pflanzenschutzmitteln zurückgeführt. Die Beziehung zwischen der Aktivität der sauren Phosphatase und dem verbleibenden organischen Phosphor wurde als ein Hinweis auf die Involvierung dieser Fraktion in kurzfristige Transformationen interpretiert. Die Charakterisierung des verfügbaren Bodenphosphors unter Einsatz einer Methode zur Bestimmung der isotopischen Austauschkinetik mit ^{32}P zeigte, daß der Phosphor in den biologischen Bewirtschaftungssystemen keinen den Feldfruchtertrag limitierenden Faktor darstellte. Die kinetischen Parameter, welche die Fähigkeit des Phosphorions beschreiben die feste Phase des Bodens zu verlassen, waren bei der biodynamischen Behandlung signifikant höher als bei den anderen Behandlungen. Diese Ergebnisse, welche eine Modifikation der chemischen Bindungen zwischen Phosphorionen und der Bodenmatrix anzeigen, wurden durch die höheren Ca- und organischen Substanzgehalte in diesem System erklärt.

An konventionell sowie alternativ bewirtschafteten Standorten mit für die Region üblicher Bestellung und Nutzung (Weide-/ Grünland im Wechsel mit Feldfrüchten) wurde der Nährstoffhaushalt und -status bestimmt (Nguyen et al. 1995). Die Nährstoffbilanzen für N, P und S waren an den konventionellen Standorten generell ausgeglichen oder positiv. Eine Limitierung der Produktion durch diese Bewirtschaftungsform war demzufolge auszuschließen. An den alternativen Standorten waren die Stickstoffbilanzen positiv, wobei die biologische Stickstoffixierung großteils oder gänzlich zum N-Eintrag beitrug. Eines der alternativen Systeme wies infolge der Applikation von Kompost, Gesteinsphosphat und elementarem Schwefel positive P- und S-Bilanzen auf. An den beiden anderen alternativ bewirtschafteten Standorten trat ein Nettoentzug von P und in einem Fall von S auf. Im anderen Fall bestand infolge von S-Düngergaben zu Weide ein Ausgleich. Die Böden der alternativen Systeme wiesen geringere Gehalte an verfügbarem S und P auf als jene der konventionellen Systeme. In den alternativen Systemen dienen die natürlichen Bodenschwefel- und Bodenphosphorreserven als S- und P-Quellen. Zur nachhaltigen Sicherung der Produktion wurde an diesen Standorten die Notwendigkeit von S- und

P-Zusätzen erwogen. In der Phase der Weidennutzung war der organische Kohlenstoffgehalt der Böden unter alternativer Bewirtschaftung höher als unter konventioneller Bewirtschaftung. Längere Perioden der Weide-nutzung im alternativen System (3–4 Jahre) gegenüber dem konventionellen System (1–2 Jahre) konnten die Ursache dafür sein. Während der Phase der Bestellung mit Feldfrüchten war der organische Kohlenstoffgehalt der Böden für beide Systeme ähnlich.

Strukturelle Bodeneigenschaften

Die Anreicherung von organischer Substanz, welche durch alternative Bewirtschaftungspraktiken begünstigt wird fördert nicht nur das Vermögen von Böden zur Nachlieferung und Speicherung von Nährstoffen, sondern es wird damit auch eine wesentliche Voraussetzung für die Etablierung einer guten Bodenstruktur geschaffen. Bodenmikroorganismen sind durch deren direkten Kontakt mit Bodenbestandteilen sowie über die Bildung bestimmter Stoffwechselprodukte an der Ausbildung und Stabilisierung von Bodenaggregaten beteiligt.

Fraser et al. (1988) verglichen in einem Feldversuch zur organischen und konventionellen Bewirtschaftung, welcher 1975 begonnen und 1981 sowie 1982 bewertet wurde, drei Bewirtschaftungssysteme. Diese umfaßten ein organisches System, ein konventionelles System nur mit Mineraldünger, ein konventionelles System mit Mineraldünger plus Herbiziden bei einem vier Jahres-Getreide-Leguminosen Fruchtwechsel, plus eine Mais-Monokultur, welche Mineraldünger, Herbizide und Insektizide erhalten hatte. In den Oberböden organisch gedüngter Böden war der Gesamtstickstoffgehalt, der Kjeldahl-Stickstoffgehalt und der potentiell mineralisierbare Stickstoff gegenüber den anderen Böden um 22–40% erhöht. Der Anstieg des organischen C-Gehaltes, des Kjeldahl-N und des wassergefüllten Porenraumes verlief parallel.

Vergleichende Untersuchungen an Hand zweier nahe gelegener Intensivgemüsebaubetriebe des pannonischen Klimaraumes, welche seit neun Jahren (1972–1981) biologisch-dynamisch bzw. konventionell bewirtschaftet worden waren, ergaben für biologisch-dynamische Standorte gegenüber konventionellen signifikant höhere Humusgehalte (Huber 1985). Die oberen Horizonte der biologisch-dynamischen Standorte wiesen höhere Gesamtporenvolumina auf.

Von Foissner (1987) an zwei biologisch-dynamisch und zwei konventionell bewirtschafteten Trockenland-Getreidefeldern (Österreich) ergaben für die beiden erstgenannten gegenüber den zweitgenannten ebenfalls signifikant höhere Humusgehalte sowie eine geringere Bodendichte.

Reganold (1988) konnten in vergleichenden Untersuchungen an zwei benachbart liegenden Farmen, welche organisch bzw. konventionell bewirtschaftet wurden einen für den organisch bewirtschafteten Boden signifikant höheren Gehalt an organischer Substanz nachweisen. Der organisch bewirtschaftete Boden wies eine körnigere Struktur, eine krümeligere Konsistenz und 16 Zentimeter mehr Oberboden auf als der konventionell bewirtschaftete Boden. Der Unterschied hinsichtlich des vorhandenen Oberbodens wurde mit der höheren Erosion auf der konventionellen Farm zwischen 1948 und 1985 in Beziehung gesetzt. Die unterschiedlichen Erosionsraten wurden im wesentlichen auf die unterschiedlichen Fruchtwechselsysteme zurückgeführt, wenngleich auch unterschiedliche Formen der Bodenbearbeitung zur Anwendung kamen. Für beide Farmen war eine entsprechende Bearbeitung bis zum Jahre 1948 angenommen worden. Seit 1948 wurde in beiden der Scharpflug (bis zu einer Tiefe von 15–20 cm) verwendet. Im organisch bewirtschafteten System kam regelmäßig eine Unterbodenlockerer (bis zu einer Tiefe von 20–25 cm) zum Einsatz, während am konventionell bewirtschafteten Standort regelmäßig eine Scheibenegge eingesetzt wurde. Insgesamt erwies sich das organische System gegenüber dem konventionellen System hinsichtlich der Aufrechterhaltung der Gare und der Produktivität des Bodens sowie der Reduktion von Erosionsverlusten langfristig als effektiver.

8.3 Mikrobiologie und Bodenenzymatik

Die in diesem Abschnitt präsentierten Arbeiten sind in ihrem Ansatz teilweise sehr komplex, weshalb auf eine getrennte Darstellung der Ergebnisse nach Populationen, Biomasse, biochemischen Stoffumsetzungen und ökophysiologischen Parametern verzichtet wurde.

Wie bereits den vorangehenden Kapiteln, deren Inhalte jeweils ausgewählten Bewirtschaftungsmaßnahmen gewidmet waren, entnommen werden kann, werden qualitative und quantitative Eigenschaften von Bodenmikroorganismen sowie biochemische Stoffumsetzungen durch solche Maßnahmen standortabhängig beeinflußt. Überlagerungen von Einflußfaktoren treten auf.

Systeme, welche den Eintrag von organischer Substanz fördern und sich durch ein höheres Maß an Bodenruhe auszeichnen begünstigen die Entwicklung von Mikroorganismen und deren Effizienz zur Nutzung von Substraten.

In alternativen Systemen kann zumeist eine gegenüber intensiven Systemen höhere mikrobielle Biomasse und eine intensivere biochemische Umsetzungsaktivität nachgewiesen werden. Systembedingte Unterschiede in der Qualität und Quantität der organischen Substanz sowie im Umsatz der organischen Substanz können nachgewiesen werden.

Dem Faktor Zeit kommt hinsichtlich der gewonnenen Daten wesentliche Bedeutung zu. Im Falle der Umstellung von Systemen zeigt sich dieser Effekt deutlich, weshalb die Wahl des Untersuchungszeitraumes nicht zu kurz gewählt werden darf.

Kohlenstoffmangel-Bewirtschaftung

Dauerversuche mit unterschiedlichen Bewirtschaftungsintensitäten zeigten, daß in unter Bedingungen des Kohlenstoffmangels bewirtschafteten Parzellen (wie intensiv bewirtschaftete, überwiegend mineralisch gedüngte Varianten) ein geringerer Teil des metabolisierten Kohlenstoffs aus dem Stroh in der Biomasse festgelegt wird als in Parzellen mit Fruchtfolge und organischer Düngung (Gröblinghoff et al. 1988). In Böden mit Kohlenstoffmangel werden die zugeführten pflanzlichen Rückstände, einschließlich deren Ligninanteile, verstärkt mineralisiert. Auch wird gegenüber Bedingungen hoher Kohlenstoffeinträge, ein geringerer Anteil in den längerfristig stabilisierten Humusbestandteilen festgelegt.

Unter dem Einfluß intensiver Bewirtschaftung werden die Populationen der Bodenmikroorganismen durch eine geringe Verfügbarkeit und/ oder Qualität der Kohlenstoffsubstrate limitiert. Der resultierende beschränkte interne Stickstoffkreislauf verursacht in diesen Böden eine reduzierte Kapazität zur Immobilisierung von Stickstoff. Dies führt zu einer relativen Anreicherung von heterocyclischen N-Verbindungen, welche einer Mineralisation widerstehen (Schulten und Hempfling 1992). Der aktive, mit der Biomasse positiv korrelierende, Stickstoffpool erwies sich in extensiv mit organischer Düngung bewirtschafteten Parzellen größer als in solchen, welche einer intensiven oder kohlenstoffarmen Bewirtschaftung unterlagen.

In Bodenproben zweier Dauerversuche wurde der Strohabbau, der Abbau von Lignin und der mikrobielle N-Umsatz untersucht (Gröblinghoff et al. 1988). Bei den Böden handelte es sich um eine Parabraunerde sowie einen Braunerde-Pseudogley. Bei der Parabraunerde wurden folgenden Varianten beprobt: (1) Schwarzbrache, jährlich gepflügt und mechanisch vegetationsfrei gehalten; (2) Kartoffelmonokultur ohne organische Düngung; (3) verbesserte Dreifelderwirtschaft mit 2/3 Getreide und je 1/6 Rotklee bzw. Kartoffeln; (4) Dauergrünland. Beim Braunerde-Pseudogley wurden beprobt: (1) Stallmist 180 dt/ha/Jahr; keine mineralische Düngung, kein Pflanzenschutz, Leguminosen in der Fruchtfolge; (2) Stallmist 120 dt/ha/Jahr, geringe mineralische N-Düngung, kein Pflanzenschutz, Leguminosen in der Fruchtfolge; (3) Stroh- Gründüngung, übliche mineralische N-Düngung (124 kg N/ha/Jahr), integrierter Pflanzenschutz; (4) Stroh-Gründüngung, intensive mineralische N-Düngung (182 kg N/ha/Jahr), prophylaktischer Pflanzenschutz. Die CO_2-Freisetzung nahm gleichsinnig mit den Biomassegehalten von der Schwarzbrache über die Kartoffelmonokultur und die verbesserte Dreifelderwirtschaft zum Grünland hin zu. Das Verhältnis der Atmung zum anfänglichen Biomasse-C verringerte sich von der Schwarzbrache über die Kartoffelmonokultur und die Dreifelderwirtschaft zum Grünland (3.2:1.6:1.5:1 mg C/mg Biomasse-C). Dieses Verhältnis erwies sich als gegenläufig zu den jeweiligen Biomassegehalten.

Houot und Chaussod (1995) hatten für einen Langzeitfeldstandort (zunächst Fruchtwechsel, danach kontinuierlich Mais) im Falle der ungedüngten Variante eine gegenüber der mit Stalldünger bzw. mit NPK gedüngten Variante höhere spezifischen Atmung nachweisen können. Bei sämtlichen Böden konnte nach einer kurzen Verzögerung ein starker Einsatz des Ligninabbaus festgestellt werden (Gröblinghoff et al. 1988).

Während die Abbauraten in den Böden der Dreifelderwirtschaft und des Grünlandes nach etwa 14 Tagen abfielen, blieben diese bei der Kartoffelmonokultur und der Schwarzbrache annähernd konstant. Diese lagen wesentlich höher als jene der C-reicheren Varianten. Die Mineralisation des Lignins lag im Kartoffelmonokulturboden bei Versuchsende deutlich über jener der anderen Systeme; bei längerer Bebrütung traf dies auch für die Schwarzbrache zu. Eine Anpassung bzw. eine Selektion von ligninolytisch aktiven Mikroorganismen durch die einseitige C-Mangelbewirtschaftung war angezeigt. Der verstärkte Ligninabbau in der Schwarzbrache und der Kartoffelmonokultur führte in diesen Systemen gegenüber den Fruchtfolge- oder Grünlandböden zu einem geringeren Einbau von Ligninrückstän-den in die Huminstoffe. Der nach der Bebrütung vorliegende mineralisierte Stickstoff nahm vom Grünland zur Schwarzbrache hin wesentlich ab. Mit zunehmender Bewirtschaftungsintensität ergab sich eine Abnahme der potentiellen N-Mineralisation und des N-Mobilisierungs-Immobilisierungs-Umsatzes. Dies war auch dann der Fall, wenn die N_t-Gehalte gleich oder sehr ähnlich waren (Haider und Gröblinghoff 1991). Für die Nachlieferung und Abpufferung des Stickstoffvorrates in einem Boden ist demnach nicht nur die absolute Stickstoffmenge verantwortlich. Dem Gehalt an frischen und rasch umsetzbaren Humusbestandteilen, welche durch eine regelmäßige Zufuhr von Ernterückständen oder organischen Düngern stets erneut aufgefüllt werden müssen, kommt eine wesentliche Bedeutung zu.

Mikrobielle Biomasse, Populationen und biochemische Stoffumsetzungen

An Feldstandorten unter konventioneller bzw. integrierter Bewirtschaftung wurden verschiedene Bodenorganismen erfaßt (Brussaard et al. 1990). Die Gesamtbiomasse der Bodenorganismen betrug während der Wachstumsperiode durchschnittlich 690 kg C/ha unter konventioneller und 907 kg C/ha unter integrierter Bewirtschaftung. Die Bakterien repräsentierten mehr als 90%, die Pilze etwa 5% und die Protozoen weniger als 2% der Gesamtbiomasse. Den Nematoden und Mikroarthropoden kam im Sinne der Biomasse geringere Bedeutung zu.

Brussaard et al. konnten den Kohlenstofffluß durch die Protozoen für das konventionelle bzw. das integrierte System mit 158 beziehungsweise mit 195 kg C/ha/Jahr angeben. Dies entsprach 20% der bakteriellen Produktion in beiden Systemen. Die Stickstoffmineralisierung durch die Protozoen betrug im konventionellen System 30.5 und im integrierten System 37.6 kg N/ha/ Jahr. Vor und während des Wachstums von Winterweizen umfaßten die Bewirtschaftungsmaßnahmen in den Jahren 1985/ 1986 für das konventionelle System folgende Praktiken: Pflügen im Herbst bis 20 cm Tiefe, oberflächliche Zinkengrubber-Bearbeitung im Frühjahr, 200 kg N/ha, hauptsächlich chemische Unkrautkontrolle, Schadorganismenkontrolle mit empfohlenen Dosen an 1,3-Dichlorpropen nach der Ernte sowie für das integrierte System: Zinkengrubber-Bearbeitung plus Roden ohne Wenden (12 cm, 8 cm Tiefe) im Herbst, oberflächliche Bearbeitung mit dem Zinkengrubber im Frühling, 155 kg N/ha, hauptsächlich mechanische Unkrautbehandlung, weniger Pestizide und keine Bodenentseuchung.

Elmholt und Kjoller (1987) konnten in Untersuchungen zum Vorkommen von Pilzen in unterschiedlich bewirtschafteten Ackerböden für organisch bewirtschaftete Böden eine gegenüber konventionell bewirtschafteten höhere Gesamthyphenlänge feststellen.

In Untersuchungen zum Einfluß von Feldfruchtzusätzen und von Fruchtwechsel auf die mikrobielle Dynamik während der Sommerwachstumsphase, des Herbstes und des zeitigen Frühjahrs erfaßten Buchanan und King (1992) die Fluktuationen des mikrobiellen Biomasse-C und -P sowie der Aktivität der Biomasse. Die Böden befanden sich unter kontinuierlicher Bestellung mit Mais sowie im Zweijahres-Mais-Weizen-Sojabohnen Fruchtwechsel unter Nichtbearbeitung und reduziertem Einsatz von Chemikalien. Signifikante jahreszeitliche Schwankungen des mikrobiellen Kohlenstoff- und Phosphorgehaltes waren bei sämtlichen Systemen nachweisbar. Im System mit reduziertem Chemieeinsatz wies der Gehalt an mikrobiellem Biomasse-C und -P eine steigende Tendenz auf. Während drei Jahren betrugen die Mittelwerte für den mikrobiellen Kohlenstoffgehalt 435 mg/kg unter dem System reduzierter Chemieeinsatz-Mais, 289 mg/kg unter dem System Nichtbearbeitung-Mais, 374 mg/kg im System reduzierter Fruchtwechsel und 288 mg/kg Boden unter Nichtbearbeitung-Fruchtwechsel. Die Mittelwerte für den mikrobiellen Phosphorgehalt betrugen 5.2 mg/kg unter reduzierter Chemieeinsatz-Mais, 3.5 mg/kg unter nichtbearbeitet-Mais, 5.0 mg/kg unter dem System reduzierter Fruchtwechsel und 3.5 mg/kg Boden unter Nichtbearbeitung-Fruchtwechsel. Die für die CO_2-Entwicklung und die spezifische Atmung erhaltenen Werte ließen auf eine durch den reduzierten Chemieeinsatz größere Fraktion an relativ inaktiv bleibender Biomasse schließen.

Während des zweiten und fünften Jahres nach Umstellung eines konventionellen, chemisch intensiven Systems auf ein alternatives untersuchten Doran et al. (1987) mikrobielle Eigenschaften eines Schlufflehms in einer Bodentiefe von 0–7.5, 7.5–15 und von 15–30 cm. Letzteres nutzte Leguminosen und tierische Dünger als Stickstoffquelle. Im zweiten Jahr nach Umstellung waren die Populationen der Pilze und Bakterien, die Aktivität der Dehydrogenase und die Bodenatmung im Oberboden des alternativen Systems, welches mit Rotklee bepflanzt war, am höchsten. Die Unterschiede konnten primär mit Eigenschaften der Frucht und in einem geringeren Ausmaß mit physikalischen Bodeneigenschaften in Beziehung gesetzt werden. Bei Vorhandensein ähnlicher Feldfrüchte, beispielsweise von *Zea mays* oder *Glycine max*, entsprach die Höhe der mikrobiellen Populationen und Aktivitäten beim konventionellen System jenem des alternativen. Der Nitratgehalt des Bodens war bei der Mehrzahl der Probentiefen bei Applikation von Düngerstickstoff oder bei kürzlichem Einpflügen von Rotklee und Wicke merklich erhöht. Das Wachstum von Rotklee im zweiten Jahr oder von Wicke im fünften Jahr war von einer signifikant erhöhten mikrobiellen Biomasse sowie von erhöhten potentiell mineralisierbaren Stickstoffreserven in den oberen 30 cm des Bodens begleitet. Stickstoffmangelsymptome und niedrigere Kornerträge im Leguminosen-Getreide Fruchtwechsel im Vergleich zum konventionellen System im zweiten Jahr, waren mit niedrigen Gehalten an Bodennitrat und einem höheren Anteil der Unkrautbiomasse und der mikrobiellen Biomasse verbunden. Das Bestellungssystem, vor allem das Wachstum von Rotklee oder Wicke, beeinflußte die mikrobiellen Biomassegehalte und die Bodenvorräte an organischem und verfügbaren Nitratstickstoff während der Wachstumsphase tiefgreifend.

Auf einer schwach pseudovergleyten Braunerde aus Lößlehm führte Beck (1980) in den Jahren 1973–1978 einen mehrjährigen, großflächigen Feldversuch durch. Dabei wurden während eines fünfjährigen Fruchtwechsels mit den Früchten Sommergerste, Kartoffeln, Winterweizen, Hafer und Zuckerrübe sowie zweimal Zwischenfrucht vier Produktionssysteme geprüft. (1) Minimalsystem: kein chemischer Pflanzenschutz, mechanische Unkrautbekämpfung, keine Mineraldüngung, nur organische Düngung als Stallmist zweimal zu Hackfrüchten, in fünf Jahren insgesamt 600 dz und zu Sommergerste und Weizen, Zwischenfrucht. (2) Biologisch-organisches System: kein chemischer Pflanzenschutz aber mechanische Unkrautbekämpfung. Geringe Menge nicht ätzender Düngemittel als Urgesteinsmehl, Patentkali und Thomasmehl. Organischer Dünger in Form erhöhter Stallmistgaben zweimal zu Hackfrüchten (insgesamt 900 dz in fünf Jahren) und Zwischenfrüchte. (3) Integriertes System (als Beispiel für einen viehhaltenden Betrieb): gezielter Pflanzenschutz (nur nach Bedarf). Ortsübliche optimale Mineraldüngung schwankend je nach Frucht. Organische Dünger wie in den ersten beiden Systemen, als Stallmist und

Zwischenfrüchte. (4) Maximal-System (entsprechend einem intensiv wirtschaftenden viehlosen Betrieb): prophylaktischer Pflanzenschutz einschließlich Wachstumsregulatoren. Hohe Mineraldüngergaben. Kein Stallmist mit organischer Düngung nur als Ernterückstände und Zwischenfrüchte. In den fünf Versuchjahren wurden jeweils im Frühjahr und im Herbst repräsentative Bodenmischproben aus der Krume (0–5 cm) der Versuchsparzellen entnommen und hinsichtlich der Bakterienkeimzahl, der mikrobiellen Biomasse, der Bodenatmung, der Ammonifikation sowie der Aktivitäten der Enzyme Dehydrogenase, Katalase, Amylase, Protease und alkalische Phosphatase untersucht. Nach dem Durchlaufen des Fruchtwechsels war die Bakterienkeimzahl im Boden der extensiven Systeme (1 und 2) gesichert um zirka 40–45%, die Biomasse um zirka 10–20% gegenüber Proben der intensiven Systeme 3 und 4 verringert. Die Veränderung der Besiedelungsdichte in den jeweiligen Produktionssystemen setzte bereits im ersten Versuchsjahr ein und verlief bis zum Versuchsende nahezu kontinuierlich. In den einzelnen Produktionssystemen waren gesicherte Veränderungen der bodenmikrobiologischen und enzymatischen Aktivität erst im dritten und verstärkt im vierten und fünften Versuchsjahr nachweisbar. Die stärkste Aktivitätsverminderung gegenüber der intensiven Nutzung war im organisch-biologischen System mit zirka 30% und im Minimalsystem mit zirka 50% Reduktion bei dem Enzym Protease zu beobachten. Der entsprechende Rückgang der übrigen Aktivitätskriterien betrug 15–25%. Die Verringerung der mineralisierbaren Wurzelmasse durch den deutlichen Ertragsabfall wurde als Hauptursache des Rückganges der Bodenbelebung in den extensiven Systeme diskutiert.

In Fortsetzung des 1973 angelegten Intensitätsstufenvergleiches konnten in der zweiten Rotation von 1979–1983, mit fünf Früchten und geänderten Intensitätsabstufungen ökologische Aspekte weiter verfolgt werden (Beck 1984d). Während der ersten fünf Versuchsjahre von 1973–1978 hatten die sehr extensiven Produktionsstufen zu einem Rückgang quantitativer und qualitativer bodenmikrobiologischer Bodeneigenschaften gegenüber den intensiven Produktionsstufen geführt. In der Folge wurde der Einfluß veränderter Fruchtfolgegestaltung und Düngungsstufen auf bodenmikrobiologische Eigenschaften geprüft, wobei vier Düngungsstufen mit organischen bzw. mineralischen Düngern in zweifacher Wiederholung zur Anwendung kamen. Die Beprobung erfolgte jeweils im Frühjahr 1980, ein Jahr nach Umstellung der ersten Rotationsperiode sowie 1983 nach dem Durchlaufen der fünfgliedrigen Fruchtfolge. Die Bodenmikrobiologische Kennzahl und Angaben zur relativen Stabilität der organischen Substanz wurden als zusätzliche Kriterien der Bewertung eingeführt. In sämtlichen Versuchsgliedern wurden synthetische Pflanzenbehandlungsstoffe nur gezielt eingesetzt. Auf diese Weise wurden Unterschiede erfaßt, welche weitgehend auf den verschiedenartigen Maßnahmen einer abgestuften organischen und mineralischen Düngung allein beruhten. Die Gegenüberstellung der im Mittel aller Früchte erhaltenen bodenmikrobiologischen Kennwerte der ersten und zweiten Untersuchungsserie zeigten bei der Bewertung der einzelnen Produktions- bzw. Düngungsstufen starke Unterschiede. Die Auswirkungen der jeweiligen Intensitätsstufen auf die Bodenbelebung in den zwei Untersuchungszeiträumen waren zum Teil konträr. Die Düngungsstufen 1 und 2 mit fehlendem oder nur geringem Mineraldüngereinsatz wiesen in der zweiten Untersuchungsserie bei den Bakterienzahlen, der Biomasse und den Enzymaktivitätszahlen im Mittel aller Früchte leicht erhöhte Werte gegenüber der Kontrolle (Düngungsstufe 3) auf. Bei Hafer und Winterweizen waren die Unterschiede zu den mineralisch gedüngten Stufen gesichert erhöht, bei Sommergerste und Kartoffel meist leicht aber nicht signifikant erniedrigt. Die Stickstoffmineralisierung war bei allen Früchten gegenüber der Kontrolle deutlich gesteigert. Für diesen Sachverhalt wurde eine Erklärung gefunden. Bei dem Intensitätsstufenvergleich der Jahre 1973–1978 waren sämtliche Analysendaten auf die Düngungsstufe 3 mit mineralischer und gleichzeitiger Stallmistdüngung bezogen worden, in der zweiten Fruchtfolgeperiode hatte die Kontrolle keinen Stallmist mehr erhalten. Die stärkere Förderung der Bodenbelebung durch eine kombinierte Mineral- und Stallmistdüngung war von anderen Autoren bereits berichtet worden. Ebenso konnten veränderte Einzelmaßnahmen in den Ansätzen als Ursache der unterschiedlichen Ergebnisse beider Untersuchungsserien gesehen werden. Die Einbeziehung einer Leguminose in die Fruchtfolge mit gleichzeitiger Verringerung des Anteils von Hackfrüchten, die gleichmäßigere Verteilung von Stallmistgaben während der Fruchtfolge sowie die Ausbringung geringer Mineraldüngergaben auch in den extensiven Düngungsstufen, hatte im Mittel aller Früchte zu einem nahezu ausgeglichenen Verhältnis der bodenbiologischen Eigenschaften in den Böden aller vier Düngungsstufen geführt. Bei den extensiven Düngungsstufen war bei Winterweizen und Hafer ein zumeist signifikanter Anstieg, bei Kartoffel und Sommergerste tendentiell ein leichter Abfall der bodenmikrobiologischen Eigenschaften gegenüber der Mineraldüngerparzelle ohne Stallmist festzustellen. Die günstige Wirkung organischer Dünger auf die bodenmikrobiologischen Parameter wurden dadurch belegt. Besonders traf dies für Stallmist ohne oder mit nur geringem Mineraldüngeraufwand in Kombination mit Leguminosen in der Fruchtfolge zu. Ausreichende Mineralstoffdüngung in Verbindung mit Gründüngungs- und Stroheinarbeitungsmaßnahmen stellen eine wirkungsvolle Maßnahme zur Erhaltung der biologischen Komponente der Bodenfruchtbarkeit dar, wenn die Fruchtfolge so gewählt wird, daß es zu keinem defizitären Eintrag organischer Verbindungen in den Boden kommt.

In Fortsetzung des 1973 angelegten Intensitätsvergleiches mit fünf Früchten bot die Auswertung nach der dritten Rotationsperiode eine Möglichkeit, die langfristigen Auswirkungen abgestufter Pflanzenbauintensitäten auf das Bodenleben zu beurteilen (Beck 1991).

In den beiden vorgangegangenen Untersuchungsserien war zunächst ein gesicherter Abfall der Bodenbelebung bei alleiniger organischer Düngung (1973 bis 1978) erfolgt, während in der zweiten Rotationsperiode (1979 bis 1983) mit nur leicht veränderter Düngung die organisch gedüngten Varianten eine höhere Bodenbelebung aufwiesen, wenn bei diesen die Fruchtfolge durch die Hereinnahme von Rotklee anstelle von Zuckerrübe abgeändert wurde. Nach Abschluß der dritten Rotation wiesen die Böden der Produktionssysteme 1 und 2 mit extensiver, rein organischer oder gemischt organisch-mineralischer Düngung und Rotklee in der Fruchtfolge mit durchschnittlich 35% gesichert erhöhte mikrobiologische Kennwerte auf. Die Anhebung der Intensität der Bodenbelebung bei extensiver Bewirtschaftung fiel damit stärker aus, als dies nach dem Durchlaufen nur einer Rotationsperiode zu beobachten war. Die Erhöhung des organischen Substanzgehaltes in den Böden mit vorwiegend organischer Düngung konnte auf Unterschiede in der Düngung und der Fruchtfolge zurückgeführt werden. Innerhalb der Varianten ähnlicher Intensität waren dagegen im Mittel aller Früchte die Unterschiede nur gering und ließen sich statistisch nicht absichern. Die Biomassegehalte und die Daten für die Argininammonifikation ließen in eine Bewertung der Intensität der Aktivität der Bodenmikroorganismen in den Böden bei den 20 verschiedenen Bewirtschaftungsvarianten zu. Die Böden nach Fruchtfolgen mit Rotklee, mit Ausnahme der Kartoffel, wiesen die höheren Werte auf. Leguminosen sind geeignet, negative Auswirkungen fehlender oder sehr geringer mineralischer Düngung auf das biologische Parameter zu kompensieren. Klee erhöhte als Hauptfrucht sowie im verminderten Maße als Vorfrucht die biochemischen Umsetzungen. Bei den Nichtleguminosen übte die Stallmistzufuhr im Mittel aller verbleibenden vier Früchte einen positiven Einfluß auf die Intensität der Bodenbelebung aus. Die Unterschiede zeigten sich am stärksten bei der Aktivität der Protease, bei der Aktivität der β-Glucosidase waren diese weniger stark ausgeprägt.

In einer weiteren Untersuchung wurden quantitative und qualitative bodenmikrobiologische Eigenschaften, die sich entweder als Folge von langjährig einseitiger oder von extensiv nach intensiv abgestuften Formen der Bodenbewirtschaftung herausbildeten, bestimmten chemisch faßbaren Parametern der organischen Substanz zugeordnet (Beck 1990). Auf einer leicht pseudovergleyten Parabraunerde über Löß existierten seit 35 Jahren gleichbleibend Monokulturvarianten von Hackfrüchten und Getreide. Extreme stellten beispielsweise die Variante Schwarzbrache, welche seit mehr als 30 Jahren vegetationsfrei blieb oder auch die Kartoffelmonokultur ohne organische Düngung dar. Ebenso wurden Getreideböden aus Daueranbau oder in Fruchtfolge mit und ohne Zwischenfrüchten und Grünland untersucht. Die gegenüber dem Ausgangsniveau in den sechs Varianten während 35 Jahren eingetretenen Humusveränderungen in der Krume reichten von -51% bis +11%. In Abhängigkeit von der Vegetation stieg das C_{mic}/C_{org}-Verhältnis mit steigendem absoluten Biomassegehalt, von der Schwarzbrache über Kartoffeln und Getreide mit und ohne organischer Düngung bis hin zum Grünland, gleichsinnig an. Das spezifische Leistungspotential, die auf den jeweiligen Biomassegehalt bezogene Stoffwechselaktivität der mikrobiellen Population, verhielt sich umgekehrt proportional zum Biomassegehalt der Böden. Die auf die Biomasse berechnete Aktivität von Metabolismen des C-Kreislaufes (β-Glucosidase) sowie des N-Kreislaufes (Argininammonifikation) verhielt sich gegenläufig zu jener auf die Bodenmenge bezogenen Aktivität. Die spezifische Atmung war in den relativ biomassearmen Schwarzbrache- und Hackfruchtböden besonders hoch und umgekehrt niedrig in den biomassereichen Getreide- und Fruchtfolgeböden.

Anderson und Domsch (1986) hatten solche Unterschiede im Leistungspotential beim Kohlenstoffumsatz der Biomasse von Monokultur- und Fruchtfolgeböden und solchen mit zusätzlichen Gründüngungsvarianten bei einer Vielzahl verschiedener Böden nachgewiesen. Eine mögliche Erklärung dieses Phänomens wurde im unterschiedlichen Aneignungsvermögen der Mikroflora für C- und N-Verbindungen sowie dem abweichenden Erhaltungsbedarf der Biomassen von Böden mit unterschiedlicher Vorgeschichte gesehen. Beck (1990) konnte dies bei den Böden eines Dauerversuches mit extrem armer Kohlenstoffbewirtschaftung bestätigen. In bereits weiter oben diskutierten Arbeiten (Gröblinghoff et al. 1988; Haider und Gröblinghoff 1991) konnte gezeigt werden, daß die CO_2-Freisetzung aus der organischen Bodensubstanz mit den Biomassegehalten von der Schwarzbrache über die Kartoffelmonokultur und die verbesserte Dreifelderwirtschaft zum Grünland hin zunahm. Das Verhältnis der CO_2-Abgabe zum anfänglichen Biomasse-C verminderte sich von der Schwarzbrache über die Kartoffelmonokultur und die Dreifelderwirtschaft zum Grünland. Dieses Verhältnis erwies sich als gegenläufig zu den jeweiligen Biomassegehalten. Die Stabilität des Humus ist demnach nicht nur von der Qualität und Quantität der im Boden verbleibenden Bestandesrückstände abhängig. Diese wird auch dadurch bestimmt, wie ökonomisch die in den Boden eingetragenen organischen Verbindungen durch Bodenmikroorganismen genutzt werden. Gesicherte Beziehungen zwischen dem Belebtheitsgrad der Böden und deren Krümelstabilität waren nachweisbar. Diese konnten mit einer aliphatischen Fraktion der organischen Substanz in Beziehung gesetzt werden. Bei den in unterschiedlicher Menge in Böden nachweisbaren wachsartigen Verbindungen handelte es sich wahrscheinlich um Reste von unvollständig mineralisierter mikrobieller Biomasse. Auf das Potential dieser Verbindungen, aufgrund deren hydrophoben Charakters, Böden vor Verschlämmung zu schützen war zu schließen.

Tabelle 22. Mikrobiologische Kennwerte (Oberkrume 0–15 cm) beim Vergleich von Böden mit alternativer bzw. konventioneller Bewirtschaftung

Kennwert[a]	Mittelwerte aus 20 Schlägen absolut		Zahl der Schläge mit höheren Werten konventionell/alternativ
	konventionell	alternativ	
Biomasse	79.8	90.7	6/14
Protease	0.5	0.5	8/11
Ammonifikation	15.3	17.9	8/12
Biomasse o/p	118.4	135.9	4/15

[a] Dimension der Absolutwerte: mikrobielle Biomasse (mg C/100 g Boden); Protease (mg Tyrosinäquivalente/g Boden); Ammonifikation (mg mineralisierter N/100 g Boden); Biomasse o/p (Verhältnis von beobachteter zu erwarteter Biomasse).

Nach Beck (1990).

Tabelle 23. Mikrobiologische Kennwerte des Intensitätsversuches Neuhof (Frühjahr 1987); Versuchsdauer 10 Jahre (Frucht: Winterweizen)

Untersuchte Eigenschaft	Versuchsvarianten			
organ. Düngung	+++	++	+	-
mineral. Düngung	-	+	++	+++
Leguminosen in Fruchtfolge	+	+	-	+
$C_t\%$	1.25	1.26	1.27	1.13
$N_t\%$	0.13	0.14	0.14	0.14
Biomasse (mg C/100g)	68.00	60.00	37.00	33
C_{mic}/C_{org}	5.70	4.76	2.94	2.92
β-Glucosidase absolut	119.50	122.10	97.10	99.9
β-Glucosidase/Biomasseeinheit	1.15	2.04	2.62	3.03
Argininammonifikation absolut	5.33	4.41	3.21	3.01
Argininammonifikation/Biomasseeinheit	7.84	7.35	8.68	9.12

Aus Beck (1991).

In den Böden zweier benachbart liegender Weizenfarmen, welche über Jahrzehnte hinweg zwei unterschiedlichen Bewirtschaftungssystemen unterlagen, untersuchten Bolton et al. (1985) Unterschiede hinsichtlich der mikrobiellen Biomasse und der Aktivität der Enzyme Urease, Dehydrogenase und Phosphatase. Bewirtschaftungssystem (1) Fruchtwechsel und Gründüngung mit Leguminosen sowie nur beschränkter Pestizideinsatz; Bewirtschaftungssystem (2) Fruchtwechsel und mineralische N-, P-, S-Dünger sowie empfohlener Pestizideinsatz. Die ermittelten Mikroorganismenzahlen wiesen für beide Systeme keinen Unterschied auf. Die Biomasse war unter dem System (1) gegenüber dem System (2) für zwei der drei Probenentnahmen signifikant erhöht; die Aktivitäten der untersuchten Enzyme waren unter System (1) bei sämtlichen Probenentnahmen gegenüber dem System (2) signifikant erhöht. Im organisch bewirtschafteten Boden war der pH-Wert, der organische C-Gehalt und der Kjeldahl-N signifikant höher.

In vergleichenden Untersuchungen mit zwei nahe gelegenenen Intensivgemüsebaubetrieben des pannonischen Klimaraumes, welche seit neun Jahren (1972–1981) biologisch-dynamisch bzw. konventionell bewirtschaftet worden waren, konnte Huber (1985) an den biologisch-dynamischen Standorten eine gegenüber den konventionellen Standorten höhere Atmungsaktivität (CO_2-Entwicklung) nachweisen.

Diez et al. (1985) untersuchten in der Oberkrume (0–15 cm), Unterkrume (gemeinhin 15–25 cm) und dem unmittelbar folgenden Unterboden (gemeinhin 25–40 cm) von je 20 alternativ (biologisch-organisch, biologisch-dynamisch) und diesen benachbart liegenden konventionell bewirtschafteten Böden die mikrobielle Biomasse, die Aktivität der Enzyme Katalase und Protease sowie die Ammonifikation. Diese mikrobiellen Kennwerte lagen in Böden mit alternativer Bewirtschaftung im Mittel um 10–20% höher als in den konventionellen Vergleichsböden.

Vergleichende Untersuchungen mit konventionell und langjährig biologisch bewirtschafteten Böden (verschiedene Bodentypen), diese jeweils auch unter verschiedener Nutzung, Acker-, Gemüse-, Obst- und Weinbau, ergaben im Mittel von vier Untersuchungsterminen bei biologischer Bewirtschaftung höhere Werte für die mikrobielle Biomasse, die Aktivität der Enzyme Dehydrogenase, Katalase und alkalische Phosphatase (Gehlen und Schröder 1986). Als Merkmale der biologischen Bewirtschaftungsweise konnten eine vielseitige Fruchtfolge, organische Dünger, Verzicht auf chemisch synthetische Pflanzenbehandlungsmittel, schonende Bodenbearbeitung (flach wenden, tief lockern) angeführt werden.

Foissner (1987) untersuchte zwei ökologisch (biologisch-dynamisch) sowie zwei konventionell bewirtschaftete Trockenland Getreidefelder (Österreich) hinsichtlich des Mikroedaphons (Schalenamöben, Ciliaten, Nematoden), der Aktivität der Enzyme Katalase, Urease, Saccharase und der CO_2-Entwicklung. Standort (1): kalkiger, Grauer Alluvialboden, seit

1980 ökologisch bewirtschaftet, keine Pflanzenschutzmittel und Wachstumsregulatoren. Standort (2): Boden wie oben, konventionell bewirtschaftet, 350 kg/ha/Jahr NPK, Pestizide, Wachstumsregulatoren. Standort (3): kompakter Tschernosem, seit 1977 ökologisch bewirtschaftet, Fruchtwechsel mit Gemüse und Getreide, Gründünger, spezielle in der biodynamischen Landwirtschaft genutzte Dünger; kein Kompost, natürlicher Pflanzenschutz. Standort (4): Boden wie oben, konventionell bewirtschaftet, 500 kg/ha/Jahr NPK, Pestizide, Wachstumsregulatoren. Die ökologisch bewirtschafteten Standorte zeigten höhere Organismenzahlen, eine höhere CO_2-Entwicklung und Enzymaktivitäten. Der signifikant höhere Humusgehalt der ökologischen Standorte sowie deren gegenüber konventionell bewirtschafteten Standorten geringere Bodendichte konnte damit im ursächlichen Zusammenhang stehen. Foissner konnte auf eine Untersuchung mit einem organisch-biologischen System unter atlantischem Klima verweisen, welche Unterschiede in der gleichen Größenordnung erbracht hatte.

In einer weiteren Arbeit untersuchten Foissner et al. (1987) in fünf organisch-biologisch und fünf konventionell bewirtschafteten Weizenfeldern und Wiesen in der Umgebung Salzburgs Bodentiere (Schalenamöben, Ciliaten, Nematoden und Lumbriciden) die Aktivität der Enzyme Katalase, Urease und Saccharase sowie die Atmungsaktivität. Bei den untersuchten Betrieben handelte es sich um normale landwirtschaftliche Betriebe, welche für neun, elf und 21 Jahre ökologisch bewirtschaftet worden waren. Die organisch-biologisch bewirtschafteten Standorte unterschieden sich von den konventionell bewirtschafteten im wesentlich durch die Unterlassung der Applikation von synthetischen Mineraldüngern, Herbiziden und durch den Einsatz von sorgfältiger behandelten organischen Düngern (beispielsweise belüftete Jauche und Mist). Für die ökologischen Standorte waren eine signifikant höhere Biomasse sowie mehr Arten an Schalenamöben sowie eine größere Zahl an Nematoden, ebenso wie eine signifikant höhere Katalaseaktivität nachweisbar. Die CO_2-Entwicklung, die Zahl der Ciliaten und Regenwürmer sowie die Aktivität der Enzyme Saccharase und Urease zeigten keine signifikanten Unterschiede. An den konventionellen Standorten war ein Trend zu einer größeren Anzahl und Biomasse an Lumbriciden feststellbar.

In einem Feldversuch zur organischen und konventionellen Bewirtschaftung, welcher 1975 begonnen und 1981 sowie 1982 bewertet wurde, erfolgte der Vergleich dreier Bewirtschaftungssysteme (Fraser et al. 1988). Diese umfaßten ein organisches System, ein konventionelles System nur mit Mineraldünger, ein konventionelles System mit Mineraldünger plus Herbiziden bei einem vier Jahres-Getreide/Leguminosen-Fruchtwechsel, plus einer Mais-Monokultur, welche Mineraldünger, Herbizide und Insektizide erhalten hatte. Eine höhere mikrobielle Biomasse und Atmung (CO_2) sowie Dehydrogenaseaktivität konnte an mit Hafer/Klee be-

stellten Standorten und solchen gefunden werden, welche organisch gedüngt worden waren. Der Anstieg der mikrobiellen Populationen und deren Aktivitäten verlief mit dem Anstieg des organischen C-Gehaltes, des
Kjeldahl-N und dem des wassergefüllten Porenraumes parallel. Die Unterschiede bezüglich der N_2-Fixierung und der Denitrifikation waren minimal. Bei üblicher Feldapplikation der Herbizide oder anderer Pestizide
konnten signifikante Unterschiede hinsichtlich physikalischer, chemischer
und biologischer Eigenschaften nicht nachgewiesen werden.

In Böden von Obstgärten, welche für 17 bzw. acht Jahre konventionell
(mit Pestizidprogramm und mineralischem Dünger) und solchen, welche
für 13, 27, 31 Jahre organisch (ohne Pestizide und synthetische Dünger)
bewirtschaftet worden waren, untersuchte Helweg (1988) vergleichend die
Atmung (CO_2-Entwicklung), die Ammonifikation, die Nitrifikation, den
^{14}C-Strohabbau und den ^{14}C-Parathionabbau. Das Pestizidprogramm umfaßte mehrere verschiedene Fungizide, Herbizide, Insektizide und Wachstumsregulatoren, welche jeweils in der Zeit zwischen März und November
in Spritzfolgen appliziert wurden. Im organisch kultivierten Boden war die
CO_2-Entwicklung generell höher. In diesem System lag auch ein höherer
Humusgehalt vor. Der Boden unter den Bäumen wurde im konventionellen
System mittels Herbiziden vegetationsfrei gehalten. Die aus dem ^{14}C-mar-
kierten Luzernemehl freigesetzte CO_2-Menge war für beide Systeme entsprechend. Der Abbau von ^{14}C-markiertem Gerstenstroh und von ^{14}C-
markiertem Parathion variierte mit dem Boden; eine Beziehung zur Vorbehandlung der Böden konnte nicht nachgewiesen werden.

Für organisch bewirtschaftete Böden konnten generell höhere Werte für
den Biomasse-C, die Dehydrogenaseaktivität, die Atmung und die Glucosemineralisierung festgestellt werden, diese waren jedoch stets geringer
als jene von Graslandböden (Vekemans et al. 1989). Die Autoren hatten in
20 Ackerböden in ihre Untersuchungen einbezogen. Sechzehn derselben
wurden entsprechend einem organischen System mit hohen jährlichen
Applikationsraten an kompostiertem Stalldünger versehen. Die restlichen,
sich nicht unter organischer Bewirtschaftung befindenden, Böden variierten hinsichtlich deren Eigenschaften. Bodeneigenschaften wie organischer Kohlenstoffgehalt, Gesamtstickstoffgehalt, Tongehalt und Kationenaustauschkapazität korrelierten signifikant positiv mit den biologischen Aktivitäten; eine Ausnahme stellte die Urease im Falle der
Kationenaustauschkapazität und des Tongehaltes dar (negative Korrelation
mit der Kationenaustauschkapazität und eine ebenfalls negative nicht so
enge Korrelation mit dem Tongehalt).

Zwei angrenzende Felder auf kalkigem Schlufflehm waren vormals Teil
eines Langzeitversuches (1953–1985) gewesen, in welchem Feld A einen
durchschnittlichen Eintrag an organischer Substanz von 5650 kg/ha in
Form von Feldfruchtrückständen, Gründünger und Stalldünger erhalten
hatte. Feld B hatte demgegenüber nur Feldfruchtrückstände, durchschnitt-

lich 3200 kg organische Substanz/ha jährlich, erhalten (Hassink et al. 1991 a,b). Der organische Substanzgehalt des Feldes A war dementsprechend höher als jener des Feldes B. Im Herbst 1985 wurde auf Feld B ein konventionelles und auf Feld A ein reduziertes Bewirtschaftungssystem etabliert. Das letztere schloß den reduzierten Eintrag an mineralischem Dünger und Bioziden, weniger intensive Bearbeitung und einen integrierten Einsatz von anorganischen und organischen Düngern ein. Die Fruchtfolge der drei Jahre war, Zuckerrübe, Winterweizen, Zuckerrübe. Während drei Jahren wurden die Größe und die Aktivität der mikrobiellen Biomasse bestimmt. Im System mit reduziertem Eintrag war die Größe und die Aktivität der Biomasse in den oberen 25 cm höher als im konventionellen System. Unterhalb einer Tiefe von 40 cm waren keine Unterschiede nachweisbar. Im reduziert bewirtschafteten System war im Vergleich zum konventionell behandelten System die relative Zunahme des Gesamt-N, des Biomasse-N und der N-Mineralisierungsrate höher als die relative Zunahme des organischen Kohlenstoffs, des mikrobiellen Biomasse-C und der Atmung. Im reduzierten System waren im Falle des Kohlenstoffs, die relativen Zunahmen in Bezug auf die mikrobielle Aktivität (Atmung) höher als für den organischen Kohlenstoff und den mikrobiellen Biomasse-C.

Untersuchungen zur Dynamik mikrobieller Populationen in den oben genannten Systemen zeigten wesentliche Veränderungen im Zeitverlauf (Hassink et al. 1991b). Diese Veränderungen waren größer als die Unterschiede zwischen den beiden Feldern. Generell, veränderten sich im Zeitverlauf die Eigenschaften der Populationen in der Rhizosphäre stärker, als jene im wurzelfreien Boden. Die Unterschiede in den Populationseigenschaften zwischen den beiden Feldern waren größer für Pilze als für Bakterien, einschließlich Aktinomyceten. Am Ende der Wachstumsperiode waren die Wurzelpopulationen der Pilze in den beiden Feldern signifikant unterschiedlich. Die Fähigkeit der Pilze in der Wurzelzone des konventionellen Feldes polymere Substrate und aliphatische organische Verbindungen zu nutzen ging in dieser Periode stark zurück. Dies war nicht der Fall für das Feld mit reduziertem Eintrag. Die Diversität der bakteriellen und pilzlichen Populationen ging im Juli und August zurück, der stärkste Rückgang erfolgte in der Rhizosphäre des konventionell bewirtschafteten Feldes. Der Rückgang und die Diversität reflektierten die im Sommer auftretenden Trockenperioden.

Laanbrök und Gerards (1991) stellten eine vergleichende Untersuchung zur Größe und Aktivität der chemolithotrophen Bakteriengemeinschaft eines integrierten und eines konventionellen Bewirtschaftungssystemes an. Beim integrierten System waren gegenüber dem konventionellen System zunehmende Einträge an organischem Dünger und ein reduzierter Eintrag an mineralischem Dünger gegeben. Das integrierte System beeinflußte die potentielle Nitrifikationsaktivität positiv, nicht jedoch die Zahl der chemo-

lithotrophen Nitrifikanten. Letztere war mittels MPN-Technik und Immun-
fluoreszenzmikroskopie ermittelt worden.

Hannukkala et al. (1990) untersuchten in den Jahren 1982 bis 1988 den
Einfluß von konventioneller und organischer Bewirtschaftung auf den
Feldfruchtertrag und dessen Qualität, auf die mikrobielle Aktivität, auf Unkräuter und Pflanzenkrankheiten sowie auf Insekten und Regenwürmer. Im
konventionellen System kamen industrielle Dünger und chemische Pestizide zu Anwendung. Die organischen Systeme basierten auf der biologischen Stickstoffixierung durch Leguminosen und auf organischen Düngern. Chemische Pestizide wurden nicht genutzt. Bei organischer Bestellung variierte der durchschnittliche Ertrag an Gerste zwischen einem Vier-
tel und der Hälfte desselben bei konventioneller Bestellung. Die Erträge an
Winterweizen, Hafer und Kartoffeln betrugen etwa 40% der bei konventioneller Bewirtschaftung erhaltenen. Der akute Stickstoffmangel, welcher infolge der schlechten Leistung der Leguminosen, dem niedrigen N-
Gehalt der organischen Dünger und der N-Verluste, welche unter anaeroben Bedingungen während des Winters und des Frühjahrs auftraten, verursacht wurde, wurde mit dem schlechten Wachstums im organischen System in primär ursächlichen Zusammenhang gesetzt. Die ausgeprägte Verdichtung des Bodens und die anaeroben Verhältnisse bei den organischen
Systemen beeinflußten die mikrobielle Aktivität des Bodens und die Würmer negativ. Die mikrobielle Aktivität war mittels des Nitrifikationspoten-
tials, der Dehydrogenaseaktivität, der cellulolytischen Aktivität und der
Atmung erfaßt worden. Unkräuter, Pflanzenkrankheiten und Insekten stellten bei keinem der Systeme ein wesentliches Problem dar.

Reganold (1988) unternahm an zwei benachbart liegenden Farmen, von
denen eine organisch, die andere konventionell bewirtschaftet wurde vergleichende mikrobiologische und enzymatische Untersuchungen. Der organische Betrieb wurde ohne Einsatz kommerzieller Dünger und nur unter
beschränktem Einsatz von Pestiziden seit der ersten Bepflügung der Farm
im Jahre 1909 bewirtschaftet. Die konventionelle Farm, erstmalig bearbeitet 1908, erhielt 1948 bzw. in den frühen Fünfziger Jahren erstmals
empfohlene Raten an kommerziellem Dünger bzw. Pestiziden. Der organisch bewirtschaftete Schluff-Lehm wies höhere Enzymaktivitäten (untersuchte Enzyme Urease, Phosphatase, Dehydrogenase) und eine höhere
mikrobielle Biomasse auf als der konventionell bewirtschaftete Vergleichsboden. Das organische System erwies sich gegenüber dem konventionellen System langfristig in der Aufrechterhaltung der Gare und der Produktivität des Bodens sowie in der Reduktion von Erosionsverlusten effektiver.

Während einer Periode von drei Jahren verglichen Engels et al. (1993)
mikrobiologische und enzymatische Parameter in zwei Böden Deutschlands, welche entsprechend den Richtlinien der International Federation of
Organic Agriculture Movements (IFOAM) bewirtschaftet wurden. Die

biologischen Parameter schlossen die Biomasse und die Aktivität der Enzyme Dehydrogenase, Katalase, Protease, alkalische Phosphatase, Saccharase und β-Glucosidase ein. Die mikrobielle Biomasse erwies sich als ein nützlicher Parameter zur Beobachtung des Zustandes und der Entwicklung der Bodenproduktivität. Ebenso traf dies für die Dehydrogenase- und Katalaseaktivität zu. Die Überführung zur organischen Bewirtschaftung fand 1985 statt. Zwischen 1985 und 1986 wurden Rotklee und Gras angebaut und dreimal jährlich geerntet. 1987 wurden Kartoffel angebaut, diese waren 1988 von Bohnen und 1989 von Winterweizen gefolgt. Die beprobten Standorte waren im selben Feld lokalisiert gehörten jedoch verschiedenen Bodentypen an. Eine starke jahreszeitliche Abhängigkeit der Aggregatstabilität war beobachtbar. Hohe positive Korrelationen bestanden zwischen der Aggregatstabilität, der Bodenatmung und der Aktivität des Enzyms Katalase, in einigen Fällen mit der Aktivität der Enzyme Dehydrogenase, Saccharase und Protease, nicht aber mit der Aktivität der alkalischen Phosphatase.

Ergebnisse von vergleichenden Untersuchungen im Rahmen eines in der Schweiz seit 1978 laufenden Langzeitversuches mit den Anbausystemen biologisch-dynamisch, organisch-biologisch und konventionell wurden präsentiert (Mäder et al. 1993). Bei dem Boden handelte es sich um eine schwach pseudovergleyte Parabraunerde über Löß. Die Fruchtfolge war einheitlich Kartoffeln, Winterweizen 1, Randen, Winterweizen 2, Wintergerste und 2 Jahre Kleegras. In der Bodenbearbeitung unterschieden sich die Verfahren nur geringfügig. In den biologischen Systemen wurde etwa 2–3 cm flacher gepflügt und zur Unkrautregulierung häufiger gehackt und gestriegelt. Die beiden biologischen Systeme wurden mit Stalldüngern entsprechend 1.2 Düngergroßvieheinheiten/ha gedüngt, während das konventionelle System entsprechend Stalldünger erhielt und zusätzlich mit Mineraldüngern auf 1.2 Normdüngung gemäß den Richtlinien der Eidg. Forschungsanstalten aufgedüngt wurde. Im biologisch-dynamischen System wurde Mistkompost, im organisch-biologischen angerotteter Mist oder Frischmist und im konventionellen System Stapelmist angewendet. Der Eintrag an organischer Substanz war in beiden Fruchtfolgeperiode (1978 bis 1991) in allen drei Anbausystemen ähnlich. Eine Kontrollvariante wurde seit Beginn der 2. Fruchtfolgeperiode (1985) ausschließlich mineralisch auf 1.2 Norm gedüngt, der Pflanzenschutz entsprach dem konventionellem System. Eine weitere Kontrollvariante ohne jegliche Düngung wurde biologisch-dynamisch gepflegt. Im 13. bzw. 14. Versuchsjahr wurden die Auswirkungen der verschiedenen Bewirtschaftungssysteme auf die Bodenmikroorganismen untersucht. Folgende Messungen wurden 1990 und 1991 in Winterweizenparzellen vorgenommen: mikrobielle Biomasse geschätzt entsprechend SIR und ATP-Gehalt, Bodenatmung, Aktivität von fünf verschiedenen Enzymen (Dehydrogenase, Katalase, Protease, alkalische Phosphatase und Saccharase) sowie N-Mineralisierung und Celluloseabbau im Brutversuch. Zudem wurde die Mykorrhizierung der Weizenwurzeln bestimmt. Zu allen acht Untersuchungszeitpunkten in den Jahren 1990 und 1991 zeichneten sich beide biologischen Anbauverfahren sowohl durch eine höhere mikrobielle Biomasse als auch durch höhere Enzymaktivitäten aus. Das ungedüngte und das mineralisch gedüngte Kontrollverfahren wiesen die geringsten Werte auf, das konventionelle System nahm eine Mittelstellung ein. Die Dehydrogenaseaktivität erwies sich als ein sehr sensibler Parameter zur Differenzierung der Anbausysteme. Der Celluloseabbau und die Stickstoffmineralisierung erfolgten mit wenigen Ausnahmen in allen Anbausystemen ungefähr gleich intensiv. Der Mykorrhizierungsgrad war bei den biologischen Verfahren sowie im ungedüngten Verfahren höher als im konventionellen und mineralisch gedüngten Verfahren. Die mikrobielle Biomasse (SIR) korrelierte hoch signifikant mit dem pH-Wert sowie dem C_t- und N_t-Gehalt des Bodens. Der metabolische Quotient (qCO_2) war in den biologischen Anbauverfahren am geringsten, im ungedüngten und im rein mineralisch gedüngten Verfahren am höchsten. In den biologischen Systemen war der Anteil des mikrobiellen Biomasse-C am gesamten organischen Kohlenstoffgehalt (C_{mic}/C_{org}-Verhältnis) am höchsten. Dieser Anteil war im ungedüngten System und beim mineralisch gedüngten Verfahren am geringsten.

An konventionell und alternativ bewirtschafteten Standorten mit für die Region üblicher Bestellung und Nutzung (Weide-/ Grünland im Wechsel mit Feldfrüchten) wurden vergleichende Untersuchungen zum organischen Kohlenstoffgehalt sowie zur Aktivität der Enzyme Arylsulfatase, Arylphosphatase sowie Urease unternommen (Nguyen et al. 1995). In der Phase der Nutzung der Böden als Weide konnte für die alternativen Systeme der Trend zur höheren Aktivität der Enzyme Arylsulfatase, Arylphosphatase sowie Urease gegenüber dem konventionellen System nachgewiesen werden. Während der Phase der Nutzung der Böden zur Feldfruchtproduktion bestand für beide Systeme hinsichtlich der Enzymaktivitäten Ähnlichkeit.

9 Rekultivierung

9.1 Ziele und Standorte

Die Minimierung der Beeinträchtigung der Umwelt, die erneute Etablierung eines funktionsfähigen Pflanzen-Boden Systems sowie einer ästhetischen Landschaft zählen zu den primären Zielen von Rekultivierungsbeziehungsweise Restaurationsmaßnahmen. Restaurationsmaßnahmen verfolgen das Ziel die strukturellen und funktionellen Eigenschaften eines gestörten Standortes wiederherzustellen bzw. Abfälle, welche bei der Gewinnung von Rohstoffen und Energie sowie bei anderen industriellen Prozessen anfallen in Böden überzuführen, die verschiedenen Nutzungen zugänglich sind. Die im Zuge der Rekultivierung der angeführten Abfälle entstehenden Böden werden als „technogene Böden" definiert.

Bodenmikroorganismen und -enzyme leisten wesentliche Beiträge zu den biogeochemischen Kreisläufen und spielen eine wichtige Rolle bei der Pedogenese sowie bei der Etablierung und Erhaltung fruchtbarkeitsbestimmender Bodeneigenschaften. Diese sind an der Ausbildung und Stabilisierung der Bodenstruktur, welche die Bewegung des Wassers und der Luft sowie das Auflaufen von Sämlingen und die Wurzelpenetration beeinflußt, beteiligt. Bodenmikroorganismen und -enzyme sind für eine erfolgreiche Rekultivierung von im Tagebau genutzten Standorten, von bergbaulichem Abraum, von Asche-, Müll- und Schuttdeponien, von planierten Schipisten und von anderen gestörten Böden unersetzlich.

Der Erfolg eines Rekultivierungsvorhabens wird vom Klima, von der Topographie und von den chemischen, physikalischen und biologischen Eigenschaften des zu rekultivierenden Materials mitbestimmt. Dieser Erfolg wird primär an Hand oberirdischer Merkmale des zu rekultivierenden Standortes gemessen. Die Entwicklung einer funktionellen Gemeinschaft von Bodenorganismen ist jedoch die Grundlage für die langfristige Struktur der Pflanzengemeinschaft. In Böden, welche zur Unterhaltung einer lebensfähige Pflanzengemeinschaft befähigt sind, treten zahlreiche biologisch vermittelte Vorgänge auf.

Die Restaurierung eines stabilen und produktiven Bodens erfordert die Etablierung eines sich selbsterhaltendes Boden-Pflanzen Systems, in welchem die Nährstoffreisetzungsrate dem Pflanzenwachstum entspricht.

In vom Menschen nicht bewirtschafteten Ökosystemen sind die Pflanzen in ihrer Nährstoffversorgung von den Bodenmikroorganismen abhängig, welche die anfallenden organischen Substanzen unter Freisetzung pflanzenverfügbarer Nährstoffe zersetzen. Die mikrobielle Biomasse sowie mikrobielle Stoffwechselprodukte tragen zum Aufbau einer pflanzengünstigen Bodenstruktur bei. Auch vermögen Mikroorganismen nachteilige chemische und physikalische Standorteigenschaften zu verbessern, welche das Pflanzenwachstum zu beschränken vermögen (z.B. pH, toxische Elementgehalte, Toxine).

Die einer Rekultivierung zugeführten Materialien können hinsichtlich deren mineralogischer, physikalischer und chemischer Eigenschaften sehr inhomogen sein. Oftmals weisen diese für die Entwicklung von Mikroorganismen und den Ablauf biochemischer Stoffumsetzungen limitierende Eigenschaften auf. Der Mangel an organischer Substanz und anorganischen Nährstoffen, hohe Gehalte an toxischen Elementen, extreme pH-Werte, hohe Salinität und ungünstige Textur stellen solche Eigenschaften dar. Bodenphysikalische Probleme können sich auch durch Planierarbeiten und die Verdichtungsanfälligkeit des Rekultivierungsmaterials ergeben. Dichtlagerungen sind häufig Ursachen von Rekultivierungsmängeln. Unter dem Einfluß des Menschen werden auf diese Weise Extremstandorte geschaffen.

Oftmals ist es nötig, extreme Materialeigenschaften durch eine geeignete Vorbehandlung des Materials zu verbessern und damit die Entwicklung mikrobieller Populationen zu fördern. Potentiell hemmende Komponenten in zu rekultivierenden Substraten können mit Mikroorganismen und Enzymen direkt und indirekt in Wechselwirkung treten. Eine Möglichkeit die Hemmwirkung toxischer Substratkomponenten zu überwinden besteht in einer umfassenden Behandlung (z.B. Perkolation, Düngung) des Materials oder im Aufbringen von Oberbodenmaterial. Beim zweitgenannten Ansatz besteht jedoch die Möglichkeit, daß lösliche oder flüchtige Materialkomponenten in die Oberflächenbodenzone eintreten und das Pflanzen-Boden System negativ beeinflussen. Auch kann es durch Einwachsen der Pflanzenwurzeln in das unterliegende Material zur Aufnahme potentiell toxischer Komponenten in die Pflanzen kommen. Solche Komponenten können sich in der Folge über die anfallende Streu und deren Zersetzung im Oberboden anreichern. Die Bedeckung der zu rekultivierenden Standorte mit Oberbodenmaterial ist nicht immer ökonomisch beziehungsweise kann ein solches auch nicht verfügbar sein.

Die organische Substanz spielt bei der Entwicklung und der Funktion stabiler Boden-Pflanzen Systeme eine Schlüsselrolle. Deren Menge und Umsatz sind Schlüsselgrößen für die Produktivität des Systems. Die organische Substanz ist Nährstoffquelle, Nährstoffspeicher, Wasserspeicher, Puffersubstanz und Strukturelement. Durch die Ab- und Umbauvorgänge an der organischen Substanz werden Nährstoffe für die Entwicklung der mikrobiellen und der pflanzlichen Gemeinschaft bereitgestellt sowie auch bodeneigene organische Verbindungen (Huminstoffe) gebildet, welche die Eigenschaften von Rekultivierungsböden verbessern. Organische Substanzen erhöhen die Austauschkapazität und Sorptionskraft des Bodens. Diese kombinieren mit anorganischen Bodenbestandteilen und begünstigen die Ausbildung der Bodenstruktur, wodurch der Wasser-, Luft- und Wärmehaushalt verbessert wird.

Der Befund, daß tonige Böden rascher eine Struktur entwickeln als sandige Böden, zeigt die Bedeutung der Huminstoff-Tonaggregate für die Beschleunigung der Bodenentwicklung an. Huminstoffe tragen ebenso wie Tonkolloide durch ihre Pufferkapazität, ihre hohe spezifische Oberfläche und ihre Austauschkapazität zur Verbesserung der chemischen und physikalisch-chemischen Eigenschaften der Böden bei. Durch Adsorption und Komplexbildung vermögen diese die Konzentrationen verfügbarer Schadstoffe zu beeinflussen. Huminstoffe sind Bestandteile von Mikrohabitaten und vermögen durch Immobilisierungsreaktionen die Persistenz zellfreier Enzyme im Boden zu verlängern. Hinsichtlich der Eigenschaften von Huminstoffen rezent restaurierter Böden besteht Forschungsbedarf. Solche Untersuchungen besitzen auch Relevanz für die Fähigkeit der Restaurierungssysteme Anforderung zu erfüllen, welche für Fragen des Bodenschutzes wie beispielsweise Schadstoffestlegung von Bedeutung sind.

An Rekultivierungsstandorten ist es notwendig den Gehalt und die Eintragsraten der organischen Substanz zu erhöhen. Dies kann durch die Gabe von organischen Düngern und die Förderung der pflanzlichen Produktion erreicht werden. Zur Stimulierung des Pflanzenwachstums sowie mikrobieller und biochemischer Größen werden Dünge- und Bodenverbesserungsmittel sowie spezielle Begrünungstechniken eingesetzt. Durch diese Maßnahmen sollen die biologischen Parameter stimuliert und die Basis für die Anreicherung von Nährstoffen und die Etablierung und Unterhaltung eines Vorrates an organischer Bodensubstanz geschaffen werden. Vergleichende Untersuchungen zeigten die unterschiedliche Eignung der angewandten Dünger den Fortgang der Rekultivierung zu beschleunigen. Verschiedene Pflanzen bzw. verschiedene Nutzungsarten von Neulandböden beeinflussen den Rekultivierungsfortgang unterschiedlich. Eine Analyse chemischer, physikalischer und biologischer Bodeneigenschaften zeigte, daß in einer der Ackernutzung vorangehenden Aufforstung eine Möglichkeit besteht, im Zuge von Rekultivierung auftretende Bodenschäden zu verringern bzw. zu vermeiden (Müller et al. 1988). Von etwa 20 Jahre alten Neulandböden aus Löß unter Wald, Grünland und Acker, welche zuvor von einem Braunkohlentagebau beansprucht worden waren, wiesen die rekultivierten Waldböden die günstigsten Eigenschaften auf. Diese zeichneten sich durch gute physikalische Eigenschaften im gesamten Profil und durch eine starke Durchwurzelung bis zirka 30 cm Tiefe aus. Der A_h-Horizont wies eine Mächtigkeit von 10–20 cm auf. Der Waldboden besaß ein höheres Gesamtporenvolumen als Grünland- und Ackerböden. Die günstigen physikalischen Verhältnisse der Waldstandorte wurden auch durch eine hohe Wasser- und Luftdurchlässigkeit sowie ebenfalls durch eine relativ geringe Dichte und einen geringen Eindringwiderstand belegt. Die Grünlandböden waren in den oberen 5–10 cm des Profils dunkelgefärbt und intensiv durchwurzelt. Diese wiesen jedoch bis in 30–40 cm Tiefe eine vor allem durch Viehtritt verursachte starke Verdichtung auf. Die rekultivierten Ackerböden wiesen einen schwach humosen A_p-Horizont sowie eine merkliche Dichtlagerung in der Pflugsohle auf. Die Luft- und Wasserpermeabilität war entsprechend ungünstiger. Die auf die gesamte Profiltiefe bezogene Humusmenge nahm vom Wald über das Grünland zum Ackerboden ab. Die Kohlenstoffgehalte lagen bei den Waldböden in sämtlichen Tiefen etwas höher als bei den Grünlandböden.

An einem Rekultivierungsstandort bestehende Nährstoffprobleme können durch Düngung nur temporär gelöst werden, da Nährstoffe dem System wieder verloren gehen können (mit der Biomasse, in das Grundwasser, in die Atmosphäre). Für den Aufbau einer natürlichen Fruchtbarkeit im Sinne von Nährstoffnachlieferung und -speicherung sowie von Aufbau und Erhaltung einer pflanzengünstigen Bodenstruktur ist eine funktionierende Gemeinschaft von Mikroorganismen notwendig. Menschliche Eingriffe zur Erhaltung des Systems werden dadurch unnötig. Aktivitätsrückgänge bei Erschöpfen der von außen zugeführten organischen Materialien bestätigen, daß die Etablierung eines Gleichgewichtszustandes, welcher auf einem sich selbst erhaltendem Ökosystem beruht, eine Notwendigkeit darstellt (z.B. Stroo und Jencks 1982). Für den langfristigen Rekultivierungserfolg ist auch jener Befund von Bedeutung, daß obgleich die Primärproduktion durch die mineralische Düngung stimuliert wird, biochemische Prozesse nicht im gleichen Ausmaß stimuliert werden. Als Folge davon kann sich unzersetztes Pflanzenmaterial anreichern, welches eine Nährstoffsenke mit niedrigen Umsatzraten darstellt und das Pflanzenwachstum reduziert.

9.2 Mikrobiologische und bodenenzymatische Bewertung

9.2.1 Methodische Ansätze

Physikalische, chemische und biologische Methoden dienen der Feststellung der Qualität des zu rekultivierenden Substrates bzw. der Verfolgung des Fortschrittes von Rekultivierungsmaßnahmen. Zur Bestimmung des

Restaurierungsfortganges gestörter Böden bzw. der Rekultivierung von bergbaulichem und industriellem Abfall ist es notwendig das Pflanzen-Bodensystem ganzheitlich zu betrachten. Bei Rekultivierungsvorhaben besteht wesentliches Interesse daran Vorhersagen treffen zu können wie bodenbiologische Vorgänge, welche für die Funktion des Boden-Pflanzensystems von Relevanz sind, durch das Rekultivierungsmaterial beeinflußt werden. Biologische, chemische und physikalische Bodenanalysen ergänzen einander dabei in wertvoller Weise.

In den vergangenen knapp dreißig Jahren etablierten sich Forschungsschwerpunkte mit dem Ziel, Rekultivierungspotentiale und -fortschritte unter dem Aspekt der im zu rekultivierenden Substrat ablaufenden Vorgänge zu verfolgen. Einen Überblick gab Parkinson (1978).

Im Zeitraum 1955–1965 begann man mit der Erarbeitung von Übersichten über mikrobielle Populationen in Bergwerksböden. Seit etwa 25 Jahren wird die Möglichkeit untersucht, mit Hilfe von Bodenenzymaktivitäten den Erfolg einer Rekultivierung zu bewerten. Literaturberichte über Celluloseabbauuntersuchungen zur Bewertung der Effizienz verschiedener Rekultivierungsverfahren auf Braunkohlenabraum liegen vor (Klein et al. 1985). Kiss et al. (1993) präsentierten Arbeiten, welche den Einsatz enzymatischer Methoden zur Analyse des Entwicklungsfortganges technogener Böden nutzten.

Die Eignung von Bodenenzymaktivitätbestimmungen zur Verfolgung der Entwicklung des Pflanzen-Bodensystems wurde diskutiert. Je nach Vorhandensein oder Fehlen von Boden vor der Entwicklung einer Pflanzengesellschaft wäre demnach der Nutzen solcher Aktivitätsbestimmungen unterschiedlich zu bewerten (Klein et al. 1985). Wird eine Rekultivierung auf einem bereits vorhandenem Boden initiiert, ist gegenüber einer solchen bei Nichtvorhandensein von Boden, mit einem Überschuß an organischer Substanz und an Bodenenzymen zu rechnen. Unter solchen Bedingungen kann sich die Bestimmung von Bodenenzymaktivitäten zur Verfolgung der Entwicklung des Pflanzen-Bodensystems, zumindest in den Anfangsstadien, als weniger nützlich erweisen. Ist zum Zeitpunkt der Initiierung einer Rekultivierung kein Boden vorhanden, können, indem sich das Pflanzen-Bodensystem entwickelt und sich organische Substanz anreichert, engere Korrelationen zwischen Bodenenzymaktivität und anderen Systemkomponenten faßbar werden.

Enzymversuche zeichnen sich gegenüber vielen chemischen Verfahren durch eine relative Kostengünstigkeit, eine hohe Analysegeschwindigkeit und einen relativ geringen instrumentellen Bedarf aus.

Ökophysiologische Parameter wie das C_{mic}/C_{org}-Verhältnis und die spezifische Atmung (qCO_2) sind für die Beschreibung der Entwicklung eines Ökosystems bzw. für die Bewertung von Rekultivierungsfortschritten wertvoll. Von den beiden in diesem Zusammenhang verfolgten Annäherungen basiert die erste auf dem Verhältnis der mikrobiellen Biomasse zum organischen Kohlenstoffgehalt des Bodens. Solange in einem gegebenen Ökosystem die Nettoprimärproduktion die Atmung der Heterotrophen übersteigt, reichert sich in diesem organische Substanz an. Ein Gleichgewichtszustand wird erreicht, wenn die Atmung der Nettoprimärproduktion entspricht. Bei Gleichgewichtsbedingungen, sollte sich der Anteil des mikrobiellen Biomasse-C (C_{mic}) am gesamten organischen Kohlenstoffgehalt des Bodens (C_{org}) auf ein charakteristisches Niveau einpendeln. Abweichungen von diesem Niveau können die Anreichung oder den Verlust von Kohlenstoff anzeigen. Ist die Gleichgewichtskonstante bekannt, sollte das aktuelle C_{mic}/C_{org}-Verhältnis eines gestörten oder rekultivierten Bodens wertvolle Information darüber geben können, wie nahe der Boden einem Endzustand ist. Die zweite Annäherung ergibt sich aus der Theorie der Ökosystem-Sukzession von Odum. Entsprechend Odum geht das Verhältnis Gesamtatmung/Gesamtbiomasse mit der Sukzession in einem Ökosystem zurück. Der Hauptteil der aus der Nettoprimärproduktion stammenden Energie gelangt in den Pool der toten organischen Substanz, wo diese dem mikrobiellen Konsum verfügbar wird. Das Modell von Odum wurde deshalb durch den Ersatz der Gesamtatmung und der Gesamtbiomasse durch die mikrobielle Grundatmung und die mikrobielle Biomasse vereinfacht. Das Verhältnis von Atmung/Biomasse wird als spezifische Atmung (qCO_2) ausgedrückt.

Rekultivierungsprojekte, welche mikrobiologische und enzymatische Parameter berücksichtigten schließen vor allem solche zur Rekultivierung von bergbaulich gestörten Böden, von Abraum, von Aschedeponien, von Retortenölschiefer und von planierten Schipisten im Hochgebirge ein.

9.2.2 Alpine Böden

Schipisten

Die Begrünung planierter Schipisten im Hochgebirge verfolgt das Ziel starke Verluste von dort meist spärlich vorhandenem Bodenmaterial zu vermeiden. Eine beschleunigte Bodenbildung soll die Einwanderung autochthoner Pflanzengesellschaften erleichtern. Probleme der Hochlagenbegrünung ergeben sich daraus, daß nur Saatgut von Tieflagenpflanzen zur Verfügung steht (Insam und Haselwandter 1985). Tieflagenpflanzen weisen keine Anpassung an das Klima höherer Lagen auf und stellen Nährstoffansprüche, welche von den meist kargen Planieböden nicht gedeckt werden können. Eine Primärbesiedelung mit Tieflagenpflanzen soll durch eine intensive Pflege und Düngung der Rekultivierungsstandorte ermöglicht werden. In der Folge hofft man, daß autochthone Pflanzen einwandern und sich durchsetzen. Literaturangaben zufolge kann dies Jahrzehnte dauern.

Mikrobielle Biomasse, Mikrofauna. Die Wirkung verschiedener Dünger und Begrünungstechniken auf die Entwicklung der mikrobiellen Biomasse im Boden planierter Schipisten wurde untersucht (Insam und Haselwandter 1985). Bei den Versuchsflächen handelte es sich um planierte Schipisten in hochalpiner Extremlage (2600–2800 m Meereshöhe, Planien Alpiner Rasenbraunerden mit einer Mächtigkeit von 5–15/20 cm). Als organische Dünger kamen Biosol (getrocknetes, granuliertes Pilzmycel) 150 g/m^2; ARA (getrocknete bakterielle Biomasse) 150 g/m^2; Italpollina (getrockneter Hühnermist) 150 g/m^2; als anorganische Dünger, Volldünger, 30 g/m^2, zum Einsatz. Ein Teil der Versuchsflächen wurde auch bezüglich des Einflusses von Rohmagnesit, der andere bezüglich des Einflusses von H$_2$O$_2$ als Keimungsstimulans untersucht. Als Begrünungstechnik wurde eine Strohdecksaat bzw. ein chemischer Bodenfestiger (BL 801, 10 g/m^2) gewählt. Die Flächen wurden während eines Zeitraumes von 15 Monaten bzw. von drei Monaten beprobt. Die organischen Dünger bewirkten durchwegs eine wesentlich stärkeren Zunahme der mikrobiellen Biomasse als anorganische Dünger. Zudem konnten voneinander abhängige Kombinationswirkungen von Düngemaßnahme und Begrünungstechnik nachgewiesen werden. Auf einer Versuchsfläche besaß Rohmagnesit eine stimulierende Wirkung auf die mikrobielle Biomasse. H$_2$O$_2$ blieb ohne nachweisbare Wirkung.

Lüftenegger et al. (1986) führten unter Bedingungen der zuvor diskutierten Arbeit zoologische Untersuchungen durch. Die Auswirkungen von Begrünungsmaßnahmen mit zwei verschiedenen organischen Düngern, Biosol (150 g/m^2), ARA (150 g/m^2) sowie mit anorganischem Volldünger (Blaukorn, 30 g/m^2) auf die Struktur der Ciliaten-, Testaceen-, Rotatorien- und der Nematodengemeinschaft einer planierten Schipiste in 2800 m Meereshöhe (Rasenbraunerde) wurden erfaßt. Die Begrünung erfolgte mittels einer Strohdecksaat. Die drei Dünger führten in der angewandten Menge zu einer signifikanten Steigerung des Bodenlebens gegenüber der ungedüngten Kontrolle. Die organischen Dünger bewirkten einen signifikant höheren Anstieg diverser bodenzoologischer Parameter als der Mineraldünger. Der signifikant höhere organische Substanzgehalt sowie die von Insam und Haselwandter (1985) festgestellte höhere mikrobielle Biomasse dieser Flächen konnte als Ursache dafür diskutiert werden. Die Gemeinschaftsstrukturen der Ciliaten und die Abundanzen der Tetaceen gaben Hinweis darauf, daß die Fauna der planierten Flächen trotz dreijähriger Rekultivierung noch weit von den natürlichen Verhältnissen entfernt war. Es war jedoch besonders in den organisch gedüngten Flächen ein Trend in diese Richtung zu verzeichnen.

In Schigebieten werden Dünger und Kalk zum Zwecke der rascheren Begrünung sowie zur Reduktion der Erosion nach Bodenstörung durch Schiabfahrten angewandt. Zur Bewahrung des Schnees auf den Pisten werden ebenfalls große Mengen an Düngern ausgebracht. Berger et al.

(1986) untersuchten den Einfluß der empfohlenen Höchstmengen an NPK, Thomasphosphat und Kalk auf die Bodenmikrofauna vor allem auf Protozoen eines Alpinen Pseudogleys (NPK 400 kg/ha; Thomasphosphat 600 kg/ha; Kalk 4000 kg/ha; 100, 400, 1200 kg/ha Thomasphosphat). In einer weiteren Untersuchung wurde der Einfluß von Ammoniumsulfat, welches oft zur chemischen Pistenpräparation eingesetzt wird, geprüft. Die Testaceen- und Ciliatenzoenosen wurden durch hohe Dünger- und Kalkkon-zentrationen nicht ernst beeinträchtigt. Thomasphosphat erhöhte die Biomasse der Testaceen signifikant, wohingegen das schnell verfügbare NPK, das Ammoniumsulfat und hohe Mengen an Kalk zumindest wenige Wochen nach der Anwendung die Abundanz der Nematoden reduzierten.

Schlägerstandorte

Mikrofauna, biochemische Stoffumsetzungen. Der Wiederaufforstungs-fortgang eines Standortes an der alpinen Baumgrenze wurde an Hand bodenzoologischer und bodenenzymatischer Parameter bewertet (Aescht und Foissner 1992). An dem Standort in 1800 m Seehöhe (Tirol) waren die Latschen vor etwa 40 Jahren zur Ölproduktion gefällt worden. Etwa 430 drei Jahre alte topfgezogene Fichtenpflanzen (*Picea abies*) wurden mit den Papiertöpfen ausgepflanzt. Die Düngung erfolgte mittels Bactosol, Biomag bestehend zu 80% aus Rohmagnesit - Mg (CO_3), 10% Ätzmagnesit - $CaMg(CO_3)_2$ + MgO - und 10% Biosol. Die sieben Bactosolbehandlungen erfolgten unmittelbar nach der Auspflanzung im Jahre 1986. NPK und Magnesit, als Mineraldünger, wurden sechs Wochen später appliziert. Die Biomagbehandlung erfolgte 1987. Sämtliche Behandlungen wurden 1988 wiederholt. Die mineralischen und organischen Dünger wurden allein (90 g NPK; 90, 180, 300 und 450 g Bactosol/Sämling) und in Kombination mit Magnesit (90 g NPK + 300 g Mg; 90, 180 und 300 g bakterielle Biomasse + 300 g Mg; 30 g Biosol + 270 g Mg) appliziert. Ein Drittel wurde im Jahre 1986, die beiden anderen im Jahre 1988 appliziert. Als biologische Parameter waren Protozoen, kleine Metazoen und die Aktivität der Enzyme Katalase und Cellulase untersucht worden. Keine der Behandlungen bewirkte einen signifikanten Rückgang der biologischen Parameter. Das Bodenleben wurde in Abhängigkeit von der Menge an in den Düngern vorhandenem organischen Material mehr oder minder stimuliert; 180–270 g organische Substanz pro Sämling erwiesen sich als am effektivsten. Bactosol erhöhte das pH um etwa 0.5 Einheiten, die Aktivität des Enzyms Katalase wurde um etwa 70% und die Zahl der Ciliaten und Nematoden wurde um 150–400% erhöht. Die organomineralischen Dünger erhöhten das pH bis zu zwei Einheiten und stimulierten das Bodenleben ebenfalls; bei einem organischen Substanzgehalt von weniger als 180 g/Sämling ging die Effizienz wesentlich zurück. Die geringste biologische Aktivität war im Kontrollboden und im mit NPK gedüngten Boden nachweisbar. Die

Schalenamöben, die Rädertierchen und die celluloytische Aktivität wurden durch die Behandlungen nur insignifikant beeinflußt. Insgesamt bewirkten die organischen Dünger einen ausgeprägteren Anstieg des Bodenlebens und größere Veränderungen der Gemeinschaftsstruktur als die mineralischen Kombinationen. Zwei Jahre nach der Düngerapplikation waren die Unterschiede zwischen den behandelten Standorten und den nicht gedüngten Kontrollen reduziert.

9.2.3 Technogene Böden

Kohlenasche

Die in Kohlekraftwerken in großen Mengen anfallende Asche wird entweder im Trocken- oder Naßverfahren deponiert. Die übliche Methode der Kohlenaschenentsorgung besteht im Transport der Asche als Aufschlämmung zu einem Absetzbecken, wobei die Entfernung des Wassers über Oberflächendränage erfolgt. Bezüglich der Häufigkeit von Bodenmikroorganismen und der mikrobiellen Aktivität in diesen Absetzbecken gibt es keine Information (Klubek et al. 1992).

Zur Vermeidung von Erosion und Staubentwicklung besteht das Bestreben, auf den entstehenden Aschedeponieflächen möglichst rasch eine geschlossene Vegetationsdecke zu etablieren. Problemfaktoren, welche an solchen Standorten besonders hervortreten umfassen das Fehlen von organischer Substanz, den Stickstoffmangel, den meist in hohen Gesamtgehalten nachweisbaren Phosphor (welcher meist jedoch nicht pflanzenverfügbar ist), die infolge der 2–5%igen Löslichkeit der Asche hohen Salzkonzentrationen in der Bodenlösung sowie pH-Werte zwischen 9–12. Ein ungünstiger Wasserhaushalt und ein extremes Mikroklima tritt hinzu. Verdichtung und Bortoxizität sind mögliche weitere auf Aschedeponien auftretende, die Etablierung von Vegetation beeinflussende Faktoren. Maßnahmen zur Förderung der Etablierung von Vegetation bestehen in der Aufbringung von Bodenmaterial, in der Verbesserung der nachteiligen chemischen und physikalischen Bedingungen durch normale Verwitterungsvorgänge, in einer chemischen Behandlung zur Reduktion der Bortoxizität, im Zusatz von Torf oder Schiefer, in der Bestellung mit Leguminosen und in der Applikation großer Düngermengen (Hodgson und Townsend 1973).

Mikrobielle Populationen, Biomasse und biochemische Stoffumsetzungen. An Kohlenasche-Standorten unterschiedlichen Alters bestanden signifikante Unterschiede hinsichtlich der Zahl der Vertreter der Bakteriengruppe der Aktinomyceten, der kultivierbaren Bakterien, der Pilze, der amylolytischen Mikroorganismen, der nitrifizierenden sowie der denitrifizierenden

und Selenat-reduzierenden Bakterien (Klubek et al. 1992). Generell
konnten höherer Werte für Bakterien einschließlich der Gruppe der Aktinomyceten, Pilze, amylolytische Organismen und denitrifizierende Bakterien in Proben des aufgelassenen Schwemm-Aschebeckens nachgewiesen werden. Die Standorte umfaßten einen 1964 aufgelassen Standort
(25 Jahre alt, Cyclon- und Grundasche, 65% Grobmaterial), einen 1974
aufgelassenen Standort (15 Jahre alt, Schwemm-Asche), einen im gegen-
wärtigen Einsatz befindlichen Standort (primäres Aschebecken mit
Schwemm-Asche, im Einsatz seit Mitte 1970) sowie einen Kontrollstandort. Die Diversität und Aktivität der Mikroorganismen nahm mit zunehmendem Beckenalter zu. Die Werte für nitrifizierende und Selenat-redu-
zierende Bakterien waren im neuen, laufend im Einsatz befindlichen,
Becken am höchsten. Die mikrobiellen Diversitätsindices (phylogenetisch
sowie physiologisch) waren an sämtlichen Lokalitäten gering (< 1.0). Die
phylogenetischen Diversitätsindices korrelierten mit dem Prozentsatz des
Gesamtstickstoffgehaltes. Bei Zusatz von Glucose oder von Glucose plus
Ammoniumnitrat nahmen die Dehydrogenaseaktivität und die Bodenatmung zu. Die Limitierung der mikrobiellen Aktivität durch die Verfügbarkeit von einfachen organischen Verbindungen und von Stickstoff war angezeigt. Die Stimulierung der Entwicklung der mikrobiellen Gemeinschaft
erforderte bei der gegebenen Form der Flugascheentsorgung den Zusatz
von Rückständen mit einem niedrigen C/N-Verhältnis.

Die Wirkung verschiedener Dünger und Zuschlagstoffe oder Kombinationen derselben zur Beschleunigung der Rekultivierung von Aschedeponien auf das Pflanzenwachstum (Insam und Stalljann 1989) sowie auf
die Mikroflora (Insam 1989) wurde untersucht. Müllkompost, Rindenkompost, Biosol, Mineraldünger und Bodenverbesserungsmittel (Alginur;
ACS; Schwefel) sowie Kombinationen derselben kamen zum Einsatz. Bei
dem Rindenkompost handelte es sich um ein registriertes Produkt aus
Picea abies; das registrierte Produkt Alginur ist ein Ca-Alginat; bei dem
ebenfalls registrierten Produkt ACS handelt es sich um einen Komplex aus
Tonmineralien und kolloidalen organischen Verbindungen. Sowohl die
Flächendeckungsprozente als auch die Bestandesvitalität waren auf den
mit Rindenkompost und Biosol behandelten Parzellen am höchsten. Der
Zusatz von ACS zeigte in den meisten Kombinationen eine positive Wir-
kung, Alginur und Schwefel waren hingegen weitgehend wirkungslos. Die
Verwendung der Komposte bewirkte ein starke Erhöhung des mikrobiellen
Biomasse-C, wobei Müllkompost eine raschere Wirkung zeigte als
Rindenkompost (Insam 1989). Die Wirkung von Rindenkompost war
nachhaltiger. Eine deutliche Förderung des mikrobiellen Biomasse-C
konnte mit ACS erreicht werden. Ähnliche Ergebnisse konnten für die
Argininammonifikation erzielt werden. Biosol senkte die elektrischen Leit-
fähigkeit der Bodenlösung nachhaltig, auch wurden damit die besten
Werte bezüglich der Bestandesvitalität erzielt (Insam und Stalljann 1989).

Der mikrobielle Biomasse-C wurde damit nur wenig gesteigert. Das Ziel, möglichst rasch eine geschlossene Vegetationsdecke zu etablieren, gelang insbesonders gut unter Verwendung von ACS in Kombination mit Biosol und Rindenkompost. Diese Substrate erhöhten die mikrobielle Biomasse und die biochemische Aktivität.

Bergbaulicher Abraum

Bei der Rekultivierung von Tagebau-Abraum wird das ursprüngliche Oberbodenmaterial vor der Begrünung auf den Abraum aufgebracht oder es wird der Abraum direkt begrünt. Durch die zweite Vorgangsweise wird der Abraum selbst zum unmittelbaren Ausgangsmaterial des Bergwerksbodens.

Mikrobielle Populationen, Biomasse und biochemische Stoffumsetzungen.
In Kohlenbergwerksböden unterschiedlichen Alters und unter unterschiedlicher Vegetation nahm die mikrobielle Atmung sowie die Aktivität der Enzyme Amylase, Phosphatase und Urease mit zunehmendem Alter der Böden zu (Stroo und Jencks 1982). Nach 20 Jahren erreichten die Aktivitätspiegel der rekultivierten Böden in den oberen 10 cm jene der in den nativen Böden nachweisbaren. Diese Befunde standen mit der Anreicherung von organischer Substanz und von Stickstoff in Beziehung. Eine Hemmung der Enzyme in den Bergwerksböden war nicht nachweisbar; die Phosphataseaktivität war jedoch geringer. Junge Bergwerksböden, welche hohe Kalk- und Düngergaben erhalten hatten, wiesen zunächst die höchste Aktivität auf, in der Folge kam es zu einem Verbrauch der organischen Substanz und des Stickstoffs sowie zu einem Rückgang der Atmungsaktivität. Die Anreicherung von organischer Substanz wurde in diesen Böden verzögert. In nicht gedüngten Böden nahm der Gehalt an mineralisierbarem Stickstoff hingegen rasch zu. Ein Gehalt, welcher der Hälfte jenes der natürlichen Böden entsprach, war nach zwanzig Jahren erreicht worden. Robinien und Gras-Leguminosen waren einander in ihrer Wirkung auf die mikrobielle Aktivität und die Stickstoffanreicherung ähnlich. Die während der Rekultivierung aufgetretene Verdichtung nahm negativen Einfluß auf den organischen Substanzgehalt und die biochemische Aktivität.

Auf Basis der Aktivität der Enzyme Cellulase, Invertase, Urease und Katalase bewerteten Bender und Gilewska (1984) die Effizienz der Rekultivierungsmaßnahmen sowie die Bodenbildungsprozesse an einen Braunkohlenstandort. Die Rekultivierungsperioden (frischer, roher Haldenboden, drei sowie zehn Jahre alte Böden) und die Applikationsmengen an NPK-Dünger variierten. Die Düngerproportionen entsprachen: (I) 0NPK, (II) 1NPK, (III) 2NPK; die Kombinationen waren: kein NPK; N 130–160, P 105.8–237.6, K 116.2–207.5 kg/ha sowie N 260–320, P 211.2–237.6, K

232.4–415.0 kg/ha für I, II und III. Das durch die Aktivität der Enzyme angezeigte Ausmaß der Umsetzung der organischen Substanz variierte mit dem Düngerniveau und der Rekultivierungsperiode. Die Aktivität der Enzyme wurde durch eine geringe Menge an biogenen Elementen reduziert. Unter jeder Pflanzenart (Gerste, Weizen, Luzerne) war die Aktivität bei der Variante 0NPK am geringsten. Phosphor-, Kalium- und vor allem Stickstoffdünger erhöhten die Enzymaktivität. Die 1NPK Variante war für eine vollkommene Umsetzung der organischen Substanz unzureichend. Nur bei der Variante 2NPK konnte Umsetzung und Humifizierung der pflanzlichen Substanz beobachtet werden. Die katalytische Aktivität der Böden erreichte bei dieser Kombination das maximale Niveau. Die Mikroorganismen und die Pflanzen konnten sich nur bei diesem Düngerangebot in geeigneter Weise entwickeln, da nur dieses die Konkurrenz der Organismen um diese basalen Nährstoffe eliminierte.

Untersuchungen von physikalischen, chemischen, mikrobiologischen und enzymatischen Eigenschaften rekultivierten Abraums im Gebiet des Rheinischen Braunkohlen-Tagebaus wurden durchgeführt (Schröder et al. 1985). Die Rekultivierung hatte von etwa 20 Jahren begonnen. Die Rekultivierung führte zu einer Zunahme des Humus und des K-Gehaltes sowie zu einer Abnahme des Mg- und Na-Gehaltes. In der 0–30 cm Lage konnte normalerweise Dehydrogenaseaktivität nachgewiesen werden. Die Aktivität erreichte jedoch nur etwa 10% jener der nativen Böden. Die CO_2-Entwicklung war in den oberen Lagen intensiver als in in den tieferen; verdichteten Lagen wiesen die geringsten Werte auf. Der natürliche Boden wies in jeder Lage eine höhere Atmungsaktivität auf als die entsprechenden Lagen der technogenen Böden. Ähnliche Befunde wurden hinsichtlich des Celluloseabbaus beobachtet.

Neulandböden aus Löß unter Wald, Grünland und Acker, welche zuvor von einem Braunkohlentagebau beansprucht worden waren wurden hinsichtlich biologischer Eigenschaften untersucht (Müller et al. 1988). Das Alter der Böden betrug etwa 20 Jahre. Von den drei Nutzungsarten wiesen die rekultivierten Waldböden die günstigsten Eigenschaften auf. Diese zeichneten sich durch gute physikalische Eigenschaften im gesamten Profil und durch eine starke Durchwurzelung bis zirka 30 cm Tiefe aus. Der A_h-Horizont wies eine Mächtigkeit von 10–20 cm auf. Bei Betrachtung der Frühjahrswerte zeigte sich, daß bei der Waldnutzung und den Weideflächen in 0–10 cm Tiefe sowohl die mikrobielle Biomasse als auch die Dehydrogenaseaktivität hoch waren; gegenüber der Waldnutzung war diese bei Weidenutzung noch höher. Bei der Weidenutzung war die Aktivität auf den Bereich der obersten 10 cm beschränkt; bei den Waldböden war dieser Übergang weniger extrem ausgebildet (tiefergreifende Durchwurzelung). Die Kohlenstoffgehalte lagen bei den Waldböden in sämtlichen Tiefen etwas höher als bei den Grünlandböden. In der Bearbeitungszone (0–30 cm) zeigten die Ackerstandorte geringe biologische Aktivität und geringe Humusanreicherung.

Lindemann et al. (1984) applizierten verschiedene Zusätze zu Kohlenbergwerksabraum und untersuchten deren Einfluß auf die Zahl der Bakterien, *Streptomyces, Azotobacter*, die Dehydrogenaseaktivität, die Verteilung der Pilzgattungen sowohl im Rhizosphären- als auch im Nichtrhizosphärenboden sowie auf die Mykorrhizainfektion von Gräsern im Feldversuch. Der Kohlenbergwerksabraum wurde mit Heu, Schlamm bzw. Oberbodeninokulum versehen oder mit einer 30 cm dicken Oberbodenschicht bedeckt. Mykorrhizaimpfgut (*Glomus mosseae* und *Glomus fasciculatum* enthaltende Wurzeln und Boden) wurde ebenfalls verwendet. Die Gabe von Schlamm bzw. von Heu oder die Bedeckung mit Bodenmaterial erhöhte die Zahl der Mikroorganismen, die Dehydrogenaseaktivität und die Verteilung der Pilzgattungen in der Nichtrhizosphäre des Abraums. Der Einfluß von Oberboden als Inokulum auf die biologischen Größen war nur gering oder nicht gegeben. Die Bereitstellung einer verfügbaren Kohlenstoffquelle trug demnach stärker zur Stimulierung einer aktiven und diversen Mikroflora bei als ein Oberbodeninokulum. Die Zusätze hatten wenig oder keinen Einfluß auf den Prozentsatz an mykorrhizierten Wurzeln. Die Bedeckung des Abraums mit Oberboden (30 cm) hatte zur höchsten Zahl an Mykorrhizainfektionen geführt.

In einer Felduntersuchung zur Rekultivierung von Abraum eines Kohlenbergwerkes wurden fünf Standorte mit Klärschlamm sowie ein Standort mit mineralischem Dünger behandelt (Seaker und Sopper 1988). Das Alter der schlammversehenen Standorte rangierte zwischen ein und fünf Jahren; die Applikationsraten hatten 120 bis 134 t/ha betragen. Sämtliche Standorte waren mit Gras und Leguminosen bepflanzt worden. Die Populationen der aeroben, heterotrophen Bakterien, der Pilze und der Bakteriengattung *Nitrobacter* sowie die Atmungsrate waren am ein Jahr alten Standort infolge des hohen organischen Substanzeintrages am höchsten. Die Populationen der Aktinomyceten hatten an den drei und vier Jahre alten Standorten den höchsten Wert erreicht; die Populationen von *Nitrosomonas* standen nicht mit dem Alter der Standorte in Beziehung. Die Abbaurate war am einjährigen Standort am niedrigsten und nahm mit dem Standortalter signifikant zu. Gemessen an den mikrobiellen Populationen und deren Aktivität erfolgte die Erholung des Ökosystems an den schlammversehenen Standorten gegenüber den mit chemischen Düngern versehenen rascher. Letztere zeigten nach fünf Jahren spärliche mikrobielle Populationen und geringe Aktivität.

Bei der Rekultivierung einer Abraumfläche eines Braunkohlentagesbaus kamen Rindenkompost (registriertes Produkt aus *Picea abies*) und Müllkompost in Kombination mit Bodenverbesserungsmitteln (Alginur und ACS) zum Einsatz (Insam und Gonser 1990). Die Vitalität des Bestandes und die Flächendeckungsprozente waren auf den mit Müllkompost behan-

delten Flächen insgesamt signifikant höher als auf den Rindenkompost-
und Kontrollparzellen. Sowohl ACS als auch Alginur zeigten eine positive
Wirkung auf die Flächendeckung und Vitalität. Eine signifikante Änderung des organischen Kohlenstoffgehaltes konnte bei dem gegebenen hohen Hintergrund an organischem Kohlenstoff weder mit Müllkompost
noch mit Rindenkompost nachgewiesen werden. Die mikrobielle Biomasse
sowie die Argininammonifikation wurden durch den Müllkompost deutlich
gefördert, wohingegen Rindenkompost eine geringere Wirkung auf diese
beiden Parameter zeigte. Diesbezüglich konnte auf eine Beziehung zum
hohen Anteil an schwer abbaubarer Lignocellulose und zu frei werdenen
phenolischen Verbindungen geschlossen werden. ACS zeigte signifikante
positive Wirkung auf die mikrobielle Biomasse. Für Alginur konnte eine
solche nicht nachgewiesen werden; ebenso konnte für die Argininammonifikation keine signifikante Wirkung von ACS, von Rindenkompost bzw. von Alginur festgestellt werden.

Das Tagebau-Braunkohlenbergwerk in Meirama Galizien (Spanien) produziert jährlich 6×10^6 t Abraum. Die Rekultivierung von Abraumstrossen
des Braunkohlentagebaus begann im Jahre 1983. Der Abraum repräsentiert
eine Mischung aus Kaolinit, Verwitterungsprodukten des Granit und Ton-
schiefers. Der ursprüngliche Oberboden wird für die Rekultivierung nicht
verwendet. Jährlich wird die Erweiterung des oberen Strosses (Terrasse)
rekultiviert (Tabelle 24). Auf diese Weise können Bergwerksbodenserien
bekannten Alterns, welche sich aus dem gleichen Ausgangsmaterial entwickelten und welche ident behandelt wurden, vorgefunden werden.

Gonzalez-Sangregorio et al. (1991) untersuchten in frühen Entwick-
lungstadien dieser Braunkohlenbergwerksböden Veränderungen biochemischer Bodeneigenschaften. Die Beprobung fand in einem Zeitraum von
ein bis drei Jahren nach Aussaat statt. Der Gesamtkohlenstoff- und
Gesamtstickstoffgehalt sowie der Gehalt des mit Humus assoziierten
Stickstoffs nahm mit dem Bodenalter zu. Saure Hydrolyse induzierte eine
Anreicherung von Aminosäurestickstoff und unbekannter Stickstofffrak-
tionen. Sämtliche organische Phosphorfraktionen nahmen in einem geringen Ausmaß zu. Mit zunehmendem Bodenalter veränderte sich das Verhalten des Enzyms Phosphatase hinsichtlich der pH-Abhängigkeit und der
kinetischen und thermodynamischen Parameter. Bei sämtlichen pH-
Werten (3–11) nahm die Phosphataseaktivität mit dem Bodenalter zu.
Diese Aktivität basierte hauptsächlich auf jener der sauren Phosphatase.
Das pH-Maximum der Enzymaktivität stieg von 5 in Proben des ersten
Jahres auf 6 in Proben des dritten Jahres nach Versuchsbeginn. Dieses optimale pH lag für jede Probe sehr eng am pH in Wasser. Dieser Befund
stützte Berichte, wonach eine Adaptation dieser Enzyme an Bodeneigenschaften erfolgt. Zur gleichen Zeit veränderte sich die Form der pH-Aktivi-
tätskurven. Eine scharfe Spitze um das pH-Optimum für Proben ein Jahr
alter Standorte veränderte sich zu einem breiteren Band für die zwei und

drei Jahre alten Böden; dieses deckte zwei oder mehr pH-Einheiten ab. Die später berichteten Kurven waren ähnlich jenen, welche von Trasar-Cepeda und Gil-Sotres (1988) für Weideböden berichtet worden waren. Die kinetischen Parameter der Phosphatase zeigten, daß die K_m und V_{max}-Werte im ein Jahr alten Boden sehr hoch waren, wohingegen diese im zwei und drei Jahre alten Boden wesentlich geringer waren und solchen ähnelten, welche für native Weideböden erhalten worden waren. Die thermodynamischen Parameter (Aktivierungsenergie, Aktivierungsenthalpie, Temperaturkoeffizient) zeigten die gleiche Art der Altersabhängigkeit wie die kinetischen Parameter. Dies mit der Ausnahme, daß diese Werte relativ eng an jenen lagen, welche für native Böden Galiziens berichtet worden waren. Während der ersten drei Jahre der Bodenbildung hatte eine wesentliche Humifizierung stattgefunden. Unter Bezugnahme auf Duchaufour (1976) und Carballas (1982) wurde in den erhaltenen Ergebnissen ein Hinweis darauf gesehen, daß sich die organische Substanz in den untersuchten Böden durch „indirekte Humifizierung", wie diese in nativen Böden Galiziens gefunden wird, anreicherte. Bei diesem Prozess wird die Insolubilisierung und Polymerisierung der Vorstufen der Huminstoffe durch Komplexierung mit Metallkationen und nicht durch Bindung an Ton vollzogen. Dadurch werden, indem die Metabolite dem Angriff der Mikroorganismen und Enzyme weniger zugänglich werden, die Mechanismen des Humusbioabbaus blockiert. Auf diese Weise kommt es zur Anreicherung stabiler Stickstoff- und Phosphorformen im Boden.

Die Anreicherung schwer zugänglicher Metabolite kann auch für die veränderten Eigenschaften der Phosphatase ursächlich sein. Die Anpassung des pH-Optimums an das Boden-pH, der Rückgang von K_m mit dem Bodenalter, die geringeren Werte der Aktivierungsenergie und des Temperaturkoeffizienten im Zeitverlauf, können Anpassungsmechanismen des Enzyms darstellen. Diese Anpassungsmechanismen sind für ein Wirken in einer Umwelt, in welcher die Verfügbarkeit von Metaboliten durch Komplexierung mit Metallkationen zurückgeht, notwendig.

Die an den gegebenen Standorten rasche Bodenentwicklung konnte mit den Eigenschaften der Muttergesteins (verwittertes Material), der intensiven Rhizosphärenaktivität und den klimatischen Bedingungen in dieser Region (milde Temperaturen, hohe Niederschläge), der günstigen Reaktion auf Kalkung sowie mit der Düngung und der Gras-Leguminosenbedeckung in Beziehung gesetzt werden. Anderson (1977) schloß an Hand von Untersuchungen mit frühen Stadien der Bodenbildung auf Bergwerksabraum in einem semiariden Klimaraum, daß sich die Eigenschaften des Humus in den Bergwerksböden erst in einigen Jahrzehnten (z.B. 25 Jahre) an jene des nativen Bodens angleichen würden.

Tabelle 24. Jährliche Präparierung und Besäung des Abraums des Braunkohlenbergwerks in Meirama (1983–1992)

Behandlung	Menge/Verfahren
Pflügen und Eggen	
Kalkung	1 t/ha grober landwirtschaftlicher Kalkstein
Hydroaussaat	NPK (15:15:15) Dünger (170 kg/ha)
	Samen (150 kg/ha)
	Lolium perenne, 50%
	Festuca rubra, 25%
	Poa pratensis, 15%
	Trifolium repens, 10%
Mulche	300 kg/ha
	Cellulose
	Stabilisierungsmittel

Aus Leiros et al. (1993).

In 0–7 Jahre altem Braunkohlenbergwerksabraum des Meirama Braun-kohlentagebaus wurde die CO2-Entwicklung, der ATP-Gehalt sowie die Aktivität der Enzyme Urease, Phosphatase, Caseinprotease und Benzoylargininprotease bestimmt (Gil-Sotres et al. 1992). 1989 wurden die Standorte, deren Rekultivierung 1, 2, 3, 4 und 5 Jahre zurücklag in den oberen 10 cm beprobt. 1990 wurden von der neu aufgeschütteten Halde und den 1, 2, 4, 5, 6 und 7 Jahre alten Böden Proben gezogen. Die Atmung, der ATP-Gehalt und die Aktivität der hydrolytischen Enzyme nahm mit zunehmendem Alter der Böden zu, obgleich diese nach 6 oder 7 Jahren, mit Ausnahme der Casein-Proteasekativität, unter den Werten blieben, welche für native Böden gefunden wurden. Die Kinetik der CO_2-Entwicklung zeigte, daß sowohl labile als auch widerstandsfähige kohlenstoffhaltige Substrate mineralisiert wurden. Die Mineralisierungskonstante des Kohlenstoffs ging mit dem Bodenalter zurück, war jedoch gegenüber jener des natürlichen Bodens stets erhöht. Die N-Mineralisierung, welche mit zunehmendem Bodenalter abnehmende Tendenz aufwies, führte in sämtlichen Fällen zu einem Vorherrschen der Ammoniakform. Mit dem Alter der Böden kam es zu einer Anreicherung des organischen Kohlen- und Stickstoffgehaltes, woraus auf die progressive Etablierung des C- und N-Kreislaufes geschlossen werden konnte. Sämtliche Enzymaktivitäten korrelierten positiv und signifikant miteinander und mit dem ATP-Gehalt. Die relativen Korrelationskoeffizienten zwischen den meisten Enzymaktivitäten und dem Gesamtkohlenstoffgehalt ließen den Schluß zu, daß die vorhandene organische Substanz zur gegebenen Zeit nicht die Fähigkeit aufwies, zellfreie

Enzyme zu stabilisieren. Das Verhalten der Caseinprotease unterschied sich von jenem der anderen Enzymen. Diese wies in den ältesten Böden eine sehr hohe Aktivität auf und zeigte eine hohe positive Korrelation mit dem Kohlenstoffgehalt und eine geringere mit dem ATP-Gehalt. Der Mangel der Standorte die Hydrolasen zu stabilisieren wurde mit deren relativer Unreife im Vergleich zu den nativen Böden in Beziehung gesetzt. Die mit dem Alter der Standorte zunehmende biologische Aktivität verlief parallel mit der Anreicherung von organischem Kohlen- und Stickstoff. Dies gab Hinweis darauf, daß in diesen Böden sowohl der Abbau von organischen Substraten als auch die mikrobielle Synthese von Huminsubstanzen stattfindet. Humifizierungsreaktionen reduzieren die Bioverfügbarkeit abbaubarer Substrate. Letzteres kam in einem Rückgang der kinetischen Konstanten der Mineralisierung sowohl labiler als auch widerstandsfähigerer Substrate zum Ausdruck.

Die Humussubstanzen verändern sich mit der Bodenalterung. An den oben beschriebenen Standorten konnte mit Hilfe der Pyrolyse-Gaschromatographie die Abnahme der relativen Bedeutung der Kohlenhydrat- und Ligninderivate sowie die Zunahme von Huminstoffvorläufern und heterocyclischen nitrogenierten Verbindungen nachgewiesen werden (Trasar-Cepeda et al. 1992). Untersuchungen zum Humifizierungsprozeß in Rekultivierungsböden der Meirama Braunkohlenmine zeigten, daß obgleich die Huminstoffmoleküle mit einem Molekulargewicht geringer als 10 000 Da stets vorherrschten, der Prozentsatz an mit Molekülen zwischen 50 000 und 200 000 Da assoziiertem Kohlenstoff mit dem Bodenalter zunahm (Leiors et al. 1993). Gleiches traf für den Prozentsatz an chemisch stabilisiertem Humus und für den Prozentsatz an mit nicht mobilen Komplexen assoziiertem Kohlenstoff zu. Der Humifizierungsweg in diesen Böden sollte demgemäß abiotische Kondensationsreaktionen einschließen wie dies auch für die natürlichen Böden dieser Region der Fall ist. Der im Vergleich zu natürlichen Böden, niedrige Gehalt der Minenböden an komplexierten Metallen, gab Hinweis auf das geringe Verwitterungsausmaß der anorganischen Fraktion in den ersteren.

Die Untersuchungen von Gil-Sotres et al. (1992) hatten gezeigt, daß obgleich der Gesamtstickstoffgehalt und die Aktivität der Enzyme Urease und Protease mit dem Bodenalter der Meirama Minenböden zunahmen, sowohl die Konzentration an mineralischem Stickstoff als auch die Rate der Stickstoffmineralisierung zurückgingen. Dies ließ auf die Anreicherung widerstandsfähiger Stickstofformen in diesen Böden schließen. Trasar-Cepeda et al. (1992) hatten festgestellt, daß in diesen Böden ein ständiger Aufbau von heterotrocylischem Stickstoff in der Huminstofffraktion vorlag. Gonzalez-Sangregorio et al. (1991) konnten Hinweise darauf erhalten, daß der Stickstoff der Minenböden die Tendenz aufweist, sich in chemisch stabilen Formen anzureichern. Gil-Sotres et al. (1993) untersuchten die Verteilung verschiedener Formen des Stickstoffs in sehr jungen (0–7 Jahre alt) Böden des Meirama Braunkohlentagebaus. Der Gesamtstickstoffgehalt nahm mit dem Bodenalter sehr rasch zu, dies erfolgte großteils in der Huminsäure-assoziierten Fraktion. Die Säurehydrolyse zeigte, daß der Aminosäure-N und eine hydrolysierbare unbekannte Form des Stickstoffs mit dem Bodenalter zunahm. Während der ersten Jahre der Entwicklung dieser Minenböden tritt eine rasche Stabilisierung des organischen Stickstoffs auf. Dies erfolgt in einem solchen Ausmaß, daß die Verteilung der Stickstofformen im sieben Jahre alten Boden große Ähnlichkeit mit jener des nativen Bodens aufweist.

In Rahmen der Rekultivierung von Abraumhalden eines Eisentagebaues führten Dragan-Bularda et al. (1987) einen Langzeitdünge- sowie Fruchtwechselversuch durch. Die Ansätze umfaßten die Kontrolle; Stalldünger (40 t/ha); Stalldünger (40 t/ha) + N100P60K40; NPK wie oben allein; NPK in höherer Rate N200P180K120. Im neunten Jahr der Versuchsführung konnte der stärkste Anstieg der bodenenzymatischen Aktivität und des Ertrages an Mais, Hafer und Esparsette unter dem Einfluß der organomineralischen Düngung (Stalldünger + NPK) nachgewiesen werden. Die individuellen Dünger waren weniger effizient. Die Aktivität der Invertase korrelierte signifikant mit dem Maisertrag, jene der Phosphatase mit dem Ertrag an Esparsette. Die Feldfruchtproduktion war durch die Düngung stärker gesteigert worden als die Aktivität der Enzyme.

Kiss et al. (1990, 1992) sowie Pasca et al. (1994) bedienten sich der bodenenzymatischen Analyse zur Verfolgung des Fortganges der Rekultivierung von Blei- und Zinkminenabraum unterschiedlichen Alters. Zu Versuchsbeginn betrug das Alter des Abraums zwei, sieben bzw. zehn Jahre. Der Abraum entstammte dem Untertagebau von Blei- und Zinkerzen, deren Konzentrierung durch Flotation und Dekantierung in einem Teich erfolgte. Der Abraum enthielt nur Spuren an organischer Substanz, ermangelte an Stickstoff und war ebenfall arm an Phosphorverbindungen. Die Standorte wurden 1987 eingerichtet. Die Versuche umfaßten Standorte, welche mit einer Bodenschicht von zehn cm Dicke bedeckt, mit NPK und Stalldünger gedüngt und mit *Lolium perenne* und Klee besät worden waren sowie des weiteren solche, welche nicht mit Bodenmaterial bedeckt, jedoch entweder mit NPK gedüngt und besät bzw. dies nicht wurden. Die an Hand der Aktivitäten der Enzyme Phosphatase, Invertase, Katalase, Dehydrogenase sowie der nichtenzymatischen Spaltung von H_2O_2 und des Ertrages an Gräsern, berechneten Aktivitätsindikatoren waren an den mit Bodenmaterial bedeckten Standorten am höchsten. Für eine rasche Rekultivierung von rohem und jungem Abraum ist die Bedeckung mit Bodenmaterial, die NPK-Düngung und die Besäung mit Gras-Leguminosenmischung notwendig. Bei älterem Abraum sind mit NPK-Düngung alleine gute Rekultivierungsergebnisse zu erwarten. Die besten Ergebnisse konnten an Rekultivierungsstandorten nachgewiesen werden, welche mit einer zehn Zentimeter dicken Bodenschicht bedeckt, mit NPK gedüngt und des weiteren mit einer geringen Menge an 15jährigem Abraummaterial, welches sich spontan begrünt hatte, inokuliert wurden. Das 15jährige Abraummaterial enthielt Pflanzensamen sowie Mikroorganismen, welche an die toxische Umgebung des Zink- und Bleiabraums angepaßt waren.

Im Zuge der Begrünung von Bergwerksabfällen, welche hohe Konzentrationen an Blei und Zink aufwiesen, konnten Williams et al. (1977) eine in den rekolonialisierten Abfällen im Vergleich zum angrenzenden nicht belasteten Boden reduzierte Ureaseaktivität feststellen.

Ökophysiologische Parameter. Insam und Domsch (1988) prüften die Eignung ökophysiologischer Parameter (C_{mic}/C_{org}, qCO_2) zur Bewertung von Rekultivierungserfolgen. In einer land- und forstwirtschaftlichen Chronosequenz von Tagebau-Rekultivierungsböden wurden die Beziehungen zwischen Mikroorganismen und dem organischen Kohlenstoffgehalt des Bodens erfaßt. Dreißig Jahre nach Rekultivierung wurden auf den landwirtschaftlichen Standorten C-Spiegel von 0.8% und auf den Waldstandorten (A-Horizont) solche von 1.7% erreicht. Die mikrobielle Biomasse zeigte einen sehr raschen Anstieg auf für ungestörte Böden charakteristische Niveaus. Der mikrobielle Biomasse-C (C_{mic}) betrug nach 15 Jahren an den landwirtschaftlichen Standorten 57 mg/100 g Boden, an den Waldstandorten 43 mg/100 g Boden. Der Beitrag des mikrobiellen Biomasse-C zum gesamten organischen Kohlenstoffgehalt ging mit der Zeit zurück, wobei dies an den Waldstandorten rascher erfolgte als an den landwirtschaftlichen Standorten. Die C_{mic}/C_{org} Verhältnisse zeigten, daß beide Chronosequenzen innerhalb eines Rekultivierungszeitraumes von 50 Jahren den Gleichgewichtszustand noch nicht erreicht hatten. Ein mit der Zeit signifikanter Rückgang der spezifischen Atmung (qCO_2) konnte an den land- nicht aber an den forstwirtschaftlichen Standorten nachgewiesen werden. Das Verhältnis C_{mic}/C_{org} erwies sich als ein verläßlicher Parameter zur Beschreibung von Veränderungen in anthropogen beeinflußten Ökosystemen.

Ölschiefer

Ölschiefer sind asphalt(bitumen)-reiche Tonschiefer. An deren Entstehung ist die Sedimentation und der Abbau von Algen in Seen beteiligt. Die auftretenden widerstandsfähigen organischen Rückstände weisen erhöhte Konzentrationen an Spurensubstanzen auf. Diese Spurensubstanzen werden im Retortenprozeß mobilisiert. Arsen, Barium, Fluorid, Strontium, Magnesium, Vanadium, Bor, Titan und Zink zählen zu jenen Spurenelementen, welche in höheren Konzentrationen im verbleibenden Schiefer auftreten. Im Sickerwasser verschiedener Retortenölschiefer konnten Thiosulfat und Sulfat und eine Reihe organischer Verbindungen, einschließlich vielkernige aromatische Kohlenwasserstoffe und Pyridine, nachgewiesen werden. Die Spurenmetalle schlossen Arsen, Selen, Cadmium, Chrom, Molybdän und Bor ein. Retorten-Ölschiefer weist trotz eines hohen Gehaltes an Stickstoff, einen wesentlichen Mangel an pflanzenverfügbarem Stickstoff auf. Auch Phosphormangel konnte nachgewiesen werden.

Klein et al. (1985) gaben einen Überblick über Rekultivierungsversuche mit Retorten-Ölschiefer unter Einbeziehung bodenenzymatischer Untersuchungen. In solchen Versuchen wurde der Schieferabfall mit Bodenmaterial überdeckt bzw. diente dieser direkt als Ausgangsmaterial. An den Standorten mit Bodenbedeckung waren gegenüber jenen ohne Bedeckung höhere Enzymaktivitäten nachweisbar. Im Gegensatz zu wesentlichen Rückgängen der Enzymaktivität mit Retorten-Ölschiefer ohne Bodenbedeckung, konnten hinsichtlich der Pflanzengemeinschaft keine vergleichbaren Reduktionen beobachtet werden. Mit älteren Standorten erhaltende Befunde gaben Hinweis darauf, daß sich unter Bedingungen einer umfassenden Perkolation und Düngung sowie der natürlichen Schieferverwitterung auch ohne Aufbringung von Bodenmaterial und ohne organische Zusätze, Pflanzengesellschaften etablieren können. Dies obgleich das Potential des Standortes zur Leistung von Beiträgen zur Unterhaltung von Stoffkreisläufen gering ist. Von Hersman und Klein (1979) durchgeführte Versuche (zweieinhalb Monate) zur Bewertung möglicher Effekte des Mischens von Retortenölschiefer und Bodenmaterial in unterschiedlichen Verhältnissen auf bodenbiologische Parameter zeigten, daß Retortenölschiefer in einer Menge von bis zu 10% (w/w) keinen negativen Effekt auf die Atmung sowie auf bakterielle Populationen ausübte. Demgegenüber traten signifikante Verringerungen der N_2-Fixierung, der Dehydrogenaseaktivität, der Glucosemineralisierung, der ATP-Gehalte sowie der Pilzpopulationen auf. Befunde von Labor- und Feldversuchen, welche den hemmenden Effekt von Retorten-Ölschiefer auf Bodenenzyme anzeigten, wurden mit nichtbiologischen Faktoren wie Salinität, Variation des Angebotes an Wasser, Veränderung des Bewuchses oder spezifischen Hemmstoffen in Beziehung gesetzt.

Oberbodenabtragung

In einer mehrjährigen Untersuchung zur Restauration von Standorten nach Abtragung des Oberbodens konnte eine Beziehung zwischen der Restaurierung und den biochemischen Eigenschaften des Bodens nachgewiesen werden (Ross et al. 1982, 1984). Der Ertrag an Wiesenkräutern war als Kriterium der Bodenfruchtbarkeit herangezogen worden. Während einer Periode von drei Jahren nach Störung des schluffigen Lehmbodens und während der Etablierung eines Gras-Klee Grünlandes nahmen die Aktivitäten der Enzyme Invertase, Amylase, Cellulase, Xylanase, Urease, Phosphatase und Sulfatase sowie die mikrobielle Biomasse zu. Nach drei Jahren betrug der Kräuterertrag an den gestörten Standorten etwa 70% jener der ungestörten Standorte. Zu diesem Zeitpunkt stellte die Aktivität des Enzyms Invertase, gefolgt von jener des Enzyms Sulfatase den besten Indikator des Fruchtbarkeitszustandes des ehemaligen Rumpfbodens dar. Nach fünf Jahren zeigte die Aktivität des Enzyms Xylanase die Grünlandproduktivität besser an als die Aktivität der Enzyme Invertase oder Sulfatase. Die mikrobielle Biomasse nahm auch nachdem der Kräuterertrag im zweiten Jahr der Untersuchung gleich blieb, weiterhin zu. Eine gegenüber dem Pflanzenertrag bessere Eignung der mikrobiellen Biomasse als Index der Bodenrestauration und -stabilität war angezeigt.

Ross und Cairns (1982) konnten bei der Wiederherstellung der Wiesenproduktivität nach Entfernung des Oberbodens die günstige Wirkung von Würmern auf biochemische Aktivitäten nachweisen. Im Unterboden eines schluffigen Lehms, von welchem 15 cm des Oberbodens entfernt worden waren wurde der Einfluß von Regenwürmern (*Allolobophora caliginosa*) sowie von Pflanzen (*Lolium perenne*) auf die Atmung und Enzymaktivitäten untersucht. Die Untersuchung erfolgte in einem Topfversuch während eines Zeitraumes von 13 Monaten, wobei die Beprobung im Abstand von vier Monaten erfolgte. Folgende Ansätze wurden untersucht: Unterboden allein, Unterboden plus *Lolium perenne*, Unterboden plus Regenwürmer plus *Lolium perenne*. Im Unterboden ohne Zusätze zeigte sich ein Rückgang der Atmung und der Aktivitäten der Enzyme Xylanase, Urease, Phosphatase und Sulfatase, während die Invertaseaktivität über den Versuchszeitraum hinweg anstieg. Die Anwesenheit der Würmer erhöhte die Sauerstoffaufnahme sowie die Aktivität der Enzyme Cellulase und Sulfatase in einigen Proben. Die Gegenwart von *Lolium perenne* erhöhte sämtliche biochemische Aktivitäten, besonders jene der Invertase, der Phosphatase und Urease. Die zusätzliche Gegenwart von Würmern bewirkte eine weitere Stimulierung der Aktivität der Enzyme Invertase, Urease und Phosphatase.

Literatur

Abdel-Ghaffar AS, El-Shakweer MHA, Barakat MA (1977) Effect of organic matter and salts on the activity of some soil enzymes. Soil organic matter studies. IAEA Vienna, p 319–323

Aboulroos SA, Holah SH, Badawy SH (1989) Influence of prolonged use of sewage effluent in irrigation on heavy metal accumulation in soils and plants. Z Pflanzenernähr Bodenk 152:51–55

Adriano DC, Page AL, Elseewi AA, Chang AC, Straughan I (1980) Utilization and disposal of fly ash and other coal residues in terrestrial ecosystems: a review. J Environ Qual 9:333–344

Aescht E, Foissner W (1992) Effects of mineral and organic fertilizers on the microfauna in a high-altitude reafforestation trial. Biol Fertil Soils 13:17–24

Agbim NN, Sbey BR, Markstorm DC (1977) Land application of sewage sludge, V. Carbon dioxid production as influenced by sewage sludge and wood waste mixture. J Environ Qual 6:446–451

Ahrens E (1977) Beitrag zur Frage der Indikatorfunktion der Bodenmikroorganismen am Beispiel von drei verschiedenen Nutzungsstufen eines Sandbodens. Soil Biol Biochem 9:185–191

Ajwa HA, Tabatabai MA (1994) Decomposition of different organic materials in soils. Biol Fertil Soils 18:175–182

Alejnikova MM, Artem'jeva TI, Borisovic TM, Gatilova FG, Samosova SM, Utrobina NM, Sitova LI (1975) Sukzession des Mikroben- und Kleintierbesatzes und ihre Zusammenhänge mit biochemischen Vorgängen während der Mistrotte im Boden. Pedobiologia 15: 81–97

Allison MF, Killham K (1988) Response of soil microbial biomass to straw incorporation. J Soil Sci 39:237–242

Alvarez R, Santanatoglia OJ, Garcia R (1995) Effect of temperature on soil microbial biomass and its metabolic quotient in situ under different tillage systems. Biol Fertil Soils 19:227–230

Amberger A (1981) Dicyandiamid („Didin") als Nitrifikationshemmstoff. Bayer Landwirt Jahrb 7:846–853

Amberger A, Vilsmeier K (1979) Versuche zur Wirkung von Cyanamid, Dicyanamid, Guanylharnstoff, Guanidin und Nitrit auf die Ureaseaktivität. Landwirt Forsch 32: 409–415

Anderson (1977) Early stages of soil formation on glacial till mine spoils in a semi-arid climat. Geoderma 19, 11–19.

Anderson JPE, Domsch KH (1978) Mineralization of bacteria and fungi in chloroform-fumigated soils. Soil Biol Biochem 10:207–213

Anderson TH, Domsch KH (1985) Maintenance carbon requirements of actively metaboli-
zing microbial populations under in situ conditions. Soil Biol Biochem 17:197–203

Anderson TH, Domsch KH (1986) Carbon assimilation and microbial activity in soil. Z
Pflanzenernähr Bodenk 149:457–468

Anderson TH, Domsch KH (1989) Ratios of microbial biomass carbon to total organic carbon in arable soils. Soil Biol Biochem 21:471–479

Anderson TH, Domsch KH (1990) Application of eco-physiological quotients (qCO$_2$ and
qD) on microbial biomasses from soils of different cropping histories. Soil Biol Biochem 22:251–255

Anderson TH, Gray TRG (1990) Soil microbial carbon uptake characteristics in relation to
soil management. FEMS Microb Ecol 74:11–20

Anderson TH, Gray TRG (1991) The influence of soil organic carbon on microbial growth
and survival. In: Wilson WS (ed) Advances in soil organic matter research: the impact
on agriculture & the environment. The Royal Soc Chem, Cambridge, p 253–267

Andrusenko II, Kovalenko AM (1981) Microbiological processes in soil of irrigated crop
rotations with different winter wheat densities. Mikrobiol Zh 43:302–306

Angers DA, Bissonnette N, Legere A, Samson N (1993) Microbial and biochemical changes induced by rotation and tillage in a soil under barley production. Can J Soil Sci 73:
39–50

Anwarzay MO, Blum WEH, Strauß P, Kandeler E (1990) Bodenbiochemische Aktivitäten
in einem 80jährigen Dauerfeldversuch. Der Förderungsdienst 38:18–22

Aranda JM, O'Connor GA, Eiceman GA (1989) Effects of sewage sludge on di-(2-ethyl-
hexyl)phthalate uptake by plants. J Environ Qual 18:45–50

Arshad MA, Schnitzer M, Angers DA, Ripmeester JA (1990) Effects of till vs no-till on the
quality of soil organic matter. Soil Biol Biochem 22:595–599

Arthur MF, Zwick TC, Tolle DA, van Voris P (1984) Effects of fly ash on microbial CO$_2$-
evolution from an agricultural soil. Water Air Soil Pollut 22:209–216

Asmus F, Hübner C (1985) Untersuchungen zur N-Immobilisierung nach Strohdüngung.
Arch Acker Pflanzenbau Bodenk 29:39–45

Atalay A, Blanchar RW (1984) Evaluation of methane generator sludge as a soil amendment. J Environ Qual 13:341–344

Atlas RM, Horowitz A, Krichevsky M, Bej AK (1991) Response of microbial populations
to environmental disturbance. Microb Ecol 22:249–256

Baath E, Frostegard A, Fritze H (1992) Soil bacterial biomass, activity, phospholipid fatty
acid pattern, and pH tolerance in an area polluted with alkaline dust deposition. Appl
Environ Microb 58:4026–4031

Babushkin VM, Brik AD, Kuznetsov NE (1986) Effect of the method of plowing on the
biological activity of chestnut solonetzes in Rostov Oblase Russian SFSR USSR. Izv
Sev-Kavk Nauchn Tsentra Vyssh Shk Estestv Nauki 0(3):15–19

Badia-Villa D, Alcaniz JM (1993) Basal and specific microbial respiration in semiarid agricultural soils: organic amendment and irrigation management effects. Geomicrob J 11:
261–274

Balks MR, Allbrook RF (1991) Land disposal of meat processing plant effluent. In: Wilson
WS (ed) Advances in soil organic matter research: the impact on agriculture & the environment. Redwood Press Ltd, Melksham, p 375–379

Bardgett RD, Speir TW, Ross DJ, Yeates GW (1994) Impact of pasture contamination by
copper, chromium, and arsenic timber preservative on soil microbial properties and
nematodes. Biol Fertil Soils 18:71–79

Barkay T, Tripp SC, Olson BH (1985) Effect of metal-rich sewage sludge application on the bacterial communities of grasslands. Appl Environ Microb 49:333–337

Barnes BT, Ellis FB (1979) Effects of different methods of cultivation and direct drilling, and disposal of straw residues, on populations of earthworms. J Soil Sci 30:669–679

Basu S, Behera N (1993) The effect of tropical forest conversion on soil microbial biomass. Biol Fertil Soils 16:302–304

Beck Th (1974) Der Einfluß langjähriger Monokultur auf die Bodenbelebung im Vergleich zur Fruchtfolge. Landwirt Forsch Sonderheft 31/II:268–276

Beck Th (1980) Bodenmikrobiologische Auswertungen eines mehrjährigen Vergleiches verschiedener Produktionssysteme. VDLUFA-Schriftenreihe, Sonderheft 37:157–168

Beck Th (1984a) Mikrobiologische und biochemische Charakterisierung landwirtschaftlich genutzter Böden, I. Mitteilung: Die Ermittlung einer Bodenmikrobiologischen Kennzahl. Z Pflanzenernähr Bodenk 147:456–466

Beck Th (1984b) Mikrobiologische und biochemische Charakterisierung landwirtschaftlich genutzter Böden, II. Mitteilung. Beziehungen zum Humusgehalt. Z Pflanzenernähr Bodenk 147:467–475

Beck Th (1984c) Der Einfluß unterschiedlicher Bewirtschaftungsmaßnahmen auf bodenmikrobiologische Eigenschaften und die Stabilität der organischen Substanz in Böden. Kali-Briefe (Büntehof) 17:331–340

Beck Th (1984d) Einfluß unterschiedlicher organischer und mineralischer Düngeintensität auf die bodenmikrobiologischen Eigenschaften. Bayer Landwirt Jahrb 61:57–65

Beck Th (1986) Aussagekraft und Bedeutung enzymatischer und mikrobiologischer Methoden bei der Charakterisierung des Bodenlebens von landwirtschaftlichen Böden. Mitt Österr Bodenk Ges 33:75–100

Beck Th (1989) Mikrobiologische Untersuchungen von Weinbergböden. Bayer Landwirt Jahrb 66:1027–1032

Beck Th (1990) Der Einfluß langjähriger Bewirtschaftungsweise auf bodenmikrobiologische Eigenschaften Kali-Briefe (Büntehof) 20:17–29

Beck Th (1991) Auswirkungen abgestufter Pflanzenbauintensitäten nach 15jähriger Laufzeit auf wichtige bodenmikrobiologische Kennwerte. Bayer Landwirt Jahrb 68:361–367

Beck Th, Süß A (1979) Der Einfluß von Klärschlamm auf die mikrobielle Tätigkeit im Boden. Z Pflanzenernähr Bodenk 142:299–309

Bender J, Gilewska M (1984) The influence of fertilizers on the enzymatic activity of industrial soils. In: Szegi J (ed) Soil biology and conservation of the biosphere, Vol 1. Akademiai Kiado, Budapest, p 45–52

Benedetti A, Ceccanti B, Calcinai M, Tarsitano R (1991) Decomposition of chromium-containing leather residues in a sandy soil. Suelo Planta 1:15–24

Benito E, Daiz-Fierros F (1992) Effects of cropping on the structural stability of soils rich in organic matter. Soil Till Res 23:153–161

Berger H, Foissner W, Adam H (1986) Field experiments on the effects of fertilizer and lime on the soil microfauna of an alpine pasture. Pedobiologia 29:261–272

Bewick MWM (1978) Effect of tylosin and tylosin fermentation waste on microbial activity of soil. Soil Biol Biochem 10:403–407

Beyer L (1994) Effect of cultivation on physico-chemical, humus-chemical and biotic properties and fertility of two forest soils. Agric Ecosys Environ 48:179–188

Beyer L, Blume HP (1990) Eigenschaften und Entstehung der Humuskörper typischer Wald- und Ackerböden Schleswig-Holsteins. Z Pflanzenernähr Bodenk 153:61–68

Beyer WN, Chaney RL, Mulhern BM (1982) Heavy metal concentration in earthworms from soil amended with sewage sludge. J Environ Qual 11:381–385

Biasi M (1993) Einfluß unterschiedlicher Bodenpflegemaßnahmen im Baumstreifen auf die mikrobiologische Aktivität im Boden. Diplomarbeit, Universität Innsbruck

Biederbeck VO, Campbell CA, Bowren KE, Schnitzer M, McIver RN (1980) Effect of burning cereal straw on soil properties and grain yield in Saskatchewan. Soil Sci Soc Am J 44:103–111

Blum WEH, Wenzel WW (1989) Bodenschutzkonzeption. Bodenzustandsanalyse und Konzepte für den Bodenschutz in Österreich. Bundesministerium für Land- und Forstwirtschaft (Hrsg), Wien

Böhm H, Grocholl J, Ahrens E (1991) Mikrobiologische Beurteilung von Bodenbearbeitungssystemen am Beispiel dreier Bodentypen. Z Kulturtech Landent 32:114–120

Bolton H, Elliott LF, Papendick RI, Bezdicek DF (1985) Soil microbial biomass and selected soil enzyme activities: effect of fertilization and cropping practices. Soil Biol Biochem 17:297–302

Bolton H, Smith J, Wildung RE (1990) Nitrogen mineralization potential of shrub-steppe soils with different disturbance histories. Soil Sci Soc Am J 54:887–891

Bolton H, Smith JL, Link SO (1993) Soil microbial biomass and activity of a disturbed and undisturbed shrub-steppe ecosystem. Soil Biol Biochem 25:545–552

Bonmati M, Pujola M, Sana J, Soliva M (1985) Chemical properties, populations of nitrite oxiziders, urease and phosphatase activities in sewage sludge-amended soils. Plant and Soil 84:79–91

Borchert H (1988) Bodenschutz durch Minimalbodenbearbeitung (Flache Fräsbearbeitung). Mitt Dtsch Bodenk Ges 57:37–42

Bosatta E, Berendse F (1984) Energy or nutrient regulation of decomposition: implications for the mineralization-immobilization response to perturbations. Soil Biol Biochem 16:63–67

Bosch M, Amberger A (1983) Einfluß langjähriger Düngung mit verschiedenen N-Formen auf pH-Wert, Humusfraktionen, biologische Aktivität und Stickstoffdynamik einer Acker-Braunerde. Z Pflanzenernähr Bodenk 146:714–724

Boussienguet J (1991) Problems of assessment of biodiversity. In: Hawksworth DL (ed) The biodiversity of microorganisms and invertebrates: its role in sustainable agriculture. CAB Intern, Redwood Press Ltd, Melksham, p 31–37

Bouwmeester RJB, Vlek PLG, Stumpe JM (1985) Effect of environmental factors on ammonia volatilization from a urea-fertilized soil. Soil Sci Soc Am J 49:376–381

Bowman RA, Reeder JD, Lober RW (1990) Changes in soil properties in a central plains rangeland soil after 3, 20, and 60 years of cultivation. Soil Sci 150:851–857

Brady NC (1990) The nature and properties of soils, 10th ed. Macmillan Publishing Company, New York

Bremner JM, Douglas LA (1971) Inhibition of urease activity in soils. Soil Biol Biochem 3:297–307

Bremner JM, Mulvaney RL (1978) Urease activity in soils. In: Burns RG (ed) Soil enzymes. Academic Press, London San Francisco New York, p 149–196

Bremner JM, Zantua MI (1975) Enzyme activity in soils at subzero temperatures. Soil Biol Biochem 7:383–387

Brendecke JW, Axelson RD, Pepper IL (1993) Soil microbial activity as an indicator of soil fertility: long-term effects of municipal sewage sludge on an arid soil. Soil Biol Biochem 25:751–758

Broman D, Naef C, Rolff C, Zebühr Y (1990) Analysis of polychlorinated dibenz-p-dioxins (PCDD) and polychlorinated dibenzofurans (PCDF) in soil and digested sewage sludge from Stockholm, Sweden. Chemosphere 21:10–11

Brookes PC, Heijnen CE, McGrath SP, Vance ED (1986) Soil microbial biomass estimates in soils contaminated with metals. Soil Biol Biochem 18:383–388

Brookes PC, McGrath SP (1984) Effects of metal toxicity on the size of the soil microbial biomass. J Soil Sci 35:341–346

Browman MG, Tabatabai MA (1978) Phosphodiesterase activity of soils. Soil Sci Soc Am J 42:284–290

Brown KA (1981) Biochemical activities in peat sterilized by γ-irradiation. Soil Biol Biochem 13:469–474

Brown KW, Donnelly KC (1983) Influence of soil environment on biodegradation of a refinery and a petrochemical sludge. Environ Pollut Series B 6:119–132

Brussaard L, Bouwman LA, Geurs M, Hassink J, Zwart KB (1990) Biomass, composition and temporal dynamics of soil organisms of a silt loam soil under conventional and integrated management. Netherlands J Agric Sci 38:283–302

Buchanan M, King LD (1992) Seasonal fluctuation in soil microbial biomass carbon, phosphorus, and activity in no-till and reduced-chemical-input maize agroecosystems. Biol Fertil Soils 13:211–217

Bull AT (1991) Biotechnology and biodiversity. In: Hawksworth DL (ed) The biodiversity of microorganisms and invertebrates: its role in sustainable agriculture. CAB Intern, Redwood Press Ltd, Melksham, p 203–221

Burghardt O, von Zezschwitz E (1979) Flugstaubbeeinflußte Böden im Bereich des Siebengebirges. Geol Jahrb 7:5–43

Burns RG, El-Sayed MH, McLaren AD (1972) Extraction of an urease-active organo-complex from soil. Soil Biol Biochem 4:107–108

Businelli M, Perucci P, Patumi M, Giusquiani PL (1984) Chemical composition and enzymic activity of some worm casts. Plant and Soil 80:417–422

Campbell CA, Biederbeck VO, Schnitzer M, Selles F, Zentner RP (1989) Effect of 6 years of zero tillage and N fertilizer management on changes in soil quality of an orthic brown chernoszem in southwestern Saskatchewan. Soil Till Res 14:39–52

Candinas T, Gupta SK, Zaugg W, Lischer P, Besson JM (1989) 15 Jahre Schwermetalle im Klärschlamm. Schweiz Landwirt Forsch 28:161–173

Cantarella H, Tabatabai MA (1983) Amides as sources of nitrogen for plants. Soil Sci Soc Am J 47:599–603

Cappon CJ (1984) Content and chemical form of mercury and selenium in soil, sludge, and fertilizer materials. Water Air Soil Pollut 22:95–104

Capriel P, Beck T, Borchert H, Härter P (1990) Relationship between soil aliphatic fraction extracted with supercritical hexane, soil microbial biomass, and soil aggregate stability. Soil Sci Soc Am J 54:415–420

Carbera ML, Kissel DE, Bock BR (1991) Urea hydrolysis in soil: effects of urea concentration and soil pH. Soil Biol Biochem 23:1121–1124

Carlson CL, Adriano DC (1993) Environmental impacts of coal combustion residues. J Environ Qual 22:227–247

Carter MR (1986) Microbial biomass as an index for tillage-inducded changes in soil biological properties. Soil Till Res 7:29–40

Carter MR (1991) The influence of tillage on the proportion of organic carbon and nitrogen in the microbial biomass of medium-textured soils in a humid climate. Biol Fertil Soils 11:135–139

Carter MR, Rennie DA (1982) Changes in soil quality under zero tillage farming systems: distribution of microbial biomass and mineralizable C and N potentials. Can J Soil Sci 62:587–597

Ceccanti B, Pezzarossa B, Gallardo-Lancho FJ, Masciandaro G (1994) Biotests as markers of soil utilization and fertility. Geomicrob J 11:309–316

Cervelli S, Nannipieri P, Giovannini G, Perna A (1976) Relationships between substituted urea herbicides and soil urease activity. Weed Res 16:365–368

Chakraborty S, Old KM, Warcup JH (1983) Amoebae from a take-all suppressive soil which feed on *Gaeumannomyces graminis* var. *tritici* and other soil fungi. Soil Biol Biochem 15:17–24

Chander K, Brookes PC (1991a) Microbial biomass dynamics during the decomposition of glucose and maize in metal-contaminated and non-contaminated soils. Soil Biol Biochem 23:917–925

Chander K, Brookes PC (1991b) Plant inputs of carbon to metal-contaminated soil and effects on the microbial biomass. Soil Biol Biochem 23:1169–1177

Chander K, Brookes PC (1991c) Effects of heavy metals from past applications of sewage sludge on microbial biomass and organic matter accumulation in a sandy loam and silty loam UK soil. Soil Biol Biochem 23:927–932

Chander K, Brookes PC (1993) Residual effects of zinc, copper and nickel in sewage sludge on microbial biomass in a sandy loam. Soil Biol Biochem 25:1231–1239

Chanyasak V, Kubota H (1981) Carbon/organic nitrogen ratio in water extract as measure of composting degradation. J Ferment Technol 59: 215–219

Chaudri AM, McGrath SP, Giller KE, Rietz E, Sauerbeck D (1993) Enumeration of indigenous *Rhizobium leguminosarum* biovar *trifolii* in soils previously treated with metal-contaminated sewage sludge. Soil Biol Biochem 25:301–309

Cheng W, Coleman DC (1990) Effect of living roots on soil organic matter decomposition. Soil Biol Biochem 22:781–787

Chernikov VA (1993) Structural group composition of humus. Eurasian Soil Sci 25:99–108

Chesters G, Attoe OJ, Allen ON (1957) Soil aggregation in relation to various soil constitutents. Soil Sci Soc Am Proc 21: 272–277

Christie P, Beattie JAM (1989) Grassland soil microbial biomass and accumulation of potentially toxic metals from long-term slurry application. J Appl Ecol 26:597–612

Chunderova AN (1970) Enzyme activity and pH of soil. Soviet Soil Sci 2:308–314

Cochran VL, Elliott LF, Lewis CE (1989) Soil microbial biomass and enzyme activity in subarctic agricultural and forest soils. Biol Fertil Soils 7:283–288

Conrad JP (1940a) Hydrolysis of urea in soils by thermolabile catalysis. Soil Science 49: 253–263

Conrad JP (1940b) The nature of the catalyst causing the hydrolysis of urea in soils. Soil Science 50:119–134

Constable GA, Rochester IJ, Daniells IG (1992) Cotton yield and nitrogen requirement is modified by crop rotation and tillage method. Soil Till Res 23:41–59

Cook R (1976) The oxygen-ethylene cycle and the value of compost. Compost Sci 17: 23–25

Cook RJ, Rovira AD (1976) The role of bacteria in the biological control of *Gaeumannomyces graminis* by suppressive soils. Soil Biol Biochem 8:269–273

Dalal RC (1975) Urease activity in some Trinidad soils. Soil Biol Biochem 7:5–8

Dalal RC (1985) Distribution, salinity, kinetic and thermodynamic characterisitics of urease EC 3.5.1.5. activity in a vertisol profile. Aust J Soil Res 23:49–60

Dalal RC, Henderson PA, Glasby JM (1991) Organic matter and microbial biomass in a vertisol after 20 yr of zero-tillage. Soil Biol Biochem 23:435–441

Dalenberg JW, Jager G (1989) Priming effect of some organic additions to ^{14}C-labelled soil. Soil Biol Biochem 21:443–448

Dalton DA, Evans HJ, Hanus FJ (1985) Stimulation by nickel of soil microbial urease activity and urease and hydrogenase activities in soybeans grown in a low-nickel soil. Plant and Soil 88:245–258

Dambroth M (1990) Integrierte Landbewirtschaftung. Voraussetzung für die Stabilität agrarischer Ökosysteme. Mitt Österr Bodenk Ges 42:11–37

Davidson EA, Ackerman IL (1993) Changes in soil carbon inventories following cultivation of previously untilled soils. Biogeochemistry 20:161–193

Davis RD, Howell K, Oake RJ, Wilcox P (1984) Significance of organic contaminants in sewage sludges used on agricultural land. In: Proceedings of the 1st Intern Conference on Environmental Contamination. London, July 1984, p 73–79

de Haan FAM (1987) Effects of agricultural practices on the physical, chemical and biological properties of soils, Part III: Chemical degradation of soil as the result of the use of mineral fertilizers and pesticides: aspects of soil quality evaluation. In: Barth H, L'Hermite P (eds) Scientific basis for soil protection in the European Community. Elsevier Applied Science, London, p 211–235

Debruck J (1981) Der Einfluß der Fruchtfolge auf die Bodenfruchtbarkeit. Die Bodenkultur 32:207–222

Dell'Agnola G, Nardi S (1987) Hormone-like effect and enhanced nitrate uptake induced by depolycondensed humic fractions obtained from *Allolobophora rosea* and *A. caliginosa* faeces. Biol Fertil Soils 4:115–118

Dennis GL, Fresquez PR (1989) The soil microbial community in a sewage-sludge-amended semi-arid grassland. Biol Fertil Soils 7:310–317

Diaz-Burgos MA, Ceccanti B, Polo A (1993) Monitoring biochemical activity during sewage sludge composting. Biol Fertil Soils 16:145–150

Diaz-Marcote I, Polo A, Ceccanti B (1995) Enzymatic activities in a soil amended with organic wastes at semiarid field conditions. Arid Soil Res Rehabil 9:317–325

Dick RP (1992) A review: long-term effects of agricultural systems on soil biochemical and microbial parameters. Agric Ecosys Environ 40:25–36

Dick RP, Myrold DD, Kerle EA (1988a) Microbial biomass and soil enzyme activities in compacted and rehabilitated skid trail soils. Soil Sci Soc Am J 52:512–516

Dick RP, Rasmussen PE, Kerle EA (1988b) Influence of long-term residue management on soil enzyme activities in relation to soil chemical properties of a wheat-fallow system. Biol Fertil Soils 6:159–164

Dick WA (1983) Organic carbon, nitrogen, and phosphorus concentrations and pH in soil profiles as affected by tillage intensity. Soil Sci Soc Am J 47:102–107

Dick WA (1984) Influence of long-term tillage and crop rotation combinations on soil enzyme activities. Soil Sci Soc Am J 48:569–574

Diez Th, Bihler E, Krauss M (1991) Auswirkungen abgestufter Pflanzenbauintensitäten auf Bodenkennwerte und Nährstoffbilanz. Landwirt Jahrb 68:354–361

Diez Th, Borchert H, Beck Th (1985) Bodenphysikalische, -chemische und -biologische Vergleichsuntersuchungen auf konventionell und alternativ bewirtschafteten Betriebsschlägen. Kongreßbd 1985, VDLUFA-Schriftenreihe 16:287–293

Dinesh R, Ramanthan G, Singh H (1995) Influence of chloride and sulphate ions on soil enzymes. J Agron Crop Sci 175:129–133

Domsch KH (1984) Effects of pesticides and heavy metals on biological processes. Plant and Soil 76:367–378.

Domsch KH, Gams W, Weber E (1968) Der Einfluß verschiedener Vorfrüchte auf das Bodenpilzspektrum in Weizenfeldern. Z Pflanzenernähr Bodenk 119:134–149

Domsch KH, Jagnow G, Anderson TH (1983) An ecological concept for the assessment of side-effects of agrochemicals on soil microorganisms. Residue Rev 86:66–105.

Doran JW (1980a) Soil microbial and biochemical changes associated with reduced tillage. Soil Sci Soc Am J 44:765–771

Doran JW (1980b) Microbial changes associated with residue management with reduced tillage. Soil Sci Soc Am J 44:518–524

Doran JW (1987) Microbial biomass and mineralizable nitrogen distributions in no-tillage and plowed soils. Biol Fertil Soils 5:68–75

Doran JW, Fraser DG, Culik MN, Liebhardt WC (1987) Influence of alternative and conventional agricultural management on soil microbial processes and nitrogen availability. Am J Altern Agric 2:99–106

Dormaar JF, Sommerfeldt TG (1986) Effect of excess feedlot manure on chemical constituents of soil under nonirrigated and irrigated management. Can J Soil Sci 66:303–314

Dowdell RJ, Cannell RQ (1975) Effect of ploughing and direct drilling on soil nitrate content. J Soil Sci 26:53–61

Dragan-Bularda M, Blaga G, Kiss S, Pasca D, Gherasim V, Vulcan R (1987) Effect of long-term fertilization on enzyme activities in a technogenic soil resulting from the recultivation of iron strip mine spoils. Stud Univ Babes-Bolyai, Biol 32:47–52

Drescher-Kaden U, Brüggemann R, Matthies M, Matthes B (1990) Organische Schadstoffe im Klärschlamm. Vorkommen, Bewertung, Vorschriften. Ecomed. Landsberg/Lech

Drew MC, Saker LR (1978) Effects of direct drilling and ploughing on root distribution in spring barley, and on the concentrations of extractable phosphate and potassium in the upper horizons of a clay soil. J Sci Food Agric 29:201–206

Drury CF, Stone JA, Findlay WI (1991) Microbial biomass and soil structure associated with corn, grasses, and legumes. Soil Sci Soc Am J 55:805–811

Duchaufour P, Gaiffe M (1993) Tyurin's method and other methods used in understanding humification and aggregate formation. Eurasian Soil Sci 25:13–24

Dutzler-Franz G (1977) Der Einfluß einiger chemischer und physikalischer Bodenmerkmale auf die Enzymaktivität verschiedener Bodentypen. Z Pflanzenernähr Bodenk 140: 329–350

Eivazi F, Zakaria A (1993) β-Glucosidase activity in soils amended with sewage sludge. Agric Ecosys Environ 43:155–161

El-Haris MK, Cochran VL, Elliott LF, Bezdick DF (1983) Effect of tillage, cropping, and fertilizer management on soil nitrogen mineralization potential. Soil Sci Soc Am J 47: 1157–1161

El-Shinnawi MM, El-Shimi SA, Badawi MA (1988) Enzyme activities in manured soils. Biol Wastes 24:283–296

Elliott ET (1986) Aggregate structure and carbon, nitrogen, and phosphorus in native and cultivated soils. Soil Sci Soc Am J 50:627–633

Elliott LF, Lynch JM (1984) Pseudomonads as a factor in the growth of winter wheat (*Triticum aestivum* L). Soil Biol Biochem 16:69–71

Elmholt S, Kjoller A (1987) Measurement of the length of fungal hyphae by the membrane filter technique as a method for comparing fungal occurence in cultivated field soils. Soil Biol Biochem 1987:679–682

Eloff JN, Pauli FW (1975) The extraction and electrophoretic fractionation of soil humic substances. Plant and Soil 42:413–422

Elseewi AA, Page AL (1984) Molybdenum enrichment of plants grown on fly ash-treated soils. J Environ Qual 13:394–398

Elseewi AA, Straughan IR, Page AL (1980) Sequential cropping of fly ash-amended soils: effects on soil chemical properties and yield and elemental composition of plants. The Sci Total Environ 15:247–259

Engels R, Hackenberg C, Stumpf U Markus P, Krämer J (1993) Comparison of microbial dynamics in two Rhine valley soils under organic management. Biol Agric Hortic 9: 325–341

Entry JA, Mattson KG, Emmingham WH (1993) The influence of nitrogen on atrazine and 2,4-dichlorophenoxyacetic acid mineralization in grassland soils. Biol Fertil Soils 16: 179–182

Epstein E (1975) Effect of sewage sludge on some soil physical properties. J Environ Qual 4:139–142

Epstein E, Taylor JM, Chaney RL (1976) Effects of sewage sludge and sludge compost applied to soil on some soil physical and chemical properties. J Environ Qual 5:422–426

Ernst D (1967) Transformation of cyanamide in arable soils. Z Pflanzenernähr Düng Bodenk 116:34–44

European Community (1986) Council directive of 12 June 1986 on the protection of the environment, and in particular of the soil, when sewage sludge is used in agriculture. Official Journal of the EC, No L 181/6–12

Ezzeldin Ibrahim M, Awadalla EA, Badr El-Din MM, Kassim AS (1984) Effect of rate of urea application and soil moisture on the behaviour of urea in soil. Z Pflanzenernähr Bodenk 147:177–186

Farrell RE, Gupta VVS, Germida JJ (1994) Effects of cultivation on the activity and kinetics of arylsulfatase in Saskatchewan soils. Soil Biol Biochem 26:1033–1040

Fernando V, Roberts GR (1976) The partial inhibition of soil urease by naturally occurring polyphenols. Plant and Soil 44:81–86

Filip Z (1979) Wechselwirkungen von Mikroorganismen und Tonmineralen - eine Übersicht. Z Pflanzenernähr Bodenk 142:375–386

Fleige H, Meyer B, Scholz H (1971) Bilanz und Umwandlungen der Bindungsformen von Boden- und Düngerstickstoff (^{15}N) in einer Acker-Parabraunerde. Gött Bodenk Ber 18: 38–86

Flieger J, Gehlen P, Schroeder D (1988) Der Einfluß langjährig konventioneller und minimaler Bodenbearbeitung (Horsch-System) auf physikalische, chemische und biologische Bodeneigenschaften bei leichten, mittleren und schweren Böden. Kongreßbd 1988, Teil II, VDLUFA-Schriftenreihe 28:403–412

Foissner W (1987) The micro-edaphon in ecofarmed and conventionally farmed dryland cornfields near Vienna (Austria). Biol Fertil Soils 3:45–49

Foissner W, Franz H, Adam H (1987) Untersuchungen über das Bodenleben in ökologisch und konventionell bewirtschafteten Acker- und Grünlandböden im Raum Salzburg. Verhand Ges Ökologie 15:333–339

Forster JC, Zech W, Wuerdinger E (1993) Comparison of chemical and microbiological methods for the characterization of the maturity of composts from contrasting sources. Biol Fertil Soils 16:93–99

Foth HD , Ellis BG (1988) Soil Fertility. John Wiley & Sons, New York

Franco AA, Munns DN (1982) Plant assimilation and nitrogen cycling. Plant and Soil 67: 1–13

Frank T, Malkomes HP (1993) Mikrobielle Aktivitäten in landwirtschaftlich genutzten Böden Niedersachsens, I. Einfluß der ackerbaulichen Nutzung. Z Pflanzenernähr Bo denk 156:485–490

Frankenberger WT, Johanson JB, Nelson CO (1983) Urease activity in sewage sludge-amended soils. Soil Biol Biochem 15:543–549

Fraser DG, Doran JW, Sahs WW, Lesoing GW (1988) Soil microbial populations and activities under conventional and organic management. J Environ Qual 17:585–590

Fraser PM, Haynes RJ, Williams PH (1994) Effects of pasture improvement and intensive cultivation on microbial biomass, enzyme activities, and composition and size of earthworm populations. Biol Fertil Soils 17:185–190

Fresquez PR, Lindemann WC (1982). Soil and rhizosphere microorganisms in amended coal mine spoils. Soil Sci Soc Am J 46:751–755

Frostegard A, Baath E, Tunlid A (1993) Shifts in the structure of soil microbial communities in limed forests as revealed by phospholipid fatty acid analysis. Soil Biol Biochem 25:723–730

Gabriels D, Michiels P (1991) Soil organic matter and water erosion processes. In: Wilson WS (ed) Advances in soil organic matter research: the impact on agriculture & the environment. The Royal Soc Chem, Cambridge, p 141–153

Gallardo-Lara F, Nogales R (1987) Effect of the application of town refuse compost on soil-plant system: a review. Biol Wastes 19:35–62

Garau MA, Dalmau JL, Felipo MT (1991) Nitrogen mineralization in soil amended with sewage sludge and fly ash. Biol Fertil Soils 12:199–201

Garcia C, Hernandez T, Costa F, Ceccanti B, Masciandaro G (1993) Kinetics of phosphatase activity in organic wastes. Soil Biol Biochem 25:561–565

Garcia C, Hernandez T, Costa F, Polo A (1991) Characterization of the humic fraction from a solid municipal waste during composting. Suelo Planta 1:269–276

Garcia-Alvarez A, Ibanez JJ (1994) Seasonal fluctuations and crop influence on microbiota and enzyme activity in fully developed soils of central Spain. Arid Soil Res Rehabil 8: 161–178

Garcia-Barrionuevo A, Moreno E, Quevedo-Sarmiento J, Gonzales-Lopez J, Ramos-Cormenzana A (1993) Effect of wastewater from olive oil mills on nitrogenase activity and growth of *Azotobacter chroococcum*. Environ Techn Chem 12:225–230

Gawronska A, Kulinska D, Lenart S, Jaskowska H (1992) The effect of maize monoculture on the biological properties of soil and on the yields of plants. Polish J Soil Sci 25:89–94

Gaynor JD (1979) Soil degradation of wastewater sludges containing chemical precipitants. Environ Pollut 20:57–64

Gehlen P, Schroeder D (1986) Untersuchungen mikrobiologischer Parameter auf „konven tionell" und „biologisch" bewirtschafteten Flächen unterschiedlicher Nutzung. Mitt Österr Bodenk Ges 33:209–222

Giger W, Brunner PH, Schaffner C (1984) 4-nonylphenol in sewage sludge: accumulation of toxic metabolites from nonionic surfactants. Science 225:623–625

Gil-Sotres F, Leiros MC, Trasar-Cepeda MC, Saa A, Gonzales-Sangregorio MV (1993) Nitrogen forms in 1- to 7-year-old opencast lignite mine soils. Biol Fertil Soils 16: 173–178

Gil-Sotres F, Trasar-Cepeda MC, Ciardi C, Ceccanti B, Leiros MC (1992) Biochemical characterization of biological acitivity in very young mine soils. Biol Fertil Soils 13: 25–30

Giller KE, McGrath SP, Hirsch PR (1989) Absence of nitrogen-fixation in clover grown on soil subject to long-term contamination with heavy metals is due to survival of only ineffective *Rhizobium*. Soil Biol Biochem 21:841–848

Gisi U (1990) Bodenökologie. Georg Thieme Verlag, Stuttgart New York

Giusquiani PL, Gigliotti G Businelli D (1994) Long-term effects of heavy metals from composted municipal waste on some enzyme activities in a cultivated soil. Biol Fertil Soils 17:257–262

Giusquiani PL, Pagliai M, Gigliotti G, Businelli D, Benetti A (1995) Urban waste compost: effects on physical, chemical and biochemical soil properties. J Environ Qual 24: 175–182

Giusquiani PL, Patumi M, Businelli M (1989) Chemical composition of fresh and composted urban waste. Plant and Soil 116:278–282

Glockemann B, Larink O (1989) Einfluß der Klärschlammdüngung und Schwermetallbelastung auf Milben, speziell Gamasiden, in einem Ackerboden. Pedobiologia 33: 237–246

Gomah AHM, Al Nahidh SI, Amer HA (1990) Amidase and urease activity in soil as affected by sludge, salinity and wetting and drying cycles. Z Pflanzenernähr Bodenk 153: 215–218

Gomonova NF (1979) Dehydrogenase activity in soddy podzolic soil with prolonged application of mineral fertilizers and lime. Biol Nauki (Mosc) 0(7):90–94

Goncharova LY, Bezuglova OS, Val'kov VF (1991) Seasonal dynamics of humus content and enzymatic activity of calcareous ordinary chernozem. Soviet Soil Sci 23:40–47

Gonzales-Carcedo S, Perez-Mateos M, Barriuso-Benito E (1988/1989) Effect of an agroforest cycle on urease activity in limy soils. An Edafol Agrobiol 47:831–838

Gonzalez-Sangreogoria M, Trasar-Cepeda C, Leiros MC, Gil-Sotres F, Guitaian-Ojea F (1991) Early stages of lignite mine soil genesis: changes in biochemical properties. Soil Biol Biochem 23:589–595

Gould MS, Genetelli EJ (1978) Heavy metal complexation behaviour in anaerobically digested sludges. Water Res 12:505–512

Goyal S, Mishra MM, Dhankar SS, Kapoor KK, Batra R (1993) Microbial biomass turnover and enzyme activities following the application of farmyard manure to field soils with and without previous long-term applications. Biol Fertil Soils 15:60–64

Granatstein DM, Bezdicek DF, Cochran VL, Elliott LF, Hammel J (1987) Long-term tillage and rotation effects on soil microbial biomass, carbon and nitrogen. Biol Fertil Soils 5:265–270

Greilich J, Klimanek E-M (1976) Zum Einfluß unterschiedlicher Intensität der Bodenbearbeitung auf den O_2 und CO_2-Gehalt der Bodenluft sowie auf einige bodenbiologische Kennwerte. Arch Acker Pflanzenbau Bodenk 20:177–186

Greilich J, Klimanek EM (1984) Untersuchungen zum Abbauverhalten verschiedener organischer Abprodukte und von Müllkompost in Abhängigkeit von der Bodenart. Zbl Mikrobiol 139:601–606

Grimm J, Cäsar K (1988) Der Einfluß langjährig differenzierter Bewirtschaftungsmaßnahmen auf bodenmikrobiologische Eigenschaften eines lehmigen Sandbodens. Kongreßbd 1988, Teil II, VDLUFA-Schriftenreihe 28:909–920

Gröblinghoff FF, Haider K, Beck Th (1988) Einfluß unterschiedlicher Bodenbewirtschaf-
tungssysteme auf biochemische Stoffumsetzungen. Kongreßbd 1988, Teil II, VDLUFA-
Schriftenreihe 28:893–908

Guan S (1989) Studies on the factors influencing soil enzyme activities, I. Effects of organic manures on soil enzyme activities and nitrogen phoshporus transformations. Acta
Pedol Sin 26:72–78

Gupta G, Kelly P (1990) Toxicity (EC50) comparisons of some animal wastes. Water Air
Soil Pollut 53:113–117

Gupta VVSR, Germida JJ (1988) Distribution of microbial biomass and its activity in different soil aggregate size classes as affected by cultivation. Soil Biol Biochem 20:777–786

Gupta VVSR, Lawrence JR, Germida JJ (1988) Impact of elemental sulfur fertilization on
agricultural soils, I. Effects on microbial biomass and enzyme activities. Can J Soil Sci
68:463–473

Gussin EJ, Lynch JM (1983) Root residues: substrates used by Fusarium culmorum to in-
fect wheat, barley and ryegrass. J Gen Microb 129:251–253

Gut W, Weibel F, Jäggi W (1990) Auswirkungen von Abdeckmaterialien auf die Bodenfruchtbarkeit. Schweiz Z Obst Weinbau 126: 685–691

Hadas A, Kautsky L (1994) Feather meal, a semi-slow-release nitrogen fertilizer for organic farming. Fertil Res 38:165–170

Haider K, Gröblinghoff F-F (1991) Biochemische Umsetzungen und Humusbildung in
Böden unterschiedlicher Bewirtschaftung des Dauerversuches Neuhof. Landwirt Jahrb
68:369–380

Halstead RL, Sowden FJ (1968) Effect of long-term additions of organic matter on crop
yields and soil properties. Can J Soil Sci 48:341–348

Ham GE, Dowdy RH (1978) Soybean growth and composition as influenced by soil
amendments of sewage sludge and heavy metals: field studies. Agron J 70:326–330

Hamilton WE, Dindal DL (1989) Impact of landspread sewage sludge and earthworm in-
troduction on established earthworms and soil structure. Biol Fertil Soils 8:160–165

Hankin L, Hill DE, Stephens GR (1982) Effect of mulches on bacterial populations and enzyme activity in soil and vegetable yields. Plant and Soil 64:193–201

Hankin L, Poincelot RP, Anagnostakis SL (1976) Microorganisms from composting leaves:
ability to produce extracellular degradative enzymes. Microb Ecol 2:296–308

Hankin L, Stephens GR, Hill DE (1979) Effect of additions of liquid poultry manure on ex-
cretion of degradative enzymes by bacteria in forest soil and litter. Can J Microb 25:
1258–1268

Hannukkala AO, Korva J, Tapio E (1990) Conventional and organic cropping systems at
Suitia. I: Experimental design and summaries. J Agric Sci Finland 62:295–307

Harrison LA, Letendre L, Kovacevich P, Pierson E, Wöller, D (1993) Purification of an
antibiotic effective against Gaeumannomyces graminis var tritici produced by a biocon-
trol agent, Pseudomonas aureofaciens. Soil Biol Biochem 25:215–221

Hassink J, Lebbink G, van Veen JA (1991a) Microbial biomass and activity of are claimed-
polder soil under a conventional or a reduced-input farming system. Soil Biol Biochem
23:507–513

Hassink J, Voshaar JHO, Nijhuis EH, van Veen JA (1991b) Dynamics of the microbial populations of a reclaimed-polder soil under conventional and a reduced-input farming system. Soil Biol Biochem 23:515–524

Hattori H (1988) Microbial activities in soil amended with sewage sludges. Soil Sci Plant Nutr 34:221–232

Hattori H, Mukai S (1986) Decomposition of sewage sludges in soil as affected by their organic matter composition. Soil Sci Plant Nutr 32:421–432

Hauck RD (1984) Nitrification inhibitors - potentials and limitations. Symposium Nitrifikationshemmer. VDLUFA-Schriftenreihe 11:9–21

Haynes RJ, Knight TL (1989) Comparison of soil chemical properties, enzyme activities, levels of biomass N and aggregate stability in the soil profile under conventional and no-tillage in Canterbury, New Zealand. Soil Till Res 14:197–208

Haynes RJ, Swift RS (1988) Effects of lime and phosphate additions on changes in enzyme activities, microbial biomass and levels of extractable nitrogen, sulphur and phosphorus in an acid soil. Biol Fertil Soils 6:153–158

Haynes RJ, Swift RS (1990) Stability of soil aggregates in relation to organic constituents and soil water content. J Soil Sci 41:73–83

Heilmann B, Beese F (1991) Variabilität der mikrobiellen Aktivität und Biomasse eines großen Bodenkollektivs in Abhängigkeit von verschiedenen Standortparametern. Mitt Dtsch Bodenk Ges 66:495–498

Heisler C, Kaiser EA (1995) Influence of agricultural traffic and crop management on collembola and microbial biomass in arable soil. Biol Fertil Soils 19:159–165

Helweg A (1988) Microbial activities in soil from orchards regularly treated with pesticides compared to the activity in soils without pesticides (organically cultivated). Pedobiologia 32:273–281

Hendrix PF, Paremlee RW, Crossley DA, Coleman DC, Odum EP, Groffman PM (1986) Detritus food webs in conventional and no-tillage agroecosystems. BioScience 36: 374–380

Herbien SA, Neal JL (1990) Soil pH and phosphatase acitivity. Commun Soil Sci Plant Anal 21:439–456

Herms U, Brümmer G (1984) Einflußgrößen der Schwermetallöslichkeit und -bindung in Böden. Z Pflanzenernähr Bodenk 147:400–424

Hernando S, Lobo MC, Polo A (1989) Effect of the application of a municipal refuse compost on the physical and chemical properties of a soil. The Sci Total Environ 81/82: 589–596

Hersman LE, Klein DA (1979) Retorted oil shale effects on soil microbiological characteristics. J Environ Qual 8:520–524

Hersman LE, Temple KL (1979) Comparison of ATP, phosphatase, pectinolyase and respiration as indicators of microbial activity in reclaimed coal strip mine spoils. Soil Sci 127:70–73

Hesmer H (1959) Geschichte der forstlichen Düngung, insbesondere der Kalkung. In: Der Wald braucht Kalk, 3. Aufl. Kölner Universitätsverlag, Köln, S 13–16

Hirsch PR, Jones MJ, McGrath SP, Giller KE (1993) Heavy metals from past applications of sewage sludge decrease the genetic diversity of *Rhizobium leguminosarum* biovar populations. Soil Biol Biochem 25:1485–1490

Hodecek P, Schäfer E (1989) Umweltbericht Abfall. Österreichisches Bundesinstitut für Gesundheitswesen. Universitäts-Buchdruckerei Styria, Graz

Hodges DR (1991) Soil organic matter: its central position in organic farming. In: Wilson WS (ed) Advances in soil organic matter research: the impact on agriculture & the environment. The Royal Soc Chem, Cambridge, p 355–365

Hodgson DR, Townsend WN (1973) The amelioration and revegetation of pulverized fuel ash. In: Hutnik RJ, Davis G (eds) Ecology and reclamation of devasted land. Gordon and Breach, New York, p 247–270

Hoffmann G (1984) Bodenkundliche und pflanzenbauliche Aspekte beim Einsatz von Siedlungsabfällen in der Landwirtschaft. Veröff Landwirt-Techn Bundesanstalt Linz 17: 17–64

Hofmann E, Schmidt W (1953) Über das Enzymsystem unserer Kulturböden, II. Urease. Biochem Z 324:125–127

Hofmann J, Pfitscher A (1982a) Korrelationen von Enzymaktivitäten im Boden. Z Pflanzenernähr Bodenk 145:36–41

Hofmann J, Pfitscher A (1982b) Veränderungen der mikrobiellen Aktivität in Böden unter Skipisten und Wanderwegen. Pedobiologia 23:105–111

Hojito M, Higashida S, Nishimune A, Takao K (1987) Effects of liming on grass growth, soil solution composition, and microbial activities. Soil Sci Plant Nutr 33:177–185

Houot S, Chaussod R (1995) Impact of agricultural pratices on the size and activity of the microbial biomass in a long-term field experiment. Biol Fertil Soils 19:309–316

Huber J (1985) Vergleichende Untersuchungen von Böden mit unterschiedlichen Bewirtschaftungssystemen hinsichtlich Wasser-, Nährstoff-, Humushaushalt und Biologie. Mitt Österr Bodenk Ges 30:13–75

Hütsch B, Mengel K (1991) Messung von Denitrifikationsverlusten bei Pflugbearbeitung und Direktsaat. Z Kulturtech Landent 32:70–79

Hütsch B, Mengel K (1993) Effect of different soil cultivation systems, including no-tillage, on electro-ultrafiltration extractable organic nitrogen. Biol Fertil Soils 16:233–237

Huysman F, Verstraete W, Brookes PC (1994) Effect of manuring pratices and increased copper concentrations on soil microbial populations. Soil Biol Biochem 26:103–110

Insam H (1989) Rekultivierung von Flugaschedeponien, II. Mikrobiologische Aspekte. Z Vegetationstechnik 12:90–92

Insam H, Domsch KH (1988) Relationship between soil organic carbon and microbial biomass on chronosequences of reclamation sites. Microb Ecol 15:177–188

Insam H, Gonser A (1990) Accelerated revegetation of an opencast mining site using compost and soil conditioners. Z Vegetationstechnik 13:136–139

Insam H, Haselwandter K (1985) Die Wirkung verschiedener Begrünungsmaßnahmen auf die mikrobielle Biomasse im Boden planierter Skipisten oberhalb der Waldgrenze. Z Vegetationstechnik 8:23–28

Insam H, Haselwandter K (1989) Metabolic quotient of the soil microflora in relation to plant succession. Oecologia 79:174–178

Insam H, Mitchell CC, Dormaar JF (1991) Relationship of soil microbial biomass and activity with fertilization practice and corp yield of three ultisols. Soil Biol Biochem 23: 459–464

Insam H, Parkinson D, Domsch KH (1989) Influence of macroclimate on soil microbial biomass. Soil Biol Biochem 21:211–221

Insam H, Stalljann E (1989) Rekultivierung von Flugaschedeponien, I. Botanische Aspekte. Z Vegetationstechnik 12:87–89

Jackson DR, Washburne CD, Ausmus BS (1977) Loss of Ca and NO_3-N from terrestrial microcosms as an indicator of soil pollution. Water Air Soil Pollut 8:279–284

Jäggi W (1974) Bodenmikrobiologische Untersuchungen in einem Düngungsversuch. Schweiz Landwirt Forsch 13:531–547

Jäggi W (1980) Einfluß von Pflanzenschutzmitteln auf Bodenmikroorganismen. Mitt Schweiz Landw 28:21–29.

Jäp A (1986) Konventionelle und alternative Landbaumethoden im betriebswirtschaftlichen Vergleich. Ber Landwirt 64:40–73

Jenkinson DS (1977) Studies on the decomposition of plant material in soil, V. The effects of plant cover and soil type on the loss of carbon from ^{14}C labelled ryegrass decomposing under field conditions. J Soil Sci 28:424–434

Jenkinson DS, Powlson DS (1976) The effects of biocidal treatments on metabolism in soil, V. A method for measuring soil biomass. Soil Biol Biochem 8:209–213

Jensen MB (1985) Interactions between soil invertebrates and straw in arable soil. Pedobiologia 28:59–69

Jimenez EI, Garcia VP (1989) Evaluation of city refuse compost maturity: a review. Biol Wastes 27:115–142

Jones JN, Moody JE und Lillard JH (1969) Effects of tillage, and mulch on soil water and plant growth. Agron J 61 719–721

Kai H, Ueda T, Sakaguchi M (1990) Antimicrobial activity of bark-compost extracts. Soil Biol Biochem 22:983–986

Kaiser EA, Walenzik G, Heinemeyer O (1991) The influence of soil compaction on decomposition of plant residues and on microbial biomass. In: Wilson WS (ed) Advances in soil organic matter research: the impact on agriculture & the environment. The Royal Soc Chem, Cambridge, p 207–217

Kanazawa S, Asakawa S, Takai Y (1988) Effect of fertilizer and manure application on microbial numbers, biomass, and enzyme activities in volcanic ash soils, I. Microbial numbers and biomass carbon. Soil Sci Plant Nutr 34:429–439

Kandeler E (1986a) Der Einsatz enzymatischer Methoden am Beispiel eines Stroh- und Klärschlammdüngungsversuches. Mitt Österr Bodenk Ges 33:117–133

Kandeler E (1986b) Aktivität von Proteasen in Böden und ihre Bestimmungsmöglichkeiten. Kongreßbd 1986, VDLUFA-Schriftenreihe 20:829–847

Kandeler E (1988) Kinetische Eigenschaften von Proteasen und Phosphatasen in unterschiedlich bewirtschafteten Böden. Die Bodenkultur 39:201–206

Kandeler E, Eder G (1990) Bodenmikrobiologische Prozesse und Aggregatstabilität einer 25-jährigen Dauerbrache mit unterschiedlicher mineralischer und organischer Düngung. Mitt Dtsch Bodenk Ges 62:63–66

Kandeler E, Eder G (1991) Gülledüngung im Dauergrünland und ihre Wirkung auf Bodenbiologie und Stickstoffaustrag. Kongreßbd 1991, VDLUFA-Schriftenreihe 33:257–262

Kandeler E, Eder G (1993) Effect of cattle slurry in grassland on microbial biomass and on activities of various enzymes. Biol Fertil Soils 16:249–254

Kandeler E, Eder G, Sobotik M (1994) Microbial biomass, N mineralization, and the activities of various enzymes in relation to nitrate leaching and root distribution in a slurry-amended grassland. Biol Fertil Soils 18:7–12

Kandeler E, Murer E (1993) Aggregate stability and soil microbial processes in a soil with different cultivation. Geoderma 56:503–513

Kannan K, Oblisami G (1990a) Influence of paper mill effluent irrigation on soil enzyme activities. Soil Biol Biochem 22:923–926

Kannan K, Oblisami G (1990b) Influence of irrigation with pulp and paper mill effluent on soil chemical and microbiological properties. Biol Fertil Soils 10:197–201

Kappen H, Hofer J, Braukmann E (1949) Über die Wirkung des Hüttenkalks auf die Zerstörung der organischen Stoffe des Bodens und über eine einfache Methode ihrer Bestimmung. Z Pflanzenernähr Düng Bodenk 44:6–33

Karapanagiotis NK, Sterritt RM, Lester JN (1991) Heavy metal complexation in sludge-amended soil the role of organic matter in metal retention. Environ Technol 12: 1107–1116

Keeling AA, Mullett JA, Paton IK (1994) GC-mass spectrometry of refuse-derived composts. Soil Biol Biochem 26:773–776.

Khaleel R, Reddy KR, Overcash MR (1981) Changes in soil physical properties dü to organic waste applications: a review. J Environ Qual 10:133–141

Khan SU (1970) Enzymatic activity in a gray wooded soil as influenced by cropping systems and fertilizers. Soil Biol Biochem 2:137–139

Kick H (1984) Anforderungen des Landbaues an die Beschaffenheit der Abwasserklärschlämme. Gewässerschutz, Wasser, Abwasser 65:9–31

Kinkle BK, Angle JS, Keyser HH (1987) Long-term effects of metal-rich sewage sludge application on soil populations of *Bradyrhizobium japonicum*. Appl Environ Microb 53:315–319

Kiss S, Dragan-Bularda M, Pasca D (1993) Enzymology of technogenic soils. Casa Cartii de Stiinta, Cluj-Napoca Romania

Kiss S, Dragan-Bularda M, Radulescu D (1978) Soil polysaccharidases: activity and agricultural importance. In: Burns RG (ed) Soil enzymes. Academic Press, London San Francisco New York, p 117–147

Kiss S, Pasca D, Dragan-Bularda M, Crisan R, Muntean V (1992) Enzymological evaluation of the efficiency of the measures applied for biological recultivation of lead and zinc mine spoils. Stud Univ Babes-Bolyai, Biol 37:103–108

Kiss S, Pasca D, Dragan-Bularda M, Cristea V, Blaga G, Crisan R, Muntean V, Zborovschi E, Mitroescu S (1990) Enzymological analysis of lead and zinc minespoils submitted to biological recultivation. Stud Univ Babes-Bolyai, Biol 35:70–79

Kiss S, Stefanic G, Dragan-Bularda M (1975) Soil enzymology in Romania, Part II. Contributions botaniques cluj, p 197–204

Klärschlammverordnung Deutschland. Bundesgesetzblatt, Jahrgang 1992, Teil I

Klein DA, Sorensen DL, Redente EF (1985) Soil enzymes: a predictor of reclamation potential and progress. In: Tate RL, Klein DA (ed) Soil reclamation processes. Microbial analyses and applications. Marcel Dekker, New York Basel, p 141–173

Klein TM, Koths JS (1980) Urease, protease, and acid phosphatase in soil continuously cropped to corn by conventional or no-tillage methods. Soil Biol Biochem 12:293–294

Klubek B, Carlson CL, Oliver J, Adriano DC (1992) Characterization of microbial abundance and activity from three coal ash basins. Soil Biol Biochem 24:1119–1125

Köck L, Naschberger S (1991) Düngungsversuche mit organischen Spezialdüngern unter Praxisbedingungen. Der Alm Bergbauer 41:1–12

Kokalis-Burelle N, Rodriguez-Kabana R (1994a) Changes in populations of soil microorganisms, nematodes, and enzyme activity associated with application of powdered pine bark. Plant and Soil 162:169–175

Kokalis-Burelle N, Rodriguez-Kabana R (1994b) Effects of pine bark extracts and pine bark powder on fungal pathogens, soil enzyme activity, and microbial populations. Biol Control 4:269–276

Kostov O, Rankov V, Atanacova G, Lynch JM (1991) Decomposition of sawdust and bark treated with cellulose-decomposing microorganisms. Biol Fertil Soils 11:105–110

Krempus F (1953) Der Einfluß der Handelsdünger verschiedener physiologischer Reaktion auf die Bildung von Humusstoffen im Boden. Z Pflanzenernähr Düng Bodenk 62: 108–128

Kucharsik J (1992) The effect of urease inhibitor (PPDA) on winter wheat yield and on soil microorganisms activity. Pol J Soil Sci 25:171–176

Kucharski J (1991) The effect of CPM, N-Serve, and ATC on the process of nitrification an on soil microorganisms. Pol J Soil Sci 24:49–56

Kucharski J, Niklewska T (1991) The effect of manuring with straw and of introducing groups of microorganisms on the microbial properties of light soil. Polish J Soil Sci 24: 171–184

Kumar V, Wagenet RJ (1984) Urease activity and kinetics of urea transformation in soils. Soil Sci 137:263–269

Kurganskiy VP, Karyagina LA, Mikhaylovskaya N Ya, Vrublevskaya NN (1989) Fertility and biological activity of sod-podzolic sandy loam soil. Soviet Soil Sci 21:52–58

Küster E (1975) Wird das Bodenleben durch moderne Anbaumaßnahmen zerstört? Landwirt Forsch, Sonderheft 32/1:18–26

Küster E, Sauter K (1985) Über die Wirkung des Pflügens und Fräsens auf die Mikroflora des Bodens und deren Aktivitäten. Ber Landwirt 63:246–256

Laanbroek HJ, Gerards S (1991) Effects of organic manure on nitrification in arable soils. Biol Fertil Soils 12:147–153

Ladd JN (1978) Origin and range of enzymes in soil. In: Burns RG (ed) Soil enzymes. Academic Press, London San Francisco New York, p 51–96

Ladd JN, Amato M, Li-Kai Z, Schultz JE (1994) Differential effects of rotation, plant residue and nitrogen fertilizer on microbial biomass and organic matter in an Australian alfisol. Soil Biol Biochem 26:821–831

Lake DL, Kirk PWW, Lester JN (1984) Fractionation, characterization, and speciation of heavy metals in sewage sludge and sludge-amended soils: a review. J Environ Qual 13: 175–183

Lang H, Dressel J (1985) Bodenfruchtbarkeit und Ertragsfähigkeit unter dem Einfluß verschieden enger Getreidefruchtfolgen, Fungizideinsatz sowie organischer Düngung. Kongreßbd 1985, VDLUFA-Schriftenreihe 16:379–394

Leftley JW, Syrett JP (1973) Urease and ATP:urea amidolyase activity in unicellular algae. J Gen Microb 77:109–115

Leiros MC, Gil-Sotres F, Ceccanti B, Trasar-Cepeda MC, Gonzalez-Sangregorio MV (1993) Humification processes in reclaimed open-cast lignite mine soils. Soil Biol Biochem 25:1391–1397

Lindemann WC, Lindsey DL, Fresquez PR (1984) Amendment of mine spoil to increase the number and activity of microorganisms. Soil Sci Soc Am J 48:574–578

Line MAO, Dragar C (1993) Isolation of bacteria antagonistic to a range of plant pathogenic fungi. Soil Biol Biochem 25:247–250

Linn DM, Doran JW (1984) Aerobic and anaerobic microbial populations in no-till and plowed soils. Soil Sci Soc Am J 48:794–799

Loshakov VG, Emtsev VT, Nitse LK, Ivanova SF, Rogova, TA, Askhabov RY (1986) Biological soil activity in a specialized grain crop rotation with stubble green manure and straw used as fertilizer. Izv Timiryazev S-Kh Akad 0 (4):10–17

Lüftenegger G, Foissner W, Adam H (1986) Der Einfluß organischer und mineralischer Dünger auf die Bodenfauna einer planierten, begrünten Skipiste oberhalb der Waldgrenze. Z Vegetationstechnik 9:149–153

Lykov AM, Makarov IP, Safonov AF, Lapochkin VM (1981) Enzymic activity and soil phytotoxicity in specialized crop rotation elements. Izv Timiryazev S-Kh Akad 0 (3): 29–38

Lynch (1991) Sources and fate of soil organic matter. In: Wilson WS (ed) Advances in soil organic matter research: the impact on agriculture & the environment. Redwood Press Ltd, Melksham, p 231–239

Lynch JM (1977) Phytotoxicity of acetic acid produced in the anaerobic decomposition of wheat straw. J Appl Bacteriol 42:81–87

Lynch JM (1978) Production and phytotoxicity of acetic acid in anaerobic soils containing plant residues. Soil Biol Biochem 10:131–135

Lynch JM (1983) Soil biotechnology. Blackwell, Oxford

Lynch JM (1984) Interactions between biological processes, cultivation and soil structure. Plant and Soil 76:307–318

Lynch JM (1991) Sources and fate of soil organic matter. In: Wilson WS (ed) Advances in soil organic matter research: the impact on agriculture & the environment. The Royal Soc Chem, Cambridge, p 231–239

Lynch JM, Bragg E (1985) Microorganisms and soil aggregate stability. Advances in soil science, Vol 2. Springer, New York, p 133–171

Lynch JM, Elliott LF (1983) Minimizing the potential phytotoxicity of wheat straw by microbial degradation. Soil Biol Biochem 15:221–222

Lynch JM, Panting LM (1980a) Cultivation and the soil biomass. Soil Biol Biochem 12: 29–33

Lynch JM, Panting LM (1980b) Variations in the size of the soil biomass. Soil Biol Biochem 12:547–550

Lynch JM, Panting LM (1982) Effects of season, cultivation and nitrogen fertilizer on the size of soil microbial biomass. J Sci Food Agric 33:249–252

Maas EMC, Kotze JM (1990) Crop rotation and take-all of wheat in South Africa. Soil Biol Biochem 22:489–494

Mäder P, Pfiffner L, Jäggi W, Wiemken A, Niggli U, Besson JM (1993) DOK-Versuch: Vergleichende Langzeit-Untersuchungen in den drei Anbausystemen biologisch-dynamisch, organisch-biologisch und konventionell, III. Boden: Mikrobiologische Untersuchungen. Schweiz Landwirt Forsch 32:509–54

Malkomes HP (1984) Modifizierung der Wirkung eines Herbizids auf bodenbiologische Aktivitäten durch den Zusatz von Luzernemehl bzw. unbehandeltem Boden. Zbl Mikrobiol 139:441–452

Malkomes HP (1988a) Einfluß einmaliger und wiederholter Herbizid-Gaben auf mikrobielle Prozesse in Bodenproben unter Laborbedingungen. Pedobiologia 31:323–338

Malkomes HP (1988b) Einwirkung von Umweltchemikalien auf Bodenmikroorganismen und deren Leistungen unter dem Einfluß von Düngung und Pflanzenbewuchs. Zbl Mikrobiol 143:511–521

Mann H, Fyfe WS (1986) Algal uptake of uranium and some other metals implications for global geochemical cycling. Precambrian Res 30:337–350

Mann LK (1985) Changes in soil carbon storage after cultivation. Soil Science 142: 279–288

Marenkov NL (1980) Biological activity of soil under fodder beets in a monoculture and in crop rotations. Soviet Soil Sci 12:635–641

Martens DA, Johanson JB, Frankenberger WT (1992) Production and persistence of soil enzymes with repeated addtion of organic residues. Soil Sci 153:53–61

Martensson AM, Witter E (1990) Influence of various soil amendments on nitrogen-fixing soil microorganisms in a long-term field experiment, with special reference to sewage sludge. Soil Biol Biochem 22:977–982

Martyniuk S, Wagner GH (1978) Quantitative and qualitative examination of soil microflora associated with different management systems. Soil Sci 125:343–350

Mathes K, Schriefer T (1985) Soil respiration during secondary succession: influence of temperature and moisture. Soil Biol Biochem 17:205–211

Mathur SP (1982) The role of soil enzymes in the degradation of organic matter in the tropics, subtropics and temperate zones. Symp on „Organic manuring in the tropics and sub-tropics potentialities and limitations". 12th Congress of the Intern Soc Soil Sci. New Delhi India, February 1982

Mathur SP, Hamilton HA, Levesque MP (1979a) The mitigating effect of residual fertilizer copper on the decomposition of an organic soil in situ. Soil Sci Soc Am J 43:200–203

Mathur SP, Levesque MP (1980) Relationships between acid phosphatase activities and decomposition rates of twenty-two virgin peat materials. Commun Soil Sci Plant Anal 11: 155–162

Mathur SP, Levesque MP, Desjardins JG (1979b) The relative immobility of fertilizer and native copper in an organic soil under field conditions. Water Air Soil Pollut 11: 207–215

Mathur SP, Rayment AF (1977) Influence of trace element fertilization on the decomposition rate and phosphatase activity of a mesic Fibrisol. Can J Soil Sci 57:397–408

Mathur SP, Sanderson RB (1980) The partial inactivation of degradative soil enzymes by residual fertilizer copper in Histosols. Soil Sci Soc Am J 44:750–755

Mathur SP, Sanderson RB, Belanger A, Valk M, Knibbe EN, Preston CM (1984) The effect of copper applications on the movement of copper and other elements in organic soils. Water Air Soil Pollut 22:277–288

May PB, Douglas LA (1976) Assay for soil urease activity. Plant and Soil 45:301–305

McAndrew DW, Malhi SS (1990) Long-term effect of deep plowing solonetzic soil on chemical characteristics and crop yield. Can J Soil Sci 70:565–570

McCarty GW, Siddaramappa R, Wright RJ, Codling EE, Gao G (1994) Evaluation of coal combustion byproducts as soil liming materials: their influence on soil pH and enzyme activities. Biol Fertil Soils 17:167–172

McGill WB, Cannon KR, Robertson JA, Cook FD (1986) Dynamics of soil microbial biomass and water-soluble organic C in Breton L after 50 years of cropping to two rotations. Can J Soil Sci 66:1–19

McGrath SP, Brookes PC, Giller KE (1988) Effects of potentially toxic metals in soil derived from past application of sewage sludge on nitrogen fixation by *Trifolium repens* L. Soil Biol Biochem 20:415–425

Metzger L, Levanon D, Mingelgrin U (1987) The effect of sewage sludge on soil structural stability: microbiological aspects. Soil Sci Soc Am J 51:346–351

Miller M, Dick R (1995) Thermal stability and activities of soil enzymes as influenced by crop rotations. Soil Biol Biochem 27:1161–1166

Miller RH (1974) Factors affecting the decomposition of aerobically digested sewage sludge in soil. J Environ Qual 2:356–358

Miller RM, Jastrow JD (1990) Hierarchy of root and mycorrhizal fungal interactions with soil aggregation. Soil Biol Biochem 22:579–584

Misra SG, Pande P (1974) Effect of organic matter on availability of nickel. Plant and Soil 40:679–684

Mitchell MJ, Hartenstein R, Swift EF, Neuhauser BI, Abrams BI, Mulligan RM, Brown BA, Craig D, Kaplan D (1978) Effects of different sewage sludges on some chemical and biological characteristics of soil. J Environ Qual 7:551–559

Mnkeni PNS, Mackenzie AF (1987) Effects of added organic residues and calcium carbonate on polyphosphate hydrolysis in four Quebec soils. Plant and Soil 104:163–167

Moldenhauer WC, Wischmeier WH, Parker DT (1967) The influence of crop management on runoff, erosion, and soil properties of a Marshall silty clay loam. Soil Sci Soc Am Proc 31:541–546

Molope MB, Grieve IC, Page ER (1987) Contributions by fungi and bacteria to aggregate stability of cultivated soils. J Soil Sci 38:71–77

Morel JL, Guckert A (1984) Evolution en plein champ de la solubilité dans DTPA des métaux lourds du sol introduits par des épandages de boues urbaines chaulés. Agronomie 4:377–386

Morra MJ, Freeborn LL (1989) Catalysis of amino acid deamination in soils by pyridoxal-5'-phosphate. Soil Biol Biochem 21:645–650

Morra MJ, Freeborn LL (1990) Increasing deamination reactions in soil with pyridoxal-5'-phosphate. Soil Biol Biochem 22:361–366

Mortland MM (1984) Deamination of glutamic acid by pyridoxal phosphate-Cu^{2+}-smectite catalysts. J Molecular Catalysis 27:143–155

Moser M, Hofmann J, Pfitscher A, Ridl W, Wieser R (1987) Mikrobielle Parameter als Indikatoren für die anthropogene Beeinflussung alpiner Böden, besonders durch Massentourismus. In: Österreichische Akademie der Wissenschaften, Patzelt G (Hrsg) Veröffentlichungen des Österreichischen MaB-Programms, Bd 10. Universitätsverlag Wagner, Innsbruck, p 257–279

Moyo CC, Kissel DE, Cabrera ML (1989) Temperature effects on soil urease activity. Soil Biol Biochem 21:935–938

Müller G (1959a) Bodenbiologische Untersuchungen unter Berücksichtigung der Standortfaktoren bei Rein- und Mischsaaten. Zbl Bakteriol Abt II 112:44–78

Müller G (1959b) Bodenbiologische Abbauuntersuchungen unter Berücksichtigung der Standortfaktoren bei Schwarzbrache nach Rein- und Mischsaaten. Zbl Bakteriol Abt II 112:169–203

Müller HJ (1976) Wesen und Probleme der Agroökosysteme: Zur Charakterisierung von Agrobiozönosen. Biol Rundschau 14:285–296

Müller R, Schneider R, Schroeder D (1988) Physikalische, chemische und biologische Eigenschaften trocken rekultivierter Lößböden unter Wald-, Grünland- und Ackernutzung. Mitt Dtsch Bodenk Ges 56:387–392

Müller R, Wildhagen H, Meyer B (1985) Wirkung hoher Kalkgaben und verschiedener Kalkformen auf den Humusgehalt und die Kalkbilanz auf norddeutschen Sandböden. Mitt Dtsch Bodenk Ges 43/I:423–428

Muntean V, Jakab S, Crisan R, Pasca D, Dragan-Bulandra M, Kiss S (1991) Enzymatic potential in sewage sludge-amended soils. Stud Univ Babes-Bolyai, Biol 36:31–37

Murer EJ, Baumgarten A, Eder G, Gerzabek MH, Kandeler E, Rampazzo N (1993) An improved sieving machine for estimation of soil aggregate stability (SAS). Geoderma 56: 539–547

Myskow W, Stachyra A, Zieba S, Masiak D (1994) A new index for evaluation of soil fertility. Microb Res 149:321–325

Nannipieri P, Ceccanti B, Cervelli S, Sequi P (1974) Use of 0.1 M pyrophosphate to extract urease from a podzol. Soil Biol Biochem 6:359–362

Nannipieri P, Cervelli S, Pedrazzini F (1975) Concerning the extraction of enzymatically active organic matter from soil. Experientia 31:513–515

Nannipieri P, Johnson RL, Paul EA (1978) Criteria for measurement of microbial growth and activity in soil. Soil Biol Biochem 10:223–229

Nannipieri P, Muccini L, Ciardi C (1983) Microbial biomass and enzyme activities: production and persistence. Soil Biol Biochem 15:679–685

Neal RH, Sposito G (1986) Effects of soluble organic matter and sewage sludge amendments on Cd sorption by soils at low Cd concentrations. Soil Science 142:164–172

Nehring K, Wiesemüller W (1968) Untersuchungen über den Einfluß der Mineraldüngung auf den Humusgehalt in Ackerböden. Z Pflanzenernähr Bodenk 119:11–24

Nestroy O (1981) Alternative Formen des Landbaues - die Alternative? Wiss Nachr 46: 49–51

Neuwinger I, Schinner F (1980) The influence of compound fertilizer and cupric sulfate on the growth and the bioelement content of cembra pine seedlings (*Pinus cembra*). Plant and Soil 57:257–270

Neuwinger I, Schinner F (1981) Untersuchungen über Düngewirkungen in Zirbenkeimbeeten. Allg Forstzeitung 92:217–220

Nguyen ML, Haynes RJ, Goh KM (1995) Nutrients budgets and status in three pairs of conventional and alternative mixed cropping farms in Canterbury, New Zealand. Agric Ecosys Environ 52:149–162

Nichols PD, White DC (1989) Accumulation of poly-β-hydroxybutyrate in methan-enriched, halogenated hydrocarbon degrading soil column: implications for microbial community structure and nutritional status. Hydrobiologia 176/177:369–377

Niederbudde EA, Flessa H (1989) Struktur, mikrobieller Stoffwechsel und potentiell mineralisierbare Stickstoffvorräte in ökologisch und konventionell bewirtschafteten Tonböden. J Agron Crop Sci 162:333–341

Nielsen JD, Eiland F (1980) Investigations on the relationship between P-fertility, phosphatase activity and ATP content in soil. Plant and Soil 57:95–103

Nodar R, Acea MJ, Carballas T (1992) Poultry slurry microbial population: composition and evolution during storage. Bioresource Technol 40:29–34

Novakova J, Sisa R (1984) Effect of clays on the cellulolytic activity of soil. Zbl Mikrobiol 139:505–510

O'Toole P, Morgan MA (1984) Thermal stabilities of urease enzymes in some Irish soils. Soil Biol Biochem 16:471–474

Oades JM (1984) Soil organic matter and structural stability: mechanisms and implications for management. Plant and Soil 76:319–337

Obbard JP, Sauerbeck D, Jones KC (1994) Dehydrogenase activity of the microbial biomass in soils from a field experiment amended with heavy metal contaminated sewage sludges. The Sci Total Environ 142:157–162

Oberson A, Fardeau JC, Besson JM, Sticker H (1993) Soil phosphorus dynamics incropping systems managed according to conventional and biological agricultural methods. Biol Fertil Soils 16:111–117

Odum EP (1969) The strategy of ecosystem development. Science 164:262–270

Odum EP (1985) Trends expected in stressed ecosystems. Biosciene 53:419–422

Öhlinger R (1986) Der Einsatz enzymatischer Methoden am Beispiel eines Grünlanddüngeversuches. Mitt Österr Bodenk Ges 33:135–161

Opperman MH, Wood M, Harris PJ (1989) Changes in microbial populations following the application of cattle slurry to soil at two temperatures. Soil Biol Biochem 21:263–268

Page AL, Elseewi AA, Straughan IR (1979) Physical and chemical properties of fly ash from coal-fired power plants with reference to environmental impacts. Residue Rev 71:-83–120

Pagliai M, De Nobili M (1993) Relationships between soil porosity, root development and soil enzyme activity in cultivated soils. Geoderma 56:243–256

Pagliai M, Guidi G, La Marca M, Giachetti M, Lucamante G (1981) Effects of sewage sludges and composts on soil porosity and aggregation. J Environ Qual 10:556–561

Pagliai M, La Marca M Lucamante G, Genovese L (1984) Effects of zero and conventional tillage on the length and irregularity of elongated pores in a clay loam soil under viti-culture. Soil Till Res 4:433–444

Pagliai M, La Marca M, Lucamante G (1983) Micromorphometric and micromorphological investigations of a clay loam soil in viticulture under zero and conventional tillage. J Soil Sci 34:391–403

Pagliai M, Raglione M, Panini T, Maletta M, La Marca M (1995) The structure of two allu-vial soils in Italy after 10 years of conventional and minimum tillage. Soil Tillage Res 34:209–223

Pan T, Wang Y, Jiang H, Ke Y (1987) The effect of plastic mulch on soil ecological en-vironment and root growth of sugarcane. J Fujian Agric Coll 16:32–38

Pancholy SK, Rice EY (1973) Soil enzymes in relation to old field succession: amylase, cellulase, invertase, dehydrogenase, and urease. Soil Sci Soc Am Proc 37:47–50

Pang PCK, Kolenko H (1986) Phosphomonoesterase activity in forest soils. Soil Biol Bio-chem 18:35–40

Panikov NS, Ksenzenko SM (1982) Phosphohydrolase inhibition in soddy podzolic soil. Pochvovedenie 11:43–49

Pankhurst CE, McDonald HJ, Hawke BG (1995) Influence of tillage and crop rotation on the epidemiology of *Pythium* infections of wheat in a red-brown earth of South Austra-lia. Soil Biol Biochem 27:1065–1073

Paoletti MG, Pimentel D, Stinner BR, Stinner D (1992) Agroecosystem biodiversity: mat-ching production and conservation biology. Agric Ecosys Environ 40:3–23

Pareek RP, Gaur AC (1973) Release of phosphate from tricalcium and rock phosphates by organic acids. Curr Sci 42:278–279

Parkin TB, Sexstone AJ, Tiedje JM (1985) Adaptation of denitrifying populations to low soil pH. Appl Environ Microb 49:1053–1056

Parkinson D (1978) The restoration of soil productivity. In: Holdgate MW, Woodman MJ (eds) The breakdown and restoration of ecosystems. Plenum Press, New York, p 213–229

Parmelee RW, Beare MH, Cheng W, Hendrix PF, Rider SJ, Crossley DA, Coleman DC (1990) Earthworms and enchytraeids in conventional and no-tillage agroecosystems: a biocide approach to assess their role in organic matter breakdown. Biol Fertil Soils 10: 1–10

Parsons, J.W. (1985) Organic farming. In: Vaughan D, Malcom RE (eds) Soil organic matter and biological activity. Martinus Nijhoff/Junk Publishers, Dordrecht, p 424–443

Pasca D, Kiss S, Dragan-Bularda M, Crisan R, Muntean V (1994) Evolution of the enzy-matic potential in lead and zinc mine spoils submitted to biological recultivation. Stud Univ Babes-Bolyai, Biol 39:95–102

Patra DD, Brookes PC, Coleman K, Jenkinson DS (1990) Seasonal changes of soil micro-bial biomass in an arable and a grassland soil which have been under uniform manage-ment for many years. Soil Biol Biochem 22:739–742

Paulson KN, Kurtz LT (1969) Locus of urease activity in soil. Soil Sci Soc Am Proc 33: 897–901

Payne GG, Martens DC, Kornegay ET, Lindemann MD (1988) Availability and form of copper in three soils following eight annual applications of copper-enriched swine manure. J Environ Qual 17:740–746

Pedrazzini FR, Tarsitano R (1986) Ammonia volatilization from flooded soil following urea application. Plant and Soil 91:101–107

Perez-Mateos MP, Gonzales-Carcedo SG (1988) Influence of heavy metals on soil oxido-reductases. Biol Agric Hortic 5:135–142

Perfect TJ (1991) Biodiversity and tropical pest management. In: Hawksworth DL (ed) The biodiversity of microorganisms and invertebrates: its role in sustainable agriculture. CAB Intern, Redwood Press Ltd, Melksham, p 145–149

Perucci P (1990) Effects of the addition of municipal solid-waste compost on microbial biomass and enzyme activities in soil. Biol Fertil Soils 10:221–226

Perucci P (1992) Enzyme activity and microbial biomass in a field soil amended with municipal refuse. Biol Fertil Soils 14:54–60

Perucci P, Giusquiani PL (1990) Influence of municipal waste compost addition on chemical properties and soil phosphatase activity. Zbl Mikrobiol 145:615–620

Perucci P, Giusquiani PL, Scarponi L (1982) Nitrogen losses from added urea and urease activity of a clay-loam soil amended with crop residues. Plant and Soil 69:457–463

Perucci P, Scarponi L (1983) Effect of crop residue addition on arylsulphatase activity in soils. Plant and Soil 73:323–326

Perucci P, Scarponi L (1984) Arylsulfatase activity in soils amended with crop residues: kinetic and thermodynamic parameters. Soil Biol Biochem 16:605–608

Perucci P, Scarponi L (1985) Effect of different treatments with crop residues on soil phosphatase activity. Biol Fertil Soils 1:111–115

Perucci P, Scarponi L, Businelli M (1984) Enzyme activities in a clay-loam soil amended with various crop residues. Plant and Soil 81:345–351

Pescheck R, Herlicska H, Deweis M (1990) Schadstoffbelastung von Wasser und Abwasser in Österreich. Monographien Bd 24. Umweltbundesamt, Wien (Hrsg)

Peshakov G, Barov V, Rankov V, Ampova G, Toskov N, Tzirkov T (1984) An attempt at optimizing fertilization with a view to maximum capacity of soil enzymes. In: Szegi J (ed) Soil biology and conservation of the biosphere, Vol 1. Akademiai Kiado, Budapest Ungarn, p 37–45

Peters M, Blume HP, Gömpel H, Sattelmacher B (1990) Nährstoffdynamik und -bilanz eines Podsols unter konventioneller und alternativer Ackernutzung. J Agron Crop Sci 165:289–296

Pettit NM, Smith ARJ, Freedman RB, Burns RG (1976) Soil urease: activity, stability and kinetic properties. Soil Biol Biochem 8:479–484

Pichtel JR (1990) Microbial respiration in fly ash/ sewage sludge-amended soils. Environ Pollut 63:225–237

Pichtel JR, Hayes JM (1990) Influence of fly ash on soil microbial activity and populations. J Environ Qual 19:593–597

Pimentel D (1994) Global population, food and the environment. Report to the Annual Meeting of the American Association for the Advancement of Science. San Francisco, February 21, 1994

Plank CO, Martens DC (1973) Amelioration of soils by fly ash. J Soil Water Conserv 28: 177–179

Popova LV (1993) Effect of fertility levels on soil microfungi. Eurasian Soil Sci 25:96–100

Powlson DS, Brookes PC, Christensen BT (1987) Measurement of soil microbial biomass provides an early indication of changes in total soil organic matter due to straw incorporation. Soil Biol Biochem 19:159–164

Pulford ID, Tabatabai MA (1988) Effect of waterlogging on enzyme activities in soils. Soil Biol Biochem 20:215–219

Rachhpal-Singh, Nye PH (1984) The effect of soil pH and high urea concentrations on urease activity in soil. J Soil Sci 35:519–527

Rankov V, Dimitrov G (1987) Influence of continuous intensive fertilization on the activity of some soil enzymes. In: Szegi J (ed) Proceedings of the 9th Intern Symp on Soil biology and conservation of the biosphere. Akademiai Kiado, Budapest, p 69–76

Rankov V, Dimov A, Kondarev R (1988) Biological activity in soil after continuous elimination of deep plowing. Pochvozn Agrokhim Rasitit Zasht 23:64–70

Rankov V, Ivanova I (1986) Relationship between mineral fertilizing and catalase activity in some soils. Pochvozn Agrokhim Rasitit Zasht 21:77–82

Rankov V, Ivanova I (1987) Effect of nitrogen fertilizing on catalase activity in some soils. Pochvozn Agrokhim Rasitit Zasht 22:29–34

Rao AV, Tarafdar JC, Sharma SK, Praveen-Kumar, Aggarwal RK (1995) Influence of cropping systems on soil biochemical properties in an arid rain-fed environment. J Arid Environm 31:237–244

Raubuch M, Beese F (1995) Pattern of microbial indicators in forest soils along an European transect. Biol Fertil Soils 19:362–368

Reddy GB, Faza A (1989) Dehydrogenase activity in sludge amended soil. Soil Biol Biochem 21:327

Reddy GB, Faza A, Bennett R (1987) Activity of enzymes in rhizosphere and non-rhizosphere soils amended with sludge. Soil Biol Biochem 19:203–205

Reganold JP (1988) Comparison of soil properties as influenced by organic and conventional farming systems. Am J Altern Agric 3:144–154

Rehm HJ (1960) Beitrag zur Ökologie der Streptomyceten, 1. Mitteilung: Vergleich der Streptomycetenflora in zwei unterschiedlich bebauten Sandböden (gerstenmüde Böden und nicht-gerstenmüde Böden). Zbl Bakteriol Abt II 113:219–233

Reynolds CM, Wolf DC (1987) Influence of urease activity and soil properties on ammonia volatilization from urea. Soil Sci 143:418–425

Rice CW, Smith MS (1982) Denitrification in no-till and plowed soils. Soil Sci Soc Am J 46:1168–1173

Richter M, von Wistinghausen E (1981) Unterscheidbarkeit von Humusfraktionen in Böden bei unterschiedlicher Bewirtschaftung. Z Pflanzenernähr Bodenk 144:395–406

Rid H (1962) Einfluß der Bodenbearbeitung auf die Bodenstruktur. Landwirt Forsch 15/2:-105–117

Riffaldi R, Sasiozzi A, Levi-Minzi R, Menchetti F (1994) Chemical characteristics of soil after 40 year of continuous maize cultivation. Agric Ecosys Environ 49:239–245

Rodgers GA, Penny A, Widdowson FV, Hewitt MV (1987) Tests of nitrification and urease inhibitors, when applied with either solid or aqueous urea, on grass grown on a light sandy soil. J Agric Sci 108:109–117

Rodriguez-Kabana R (1982) The effects of crop rotation and fertilization on soil xylanase activity in a soil of the southestern United States. Plant and Soil 64:237–247

Rodriguez-Kabana R, Godoy G, Morgan-Jones G, Shelby RA (1983) The determination of soil chitinase activity: Conditions for assay and ecological studies. Plant and Soil 75: 95–106

Rodriguez-Kabana R, Truelove B (1982) Effects of crop rotation and fertilization on catalase activity in a soil of the southeastern United States. Plant and Soil 69:97–104

Roper MM, Smith NA (1991) Straw decomposition and nitrogenase activity (C_2H_2 reduction) by free-living microorganisms from soil: effects of pH and clay content. Soil Biol Biochem 23:275–283

Rose DA (1991) The effect of long-continued organic manuring on some physical properties of soils. In: Wilson WS (ed) Advances in soil organic matter research: the impact on agriculture & the environment. The Royal Soc Chem, Cambridge, p 141–153

Ross DJ, Cairns A (1982) Effects of earthworms and ryegrass on respiratory and enzyme activities of soil. Soil Biol Biochem 14:583–587

Ross DJ, Speir TW (1979) Biochemical activities of organic soils from subantarctic tussock grasslands on Campell Island New Zealand, 2. Enzyme activities. NZJ Sci 22:173–182

Ross DJ, Speir TW, Cowling JC, Feltham CW (1992) Soil restoration under pasture after lignite mining management effects on soil biochemical properties and their relationships with herbage yields. Plant Soil 140:85–97

Ross DJ, Speir TW, Cowling JC, Whale KN (1984a) Temporal fluctuations in biochemical properties of soil under pasture, 2. Nitrogen mineralization and enzyme activities. Aust J Soil Res 22:319–330

Ross DJ, Speir TW, Tate KR, Cairns A, Meyrick KF, Pansier EA (1982) Restoration of pasture after topsoil removal: effects on soil carbon and nitrogen mineralization, microbial biomass and enzyme activities. Soil Biol Biochem 14:575–581

Ross DJ, Speir TW, Tate KR, Cowling JC, Watts HM (1984b) Restoration of pasture after topsoil removal: changes in soil biochemical properties over a 5-year period - a note. NZJ Sci 27:419–422

Ross DJ, Tate KR, Speir TW, Stewart DJ, Hewitt AE (1989) Influence of biogas-digester effluent on crop growth and soil biochemical properties under rotational cropping. NZJ Crop Hortic Sci 17:77–88

Roth-Kleyer St, Kowalczyk Th, Wilke B-W (1991) Wirkungen von Müllsickerwässern auf chemische und mikrobiologische Eigenschaften von Böden. Z Kulturtech Landent 32: 11–22

Roth-Kleyer St, Wilke B-M (1989) Wirkung von Müllsickerwasser auf einige Bodenkennwerte und die mikrobielle Aktivität einer Parabraunerde. Wasser und Boden 40:599–603

Rothrock CS (1987) Take-all of wheat as affected by tillage and wheat-soybean double cropping. Soil Biol Biochem 19:307–311

Rothrock CS, Cunfer BM (1986) Absence of take-all decline in double-cropped fields. Soil Biol Biochem 18:113–114

Rotini OT (1935) La transformazione enzimatica dell'urea nell terreno. Ann Labor Ric Ferm Spallanzani 3:143–154

Rowell DL (1994) Soil Science: Methods & Applications. Longman Scientific & Technical, Essex

Rudolph KU, Metzger HJ, Köppke KE (1989) Deponiesickerwasseraufbereitung - Erfahrungen und Kostenvergleich. In: Bartz J, Wippler E (Hrsg) Deponiesickerwasseraufbereitung. Technische und wirtschaftliche Bewertung geeigneter Verfahren. Expert Verlag, Ehningen, S 1–20

Ruggiero P, Radogna VM (1988) Humic acids-tyrosinase interactions as a model of soil humic-enzyme complexes. Soil Biol Biochem 20:353–359

Russell JM, Cooper RN, Lindsey SB (1991) Reuse of wastewater from meat processing plants for agricultural and forestry irrigation. Water Sci Tech 24:277–286

Ryder MH, Rovira AD (1993) Biological control of take-all of glasshouse-grown wheat using strains of *Pseudomonas corrugata* isolated from wheat field soil. Soil Biol Biochem 25:311–320

Saffigna PG, Powlson DS, Brookes PC, Thomas GA (1989) Influence of sorghum residues and tillage on soil organic matter and soil microbial biomasse in an Australian vertisol. Soil Biol Biochem 21:759–765

Sahrawat KL (1984) Effects of temperature and moisture on urease activity in semi-arid tropical soils. Plant and Soil 78:401–408

Salau OA, Opara-Nadi OA, Swennen R (1992) Effects of mulching on soil properties growth and yield of plantain on tropical ultisol in southeastern Nigeria. Soil Till Res 23: 73–93

Sandhoff H (1962) Ergebnisse von Strohdüngungsversuchen auf verschiedenen Böden. Landwirt Forsch 15:218–224

Santruckova H, Straskraba M (1991) On the relationship between specific respiration and microbial biomass in soils. Soil Biol Biochem 23:525–532

Saric Z, Dukic D (1985) Effect of different doses and combinations of nitrogen phosphorus potassium and manure on the proteolytic activity of chernozem under wheat. Savrem Poljopr 33:335–342

Sarkar JM (1986) Formation of (^{14}C)cellulase-humic complexes and their stability in soil. Soil Biol Biochem 18:251–254

Satchell JE, Martin K (1984) Phosphatase activity in earthworm faeces. Soil Biol Biochem 16:191–194

Sauerbeck D (1968) Die Umsetzung markierter organischer Substanzen im Boden in Abhängigkeit von Art, Menge und Rottegrad. Landwirt Forsch 21/2:91–101

Sauerbeck D (1981) Einfluß der Humusversorgung und Düngung auf Bodenleben und Bodenstruktur. Landwirt Forsch 37:146–156

Sauerbeck D (1982) Probleme der Bodenfruchtbarkeit in Ballungsräumen. Mitt Dtsch Bodenk Ges 33:179–193

Sauerbeck D (1987) Effects of agricultural practices on the physical, chemical and biological properties of soils, Part II: Use of sewage sludge and agricultural wastes. In: Barth H, L'Hermite P (eds) Scientific basis for soil protection in the European Community. Elsevier Applied Science, London New York, p 181–210

Sauerbeck D (1990) Anreicherung von Fremd- und Schadstoffen in landwirtschaftlich genutzten Böden. In: Verbindungsstelle Landwirtschaft-Industrie e.V. (Hrsg) Produktionsfaktor Umwelt: Boden. Landwirtschaftsverlag, Münster, Energiewirtschaft und Technik Verlagsges, Düsseldorf, S 71–99

Savant NK, James AF, McClellan GH (1987) Effect of soil bulk density on hydrolysis of surface-applied urea in unsaturated soils. Fert Res 11:221–229

Schachtschabel P, Blume HP, Brümmer G, Hartge KH, Schwertmann U (1992) Scheffer/Schachtschabel Lehrbuch der Bodenkunde, 13. Aufl. Ferdinand Enke, Stuttgart

Schachtschabel P, Hartge K (1958) Die Verbesserung der Strukturstabilität von Ackerböden durch eine Kalkung. Z Pflanzenernähr Düng Bodenk 83:193–202

Scherbakova AP (1984) Effect of systematic manuring on the enzymatic activity of soil. In: Szegi J (ed) Soil biology and conservation of the biosphere, Vol 1. Akademiai Kiado, Budapest, Ungarn, p 29–37

Schifferegger R, Schinner F (1986) Die Wirkung von Düngekalk, Dolomit und Gesteinsmehl auf biologische Aktivitäten eines Waldbodens. Mitt Österr Bodenk Ges 33: 285–292

Schinner F, Gstraunthaler G (1981) Adaptation of microbial activities to the environmental conditions in alpine soils. Oecologia 50:113–116

Schinner F, Niederbacher R, Neuwinger I (1980) Influence of compound fertilizer and cupric sulfate on soil enzymes and CO_2-evolution. Plant and Soil 57:85–93

Schlegel AJ (1992) Effect of composted manure on soil chemical properties and nitrogen use by grain sorghum. J Prod Agric 5:153–157

Schnürer J, Clarholm M, Rosswall Th (1985) Microbial biomass and activity in an agricultural soil with different organic matter contents. Soil Biol Biochem 17:611–618

Schroeder D (1984) Bodenkunde in Stichworten, 4. Aufl. Verlag Ferdinand Hirt, Würzburg

Schroeder D, Stephan S, Schulte-Karring H (1985) Eigenschaften, Entwicklung und Wert rekultivierter Böden aus Löß im Gebiet des Rheinischen Braunkohlen-Tagebaues. Z Pflanzenernähr Bodenk 148:131–146

Schulten HR, Hempfling R (1992) Influence of agricultural soil management on humus composition and dynamics: classical and modern analytical techniques. Plant and Soil 142:259–271

Schulten HR, Hempfling R, Haider K, Gröblinghoff FF, Lüdemann HD, Fründ R (1990) Characterization of cultivation effects on soil organic matter. Z Pflanzenernähr Bodenk 153:97–105

Schulten HR, Leinweber P (1991) Influence of long-term fertilization with farmyard manure on soil organic matter: characteristics of particle-size fractions. Biol Fertil Soils 12:81–88

Schumacher B, Kutsch H, Schroeder D (1993) Huminstoffsynthese in Rekultivierungsböden des Rheinischen Braunkohlereviers bei Erstnutzung als Acker, Grünland oder Wald. Mitt Dtsch Bodenk Ges 71:209–212

Seaker EM, Sopper WE (1988) Municipal sludge for minespoil reclamation, I. Effects on microbial populations and acitivity. J Environ Qual 17:591–597

Semler BL, Hodson RC, Williams SK, Howell SH (1975) The induction of allophanate lyase during the vegetative cell cycle in light-synchronized cultures of *Chlamydomonas reinhardi*. Biochim Biophys Acta 399:71–78

Serra-Wittling C, Houot S, Barriuso E (1995) Soil enzymatic response to addition of municipal solid-waste compost. Biol Fertil Soils 20:226–236

Sharma N, Srivastava LL, Mishra B (1983) Studies on microbial changes in soil as a result of continuous application of fertilizers farmyard manure and lime. J Indian Soc Soil Sci 31:202–206

Siegel O (1978) Beurteilung der verschiedenen Kompostierungsverfahren und der Verwendung von Kompost bezüglich der Anreicherung von Schwermetallsalzen und kanzerogenen Stoffen im Boden. Stuttgarter Ber Abfallwirt 6:579–642

Simard RR, Angers DA, Lapierre C (1994) Soil organic matter quality as influenced by tillage, lime, and phosphorus. Biol Fertil Soils 18:13–18.

Singh JP, Kumar V, Dahiya DJ (1991) Urease activity in some Benchnmark soils of Haryana and its relationship with various soil properties. J Indian Soc Soil Sci 39: 281–285

Siqueira JO, Hubbell DH, Mahmud AW (1984) Effect of liming on spore germination, germ tube growth and root colonization by vesicular-arbuscular mycorrhizal fungi. Plant and Soil 76:115–124

Sivapalan K, Fernando V, Thenabadu MW (1983) Humified phenol-rich plant residues and soil urease activity. Plant and Soil 70:143–146.

Slizak W, Stefaniak O (1990) Ureolytic activity, physico-chemical properties of soil and maize yield as affected by slurry. Zbl Mikrobiol 145:461–468

Smiley RW (1979) Wheat-rhizoplane pseudomonas as antagonists of *Gaeumannomyces graminis*. Soil Biol Biochem 11:371–376

Smith JL, Paul EA (1990) The significance of soil microbial biomass estimations. In: Bollag JM, Stotzky G (eds) Soil biochemistry. Marcel Dekker, New York, p 357–396

Sommers LE, Nelson DW, Silviera DJ (1979) Transformations of carbon, nitrogen, and metals in soils treated with waste materials. J Environ Qual 8:287–294

Sörensen LH (1974) Rate of decomposition of organic matter in soil as influenced by repeated air drying-rewetting and repeated additions of organic material. Soil Biol Biochem 6:287–292

Speir TW, Cowling JC (1991) Phosphatase activities of pasture plants and soils: relationship with plant productivity and soil P fertility indices. Biol Fertil Soils 12:189–194

Speir TW, Feltham CW, August JA (1992a) Assessment of the feasability of using CCA (copper, chromium and arsenic)-treated and boric acid-treated sawdust as soil amendments, I. Plant growth and element uptake. Plant and Soil 142: 235–248

Speir TW, Lee R, Pansier EA, Cairns A (1980) A comparison of sulphatase, urease and protease activities in planted and in fallow soils. Soil Biol Biochem 12:281–291

Speir TW, Orchard VA, Pansier EA, Cairns A, Ross DJ (1982) Biochemical and microbiological properties of west coast wetland soil at different stages of pasture development. NZJ Sci 25:351–360

Speir TW, Ross DJ (1978) Soil phosphatase and sulphatase. In: Burns RG (ed) Soil enzymes. Academic Press, London New York, p 198–250

Speir TW, Ross DJ, Feltham CW, Orchard VA, Yeates GW (1992b) Assessment of the feasibility of using CCA (copper, chromium and arsenic) - treated and boric acid-treated sawdust as soil amendments, II. Soil biochemical and biological properties. Plant and Soil 142:249–258

Spiers GA, McGill WB (1979) Effects of phosphorus addition and energy supply on acid phosphatase production and activitiy in soils. Soil Biol Biochem 11:3–8

Stadelmann FX (1982) Die Wirkung steigender Gaben von Klärschlamm und Schweinegülle in Feldversuchen. Schweiz Landwirt Forsch 21:239–259

Statistisches Jahrbuch der Schweiz (1994), Bundesamt für Statistik (Hrsg). Verlag Neue Zürcher Zeitung

Stefanic G, Reichbuch L, Buzdugan I, Sirbu M, Chirnogeanu I, Moga E (1984) 5th Symp Soil Biol. IASI February 1981, Roman Nat Soc Soil Sci, Bucharest, p 75–80

Stenstroem T, Vahter M (1984) Cadmium and lead in Swedish commercial fertilizers. Ambio 3:91–92

Stott DE, Hagedorn C (1980) Interrelations between selected soil characteristics and arylsulfatase and urease activities. Commun Soil Sci Plant Anal 11:935–955

Stover RC, Sommers LE, Silviera DJ (1976) Evaluation of metals in wastwater sludge. J Water Pollut Control Fed 48:2165–2175

Stroo HF, Jencks EM (1982) Enzyme activity and respiration in mine soils. Soil Sci Soc Am J 46:548–553

Stroo HF, Jencks EM (1985) Effect of sewage sludge on microbial activity in an old, abandoned minesoil. J Environ Qual 14:301–304

Süß A, Rosopulo A, Borchert H, Beck T, Bauchhenss J, Schurmann G. (1975) Experience with a pilot plant for the irradiation of sewage sludge. Results on the effect of differently treated sewage sludge on plants and soil. In: Radiation for a clean environment. IAEA, Vienna, p 503–533

Suttner Th (1987) Mikrobielle Aktivität unterschiedlich genutzter Böden Bayerns. Mitt Dtsch Bodenk Ges:523–527

Suttner Th, Alef K (1988) Correlations between the arginine ammonification, enzyme activities, microbial biomass, physical and chemical properties of different soils. Zbl Mikrobiol 143:569–573

Tabatabai MA (1977) Effects of trace elements on urease activity in soils. Soil Biol Biochem 9:9–13

Tabatabai MA, Bremner JM (1972) Assay of urease activity in soils. Soil Biol Biochem 4: 479–487

Tamm E, Krzysch G (1964) Veränderungen der chemischen und biologischen Bodeneigenschaften im Profil eines lehmigen Sandbodens durch langjährig differenzierte Bodenbearbeitungs- und Düngungsmaßnahmen. Z Acker Pflanzenbau 121:1–28

Tang CS, Waiss AC (1978) Short-chain fatty acids as growth inhibitors in decomposing wheat straw. J Chem Ecol 4:225–232

Tarashchuk MV, Maliyenko AM (1993) Effect of type of soil tillage on the collembolan population. Eurasian Soil Sci 24:84–93

Tate RL (1984) Function of protease and phosphatase activities in subsidence of Pahokee muck. Soil Sci 138:271–278

Tate RL (1987) Soil organic matter: Biological and ecological effect. John Wiley & Sons, New York

Tebrügge F (1987) Landtechnische Verfahren zum Bodenschutz. Z Kulturtech Flurbereinigung 28:175–183

Thompson JP (1992) Soil biotic and biochemical factors in a long-term tillage and stubble management experiment on a vertisol, 2. Nitrogen deficiency with zero tillage and stubble retention. Soil Till Res 22:339–362

Tiessen H, Stewart JWB (1983) Particle-size fractions and their use in studies of soil organic matter, II. Cultivation effects on organic matter composition in size fractions. Soil Sci Soc Am J 47:509–514

Tisdall JM (1991) Fungal hyphae and structural stability of soil. Aust J Soil Res 29: 729–743

Tisdall JM, Oades JM (1980) The management of rye grass to stabilize aggregates of a redbrown earth. Aust J Soil Res 18:415–422

Tisdall JM, Oades JM (1982) Organic matter and water-stable aggregates in soils. J Soil Sci 33:141–163

Trasar-Cepeda MC, Carballas T (1991) Liming and the phosphatase activity and mineralization of phosphorus in an andic soil. Soil Biol Biochem 23:209–215

Trasar-Cepeda MC, Ceccanti B, Leiros MC, Calcinai M, Gil-Sotres F (1992) Characterization of organic matter in lignite minesoils at various ages by pyrolysis/gas chromatography. In: Senesi N, Miano TM (eds) Proceedings of the 6th Intern Meeting of the Intern Humic Substances Society. Bari, Italy

Trasar-Cepeda MC, Gil-Sotres F (1988) Kinetics of acid phosphatase activity in various soils of Galicia (NW Spain). Soil Biol Biochem 20:275–280

Tyler G (1976) Heavy metal pollution, phosphatase activity, and mineralization of organic phosphorus in forest soils. Soil Biol Biochem 8:327–332

Umweltbundesamt Wien (1992) Bewertung von Metallbelastungen in Böden. Sonderdruck (Anhg 2) aus dem Bericht über die Umweltsituation an ausgewählten langjährigen Industriestandorten gemäß Entschließung des Nationalrats vom 26. Juni 1992

van Driel W, Smilde KW (1990) Micronutrient and heavy metals in Dutch agriculture. Fert Res 25:115–126

Varanka MW, Zablocki ZM, Hinesly TD (1976) The effect of digested sludge on soil biological activity. J Water Pollut Control Fed 48:1728–1740

Vekemans X, Godden B, Penninckx MJ (1989) Factor analysis of the relationships between several physico-chemical and microbiological characteristics of some Belgian agricultural soils. Soil Biol Biochem 21:53–58

Verstraete W, Voets JP (1977) Soil microbial and biochemical characteristics in relation to soil management and fertility. Soil Biol Biochem 9:253–258

Visser S, Parkinson D (1989) Microbial respiration and biomass in soil of a lodge-pole pine stand acidified with elemental sulphur. Can J For Res 19:955–961

Visser S, Parkinson D (1992) Soil biological criteria as indicators of soil quality: soil microorganisms. Am J Altern Agric 7:33–37

von Boguslawski E, Zadrazil F, Debruck J (1976) Der Einfluß langjähriger Stroh- und Gründüngung sowie Stickstoffdüngung auf Faktoren der Bodenfruchtbarkeit, I. Mitteilung: Dehydrogenaseaktivität des Bodens. Z Acker Pflanzenbau 143:249–258

von Rheinhaben W (1988) Einfluß einer Güllegabe auf das Wachstum von Sommerweizen und auf bodenmikrobiologische Parameter im Gefäßversuch. Kongreßbd 1988, VDLU FA-Schriftenreihe 28:943–955

Wallace JM, Elliott LF (1979) Phytotoxins from anaerobically decomposing wheat straw. Soil Biol Biochem 11:325–330

Weber A, Karsisto M, Leppaenen R, Sundman V, Skujins J (1985) Microbial activities in a histosol: effects of wood ash and NPK fertilizers. Soil Biol Biochem 17:291–296

Weil RR, Kroontje W (1979) Organic matter decomposition in a soil heavily amended with poultry manure. J Environ Qual 8:584–588

Weiss B, Larink O (1991) Influence of sewage sludge and heavy metals on nematodes in an arable soil. Biol Fertil Soils 12:5–9

Werner W (1987) Effect of long-term application of sewage sludge and garbage compost on chemical and microbiological soil characteristics. In: Welte E, Szabolcs I (eds) Proceedings of the 4th Intern CIEC Symp Agricultural waste management and environmental protection. Braunschweig, Germany, p 189–199

Werner W (1990) Düngung und Bodenfruchtbarkeit im Rahmen umweltverträglicher Landbewirtschaftung. In: Verbindungsstelle Landwirtschaft-Industrie e.V. (Hrsg) Produktionsfaktor Umwelt: Boden. Landwirtschaftsverlag, Münster, Energiewirtschaft und Technik Verlagsges, Düsseldorf, p 51–67

Werner W, Scherer HW, Olfs HW (1988) Influence of long-term application of sewage sludge and compost from garbage with sewage sludge on soil fertility criteria. J Agron Crop Sci 160:173–179

Wickremasinghe KN, Sivasubramaniam S, Nalliah P (1981) Urea hydrolysis in some tea soils. Plant and Soil 62:473–477

Williams ST, McNeilly T, Wellington EMH (1977) The decomposition of vegetation growing on metal mine waste. Soil Biol Biochem 9:271–275

Wolff-Straub R (1970) Überblick über den Mikrobenbesatz verschiedener Bodentypen. Zbl Bakteriol Abt II 124:263–270

Wong MH, Li MM, Leung CK, Lan CY (1990) Decontamination of landfill leachate by soils with different textures. Biomed Environ Sci 3:429–442

Wong MH, Wong JWC (1986) Effects of fly ash on soil microbial activity. Environ Pollut Series A 40:127–144

Woods LE (1989) Active organic matter distribution in the surface 15 cm of undisturbed and cultivated soil. Biol Fertil Soils 8:271–278

Xander A (1987) Der Einfluß von Kalk, Dolomit und Diabas-Gesteinsmehl auf enzymatische Aktivitäten des Streuabbaus auf Bodenmaterialien eines Acker- und Wiesenbodens. Diplomarbeit, Universität Innsbruck

Xander A, Schinner F (1986) Die Wirkung von Düngekalk, Dolomit und Gesteinsmehl auf biologische Aktivitäten eines Ackerbodens. Mitt Österr Bodenk Ges 33:347–354

Yefremova TN, Krysanova VP (1986) Method for estimating the effect of liming on soil microflora. Soviet Soil Sci 18:115–118

Yeoman S, Lester JN, Perry R (1993) Phosphorus removal and its influence on metal speciation during wastewater treatment. Water Res 27:389–395

Yeoman S, Sterritt RM, Rudd T, Lester JN (1989) Particle size fractionation and metal distribution in sewage sludges. Water Air Soil Pollut 45:27–42

Young CC, Cheng KT, Waller GR (1991) Phenolic compounds in conducive and suppressive soils on clubroot disease of crucifers. Soil Biol Biochem 23:1183–1189

Zantua MI, Bremner JM (1976) Production and persistence of urease activity in soils. Soil Biol Biochem 8:369–374

Zantua MI, Bremner JM (1977) Stability of urease in soils. Soil Biol Biochem 9:135–140

Zantua MI, Dumenil LC, Bremner JM (1977) Relationship between soil urease activity and other soil properties. Soil Sci Soc Am J 41:350–352

Zelles L, Bai QY, Beck T, Beese F (1992) Signature fatty acids in phospholipids and lipopolysaccharides as indicators of microbial biomass and community structure in agricultural soils. Soil Biol Biochem 24:317–323

Zelles L, Bai QY, Ma RX, Rackwitz R, Winter K, Beese F (1994) Microbial biomass, metabolic activity and nutritional status determined from fatty acid patterns and polyhydroxybutyrate in agriculturally-managed soils. Soil Biol Biochem 26:439–446

Zibilske LM, Wagner GH (1982) Bacterial growth and fungal genera distribution in soil amended with sewage sludge containing cadmium, chromium and copper. Soil Sci 134: 364–370

Sachverzeichnis

SPRINGER NATURE

GPSR Compliance

The European Union's (EU) General Product Safety Regulation (GPSR) is a set of rules that requires consumer products to be safe and our obligations to ensure this.

If you have any concerns about our products, you can contact us on ProductSafety@springernature.com

In case Publisher is established outside the EU, the EU authorized representative is:

Springer Nature Customer Service Center GmbH
Europaplatz 3
69115 Heidelberg, Germany

The manufacturer's authorised representative in the EU is Springer
Nature Customer Service Centre GmbH, Europaplatz 3, 69115 Heidelberg,
Germany. If you have any concerns regarding our products, please
contact ProductSafety@springernature.com

Printed and bound by CPI Group (UK) Ltd, Croydon, CR0 4YY
27/04/2026
02097610-0008